普通高等教育“十三五”规划教材

涂料与胶黏剂

王凤洁　刘效源　主编
李继新　王永杰
程贵刚　邹明旭　副主编

中国石化出版社

内容提要

本书以涂料与胶黏剂用高分子树脂的合成为关联点，分析涂料与胶黏剂的组成、性能、应用的特点，从涂料与胶黏剂的剂型出发，结合最新科研成果、生产实际、专利配方，系统介绍了涂料与胶黏剂的相关基础理论与基础知识，同时介绍了涂料与胶黏剂的性能检测与评价方法，以及典型涂料与胶黏剂的配方分析与优化。

本书可作为应用化学、精细化工、高分子材料专业的本、专科教材，也可为相关专业的研究生、技术人员提供参考。

图书在版编目（CIP）数据

涂料与胶黏剂/王凤洁，刘效源主编．—北京：中国石化出版社，2019.5（2021.6 重印）
普通高等教育“十三五”规划教材
ISBN 978-7-5114-5345-7

Ⅰ.①涂… Ⅱ.①王… ②刘… Ⅲ.①涂料-高等学校-教材 ②胶黏剂-高等学校-教材 Ⅳ.①TQ630.6 ②TQ43

中国版本图书馆 CIP 数据核字（2019）第 091019 号

中国石化出版社出版发行
地址：北京市东城区安定门外大街 58 号
邮编：100011　电话：(010)57512500
发行部电话：(010)57512575
http://www.sinopec-press.com
E-mail:press@sinopec.com
北京科信印刷有限公司印刷
全国各地新华书店经销

*

787×1092 毫米 16 开本 16 印张 405 千字
2019 年 6 月第 1 版　2021 年 6 月第 3 次印刷
定价：35.00 元

前　言

涂料与胶黏剂是两种密不可分的材料，从实质上讲，涂料本身就是一种对单一被粘物进行粘结的胶黏剂，而通常所说的胶黏剂则应用于将两个被粘物连接起来。

涂料与胶黏剂是表面物理化学、高分子物理化学、有机化学、材料力学等彼此综合与渗透，互相促进发展而形成的一门综合性、实践性较强的学科，无论是涂料与胶黏剂黏附基本原理、结构特征、主要成分合成原理，还是涂料与胶黏剂基本性能和功能及评价方法、应用领域都密不可分。然而国内已出版的相关书籍，除少数高等林业院校木材科学与工程专业用教材，大多数都是把涂料和胶黏剂分别阐述的专著，目前大多数高等院校都将涂料与胶黏剂作为一门课程，进行系统教学。换言之，无论是教学还是生产实践都需要一本系统阐述涂料与胶黏剂合成原理、黏附原理、结构与性能关系及生产技术与应用的书籍。

本书在前人工作的基础上，借鉴相关专业方面的专著、教材，从教学和培养学生拓展思维方式的角度出发，从不同的视角，综合选取相关资料，全面系统介绍涂料与胶黏剂的理论知识和应用技术，目的是提高教学效率、培养学生的综合能力、提高学生的应用技能与创新思维。

涂料与胶黏剂分别由高分子树脂、溶剂、助剂、颜料等成分组成，实际生产中既有相通的理论，又有不同的具体要求，本书一方面列举了前人有关涂料与胶黏剂的一些典型配方、工艺流程、操作技术等实用知识，另一方面还从基础知识和原理入手，介绍常用的高分子树脂、颜料、溶剂、助剂等在涂料和胶黏剂中表现的性能特征和作用以及对其性能的要求，同时也介绍了一些具有环保理念的最新配方，把物理化学、高分子物理化学、有机化学、材料力学中的基础理论知识与在涂料和胶黏剂的实际应用联系起来。

全书共9章，系统阐述了涂料与胶黏剂的基本理论及典型的生产技术。第1章介绍了涂料与胶黏剂的概况及发展方向；第2章介绍了涂料及胶黏剂用典型树脂的合成原理、结构与性能的关系、生产工艺及生产技术，以及涂料与胶黏剂在各领域的应用实例等相关内容；第3章介绍了天然涂料和胶黏剂的配方、改性及应用；第4章至第

8 章讨论了涂料与胶黏剂的基础理论与配制技术，包括溶解理论、分散理论、成膜理论、配方设计原理和主要性能评价与检测方法；第 9 章从剂型角度，介绍了涂料与胶黏剂的特点、生产原理与应用。

本书从原理出发介绍涂料与胶黏剂的技术基础及应用，部分内容取材于国网辽宁省电力有限公司本溪供电公司和辽阳东昌化工股份有限公司，通过校企联合，推进应用型专业的转型发展，培养学生的综合思维方式，提高学生的应用、开发能力，使学生能够看懂相关企业技术资料，理解相关的工业背景，为学生尽快适应生产，服务社会提供一定的帮助，为培养学生的创新思维奠定基础。

本书由沈阳工业大学王凤洁、国网辽宁省电力有限公司本溪供电公司刘效源主编，沈阳工业大学李继新、王永杰、程贵钢、邹明旭副主编。本书在撰写过程中，承蒙陈延明、沈国良、朱海峰、李素君、程君、张晓娟等领导、专家的鼎力支持与专业指导，并得到了全体教研室老师的热心帮助，在此一并表示感谢。

鉴于编者水平有限，本书难免出现些许瑕疵甚至错误，请有关专家及读者不吝赐教。

目　　录

第1章　绪　论

1.1　涂料概述

1.1.1　涂料的基本概念、分类及命名

1. 涂料的基本概念与分类

涂料是一类流体状态或粉末状态的物质，通过简单施工方法，并经干燥或固化，在物体表面牢固覆盖一层均匀的薄膜，这类流体状态或粉末状态的物质称为涂料。

一般而言，涂料就是能涂覆在被涂物件表面并能形成牢固附着的连续薄膜的材料。涂料可以用不同的施工工艺涂覆在物体表面，干燥后能形成黏附牢固、具有一定强度、连续的固态薄膜，赋予被涂物以保护、美化和其他预期的效果。

涂料发展到今天，可谓品种繁多，用途广泛，即使对于同一类涂料品种，其性能也各不相同。涂料的分类方法很多，通常有以下几种分类方法。

按照涂料的形态可分为溶剂型涂料、高固体分涂料、无溶剂型涂料、水性涂料、粉末涂料等；按成膜机理分为转化型和非转化型涂料。非转化型涂料是热塑性涂料，转化型涂料包括气干性涂料、固化剂固化干燥的涂料、烘烤固化的涂料及辐射固化涂料等；按施工方法可分为刷涂涂料、辊涂涂料、喷涂涂料、浸涂涂料、淋涂涂料、电泳涂涂料等；按干燥方式分为常温干燥涂料、烘干涂料、湿气固化涂料、光固化涂料、电子束固化涂料。按施工工序可分为底漆、中涂漆、面漆、罩光漆等；按涂膜外观分为清漆、色漆、平光漆、亚光漆、高光漆。按使用对象分为金属漆、木器漆、水泥漆、汽车漆、船舶漆、集装箱漆、飞机漆、家电漆。按功能可分为装饰涂料、防腐涂料、绝缘涂料、导电涂料、防火涂料、防锈涂料、耐高温涂料、隔热涂料等；按涂料用途可分为建筑涂料、工业涂料和维护涂料、罐头涂料、汽车涂料、飞机涂料、家电涂料、木器涂料、塑料涂料、纸张涂料等。

上述这些分类方法都是从不同角度强调某一方面而命名的，具有一定的片面性，为了建立一种统一科学的分类方法，GB/T 2705 给出了我国涂料产品的分类方法：

分类方法 1：主要是以涂料产品的用途为主线，并辅以主要成膜物质的分类方法。将涂料产品划分为三个主要类别：建筑涂料、工业涂料和通用涂料及辅助材料，见表 1－1。

表1－1　分类方法1

主要产品类型			主要成膜物类型
建筑涂料	墙面涂料	合成树脂乳液内墙涂料 合成树脂乳液外墙涂料 溶剂型外墙涂料 其他墙面涂料	丙烯酸酯类及其改性共聚乳液；醋酸乙烯及其改性共聚乳液；聚氨酯、氟碳等树脂；无机黏合剂
	防水涂料	溶剂型树脂防水涂料 聚合物乳液防水涂料。 其他防水涂料	EVA、丙烯酸酯类乳液；聚氨酯、沥青、PVC、胶泥或油膏、聚丁二烯等树脂
	地坪涂料	水泥基等非木质地面用涂料	聚氨酯、环氧等树脂
	功能性建筑涂料	防火涂料 防霉（藻）涂料 保温隔热涂料 其他功能性建筑涂料	聚氨酯、环氧、丙烯酸酯类、乙烯类、氟碳等树脂
工业涂料	汽车涂料（含摩托车涂料）	汽车底漆（电泳漆） 汽车中涂漆 汽车面漆 汽车罩光漆 汽车修补漆 其他汽车专用漆	丙烯酸酯类、聚酯、聚氨酯、醇酸、环氧、氨基、硝基、PVC 等树脂
	木器涂料	溶剂型木器涂料 水性木器涂料 光固化木器涂料 其他木器涂料	聚酯、聚氨酯、丙烯酸酯类、醇酸、硝基、氨基、酚醛、虫胶等树酯
	铁路、公路涂料	铁路车辆涂料 道路标志涂料 其他铁路、公路设施用涂料	丙烯酸酯类、聚氨酯、环氧、醇酸、乙烯类等树脂
	轻工涂料	自行车涂料 家用电器涂料 仪器、仪表涂料 塑料涂料、纸张涂料 其他轻工专用涂料	聚氨酯、聚酯、醇酸、丙烯酸酯类、环氧、酚醛、氨基、乙烯类等树脂
	船舶涂料	船壳及上层建筑物漆 船底防锈漆 船底防污漆 水线漆 甲板漆 其他船舶漆	聚氨酯、醇酸、丙烯酸酯类、环氧、乙烯类、酚醛、氯化橡胶、沥青等树脂

续表

主要产品类型		主要成膜物类型	
工业涂料	防腐涂料	桥梁涂料 集装箱涂料 专用埋地管道及设施涂料 耐高温涂料 其他防腐涂料	聚氨酯、丙烯酸酯类、环氧、醇酸、酚醛、氯化橡胶、乙烯类、沥青、有机硅、氟碳等树脂
工业涂料	其他专用涂料	卷材涂料 绝缘涂料 机床、农机、工程机械等涂料 航空、航天涂料 军用器械涂料 电子元器件涂料 以上未涵盖的其他专用涂料	聚酯、聚氨酯、环氧、丙烯酸酯类、醇酸、乙烯类、氨基、有机硅、氟碳、酚醛、硝基等树脂
通用涂料及辅助材料	调合漆 清漆 磁漆 底漆 腻子 稀释剂 防潮剂 催干剂 脱漆剂 固化剂 其他通用涂料及辅助材料	以上未涵盖的无明确应用领域的涂料产品	改性油脂；天然树脂；酚醛、沥青、醇酸等树脂

注：主要成膜物类型中树脂类型包括水性、溶剂型、无溶剂型、固体粉末等。

分类方法2：除建筑涂料外，主要以涂料产品的主要成膜物为主线，并适当辅以产品主要用途的分类方法。将涂料产品划分为两个主要类别：建筑涂料、其他涂料及辅助材料，见表1－2～表1－4。

表1－2　建筑涂料

主要产品类型		主要成膜物类型	
建筑涂料	墙面涂料	合成树脂乳液内墙涂料 合成树脂乳液外墙涂料 溶剂型外墙涂料 其他墙面涂料	丙烯酸酯类及其改性共聚乳液；醋酸乙烯及其改性共聚乳液；聚氨酯、氟碳等树脂；无机黏合剂等
建筑涂料	防水涂料	溶剂型树脂防水涂料 聚合物乳液防水涂料 其他防水涂料	EVA、丙烯酸酯类乳液；聚氨酯、沥青、PVC胶泥或油膏、聚丁二烯等树脂
建筑涂料	地坪涂料	水泥基等非木质地面用涂料	聚氨酯、环氧等树脂
建筑涂料	功能性建筑涂料	防火涂料 防霉（藻）涂料 保温隔热涂料 其他功能性建筑涂料	聚氨酯、环氧、丙烯酸酯类、乙烯类、氟碳等的树脂

注：主要成膜物类型中树脂类型包括水性、溶剂型、无溶剂型等。

表1-3　其他涂料

主要成膜物类型		主要产品类型
油脂漆类	天然植物油、动物油（脂）、合成油等	清油、厚漆、调合漆、防锈漆、其他油脂漆
天然树脂[a]漆类	松香、虫胶、乳酪素、动物胶及其衍生物等	清漆、调合漆、磁漆、底漆、绝缘漆、生漆、其他天然树脂漆
酚醛树脂漆类	酚醛树脂、改性酚醛树脂等	清漆、调合漆、磁漆、底漆、绝缘漆、船舶漆、防锈漆、耐热漆、黑板漆、防腐漆、其他酚醛树脂漆
沥青漆类	天然沥青、（煤）焦油沥青、石油沥青等	清漆、磁漆、底漆、绝缘漆、防污漆、船舶漆、耐酸漆、防腐漆、锅炉漆、其他沥青漆
醇酸树脂漆类	甘油醇酸树脂、季戊四醇醇酸树酯、其他醇类的醇酸树酯、改性醇酸树脂等	清漆、调和合漆、磁漆、底漆、绝缘漆、船舶漆、防锈期、汽车漆、木器漆、其他醇酸树脂漆
氨基树脂漆类	三聚氰胺甲醛树脂、脲（甲）醛树脂及其改性树脂等	清漆、磁漆、绝缘漆、美术漆、闪光漆、汽车漆、其他氨基树脂漆
硝基漆类	硝基纤维素（酯）等	清漆、磁漆、铅笔漆、木器漆、汽车修补漆、其他硝基漆
过氯乙烯树脂漆类	过氯乙烯树脂等	清漆、磁漆、机床漆、防腐漆、可剥漆、胶液、其他过氯乙烯树脂漆
烯类树脂漆类	聚二乙烯乙炔树脂、聚多烯树脂、氯乙烯醋酸乙烯共聚物、聚乙烯醇缩醛树酯、聚苯乙烯树脂、含氟树脂、氯化聚丙烯树脂、石油树脂等	聚乙烯醇缩醛树脂漆、氯化聚烯烃树脂漆、其他烯类树脂漆
丙烯酸酯类树脂漆类	热塑性丙烯酸酯类树脂、热固性丙烯酸酯类树脂等	清漆、透明漆、磁漆、汽车漆、工程机械漆、摩托车漆、家电漆、塑料漆、标志漆、电泳漆、乳胶漆、木器漆、汽车修补漆、粉末涂料、船舶漆、绝缘漆、其他丙烯酸酯类树脂漆
聚酯树脂漆类	饱和聚酯树脂、不饱和聚酯树脂等	粉末涂料、卷材涂料、木器漆、防锈漆、绝缘漆、其他聚酯树脂漆
环氧树脂漆类	环氧树脂、环氧脂、改性环氧树脂等	底漆、电泳漆、光固化漆、船舶漆、绝缘漆、划线漆、罐头漆、粉末涂料、其他环氧树脂漆
聚氨酯树脂漆类	聚氨（基甲酸）酯树脂等	清漆、磁漆、木器漆、汽车漆、防腐漆、飞机蒙皮漆、车皮漆、船舶漆、绝缘漆、其他聚氨酯树脂漆
元素有机漆类	有机硅、氟碳树脂等	耐热漆、绝缘漆、电阻漆、防腐漆、其他元素有机漆
橡胶漆类	氯化橡胶、环化橡胶、氯丁橡胶、氯化氯丁橡胶、丁苯橡胶、氯磺化聚乙烯橡胶等	清漆、磁漆、底漆、船舶漆、防腐漆、防火漆、划线漆、可剥漆、其他橡胶漆
其他成膜物类涂料	无机高分子材料、聚酰亚胺树脂、二甲苯树脂等以上未包括的主要成膜材料	

注：主要成膜物类型中树脂类型包括水性、溶剂型、无溶剂型、固体粉末等。

[a]包括直接来自天然资源的物质及其经过加工处理后的物质。

表1－4 辅助材料

品种	
稀释剂	脱漆剂
防潮剂	固化剂
催干剂	其他辅助材料

2. 涂料的命名

涂料全名一般是由颜色或颜料名称加上成膜物质名称，再加上基本名称（特性或专业用途）而组成。对于不含颜料的清漆，其全名一般是由成膜物质名称加上基本名称而组成。

颜色名称通常由红、黄、蓝、白、黑、绿、紫、棕、灰等颜色，有时再加上深、中、浅（淡）等词构成。若颜料对漆膜性能起显著作用，则可用颜料的名称代替颜色的名称，例如铁红、锌黄、红丹等。

成膜物质名称可做适当简化，例如聚氨基甲酸酯简化成聚氨酯；环氧树脂简化成环氧；硝酸纤维素（酯）简化为硝基等。漆基中含有多种成膜物质时，选取起主要作用的一种成膜物质命名。必要时也可选取两或三种成膜物质命名，主要成膜物质名称在前，次要成膜物质名称在后，例如红环氧硝基磁漆。成膜物名称可参见表1－3。

基本名称表示涂料的基本品种、特性和专业用途，例如清漆、磁漆、底漆、锤纹漆、罐头漆、甲板漆、汽车修补漆等，涂料基本名称可参见表1－5。

表1－5 涂料基本名称

基本名称	基本名称
清油	铅笔漆
清漆	罐头漆
厚漆	木器漆
调合漆	家用电器涂料
磁漆	自行车涂料
粉末涂料	玩具涂料
底漆	塑料用漆
腻子	（浸渍）绝缘漆
大漆	（覆盖）绝缘漆
电泳漆	抗弧（磁）漆、互感器漆
乳胶漆	（黏合）绝缘漆
水溶（性）漆	漆包线漆
透明漆	硅钢片漆
斑纹漆、裂纹漆、桔纹漆	电容器漆
锤纹漆	电阻漆、电位器漆
皱纹漆	半导体漆
金属漆、闪光漆	电缆漆
防污漆	可剥漆
水线漆	卷材涂料

续表

基本名称	基本名称
甲板漆、甲板防滑漆	光固化涂料
船壳漆	保温隔热涂料
船底防锈漆	机床漆
饮水舱漆	工程机械用漆
油舱漆	农机用漆
压载舱漆	发电、输配电设备用漆
化学品舱漆	内墙涂料
车间（预涂）底漆	外墙涂料
耐酸漆、耐碱漆	防水涂料
防腐漆	地板漆、地坪漆
防锈漆	锅炉漆
耐油漆	烟囱漆
耐水漆	黑板漆
防火涂料	标志漆、路标漆、划线漆
防霉（藻）涂料	汽车底漆、汽车中涂漆、汽车面漆、汽车罩光漆
耐热（高温）涂料	汽车修补漆
示温涂料	集装箱涂料
涂布漆	铁路车辆涂料
桥梁漆、输电塔漆及其他（大型露天）钢结构漆	胶液
航空、航天用漆	其他未列出的基本名称

在成膜物质名称和基本名称之间，必要时可插入适当词语来标明专业用途和特性等，例如白硝基球台磁漆、绿硝基外用磁漆、红过氯乙烯静电磁漆等。

需烘烤干燥的漆，名称中（成膜物质名称和基本名称之间）应有“烘干”字样，例如银灰氨基烘干磁漆、铁红环氧聚酯酚醛烘干绝缘漆。如名称中无“烘干”词，则表明该漆是自然干燥，或自然干燥、烘烤干燥均可。

凡双（多）组分的涂料，在名称后应增加“（双组分）”或“（三组分）”等字样，例如聚氨酯木器漆（双组分）。

1.1.2 涂料行业技术发展概况

1.1.2.1 涂料行业技术发展的基本情况

国民经济持续快速发展，带动了我国涂料工业持续快速发展，涂料技术的发展是涂料发展的引擎，涂料技术的发展支撑着涂料行业持续快速发展，技术发展促进涂料产品结构改变，使低污染涂料比例不断上升，但与德国、日本等涂料强国相比，低污染型涂料还有一定差距。

我国涂料技术发展的特点是引进技术多于原创，原创技术不能满足迅速发展的需要，而最先进的技术是引进不来的，如有关国防的特种涂料、汽车涂料、水性涂料等目前尚未达到国际一流的技术水平。

1.1.2.2 涂料工业的技术发展趋势

国外涂料大公司借助先进的生产技术，不断研发性能优良、品种齐全的新产品。通过先进的聚合物生产技术，在聚合物乳液合成过程中，采用无表面活性剂的自乳化技术、采用其他特定的聚合技术，使多种不同单体组成的聚合物，呈层状结构存在于同一胶粒中，从而达到调节 T_g、保证产品性能的目的，使产品即具有一定的硬度、耐污染性，又使施工易于进行。通过定向聚合、辐射聚合、互穿网络聚合等制得聚合物乳液来改进涂料的性能和增加使用功能。

目前涂料研究的方向，其一是涂料应用的自动化，特别是产品涂刷的自动化，所提供的产品施工简便、安全；其二是向环保型涂料方向发展；其三是增加新的组成成分，使涂料在涂后发生新的化学变化而构成涂膜，以及将由一次施工只能得到薄涂层，转变为得到厚涂层，涂膜层数也将由繁琐的多道配套简化为简单施工，涂膜的干燥过程也将利用各种物理、化学反应而大大缩短。就各类涂料的发展趋势具体阐述如下。

1. 水性涂料

研究较多的方向有成膜机理的研究和施工应用的研究。成膜机理方面的研究主要是改善涂膜的性能；施工应用的研究主要是使产品的施工应用达到环保、安全、简单、快捷、自动化等。

水性涂料代表着低污染涂料发展的主要方向。为了不断改善其性能，扩大其应用范围，近半个世纪以来国内外对水性涂料进行了大量的研究，其中无皂乳液聚合、室温交联、紫外光固化以及水性树脂的混合是目前该领域研究的热点，并将成为水性涂料发展的关键技术。

2. 粉末涂料

粉末涂料是一种省能源、省资源、低污染的涂料，其利用率高达95% ~99%，近年发展很快。粉末涂料是一种由树脂、颜料、填料及添加剂等组成的粉末状物质，其中作为主要成膜物质的树脂组分可以是一种树脂及其固化系统也可以是几种树脂混合物。粉末涂料的主要品种有环氧树脂、聚酯、丙烯酸树脂和聚氨酯粉末涂料。近年来，芳香族聚氨酯和脂肪族聚氨酯粉末涂料以其优异的性能令人注目。随着科学技术的迅速发展，粉末涂料的类型和品种与日俱增，目前正在向制造工艺超临界流体化、色彩多样化、专用产品高端化、涂装薄膜化的四化方向发展。

3. 高固体分涂料

体积固含量在60%或质量固含量在80%以上的涂料称为高固体分涂料。随着全球环保要求日益增高，高固体分涂料成为近几年来低污染涂料中发展最快、应用最广的品种，目前已有向固含量100%即无溶剂涂料推进的趋势。无溶剂涂料又称活性溶剂涂料，由合成树脂、固化剂和带有活性的溶剂制成的涂料，配方体系中的所有组分除很少量挥发外，都参与反应固化成膜，对环境污染少，无溶剂体系通常黏度较高，需采用特殊的施工工具和工艺，尚在发展之中。与传统溶剂型涂料相比，超高固体分涂料可节约大量有机溶剂，超高固体分涂料的使用，大大降低了有机溶剂对环境的污染和对人们健康的危害；而超高固体分涂料的生产基本实现了无溶剂操作，不仅提高施工效率、降低涂饰成本，还可以使用传统的设备来生产和使用高固体分涂料，基本上不需要重新投资建设生产厂和施工设施，新型分子设计和独特的合成技术，是开发高固含量合成涂料的有效方法。

4. 光固化涂料

辐射固化技术从辐射光源和溶剂类型来看可分为紫外（UV）固化技术、非紫外光固化技术、油性光固化技术、水性光固化技术。

辐射固化技术产品中80%以上是紫外线固化技术（UVCT）。随着人类环保意识增强，发达国家对涂料使用的立法越来越严格，在涂料应用领域，辐射固化取代传统热固化必将成为一种趋势。在近几十年中，该领域的发展非常迅猛，每年都在以20%~25%速度增长。

光固化是一种快速发展的绿色新技术，从20世纪70年代至今，辐射固化技术在发达国家的应用越来越普及。与传统涂料固化技术相比，辐射固化具有节能无污染、高效、适用于热敏基材、性能优异、采用设备小等优点。

光固化涂料也是一种不用溶剂、很节省能源的涂料，主要用于木器和家具等。在欧洲和发达国家的木器和家具用漆的品种中，光固化型市场潜力大，很受大企业青睐，主要是木器家具流水作业的需要，美国现约有700多条大型光固化涂装线，德国、日本等大约有40%的高级家具采用光固化涂料。最近又开发出聚氨酯丙烯酸光固化涂料，它是将有丙烯酸酯端基的聚氨酯齐聚物溶于活性稀释剂（光聚合性丙烯酸单体）中而制成的。它既保持了丙烯酸树脂光固化涂料的特性，也具有特别好的柔性、附着力、耐化学腐蚀性和耐磨性，主要用于木器家具、塑料等的涂装。

5. 防腐涂料

防腐涂料是涂料的重要品种，受石油资源及环保法规对挥发性有机物质（VOC）及有害空气污染物（HAPs）的限制等因素影响，世界防腐涂料工业在不断提高性能的同时，正迅速向绿色化方向发展。涂料工作者以无污染、无公害、节省能源、经济高效为原则，开发无公害或少公害及防腐性能优异的涂料品种。

目前提倡的防腐涂料技术整体设计的无公害化即指在研发时应考虑到涂料自身的各个组成部分（成膜物质、防腐颜料、溶剂及助剂）、原材料的合成及涂料生产过程、基材预处理过程、施工过程等整体的无公害化。

在防腐工程上常用的是环氧粉末涂料。管道防腐用环氧粉末涂料是一种完全不含溶剂、以粉末形态喷涂并熔融成膜的新型涂料。

近年来，我国工业防腐涂料在传统防腐涂料的基础上开发了许多性能优良的新型防腐涂料，如高固体分涂料、长效防腐涂料、磷片防腐涂料、粉末涂料、无溶剂涂料、水性防腐蚀涂料、含氟涂料等。此外，也开发了一些特种防腐涂料品种如高温防腐涂料、抗静电涂料、高弹性涂料、无毒涂料等。

6. 建筑涂料

建筑涂料是涂料工业的重要支柱。美国是涂料工业发达国家，其建筑涂料占涂料总量的50%，建筑物的外墙有80%使用建筑涂料。建筑涂料也是我国涂料行业发展最迅猛的涂料，建筑业已逐渐发展成为国民经济支柱产业，建筑涂料在涂料中的比重也随之逐年攀升。

建筑内墙涂料的发展方向是高档乳胶漆。高档乳胶漆不仅要求具有良好的耐擦洗性、开罐性、流变性、涂刷性等，还对涂料本身的视觉效果提出了新的要求，不仅光泽要齐全，色彩要淡雅柔和，同时质感还要细腻等。内墙涂料必须向健康型方向发展，实现零VOC排放和尽可能少的残存单体。

外墙建筑涂料的发展方向是高抗沾污性、自乳性、高固体分及低VOC乳胶漆，如高耐候性氟碳树脂涂料；以有机硅等憎水基团改性的丙烯酸制成的可防渗，且能让空气通过的“呼吸型”外墙涂料；可防止墙面收缩产生裂纹的弹性乳胶涂料。功能性外墙涂料也是一个不可忽视的方面，如用厚质保温层或反辐射材料制成的隔热保温涂料，可赋予建筑外墙隔热保温功能，产生节能效果。此外还有防碳化涂料、装饰性防火涂料、防蚊蝇涂料、防霉杀菌涂料、隔音涂料等。

防水涂料将向水性、弹性、耐酸、耐碱、斥水、隔音、密封和抗龟裂等方向发展，如硅橡胶防水涂料、聚氨酯防水涂料、水性PVC防水涂料、VAE防水涂料、丙烯酸乳液型涂料、高交联型防水涂料、焦油改性聚氨酯防水涂料、厚质保温防水涂料、节能型防水涂料、氯丁胶沥青防水涂料等。

地坪涂料将向水性化、高固体、无溶剂和多功能方向发展，要求具有自流平性、耐磨防滑性、弹性、耐腐蚀性和抗静电性等，其品种有环氧、聚氨酯、不饱和聚酯等。

木器漆占建筑涂料的很大部分，水性木器漆必然会伴随着水性建筑涂料、水性汽车涂料、水性船舶涂料、无溶剂环氧船舶涂料、粉末涂料的发展而发展。建筑涂料发展总的方向是向环保、绿色的方向发展。

实现产品多功能化、装饰效果多样化、产品多功能化是建筑涂料行业长期以来的发展方向，必须研发各类功能性涂料，扩大建筑涂料应用范围，以满足市场的需求。如：弹性外墙乳胶涂料、外墙隔热涂料、钢结构防火涂料、防碳化涂料、防火隔声涂料、抗菌涂料、水性木器涂料、防静电涂料、耐磨防滑地面涂料、屋顶隔热涂料等，建筑涂料装饰效果的多样化，也同样会扩大建筑涂料的应用范围。如真石漆、金属漆、仿铝质幕墙结构的仿铝板漆，都可达到以假乱真的装饰效果。

7. 汽车涂料

汽车涂料作为涂料工业的两大支柱之一，伴随着汽车的发展将推动汽车涂料在质量、产量和品种上迈上新台阶。中国汽车制造技术主要来自德国、日本、美国、韩国等国，涂料质量标准各异，需求多样化，花色品种变化频繁。随着国产轿车生产的迅速增长，轿车进口量急剧增加，国内汽车保有量与日俱增，中国汽车修补漆市场发展前景诱人。

8. 纳米涂料

将纳米材料与纳米技术应用于涂料中，推动了涂料领域的快速发展，不但提高和改善传统涂料的性能，如耐磨性、耐碱性、耐老化性等，更是利用纳米材料自身性质赋予涂料丰富的功能性，如超疏水性、超亲水性、抗菌性等，开发出了纳米隔热涂料、纳米超疏水涂料、纳米超亲水涂料、纳米隐身涂料、纳米抗老化涂料等多种功能纳米涂料。

纳米涂料的研究和应用已经初见成果，如纳米隔热涂料已在建筑中大量应用，使建筑物更加节能环保。

1.2 胶黏剂概述

1.2.1 胶黏剂的基本概念、分类及专业术语

1.2.1.1 胶黏剂基本概念与分类

胶黏剂（adhesive）：通过界面的黏附和内聚等作用，能使两种或两种以上的制件或材料连接在一起的天然的或合成的、有机的或无机的一类物质，统称为胶黏剂，又叫黏合剂，习惯上简称为胶。简而言之，胶黏剂就是通过粘合作用，能使被粘物结合在一起的物质。“胶黏剂”是通用的标准术语，亦包括其他一些胶水、胶泥、胶浆、胶膏等。胶接（粘合、粘接、胶结、胶黏）是指同质或异质物体表面用胶黏剂连接在一起的技术，具有应力分布连续，重量轻，或

密封，多数工艺温度低等特点。胶接特别适用于不同材质、不同厚度、超薄规格和复杂构件的连接。20 世纪 80 年代以来，胶黏剂与胶接技术进展显著，新的性能优异的胶黏剂不断出现，且由于独特的胶黏技术，使其具有非凡的多功能，能够实现多重目的，因此，得到了更为广泛的应用。胶黏剂的分类方法同样很多，尚不统一，常用的分类方式有多种。

按化学成分可将胶黏剂分为有机胶黏剂和无机胶黏剂，有机胶黏剂又分为合成胶黏剂和天然胶黏剂，合成胶黏剂有树脂型、橡胶型、复合型等；按主体化学成分或基料分类，见表 1 - 6 所示。天然胶黏剂有动物、植物、矿物、天然橡胶等胶黏剂；无机胶黏剂按化学组分有磷酸盐、硅酸盐、硫酸盐、硼酸盐等多种，这是一种比较科学的分类方法。按照胶黏剂的物理状态，可以分为液态、固态和糊状胶黏剂。固态胶黏剂又有粉末状和薄膜状的，而液态胶黏剂则可以分为水溶液型、有机溶液型、水乳液型和非水介质分散型等。按照胶黏剂的来源可以分为天然橡胶和合成橡胶。例如天然橡胶、沥青、松香、明胶、纤维素、淀粉胶等都属于天然胶黏剂，而采用聚合方法人工合成的各种胶黏剂均属于合成胶黏剂的范畴。按用途可分为结构胶黏剂、非结构胶黏剂和特种胶黏剂（如耐高温、超低温、导电、导热、导磁、密封、水中胶黏等）三大类。属于结构胶黏剂的有：环氧树脂类、聚氨酯类、有机硅类、聚酰亚胺类等热固性胶黏剂；聚丙烯酸酯类、聚甲基丙烯酸酯类、甲醇类等热塑性胶黏剂；还有如酚醛-环氧型等改性的多组分胶黏剂。按应用方法可分为室温固化型、热固型、热熔型、压敏型、再湿型、瞬干胶黏剂，延迟胶黏剂等胶黏剂。按固化形式可分为溶剂挥发型、乳液型、反应型和热熔型四种。按组分分类：单组分，双组分，反应型。单组分胶黏剂可单独使用，如含有溶剂时，在使用前搅拌均匀，黏度要适宜，以满足工艺上的要求。多组分胶黏剂，如属市售者应按使用说明书规定配比称量并充分地均匀混合。这类胶黏剂一般适用期都较短，应在使用前临时配制，每次配胶量不宜过多。按胶黏剂的应用领域来分，则主要分为土木建筑、纸张与植物、汽车、飞机和船舶、电子和电气以及医疗卫生用胶黏剂等种类。

表 1 - 6　胶黏剂按主体化学成分或基料的分类

<table>
<tr><td colspan="4">无机胶黏剂</td><td>硅酸盐、磷酸盐（如磷酸-氧化铜）、氧化铅、硫黄、水玻璃、水泥、SiO_2-Na_2O-B_2O_3、无机-有机聚合物、陶瓷（如氧化锆、氧化铝）、低熔点金属（如锡，铅）等</td></tr>
<tr><td rowspan="7">有机胶黏剂</td><td rowspan="3">天然型</td><td colspan="2">动物胶</td><td>皮胶，骨胶、虫胶、酪素胶，血蛋白胶，鱼胶等</td></tr>
<tr><td colspan="2">植物胶</td><td>淀粉、糊精、松香、阿拉伯树胶、天然树脂胶（如松香、木质素、单宁）、天然橡胶等</td></tr>
<tr><td colspan="2">矿物胶</td><td>矿物蜡、沥青等</td></tr>
<tr><td rowspan="4">合成型</td><td rowspan="2">合成树脂型</td><td>热塑型</td><td>纤维素酯、烯类聚合物（如聚醋酸乙烯酯、聚乙烯醇、过氯乙烯、聚异丁烯）、聚氨酯、聚醚、聚酰氨、聚丙烯酸酯、α-氰基丙烯酸酯、聚乙烯醇缩醛、乙烯-醋酸乙烯共聚物等</td></tr>
<tr><td>热固型</td><td>环氧树脂、酚醛树脂、脲醛树脂，三聚氰胺-甲醛树脂、有机硅树脂、呋喃树脂、不饱和聚酯、丙烯酸树脂、聚酰亚胺、聚苯并咪唑、酚醛-聚乙烯醇缩醛、酚醛-聚酰胺、酚醛-环氧树脂、环氧-聚酰胺等</td></tr>
<tr><td colspan="2">合成橡胶型</td><td>氯丁橡胶、丁苯橡胶、丁基橡胶、丁腈橡胶、异戊橡胶、聚硫橡胶、聚氨酯橡胶、氯磺化聚乙烯弹性体、硅橡胶、羧基橡胶等</td></tr>
<tr><td colspan="2">复合型</td><td>酚醛-丁腈胶、酚醛-氯丁胶、酚醛-聚氨酯胶、环氧-丁腈胶、环氧-聚硫胶等</td></tr>
</table>

1.2.1.2 胶黏剂的专业术语

胶黏剂的种类很多，其牌号在千种以上。每一种类又有衍生和改性的许多品种，同一品种不同配方又发展了系列牌号，不同厂家对同类品种又各自编出许多牌号。要详细了解各种胶黏剂的结构、性能、主要成分及使用工艺，可以查阅手册，胶黏剂的专业术语如下。

粘合（adhesion）：两个表面依靠化学力、物理力或两者兼有的力使之结合在一起的状态。

内聚（cohesion）：单一物质内部各粒子靠主价力、次价力结合在一起的状态。

黏附破坏（adhesion failure）：胶黏剂和被粘物界面处发生的目视可见的破坏现象。

内聚破坏（cohesion failure）：胶黏剂或被粘物中发生的目视可见的破坏现象。

固化（curing）：胶黏剂通过化学反应（聚合、交联等）获得并提高胶接强度等性能的过程。

硬化（hardening）：胶黏剂通过化学反应或物理作用（如聚合、氧化反应、凝胶化作用、水合作用、冷却、挥发性组分的蒸发等），获得并提高胶接强度、内聚强度等性能的过程。

1.2.2 胶黏剂行业技术发展概况

1.2.2.1 胶黏剂行业技术发展的基本情况

伴随着生产和生活水平的提高，普通分子结构的胶黏剂已经远不能满足人们在生产生活中的应用，这时高分子材料和纳米材料成为改善各种材料性能的有效途径，高分子类聚合物和纳米聚合物成为胶黏剂重要的研究方向。在工业企业现代化的发展中，设备的集群规模和自动化程度越来越高，同时针对设备的安全连续生产的要求也越来越高，传统的以金属修复方法为主的设备维护工艺技术已经远远不能满足针对更多高新设备的维护需求，对此需要研发更多针对设备预防和现场解决的新技术和材料，为此诞生了包括高分子复合材料在内的更多新的胶黏剂，以便解决更多问题，满足新的应用需求。

20世纪后期，世界发达国家研发了以高分子材料和复合材料技术为基础的高分子复合型胶黏剂，它是以高分子复合聚合物与金属粉末或陶瓷粒组成的双组分或多组分的复合材料，它是在高分子化学、胶体化学、有机化学和材料力学等学科基础上发展起来的高技术学科。它可以极大解决和弥补金属材料的应用弱项，可广泛用于设备部件的磨损、冲刷、腐蚀、渗漏、裂纹、划伤等修复保护。高分子复合材料技术已发展成为重要的现代化胶黏剂应用技术之一。

由于胶黏剂具有可以实现同种或异种材料的连接、接头部位无应力集中、粘接强度高、易于实现化合自动化操作等优点，还可以粘接一些其他连接方式无法连接的材料或结构。如实现金属与非金属的粘接克服铸铁、铝焊接时易裂和铝不能与铸铁、钢焊接等问题，并能在有些场合有效地代替焊接、铆接、螺纹连接和其他机械连接。胶黏剂的应用已渗入到国民经济中的各个部门，成为工业生产中不可缺少的技术，在高技术领域中的应用也十分广泛，与此同时国民经济的高速发展也为胶黏剂行业的发展提供了广阔的空间，我国现已成为胶黏剂的生产和消费大国。

1.2.2.2 胶黏剂工业的技术发展趋势

为适应工农业生产和社会生活对胶接技术的需要，各国在开发胶黏剂品种方面都花了很大的功夫，出现了一些快固化、单组分、高强度、耐高温、无溶剂、低黏度、不污染、省能源、多功用等各具特点的胶黏剂。在合成胶黏剂方面，利用分子设计开发高性能胶黏剂；采用接技、共聚、掺混、互穿网络聚合物（IPM）等技术改善胶黏剂的性能。对于胶黏机理的研究有了新的进展，施胶设备和工具也有了新的发展。如胶黏与机械相结合的连接方式、胶黏与电刷镀等技术结合，形成了新的复合修复技术等。我国的胶黏剂和胶黏技术发展也很快，不少胶黏剂的质量和性能达到甚至超过了世界同类先进产品，并呈现出产品向着改性型、反应型、多功能型、纳米型等方向发展，应用领域向着新能源、节能环保等新兴产业聚焦的发展趋势。

1. 无溶剂性胶黏剂

现行的许多胶黏剂都含有大量挥发性很强的溶剂，这些溶剂不仅危害人的身心健康，而且会破坏大气层中的臭氧层，引起了公众和政府的高度重视，这样自然给胶黏剂工业带来了一种新的发展趋势，即向无溶剂的胶黏剂发展。不仅胶黏剂本身要求环保，黏接技术也要适应环保要求，走可持续发展道路，不用有毒有害原材料，从源头控制，实现“零”排放，生产环境友好的胶黏剂。辐射技术是20世纪70年代以来开发的一种全新绿色技术，是指经过紫外光、电子束的照射，使液相体系瞬间聚合、交联固化的过程，具有快速、高质量、低能耗、无污染、适合连续化生产等独特优点，被誉为面向21世纪的绿色工业技术。

2. 纳米胶黏剂

纳米技术是21世纪颇具发展前途的新技术，将一些纳米材料加入到胶黏剂中，使黏接强度、韧性、耐热性、耐老化性和密封效果都大幅提高。纳米胶黏剂是材料领域的重要组成部分，发展纳米胶黏剂，有可能在席卷全球的“纳米经济”急战中，抢夺一个技术制高点。纳米胶黏剂将成为一颗耀眼的新的科技明星。

3. 多功能胶黏剂

共混与复合技术：不同材料按适当比例混合，可有效地将各基料的优良性能综合起来，从而得到比单一基料性能更好的胶黏剂和密封剂。这种共混方法具有协同效应，起到相得益彰的作用。当一种胶黏剂同时具有多种功能的时候，它的应用价值往往陡增，所以多功能胶黏剂是胶黏剂工业的发展趋势之一。

4. 军事、国防用胶黏剂

发展军事、国防用胶黏剂是未来战争和防恐、反恐的需要，因此它必定有着长足发展。

思考题

1. 什么是涂料？涂料的主要作用是什么？
2. 涂料命名原则是什么，涂料型号的各个符号或数字各代表什么意义？
3. 涂料有哪些分类方法？
4. 涂料的主要发展方向是什么？
5. 什么是胶黏剂？胶黏剂的主要作用是什么？
6. 胶黏剂的主要发展方向是什么？
7. 举例说明特种涂料的应用。

第2章　涂料和胶黏剂用树脂的合成

合成高分子材料是指由人工合成的高分了化合物为基础所组成的材料，它有许多优良的性能，如密度小，装饰性能好等，涂料与胶黏剂就是合成高分子材料产品的典型代表，合成涂料与胶黏剂的主要性质是由高分子树脂结构决定的，各种树脂由于化学组成和结构的不同，其性能及其在涂料与胶黏剂中的应用范围各异，高分子链结构、价键种类和键能、相对分子质量大小及其分布、分子极性、结晶度等都直接影响涂料、胶黏剂的特性，它们都是数脂分子结构设计的重要内容。本章主要讨论醇酸树脂、环氧树脂、聚氨酯树脂、丙烯酸树脂、酚醛树脂、氨基树脂的合成原理、结构与性能的关系、生产工艺，以及树脂在涂料与胶黏剂不同领域中的应用。

2.1　醇酸/聚酯树脂

醇酸树脂是最重要的涂料用树脂，醇酸树脂在开发高固体分胶黏剂中也起着不容忽视的作用。醇酸树脂是由多元醇、多元酸和一元酸通过缩聚反应而合成的线型树脂。醇酸树脂也是涂料用量最大，使用最早的合成树脂。

控制醇酸树脂的分子量、提高醇酸树脂在烃类溶剂中的溶解度及树脂的物化性能改性是涂料与胶黏剂所用树脂的起点。

多元醇和多元酸可以进行缩聚反应，所生成的缩聚物大分子主链上含有许多酯基，这种聚合物称为聚酯。涂料与胶黏剂工业中，将脂肪酸或油脂改性的聚酯树脂称为醇酸树脂（alkyd resin)，而将大分子主链上含有不饱和双键的聚酯称为不饱和聚酯，其他的聚酯则称为饱和聚酯。

醇酸树脂是多元酸、多元醇进行酯化反应的产物，因而包含聚酯树脂，只是醇酸树脂也可由脂肪酸合成，而聚酯则不可。醇酸树脂，从学术上讲，也应属于聚酯树脂的范畴，但是考虑到其重要性及其结构的特殊性（即以植物油或脂肪酸改性的特点），称之为油改性聚酯。涂料工业中的聚酯也可以称之为无油聚酯（polyester resin，简称 PE)，鉴于醇酸/聚酯树脂在原料的选择、反应基理及树脂性能方面的相似性，故将二者放在一起讨论。

2.1.1　合成原理

一般机理如下：

$$\mathrm{R{-}\overset{\displaystyle O}{\overset{\|}{C}}{-}X} + \mathrm{H{-}Y{:}} \rightleftharpoons \mathrm{R{-}\overset{\displaystyle :\ddot{O}:}{\overset{|}{C}}{-}X} \;(\uparrow \mathrm{Y{-}H}) \rightleftharpoons \mathrm{R{-}\overset{\displaystyle O}{\overset{\|}{C}}{-}Y} + \mathrm{H{-}X}$$

式中，X 为 OH、OR′、NH_2、NHR′、OCOR′或 Cl；Y 为 $R'O^-$、R′OH、R′NH 或 $R'COO^-$。

即亲核基团进攻羧酸及其衍生物的羰基碳发生加成－消除反应，醇酸/聚酯树脂则是二元酸及其衍生物与多元醇进行的这种加成－消除反应。反应为可逆反应，因而聚合物的分子量取决于反应体系中小分子挥发物的除去。根据上述机理，醇酸/聚酯树脂的合成可分为直接酯化、酯交换、酸酐法及酰氯法。现分别简述如下：

1. 直接酯化法

直接酯化法即同一分子或不同分子间的羧基和羟基相互作用：

$$n\mathrm{HO{-}A{-}COOH} \rightleftharpoons \left[\mathrm{A{-}\overset{\displaystyle O}{\overset{\|}{C}}{-}O}\right]_n + n\mathrm{H_2O}$$

$$n\mathrm{HOOC{-}A{-}COOH} + n\mathrm{HO{-}A'{-}OH} \rightleftharpoons \left[\mathrm{\overset{\displaystyle O}{\overset{\|}{C}}{-}A{-}\overset{\displaystyle O}{\overset{\|}{C}}{-}OA'O}\right]_n + 2n\mathrm{H_2O}$$

反应为可逆反应，小分子可通过抽真空或通惰性气体移去，不同分子间的酯化反应可以通过醇过量的方式，使反应向正方向移动。

2. 酯交换法

酯交换法分两步进行，第一步是二元酯与过量的二元醇之间发生的酯交换反应：

$$n\mathrm{ROOC{-}A{-}COOR} + (n+1)\mathrm{HOGOH} \rightleftharpoons \mathrm{HOGO}\left[\mathrm{\overset{\displaystyle O}{\overset{\|}{C}}{-}A{-}\overset{\displaystyle O}{\overset{\|}{C}}{-}OGO}\right]_n\mathrm{H} + n\mathrm{ROH}$$

第二步是随着越来越多的 ROH 的挥发，上述酯交换反应产物进一步发生缩聚反应，消除二元醇。反应通常在较高的温度和真空条件下进行：

$$2\mathrm{HOGO{-}\underset{\underset{\displaystyle O}{\|}}{C}{-}A{-}\underset{\underset{\displaystyle O}{\|}}{C}{-}OGOH} \rightleftharpoons \mathrm{HOGO{-}\underset{\underset{\displaystyle O}{\|}}{C}{-}A{-}\underset{\underset{\displaystyle O}{\|}}{C}{-}OGO{-}\underset{\underset{\displaystyle O}{\|}}{C}{-}A{-}\underset{\underset{\displaystyle O}{\|}}{C}{-}OGOH} + \mathrm{HOGOH}$$

所用催化剂为电负性在 1.0～1.7 之间的金属盐，Sb 的盐催化缩聚反应最有效。

3. 酸酐法

酸酐与醇进行下列酯化反应：

$$n\ \text{(邻苯二甲酸酐)} + n\mathrm{HOGOH} \longrightarrow \mathrm{HOGO{-}\overset{\displaystyle O}{\overset{\|}{C}}{-}C_6H_4{-}COOH} \rightleftharpoons \left[\mathrm{\overset{\displaystyle O}{\overset{\|}{C}}{-}C_6H_4{-}\overset{\displaystyle O}{\overset{\|}{C}}{-}O{-}G{-}O}\right]_n + n\mathrm{H_2O}$$

反应第二步是可逆反应，反应速度相对较慢，为控制步骤。

4. 醇解反应

如油（即甘油三脂肪酸酯）与醇（如甲醇）作用，生成甘油与脂肪酸甲酯。

$$\begin{matrix}\mathrm{H_2C{-}O{-}\overset{\displaystyle O}{\overset{\|}{C}}{-}R}\\ |\\ \mathrm{HC{-}O{-}\overset{\displaystyle O}{\overset{\|}{C}}{-}R}\\ |\\ \mathrm{H_2C{-}O{-}\overset{\displaystyle O}{\overset{\|}{C}}{-}R}\end{matrix} + 3\mathrm{CH_3OH} \rightleftharpoons \begin{matrix}\mathrm{H_2C{-}OH}\\ |\\ \mathrm{HC{-}OH}\\ |\\ \mathrm{H_2C{-}OH}\end{matrix} + 3\mathrm{CH_3{-}O{-}\underset{\underset{\displaystyle O}{\|}}{C}{-}R}$$

油也可用多元醇，如丙三醇（甘油）或其他多元醇醇解，随多元醇用量、反应条件的改变，生成产物为不同数量比的油、甘油一酸酯、甘油二酸酯的混合物。

5. 酸解反应

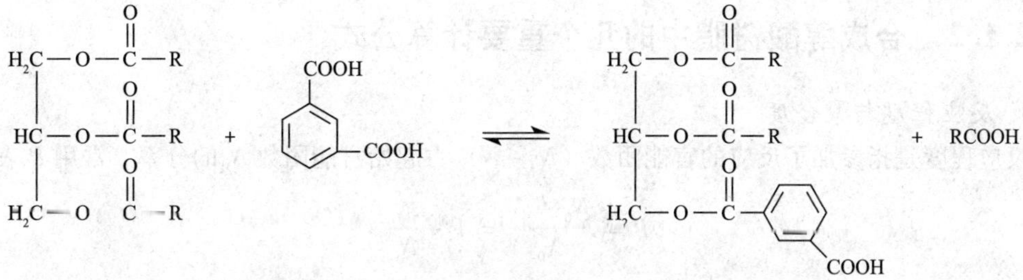

$H_2C—O—C(=O)—R$
$HC—O—C(=O)—R$　+　（COOH、COOH 取代苯）　⇌　$H_2C—O—C(=O)—R$
$H_2C—O—C(=O)—R$　　　　　　　　　　　　　　　$HC—O—C(=O)—R$　+ RCOOH
　　　　　　　　　　　　　　　　　　　　　　　$H_2C—O—C(=O)—C_6H_4—COOH$

6. 不饱和脂肪酸与其他化学物质的加成反应

（1）与顺丁烯二酸酐的加成反应

与含有共轭双键的脂肪酸反应形成如下的加成物：

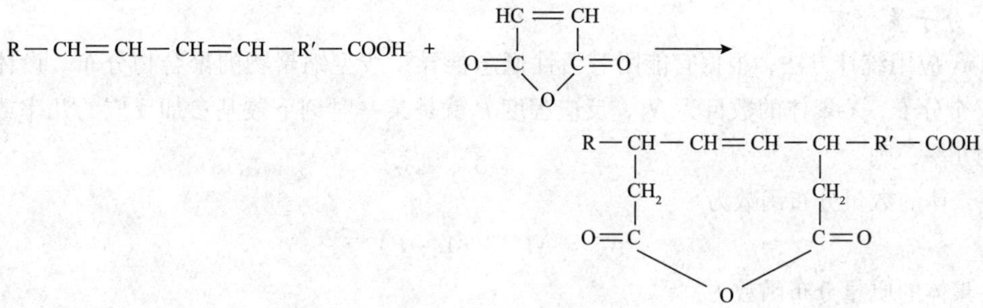

$R—CH═CH—CH═CH—R'—COOH$ + 顺丁烯二酸酐（HC═CH，O═C，C═O，O）⟶

$R—CH—CH═CH—CH—R'—COOH$（两个 CH 分别连 CH_2，$O═C$、$C═O$ 经 O 成环）

与含有非共轭双键的脂肪酸反应则形成如下的加成物：

$R—CH═CH—CH_2—CH═CH—R'—COOH$ + 顺丁烯二酸酐（HC═CH，O═C，C═O，O）⟶

$R—CH═CH—CH═CH—CH—R'—COOH$（CH 连 HC—CH，O═C、C═O 经 O 成环）

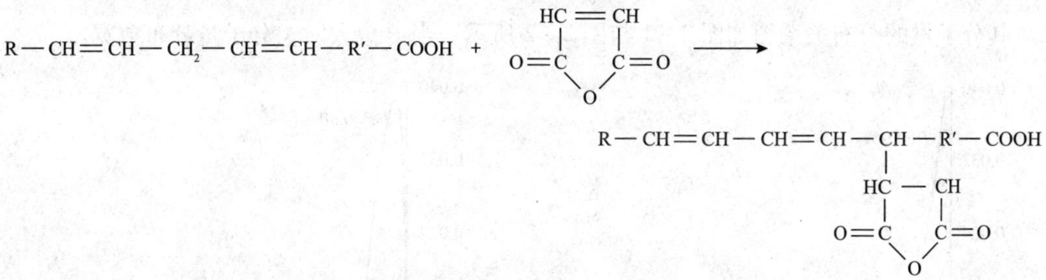

与只有一个双键的脂肪酸反应则形成如下的加成物：

$R—CH═CH—CH_2—R'—COOH$ + 顺丁烯二酸酐（HC═CH，O═C，C═O，O）⟶ $R—CH═CH—CH—R'—COOH$（CH 连 HC—CH，O═C、C═O 经 O 成环）

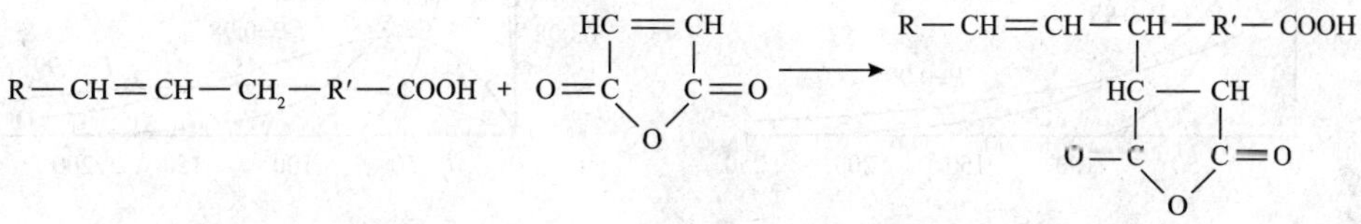

上述反应在生产醇酸树脂时可以用来提高官能度，增加树脂黏度和漆膜硬度；也可用来提供羧基，中和成铵盐制备水性醇酸树脂。

（2）与烯类化合物的加成反应

烯类化合物易与含有共轭双键脂肪酸的醇酸树脂共聚，在醇酸树脂的制造过程中，用来制备改性醇酸树脂。

(3) 与酚-甲醛缩合物的加成反应

不饱和脂肪酸与酚-甲醛缩合物的加成反应，引进的酚醛树脂结构可以改进醇酸树脂的耐水性和耐化学药品性。

2.1.2 合成醇酸树脂中的几个重要计算公式

1. 反应程度与聚合度

反应程度是指参加了反应的官能团数（N_0-N）占起始官能团数 N_0 的分率，常用 P 表示：

$$P=\frac{N_0-N}{N_0}=1-\frac{N}{N_0}$$

式中，N_0 为体系中起始羧基数或羟基数；N 为 t 时间残留的羧基数或羟基数。

平均进入大分子链的单体数目称为平均聚合度，以 X_n 表示，则

$$X_n=\frac{\text{结构单元数}}{\text{大分子数}}=\frac{N_0}{N}=\frac{1}{1-P}$$

2. 分子量分布

Flory 应用统计方法，根据官能团等活性概念推导了线型缩聚物的聚合物分布。设体系中共有 N 个分子，X-聚体的数目为 N_X，反应程度 P 就是某一时刻下羧基参加反应的几率或构成酯键的几率，则

X-聚体的数量分布函数为

$$N_X=NP^{(x-1)}(1-P)$$

X-聚体的质量分布函数为

$$W_X=\frac{xN_x}{N_0}=xP^{(x-1)}(1-P)^2$$

其分子量的分布关系图如图 2-1 与图 2-2 所示。当 P 愈大时，分子量分布愈宽。

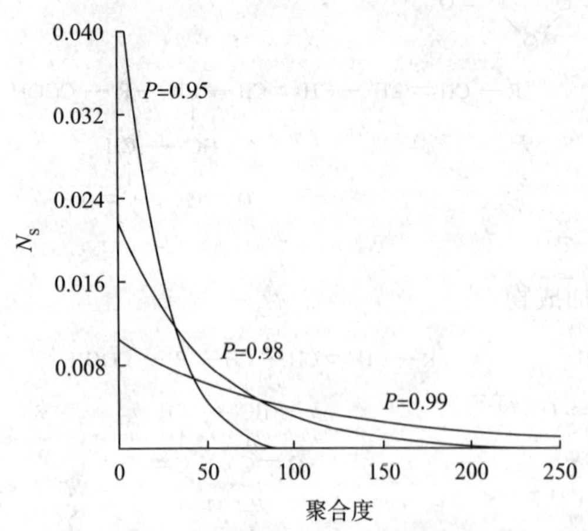

图 2-1 不同反应程度对线型缩聚物分子量的数量分布曲线

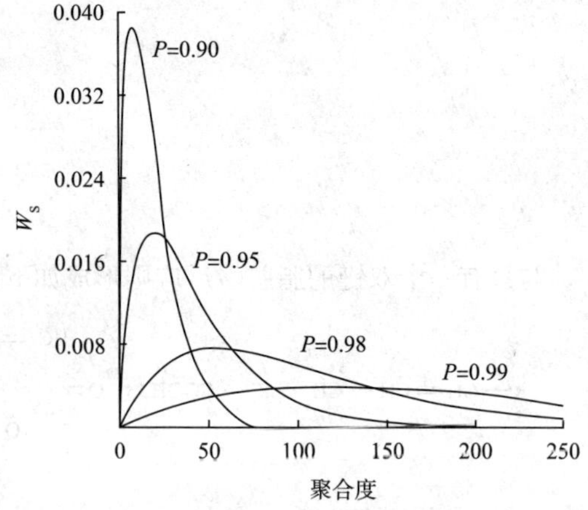

图 2-2 不同反应程度对线型缩聚物分子量的质量分布曲线

3. 体型缩聚与凝胶化计算

醇酸树脂是由多元酸、多元醇、脂肪酸（或油）共缩聚而成，当其中的单体含有 2 个以上官能团时，大分子向三维方向增长，得到立体结构的高聚物。

当反应达到一定程度时，黏度突然快速增大，缩聚物的性质突然变化，形成凝胶物，称为“凝胶化现象”，开始出现凝胶时的临界反应程度称为“凝胶点”。

凝胶部分在升高温度下也不溶于任何溶剂中，相当于许多线型大分子交联成一个整体，分子量可以当作无穷大，出现凝胶点时，在交联网络之间还有许多溶胶，可用溶剂浸取出来，溶胶还可以进一步交联成凝胶。因此，在凝胶点以后交联或凝胶化作用仍在进行，溶胶不断减少，而凝胶相应增加，凝胶化过程中体系物理性能产生显著变化，充分凝胶化或交联后，则刚性增加，尺寸稳定，耐热性好。

如何预测和控制凝胶点对醇酸树脂配方与工艺设计极为重要。凝胶点可以通过实验测定，也可做理论推算。

（1）Carothers 方程

Carothers 方程的理论基础是在凝胶点时的数均分子量为无限大。

①两官能团等当量　设两个单体 A 和 B 以等当量的官能团作用时，Carothers 推导出凝胶点时的反应程度 P_C 与平均官能度 $\bar{f}$ 间的关系。

单体混合物的平均官能度是每一个分子平均带有的官能团数。

$$\bar{f} = \sum \frac{N_i f_i}{N_i} \tag{2.1}$$

式中　N_i 系官能度为 f_j 的单体的分子数。

官能度是一个有机化合物分子上能起化学反应的活性基团的数目，如醇的羟基，酸的羧基。甘油－官能度为3，季戊四醇－官能度为4，间苯二甲酸有两个羧基－官能度为2。

设体系中混合单体起始总物质的量为 N_0，则起始官能团总数为 $N_0\bar{f}$。设 t 时残留单体总物质的量为 N，则凝胶点以前的官能团反应数为2（N_0-N），系数2表示1个分子有2个官能团反应成键。反应程度 P 为官能团参加反应部分的分率，或任官能团的反应几率，可由 t 时参加反应的总官能团数除以起始总官能团数求得：

$$P = \frac{2(N_0 - N)}{N_0\bar{f}} = \frac{2}{\bar{f}}\left(1 - \frac{1}{X_n}\right)$$

在反应将要出现凝胶现象的瞬间，聚合物的分子量迅速增大，在数学上可处理为 $X_n \to \infty$，此时，凝胶点时的临界反应程度 P_C 为：

$$P_C = \frac{2}{\bar{f}} \tag{2.2}$$

在二官能度反应体系中，$\bar{f}=2$，则 $P_C=1$，即全部官能团均能参加反应，若无副反应，不会产生凝胶。在多官能团体系中，$\bar{f}>2$ 时，$P_C<1$，就有可能凝胶化。

例1　3mol 苯酐与 2mol 甘油反应，计算 P_C。

$$\bar{f} = \frac{2\times3+3\times2}{2+3} = 2.4$$

$$P_C = \frac{2}{2.4} = 0.833$$

说明：计算值高于实验值（0.786），原因是凝胶化时 X_n 并非无穷大，还有许多溶胶。

②两官能团非等当量　在两官能团非等当量的情况下，平均官能度的计算方法是以非过量组分的官能团数的2倍除以体系总的物质的量。

例如3个单体A、B、C的混合物，其物质的量分别为N_A、N_B、N_C，A、C为有相同官能团的单体（如都有—COOH），B为具有另一种官能团的单体（如具有—OH），f_A、f_B、f_C表示单体的官能团。

$$\bar{f}=\frac{2(N_Af_A+N_Cf_C)}{N_A+N_B+N_C} \tag{2.3}$$

然后按式（2.2）计算P_C

$\bar{f}=2$ $P_C=1$ 理论上不产生凝胶

$\bar{f}<2$ $P_C>1$ 理论上不产生凝胶

$\bar{f}>2$ $P_C<1$ 有可能产生凝胶

注意：实际计算中使用有效官能团数。

例2 3mol苯酐与3mol甘油反应，计算其P_C。

如醇过量的体系：$e_B>e_A$；有效官能团数$e_0=e_B+e_A=2e_A$；

$$\bar{f}=2e_A/m_0=2\times3\times2/(3+3)=2$$

代入卡氏公式得临界反应程度$P_C=1$，理论上不产生凝胶。

（2）醇酸树脂常数

Patton根据Carothers方程，提出凝胶化时的酯化程度可由体系中分子总数与酸当量数的比值直接表示，不必通过计算有效官能度。

$$P_C=\frac{m_0}{e_A}$$

定义醇酸树脂常数为：

$$K=\frac{m_0}{e_A} \tag{2.4}$$

式中，e_A为酸总当量数；m_0为体系中含羧基和羟基官能团分子的总的物质的量。

K称为醇酸树脂常数，它可当作一个工具来比较。$K=1$是理想常数，即酯化程度可达100%。在配方设计时可使K稍大于1。不同的原料和油度长短都有其独自的“工作常数”。根据K值来比较、分析配方，推测是否易于制备。对于一个新配方，计算其K值，小于工作常数则早期凝胶化；大于工作常数则树脂分子量过小，性能不能满意。Patton计算了许多文献报道的醇酸树脂配方的K值，提出对于苯酐和间苯二甲酸作二元酸时，其K值分别为1.05+0.008和1.05+0.014。

在实际生产中，K值应根据多元醇和多元酸的种类不同以及生产方法的不同进行调整。溶剂法中不同多元醇和多元酸的K值见表2-1。

表2-1 溶剂法中不同多元醇和多元酸的K值

原料		K值调整数
一元酸	豆油酸、亚麻油酸	不动
	十碳酸、椰子酸	减0.01
	松香	减0.03
	脱水蓖麻油	加0.02

续表

原料		K值调整数
二元酸	苯二甲酸酐	加0.01
	间苯二甲酸	加0.05
多元醇	甘油、四醇、乙二醇	不动
	三羟甲基丙烷	减0.01

注：上述值适合于溶剂法，对于熔融法，K值可以考虑减0.02。

例3 醇酸树脂配方见表2-2，试计算其K值。

表2-2 醇酸树脂配方

原料	加料量/kg	当量值	e_0	e_A	e_B	官能团	m_0
豆油	66.5	293.0	0.227	0.227		1	0.227
苯酐	24.0	74.0	0.324	0.324		2	0.162
季戊四醇	12.9	34.0	0.380			4	0.095
甘油（豆油内）		30.7	0.227		0.380	3	0.067
					0.227		
			1.158				0.560
				0.551	0.607		

$$K = \frac{m_0}{e_A} = \frac{0.560}{0.551} = 1.015$$

$$R = \frac{e_B}{e_A} = \frac{0.607}{0.551} = 1.10(\text{醇超量}10\%)$$

R表示多元醇的量（含豆油内多元醇）与多元酸的当量数之比，分析K值说明该配方生产是安全的。

4. 油度的计算

油度表示醇酸树脂中含油量的高低，醇酸树脂按含油多少分为短、中、长3种油度，包括长油度醇酸树脂、短油度醇酸树脂、中油度醇酸树脂。油度的含义是醇酸树脂配方中油脂的用量与树脂理论产量之比，油度表示醇酸树脂中弱极性结构的含量，长链脂肪酸相对聚酯结构极性较弱，弱极性结构的含量，直接影响醇酸树脂的可溶性；油度还表示醇酸树脂中柔性成分的含量，长链脂肪酸的烷基是柔性链段，而苯酐聚酯是刚性链段，油度反映树脂的玻璃化温度，或常说的“软硬程度”，油度长时硬度较低，保光、保色性较差。如长油度醇酸树脂含油量在60%以上，又称户外醇酸树脂漆，通常采用刷涂的涂装方式。中油度醇酸树脂含油量在50%～60%，其特点是干燥快、保光及耐候性较好，适用范围广泛。短油度醇酸树脂含油量在50%以下，与其他树脂的混溶性最好，醇酸树脂配方可由已知油度和K值计算出来。

油度的计算公式如下：

$$\text{油度} = \frac{\text{油量}}{\text{树脂理论量}} \times 100\% \tag{2.5}$$

以脂肪酸直接合成醇酸树脂时，脂肪酸含量为配方中脂肪酸用量与树脂理论产量之比。树脂的理论产量等于苯二甲酸酐用量、甘油（或其他多元醇）用量、脂肪酸（或油）用量之和减去酯化产生的水量。这样油量可以表示为：

$$油量 = \frac{要求油度}{100 - 要求油度} \times (酯化苯二甲酸酐的多元醇量 + 苯二甲酸酐量 + 过量多元醇量 - 酯化产生的水量)$$

而多元醇和苯二甲酸的用量比值可由 K 值计算。

例 4 已知一醇酸树脂涂料的配方：亚麻仁油 100.00g；氧化铅 0.015g；98% 甘油 43.00g；二甲苯 200.00g；99.5% 苯酐 74.5g，在反应过程中，苯酐损耗 2%，亚麻仁油和甘油损耗不计，1mol 苯酐视为全部反应生成 1mol 水。计算所合成树脂的油度。

解：甘油的分子量为 92

其投入的物质的量为：43 ×98%/92 = 0.458（mol）

含羟基的物质的量为：3 ×0.458 = 1.374（mol）

苯酐的分子量为 148，因为损耗 2%，其参加反应的物质的量为：（74.5 - 74.5 ×2%）×99.5%/148 = 0.491（mol）

苯酐的官能度为 2，故其可反应官能团数为：2 ×0.491 = 0.982（mol）

体系中羟基过量，苯酐（即其醇解后生成的羧基）全部反应生成水量为：
0.491 ×18 = 8.838g

生成醇酸树脂的质量为：100.0 +（74.5 - 74.5 ×2%）×99.5% +43.00 ×98% - 8.838 = 205.95g

树脂含油量（油度）按式（2.5）计算为：100/205.95 ×100% = 48.6%

2.1.3 醇酸树脂合成技术

醇酸树脂主要是利用脂肪酸、多元醇和多元酸之间的酯化反应制备的。根据使用原料的不同，醇酸树脂的合成可分为醇解法、酸解法、脂肪酸法和脂肪酸 - 油法四种；若从工艺过程上区分，则又可分为溶剂法和熔融法。醇解法的工艺简单，操作平稳易控制，原料对设备的腐蚀少，生产成本也较低。而溶剂法在提高酯化速度、降低反应温度和改善产品质量等方面均优于熔融法。因此，目前在醇酸树脂的工业生产中，仍以醇解法和溶剂法为主。溶剂法和熔融法的生产工艺比较见表 2 - 3。

表 2 - 3 溶剂法和熔融法的生产工艺比较

方法	项目				
	酯化速度	反应温度	劳动强度	环境保护	树脂质量
溶剂法	快	低	低	好	好
熔融法	慢	高	高	差	较差

通过比较可以看出，溶剂法优点较突出。因此目前多采用溶剂法生产醇酸树脂。

1. 脂肪酸法

脂肪酸法是将脂肪酸、多元醇（甘油）、多元酸（苯二甲酸酐）同时放在一起进行酯化。

①常规法：将全部反应物加入反应釜内混合，在不断搅拌下升温，在 200 ~250℃下保温酯化，中间不断地测定酸值和黏度，达到要求时停止加热，将树脂溶解成溶液，过滤净化。但这种方法没有考虑到多元醇的不同位置的羟基、脂肪酸的羧基、苯二甲酸酐的酐基、苯二甲酸酐形成的半酯羧基之间的反应活性不同以及不同酯结构之间酯交换非常慢的特点。

②高聚物脂肪酸法：先加入部分脂肪酸（40%～90%）与全部多元醇、多元酸进行酯化，形成链状高聚物，然后再补加剩余量的脂肪酸，将酯化反应完全，这部分脂肪酸成为侧链。所制备的树脂黏度高、颜色浅、漆膜干燥快，挠折性、附着力、耐碱性和耐化学药品性都比常规法有所提高。

2. 醇解法

脂肪酸法必须用脂肪酸，而不是直接用油类，脂肪酸是由油加工而得。因而增加了工序，提高了成本。如果把油、多元醇、多元酸直接混合在一起酯化时，由于多元醇和多元酸（酐）优先酯化，生成聚酯。聚酯不溶于油，因而形成非均相体系，并且在低反应程度即产生凝胶化，而油并没有什么反应。

在生产中，通常采用单甘油酯法来克服不相溶问题。方法是先将油（甘油三酸酯）与多元醇（例如甘油）进行醇解，生成甘油一酸酯和甘油二酸酯，发生脂肪酸的再分配：

$$\begin{array}{l}CH_2OOCR'\\ |\\ CHOOCR''\\ |\\ CH_2OOCR'''\end{array} + \begin{array}{l}CH_2OH\\ |\\ CHOH\\ |\\ CH_2OH\end{array} \rightleftharpoons \begin{array}{l}CH_2OH\\ |\\ CHOOCR''\\ |\\ CH_2OOCR'''\end{array} + \begin{array}{l}CH_2OOCR'\\ |\\ CHOH\\ |\\ CH_2OH\end{array}$$

加入二元酸（酐），如苯二甲酸时，生成均相树脂：

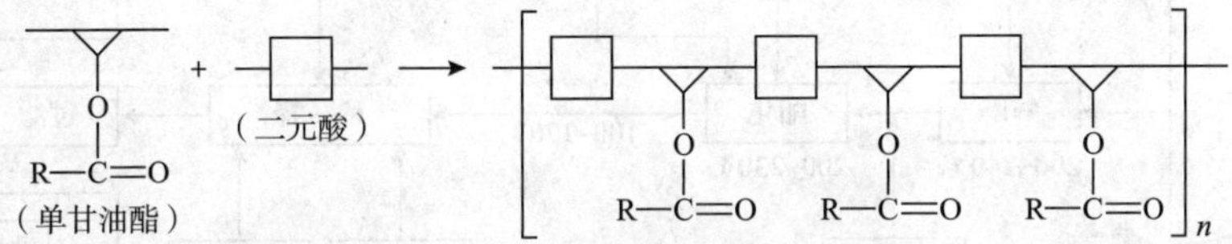

醇解反应结果，在均相之中形成一个平衡状态的混合物，包括甘油一酸酯、甘油二酸酯、未醇解的甘油和甘油三酸酯。在惰性气体氛围下，不断搅拌油并升温至225～250℃，然后加入催化剂、多元醇并保温。醇解程度可以通过检测反应混合物在无水甲醇中的溶解度，也就是醇容忍度法来判断。当1份体积的反应混合物在2～3份体积无水甲醇中得到透明的溶液时，加入二元酸（酐），在210～260℃下进行聚酯化反应。油、多元醇、催化剂三者之比（质量比）为1∶(0.2～0.4)∶(0.0004～0.0002)。常用的醇解催化剂有氧化钙（环烷酸钙、氢氧化钙）、氧化铅（环烷酸铅）、氢氧化锂（环烷酸锂），催化剂能加快达到醇解平衡的时间，不能改变醇解的程度。影响醇解反应程度的因素见表2-4。

表2-4 影响醇解反应程度的因素

影响因素	影响结果
反应温度	在催化剂存在下，反应温度在200～250℃之间。升高温度，反应速度加快，醇解程度增加，树脂颜色加深
反应时间	随着反应时间增加，甘油一酸酯含量增加，到达平衡后保持一段时间，甘油一酸酯含量缓慢下降
惰性气体	无惰性气体时，树脂色深，且因氧化作用使油的极性下降，使多元醇与油的混溶性降低，醇解时间延长
油中杂质	油未精制时（碱漂），所含蛋白质、磷脂、游离酸影响催化作用，油中杂质也影响醇解程度，树脂质量明显下降
油的不饱和度	油的不饱和度增加（亚麻油 > 豆油 > 玉米油 > 棉籽油），醇解速度增加，醇解程度也增加

醇解完毕，稍稍降温（180～200℃），即可加入苯二甲酸酐，再升温到200～250℃，酯化过程中要不断取样测定酸值和黏度，达到规定要求时，停止反应。将树脂溶解成溶液。

用季戊四醇醇解时，由于其官能度大、熔点高，醇解温度比甘油高，一般在230～250℃之间。醇解完成后，即可进入聚酯化反应。将温度降到180℃，分批加入苯酐，加入回流溶剂二甲苯，在180～220℃之间缩聚。二甲苯的加入量影响脱水速率，二甲苯用量提高，虽然可加大回流量，但同时也降低了反应温度，因此回流二甲苯用量一般不超过8%，而且随着反应进行，当出水速率降低时，要逐步放出一些二甲苯，以提高温度，进一步促进反应进行。聚酯化宜采取逐步升温工艺，保持正常出水速率，应避免反应过于剧烈造成物料夹带，影响单体配比和树脂结构。另外，搅拌也应遵从先慢后快的原则，使聚合平稳、顺利进行。保温温度及时间随配方而定，而且与油品和油度有关。干性油及短油度时，温度宜低。半干性油、不干性油及长油度时，温度应稍高些。聚酯化反应应关注出水速率和出水量，并按规定时间取样，测定酸值和黏度，达到规定后降温、稀释，经过过滤，制得漆料。溶剂醇解法生产醇酸树脂的工艺流程简图如图2－3所示。

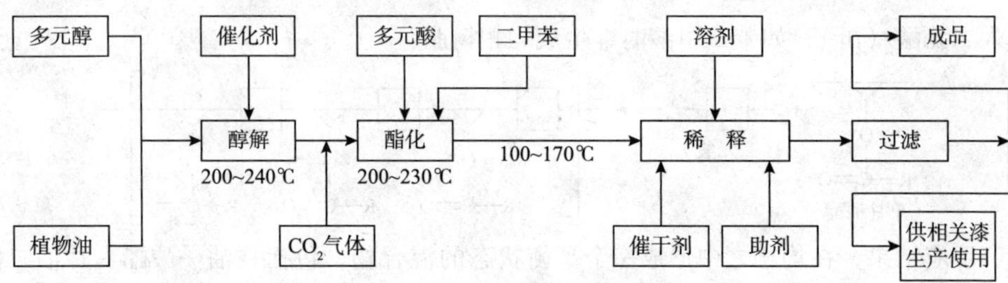

图2－3　溶剂醇解法生产醇酸树脂的工艺流程简图

在酸性催化剂作用下，用季戊四醇醇解时其反应方程式如下：

$$\begin{matrix}CH_2OCOR_1\\ |\\ CHOCOR_2\\ |\\ CH_2OCOR_3\end{matrix} + HOCH_2-\overset{\displaystyle CH_2OH}{\underset{\displaystyle CH_2OH}{C}}-CH_2OH + C_6H_5COOH \xrightarrow{H^+}$$

植物油　　　季戊四醇　　　苯甲酸

$$\begin{matrix}CH_2OCOR_1\\ |\\ CHOCOR_2\\ |\\ CH_2OH\end{matrix} + R_1COOCH_2-\overset{\displaystyle CH_2OH}{\underset{\displaystyle CH_2OH}{C}}-CH_2O-\overset{\displaystyle O}{\overset{\|}{C}}-C_6H_5$$

甘油二酸酯（二元甘油酯）　　苯甲酸季戊四醇酸酯

3. *酸解法*

酯化反应不相溶问题也可以通过酸解法来解决：

$$\begin{matrix}CH_2OOCR'\\ |\\ CHOOCR''\\ |\\ CH_2OOCR'''\end{matrix} + C_6H_4(COOH)_2 \longrightarrow \begin{matrix}CH_2-O-CO-C_6H_4-COOH\\ |\\ CHOCOR''\\ |\\ CH_2OCOR'''\end{matrix} + R'COOH$$

这种方法尤其适合二元酸为间苯二甲酸或对苯二甲酸的情况，原因是这两种二元酸熔点高，难以溶解在反应混合物中。

4. 脂肪酸－油法

该法是将脂肪酸、植物油、多元醇和二元酸混合物一同加入反应釜，并搅拌升温至210～280℃，保持酯化达到规定要求。脂肪酸与油的用量比应以达到均相反应混合体系为宜，该法成本较低，可以得到高黏度醇酸树脂，反应原理为

$$\begin{array}{l}CH_2OH\\|\\CHOH\\|\\CH_2OH\end{array} + \text{邻苯二甲酸酐} + RCOOH \longrightarrow$$

$$H\left[OCH_2-\underset{\underset{\underset{R-C=O}{|}}{\underset{O}{|}}}{CH}-CH_2-O-\overset{\overset{O}{\|}}{C}-C_6H_4-\overset{\overset{O}{\|}}{C}-OCH_2-\underset{\underset{\underset{R-C=O}{|}}{\underset{O}{|}}}{CH}-CH_2-O-\overset{\overset{O}{\|}}{C}-C_6H_4-\overset{\overset{O}{\|}}{C}\right]_n OH$$

现举例说明55%油度亚麻油醇酸树脂的制备，配方见表2－5。

表2－5　亚麻油醇酸树脂配方

配方	投料量/kg	投料比/%	当量值	e_A	e_B	m_0
亚麻油（双漂）	1180	52.3	293.0	4.03		4.03
甘油（98%）	324	14.4	30.7		10.34＋4.03	4.80
苯二甲酸酐	753	33.3	74.0	10.18		5.09
合计	2257			14.21	14.37	13.92

黄丹（催化剂）　　0.36kg

甘油过量

$$R=\frac{14.37}{14.21}=1.011 \qquad r=\frac{10.34}{10.18}=1.015$$

规格　颜色（铁钴比色剂）/号　≤7　　　酸值/(mgKOH/g)　≤8

黏度（50%，200#溶剂油，加氏管，25℃）/s　　6～9

不挥发分/%　50±2　　　细度/μm≤20

生产工艺是将亚麻油、甘油加入反应釜，搅拌，升温，通入CO_2；升温到120℃（升温时间为40min），停止搅拌，加黄丹，继续搅拌，升温到220℃（总升温时间为1.5～2h）。在220℃保持醇解到95%乙醇容忍度达到10倍。达到乙醇容忍度后，在220℃，每隔10min（分四批）加苯二甲酸酐至加完，在220℃保持1h。升温到240℃保持3h，取样测黏度与酸值，后每隔1h测一次，接近合格时，每15min测一次，黏度达到6～7s，立即停止加热，抽至稀释罐。树脂在稀释罐内降温到150℃以下，加200#溶剂油溶解成50%溶液，降温到60℃以下进行过滤。

溶法制备醇酸树脂流程图见图2－4。

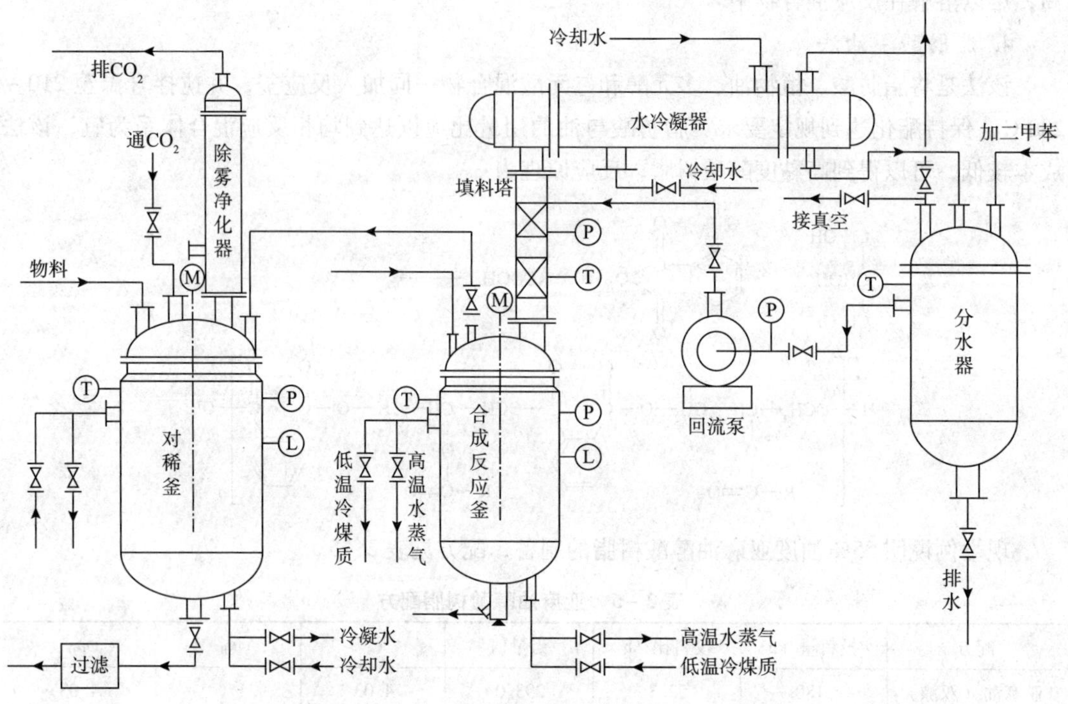

图 2-4　溶剂法制备醇酸树脂流程图

2.1.4　聚酯树脂合成技术

通用型的不饱和聚酯是由 1，2-丙二醇、邻苯二甲酸酐和顺丁烯二酸酐合成的。用酸酐与二元醇进行缩聚，

首先进行酸酐的开环加成反应，形成羟基酸。

$$\mathrm{HO{-}CH_2{-}\underset{|}{\overset{CH_3}{CH}}{-}OH} + \mathrm{C_6H_4(CO)_2O} \longrightarrow \mathrm{HO{-}CH_2{-}\overset{CH_3}{CH}{-}O{-}\overset{O}{\overset{\|}{C}}{-}C_6H_4{-}\overset{O}{\overset{\|}{C}}{-}OH}$$

羟基酸进一步进行缩聚反应

$$\mathrm{2HO{-}CH_2{-}\overset{CH_3}{CH}{-}O{-}\overset{O}{\overset{\|}{C}}{-}C_6H_4{-}\overset{O}{\overset{\|}{C}}{-}OH} \underset{H_2O}{\overset{-H_2O}{\rightleftharpoons}} \mathrm{HO{-}CH_2{-}\overset{CH_3}{CH}{-}O{-}\overset{O}{\overset{\|}{C}}{-}C_6H_4{-}\overset{O}{\overset{\|}{C}}{-}O{-}CH_2{-}\overset{CH_3}{CH}{-}O{-}\overset{O}{\overset{\|}{C}}{-}C_6H_4{-}\overset{O}{\overset{\|}{C}}{-}OH}$$

或羟甲基酸与二元醇进行缩聚

$$\mathrm{HO{-}CH_2{-}\overset{CH_3}{CH}{-}O{-}\overset{O}{\overset{\|}{C}}{-}C_6H_4{-}\overset{O}{\overset{\|}{C}}{-}OH} + \mathrm{HO{-}CH_2{-}\overset{CH_3}{CH}{-}OH} \longrightarrow$$

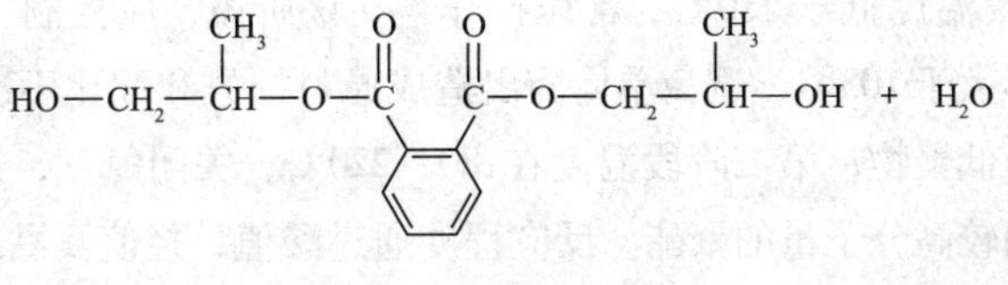

具有黏性的可流动性的不饱和聚酯树脂，在引发剂的作用下发生自由基共聚反应，而生成性能稳定的体型结构的过程称为不饱和聚酯树脂的固化。其反应机理同自由基共聚反应的机理基本相同，所不同的是具有多个双键的聚酯大分子（即具有多个官能团）和交联剂苯乙烯的双键之间发生的共聚。

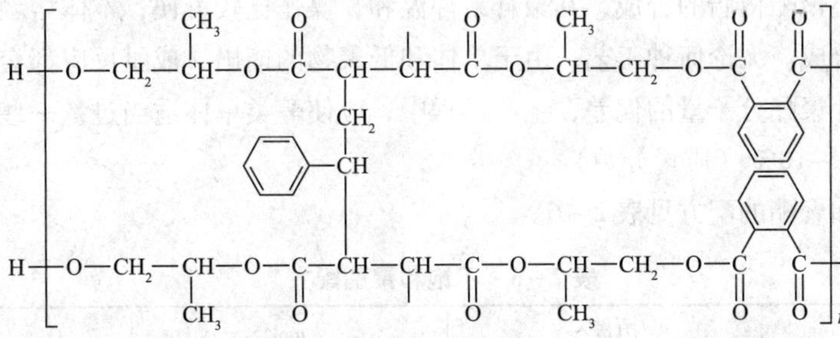

引发剂亦称固化剂通常和促进剂复合产生自由基活性种，实现链引发。常用的固化剂主要是过氧化酮类和过氧化二苯甲酰（BPO），过氧化酮类包括过氧化环己酮和过氧化甲乙酮，它们都是几种化合物的混和物。过氧化环己酮含有下列化合物：

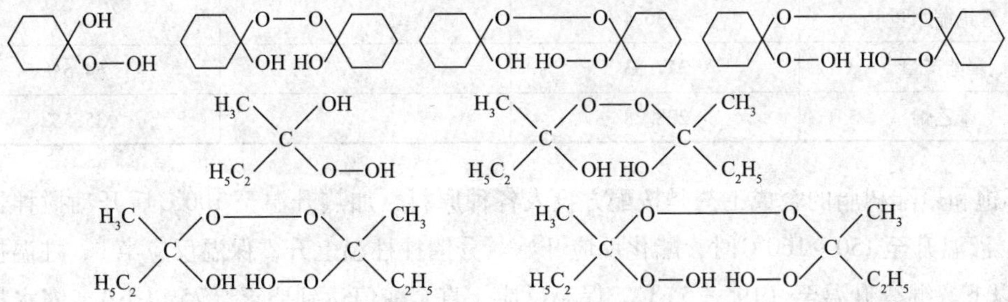

市售的固化剂通常配成50%的邻苯二甲酸二丁酯糊状物，过氧化环己酮糊放置会发生分层，使用时应搅拌均匀。过氧化甲乙酮、过氧化二苯甲酰可溶于苯乙烯，使用时现用现配。促进剂能降低引发剂使用温度，其化学原理则是同固化剂即引发剂构成了氧化－还原引发体系，降低了活化能，使引发能够在室温顺利进行。应该注意的是促进剂对固化剂具有选择性，如二价钴盐（如环烷酸钴、异辛酸钴，俗称蓝水）对过氧化环己酮等氢过氧化物类引发剂可以配伍，但对BPO则无效；而叔胺类（如*N*，*N*-二甲基苯胺）则相反，它可以同过氧化物固化剂配伍，促进剂通常配成苯乙烯的溶液使用。

聚酯树脂合成的工艺常用的有溶剂共沸法、本体熔融法、先熔融后共沸法。溶剂共沸法在常压下进行，用惰性溶剂（二甲苯）与聚酯化反应生成的水共沸而将水带出。该工艺用分水器使油水分离，溶剂循环使用。反应可在较低温度下进行，条件较温和，反应结束后，要在真空下脱除溶剂。另外，由于物料夹带，会造成醇类单体损失，实际配方中应使醇类单体过量一定的分数，具体数值同选用单体种类、配比、具体工艺条件及设备参数有关。本体熔融法是熔融缩聚工艺，反应釜通常装备锚式搅拌器、进气管、蒸馏柱、冷凝器、接受器和真空泵。工艺分两个阶段，第一阶段温度低于180℃，常压操作，在该阶段，应控制气流量和出水、回流速度，使蒸馏柱顶温度不大于103℃，避免单体馏出造成原料损失和配比不准，出水量达到80%以后，体系由单体转变为低聚物；第二阶段温度在180～220℃，关闭氮气，逐渐提高真空度，使低聚物进一步缩合，得到较高分子量的聚酯。反应程度通过酸值、羟值及黏度监控。先熔融后共沸法是本体熔融法和溶剂共沸法的综合。聚合也分为两个阶段进行，第一阶段为本体熔融法工艺，第二阶段为溶剂共沸法工艺。

聚酯合成一般采用间歇法生产，涂料行业及聚氨酯工业使用的聚酯多元醇分子量大多在500～3000，呈双官能度的线型结构或多官能度的分支型聚合物。溶剂共沸法和先熔融后共沸法比较适用于该类聚酯树脂的合成，其聚合条件温和，操作比较方便；本体熔融法适用于高分子量的聚酯树脂合成。无论何种工艺，由于单体和低聚物的馏出、成醚反应都会导致实际合成的聚酯同理论设计聚酯分子量的偏差，生产过程中，应使醇类单体适当过量一些，一般的经验是二元醇过量5%～10%（质量分数）。

通用型不饱和聚酯的配方见表2－6。

表2－6　不饱和聚酯配方

配方	用量/g	mol	
丙二醇	167.4	2.2	
顺酐	98.16	1.0	
苯酐	148.1	1.0	
理论缩水量	－36.4		
聚酯产量	377.53		64.5%
苯乙烯	208.28		35.5%

不饱和聚酯树脂的合成工艺是按配方投入各种原料，加热升温至100℃后开动搅拌器，通入N_2。液温升至150～160℃时，酯化反应开始。分馏柱柱温上升，保温反应半h，柱温控制在103℃以下。继续升温至（195±5）℃，保温反应，直至酸值达到要求（75以下），缩水量达到理论值的2/3～3/4以上时，可以减压蒸馏，迫使水分蒸出。当酸值降至50附近时，反应基本完成，停止抽真空。树脂降温至130℃左右时，与苯乙烯混溶。稀释釜的温度应控制在95℃以下，但不要低于70℃。

2.2　丙烯酸树脂

丙烯酸树脂是由丙烯酸酯类和甲基丙烯酸酯类及其他烯类单体共聚制成的树脂，通过选用不同的树脂结构、不同的配方、生产工艺及溶剂组成，可合成不同类型、不同性能和不同应用场合的丙烯酸树脂。从组成上分，丙烯酸树脂包括纯丙树脂、苯丙树脂、硅丙树脂、醋丙树脂、氟丙树脂、叔丙（叔碳酸酯－丙烯酸酯）树脂等。

以丙烯酸树脂为成膜基料的涂料称作丙烯酸树脂涂料，用丙烯酸酯和甲基丙烯酸酯单体共聚合成的丙烯酸树脂对光的主吸收峰处于太阳光谱范围之外，所以制得的丙烯酸树脂漆具有优异的耐光性及户外老化性能。

丙烯酸树脂根据结构和成膜机理的差异又可分为热塑性丙烯酸树脂和热固性丙烯酸树脂。热塑性丙烯酸树脂的分子量较大，主要靠溶剂或分散介质（常为水）挥发使大分子或大分子颗粒聚集融合成膜，成膜过程中没有化学反应发生，为单组分体系，施工方便，但涂膜的耐溶剂性较差；具有良好的保光保色性、耐水、耐化学性，干燥快、施工方便，易于施工重涂和返工，制备铝粉漆时铝粉的白度、定位性好。热塑性丙烯酸树脂在汽车、电器、机械、建筑等领域应用广泛。

热固性丙烯酸树脂也称为反应交联型树脂，是指在结构中带有一定官能团，在制漆时通过和加入的氨基树脂、环氧树脂、聚氨酯等官能团反应形成网状结构，热固性树脂一般分子量较低。它可以克服热塑性丙烯酸树脂的缺点，使涂膜的机械性能、耐化学品性能大大提高。其原因在于成膜过程伴有交联反应发生，最终形成网络结构，不熔不溶。

近年来，国内外丙烯酸树脂涂料的发展很快，目前已占涂料的1/3以上，在涂料成膜树脂中居于重要地位。从涂料剂型上分，主要有溶剂型涂料、水性涂料、高固体组分涂料和粉末涂料。其中水性丙烯酸树脂涂料发展迅速，已成为当前涂料工业发展的主要方向之一。

丙烯酸酯胶黏剂是以各种类型的丙烯酸酯为基料，经化学反应制成的胶黏剂。丙烯酸酯胶黏剂类型很多，性能各异，主要有α-氰基丙烯酸酯胶黏剂，第二代（反应性）丙烯酸酯胶黏剂，丙烯酸酯厌氧胶，丙烯酸酯类压敏胶，丙烯酸酯乳液胶黏剂。

由于丙烯酸树脂的诸多优点，使其在涂料、胶黏剂、皮革、化纤、造纸等方面得以广泛应用。特别是近年高吸水性树脂消费的快速增长，促进了世界丙烯酸工业的发展。

2.2.1　丙烯酸单体

丙烯酸单体又称败脂酸，分子式 $C_3H_4O_2$，无色液体，有刺激气味，相对密度 1.0511，熔点 13℃，沸点 141.6℃，强有机酸，有腐蚀性，溶于水、乙醇和乙醚。化学性质活跃，易聚合而成透明白色粉末。丙烯酸单体是重要的高分子单体和基本有机化工原料，在精细化工的应用中占有相当重要的地位，几乎涉及工业领域各部门。

由联碳公司开发的丙烯氧化合成丙烯酸工艺是目前各国合成丙烯酸的主要方法。

其原理：$CH_2{=}CHCH_3 + 3/2O_2 \longrightarrow CH_2{=}CHCOOH + H_2O$ 此外，还可用直接酯化法和酯交换法合成各种丙烯酸酯单体，原理如下：

$$CH_2{=}\overset{R_1}{\overset{|}{C}}{-}COOH + R_2OH \longrightarrow CH{=}\overset{R_1}{\overset{|}{C}}{-}COOR_2 + H_2O$$

$$CH_2{=}\underset{R_1}{\underset{|}{C}}{-}COOR_2 + R_3OH \longrightarrow CH_2{=}\underset{R_1}{\underset{|}{C}}{-}COOR_3 + R_2OH$$

式中，R_1为H或—CH_3；R_2为烷基：R_3为比R_2碳数更多的烷基。

丙烯酸酯单体的质量直接影响其聚合体的质量，所以在聚合生产前必须严格控制其质量。为了保证聚合反应的正常进行，烯类单体必须达到一定的纯度。除了用仪器分析测量各单体中的杂质含量外，还可用各项物理常数来鉴别单体纯度的高低。主要检验项目有外观、纯度、相对密度、蒸馏范围、酸值、是否含有阻聚剂和聚合体等。

皂化法是纯度的测定方法，原理为 $CH_2{=}CH{-}COOCH_3 + NaOH \rightarrow CH_2{=}CH{-}COONa + CH_3OH$；

$NaOH + HCl \rightarrow NaCl + H_2O$，操作步骤为用50ml容量瓶称定质量后，加入2.5mL单体，称质量后，以乙醇稀释到50mL，吸出20mL加入到原装有25mL 0.5moL/L氢氧化钠溶液的250mL三角烧瓶中，同时做一空白试验，加热回流管，合并洗液，以酚酞为指示剂，用0.5moL/L盐酸标准液滴定，计算其纯度。

$$纯度 = \frac{(V_{空白} - V_{试样}) \times N_{HCl} \times M}{G \times (20/50) \times 1000} \times 100\% \tag{2.6}$$

式中，V为盐酸滴定体积，mL；M为单体分子量，G为式样质量。

在储存过程中，丙烯酸单体在光、热和混入的水分以及铁作用下，极易发生聚合反应。为了防止单体在运输和储存过程中聚合，常添加阻聚剂。阻聚剂的检验方法有碱检验法和亚硝化法检验法，碱检验法是利用对苯二酚在碱性水中呈黄色以至红棕色的特点，检验单体是否存在对苯二酚。取等容量单体与5% NaOH溶液置于试管中，塞紧振荡之，静置后分层，碱水层中如出现微黄、深黄、棕褐现象，说明有微量、中量、大量的对苯二酚存在。亚硝化法检验法是利用对甲氧基苯酚与$NaNO_2$反应时，生成黄色亚硝基衍生物进行检验，通常因对甲氧基苯酚含量低而呈现柠檬黄色。而在储存中是否发生聚合，可利用聚合体与单体的溶解性不同，进行定性检验。将要测定的单体按比例加入选定的溶剂之中，由于聚合体不溶于该溶剂而发生混浊，说明有聚合体存在，单体选用溶剂及放置时间见表2-7。

表2-7　单体选用溶剂及放置时间

单体	体积比	溶剂	体积比	放置时间/min
丙烯酸甲、乙酯	2	5%醋酸水溶液	98	5
丙烯酸丁酯	2	甲醇	98	5
甲基丙烯酸甲、乙、丁酯	2	甲醇	98	5
甲基丙烯酸	10	25% NaCl水溶液	10	15

2.2.2　丙烯酸树脂的合成原理

合成丙烯酸树脂的反应机理为自由基反应，分为链引发、链增长、链终止3个基本过程，并伴随链转移，合成的关键是分子量及分子量分布的控制。

链引发：

$$I \xrightarrow{分解} 2R\cdot$$

$$R\cdot + H_2C{=}CHX \longrightarrow RCH_2{-}\dot{C}HX$$

I和R·分别为引发剂和自由基，$H_2C{=}CHX$代表乙烯类单体，包括丙烯酸酯和甲基丙烯酸酯。

链增长：

$$RCH_2{-}\dot{C}HX + nH_2C{=}CHX \longrightarrow R(CH_2\dot{C}HX)_{n+1}$$

链终止：

$$R(CH_2CHX)_m^{\cdot} + R(CH_2CHX)_n^{\cdot} \begin{cases} \nearrow R(CH_2CHX)_{m+n}{-}R（偶合终止） \\ \searrow R(CH_2CHX)_{m-1}{-}CH{=}CHX + R(CH_2CHX)_{m-1}{-}CH_2{-}CH_2X（歧化终止） \end{cases}$$

链转移：

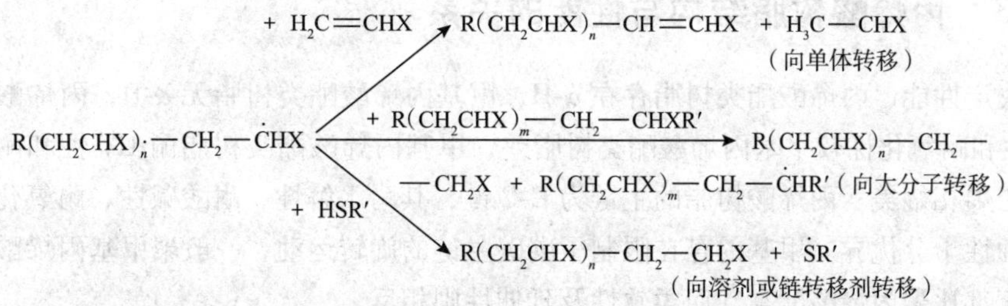

分子量及分子量分布可由引发剂浓度、温度、单体浓度和溶剂浓度进行调节，还与引发剂的类型、溶剂结构、单体加料方式等有关。对丙烯酸酯常用引发剂有油性和水性两种。油性的BPO（过氧化二苯甲酰）、AIBN（偶氮二异丁腈），一般用量：0.3%～0.5%，BPO的活性大于AIBN的活性，温度高时，BPO易产生支链化，端基为苯基的聚合物户外耐久性差。常用的水性引发剂为过硫酸盐，如$(NH_4)_2S_2O_8$。

某些溶剂具有较高的链转移常数，可作链转移剂来降低聚合物的聚合度，一般溶剂所含活泼氢越多，活性越大，链转移常数越大，如二甲苯转移常数比甲苯大，苯胺、丙酮均有较大的链转移常数。一些溶剂在60℃的链转移常数见表2－8。

表2－8　溶剂在60℃的链转移常数　10^{-3}

溶剂	丙烯腈	甲基丙烯酸甲酯	苯乙烯	醋酸乙烯
丙酮	0.095	360	23000	1600
苯	0.21	1.4	0.17	0.17
四氯化碳	0.073	4.3	570	1180
二氯甲烷	0.49	0.89	3.45	20.0
醋酸乙酯	0.22	0.27	9.10	0.40
乙醇		0.71	8.5	3.3
三乙胺	155		17.0	49

由于链转移作用，生产的树脂分子量常较低，不易制成极高分子量的产品，有时也用其来降低聚合度。在不同溶剂中，聚合物链状分子的形态亦有所不同，在良溶剂中，呈舒张状，随溶剂的溶解力的降低，聚合物的链将紧缩而卷曲，表现为不均相而沉淀析出。实际聚合中应考虑最终溶剂进入涂料配比中的作用。良溶剂使树脂分子直接融合成膜，性能好，而差的溶剂无此效果。此外，单体的加料方式是另一种重要的影响因素，间歇式加料法得到的分子量分布宽，半连续滴加法或连续滴加法得到窄分子量分布的树脂。

对于烯类单体的共聚反应，采用何种加料方式，要从竞聚率和反应速率来考虑。假如各反应速率常数近似，则单体进行无规共聚，分子链结构也为无规分布；若反应速率常数差别较大，间歇式加料法将导致分子链组成不均匀，开始形成的分子链含很多的活泼单体单元，反应后期形成的分子链，含活泼性差的单体单元多，但采用半连续滴加法或连续滴加法，小心控制单体的滴加速度等于聚合速度，则可以得到与投料比相应的平均组成的分子链。

2.2.3 丙烯酸树脂结构与性能的关系

结构决定性能，丙烯酸酯类树脂存在 α-H，甲基丙烯酸酯类树脂无 α-H，丙烯酸酯类树脂的耐 UV 性和耐氧化性较甲基丙烯酸酯类树脂差，甲基丙烯酸酯类树脂耐 UV 性和耐氧化性可与聚四氟乙烯相媲美。丙烯酸树脂的主链为 C-C 键，其耐水解性、耐酸碱性、耐氧化剂及耐其他化学腐蚀性十分优异。甲基的存在限制了碳碳主链的旋转运动，一般聚甲基丙烯酸酯的硬度和拉伸强度都比聚丙烯酸酯高，而柔软性及延伸性则相反。

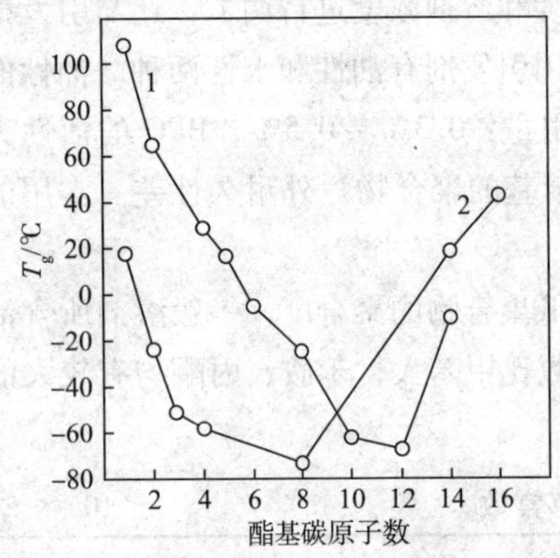

图 2-5 聚（甲基）丙烯酸酯均聚物的 T_g 与酯基碳原子数的关系

1—甲基丙烯酸酯；2—丙烯酸酯

玻璃化温度（T_g）是链段能运动的最低温度，其与分子链的柔性有直接关系，分子链柔性大，玻璃化温度就低；分子链刚性大，玻璃化温度就高。丙烯酸树脂的玻璃化温度与其软化点、脆化点、发黏温度以及分散体系的最低成膜温度均有直接关系，丙烯酸树脂的玻璃化温度与酯基碳原子数的关系见图 2-5。

随酯基碳原子数目增加，聚合物玻璃化温度降低，但当酯基碳原子数高于 8 或 12 以后，聚丙烯酸酯和聚甲基丙烯酸酯的玻璃化温度又分别随碳原子数目的增加而升高，这是因为酯基碳原子数目增加，侧链碳原子产生结晶的缘故。

共聚物的玻璃化温度可依据配方中的单体均聚物的玻璃化温度近似求得，通常采用 Fox 公式近似计算：

$$\frac{1}{T_g} = \frac{W_1}{T_{g1}} + \frac{W_2}{T_{g2}} + \cdots + \frac{W_n}{T_{gn}}$$

其误差在 ±5℃，更好的近似可利用下式计算：

$$T_g = V_1 T_{g1} + V_2 T_{g2} + V_3 T_{g3} + \cdots$$

式中，W_i 为第 i 种单体的质量分数；V_i 为第 i 种单体的体积分数；T_{gi} 为第 i 种单体对应均聚物的玻璃化温度，K。

由此可见，丙烯酸树脂涂料与胶黏剂的性能与分子量有关，也受共聚体用量的影响。交联可大大提高膜硬度、耐溶剂性、耐化学药品性和耐洗涤剂性。通常是在合成丙烯酸树脂中，加入某些含官能团的单体作共聚单体。这些官能团在升高温度或催化作用下进行自交联或与外加交联剂反应固化成膜，得到热固性丙烯酸树脂。交联型丙烯酸树脂的交联反应见表 2-9。

表 2-9 常用交联型丙烯酸树脂的交联反应

丙烯酸树脂官能团种类	功能单体	交联反应物质
羟基	（甲基）丙烯酸羟基烷基酯	与多异氰酸酯室温交联
羧基	（甲基）丙烯酸、衣康酸或马来酸酐	与环氧树脂环氧基热交联
环氧基	（甲基）丙烯酸缩水甘油酯	与羧基聚酯或羧基丙烯酸树脂热交联
N-羟甲基或甲氧基酰胺基	*N*-羟甲基（甲基）丙烯酰胺、*N*-甲氧基甲基（甲基）丙烯酰胺	加热自交联，与环氧树脂或烷氧基氨基树脂热交联

2.2.4 丙烯酸树脂的制备

溶剂型丙烯酸树脂是丙烯酸树脂的一类，可以用作溶剂涂料的成膜物质，该溶液是一种浅黄色或水白色的透明性黏稠液体。溶剂型丙烯酸树脂的合成主要采用溶液聚合，如果选择恰当的溶剂（常为混合溶剂），如溶解性好、挥发速度满足施工要求、安全、低毒等，聚合物溶液可以直接用作涂料基料进行涂料配制，使用非常方便。丙烯酸类单体的溶液共聚合多采用釜式间歇法生产。聚合釜一般采用带夹套的不锈钢或搪玻璃釜，通过夹套换热，以便加热、排除聚合热或使物料降温，同时，反应釜装有搅拌和回流冷凝器，有单体及引发剂的进料口，还有惰性气体入口，并且安装有防爆膜。

溶剂型丙烯酸树脂工艺如下：首先是共聚单体的混合，关键是计量，无论大料（如硬、软单体）或是小料（如功能单体、引发剂、分子量调节剂等）最好精确到0.2%以内，保证配方的准确实施。同时，应该现配现用。接着加入釜底料，将配方量的（混合）溶剂加入反应釜，逐步升温至回流温度，保温约0.5h，驱氧。再在回流温度下，按工艺要求滴加单体、引发剂的混合溶液，滴加速度要均匀，如果体系温升过快应降低滴料速度；保温聚合；单体滴完后，保温反应一定时间，使单体进一步聚合；保温结束后，可以分两次或多次间隔补加引发剂，提高转化率，再保温；取样分析，主要测外观、固含量和黏度等指标；调整指标至合格，过滤、包装、质检、入库。工艺流程见图2-6。

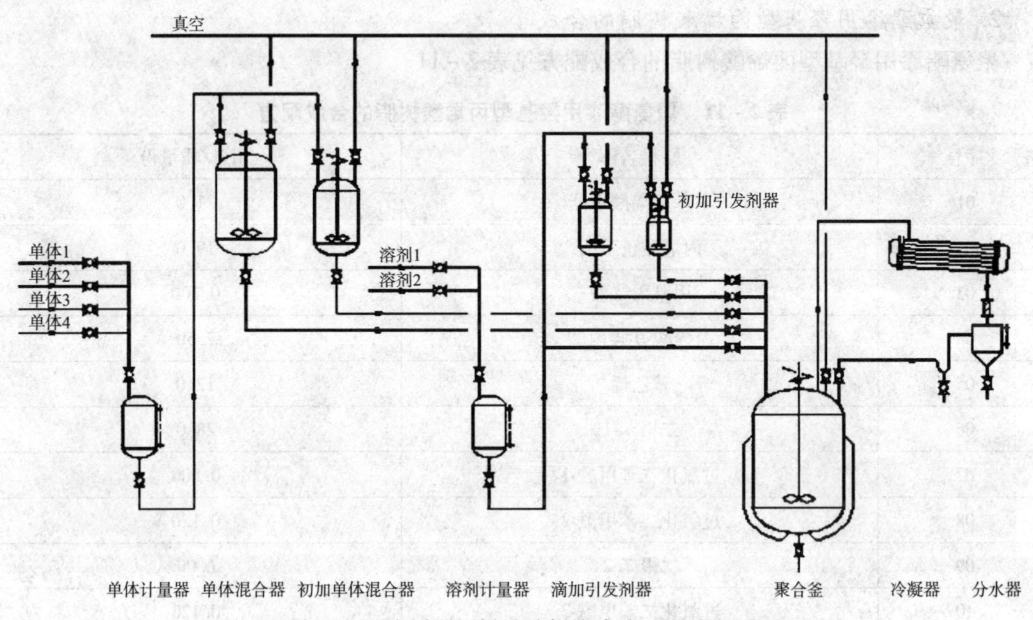

图2-6 溶剂型丙烯酸酯树脂合成工艺流程图

1. 热塑性丙烯酸树脂合成

热塑性丙烯酸树脂合成配方见表2-10。

表 2－10　热塑性丙烯酸树脂合成配方

序号	原料名称	用量/质量份
01	甲基丙烯酸甲酯	27.00
02	甲基丙烯酸正丁酯	6.000
03	丙烯酸	0.4000
04	苯乙烯	9.000
05	丙烯酸正丁酯	7.100
06	二甲苯	40.00
07	S-100	5.000
08	二叔丁基过氧化物-1	0.4000
09	二叔丁基过氧化物-2	0.1000
10	二甲苯	5.000

合成工艺是先将 06、07 投入反应釜中，通氮气置换反应釜中的空气，加热到 125℃，将 01、02、03、04、08 于 4～4.5h 滴入反应釜，保温 2h，加入 09、10 于反应釜，再保温 2～3h，降温，出料。该树脂固含量：50% ±2%，黏度：4000～6000（25℃下的旋转黏度），主要性能：耐候性与耐化学性好。

2. 聚氨酯漆用羟基型丙烯酸树脂的合成

聚氨酯漆用羟基型丙烯酸树脂的合成配方见表 2－11。

表 2－11　聚氨酯漆用羟基型丙烯酸树脂的合成配方

序号	原料名称	用量/质量份
01	甲基丙烯酸甲酯	21.0
02	丙烯酸正丁酯	19.0
03	甲基丙烯酸	0.100
04	丙烯酸-β-羟丙酯	7.50
05	苯乙烯	12.0
06	二甲苯-1	28.0
07	过氧化二苯甲酰-1	0.800
08	过氧化二苯甲酰-2	0.120
09	二甲苯-2	6.00
10	过氧化二苯甲酰-3	0.120
11	二甲苯-3	6.00

合成工艺是将 06 打底用溶剂加入反应釜；用 N_2 置换 O_2，升温使体系回流，保温 0.5h；接着将 01～05 单体、07 引发剂混合均匀，用 3.5h 匀速加入反应釜；保温反应 3h；再将 08 用 09 溶解，加入反应釜，保温 1.5h；继续将 10 用 11 溶解，加入反应釜，保温 2h；取样分析产品外观、固含量、黏度合格后，过滤、包装。

该树脂可以同聚氨酯固化剂（即多异氰酸酯）配制室温干燥型双组分聚氨酯清漆或色漆。

催化剂用有机锡类，如二月桂酸二正丁基锡（DBTDL）。

3. 氨基烘漆用羟基丙烯酸树脂的合成

氨基烘漆用羟基丙烯酸树脂的合成配方见表2－12。

表2－12 氨基烘漆用羟基丙烯酸树脂的合成配方

序号	原料名称	用量/质量份
01	乙二醇丁醚醋酸酯	100.0
02	重芳烃-150	320.0
03	丙烯酸-β-羟丙酯	90.00
04	苯乙烯	370.0
05	甲基丙烯酸甲酯	50.00
06	丙烯酸	5.000
07	丙烯酸异辛酯	30.00
08	叔丁基过氧化苯甲酰-1	4.000
09	叔丁基过氧化苯甲酰-2	1.000
10	重芳烃-150	30.00

羟基丙烯酸树脂的合成工艺先将01、02投入反应釜中，通氮气置换反应釜中的空气，加热到（135±2）℃，将03、04、05、06、07、08于3.5～4h滴入反应釜，保温2h，加入09、10于反应釜，再保温2～3h，降温，出料。树脂指标：固含量：（55±2）%；黏度4000～5000（25℃）；酸值4～8；色泽＜1。主要性能是光泽及硬度高，流平性好。

4. α-氰基丙烯酸酯胶黏剂的制备

工业上采用的方法是将氰乙酸酯与甲醛在碱性介质中进行加成缩合得到的低聚物裂解成为单体，所得单体经精制后，加入各种辅助成分就得到α-氰基丙烯酸酯胶黏剂。α-氰基丙烯酸酯胶黏剂的合成原理：

$$n\mathrm{CH_2O} + n\mathrm{CH_2(CN)COOR} \xrightarrow{\text{碱性催化剂}} \left[\mathrm{CH_2}-\underset{\mathrm{COOR}}{\overset{\mathrm{CN}}{\mathrm{C}}}\right]_n + n\mathrm{H_2O}$$

$$\left[\mathrm{CH_2}-\underset{\mathrm{COOR}}{\overset{\mathrm{CN}}{\mathrm{C}}}\right]_n \xrightarrow{\text{加热裂解}} n\mathrm{CH_2}=\underset{\mathrm{COOR}}{\overset{\mathrm{CN}}{\mathrm{C}}}$$

α-氰基丙烯酸酯胶黏剂的组成有单体α-氰基丙烯酸酯（甲酯或乙酯），单体的黏度很低，使用时易流淌，不适用于多孔性材料及间隙较大的充填性胶接，需要加以增稠，常用的增稠剂有聚甲基丙烯酸酯、聚丙烯酸酯、聚氰基丙烯酸酯、纤维素衍生物等。增塑剂，改善固化后胶层脆性，提高胶层的冲击强度。常用的有邻苯二甲酸二丁酯、邻苯二甲酸二辛酯等。为了阻止单体发生聚合，配方中常用二氧化硫、对苯二酚等稳定剂。

α-氰基丙烯酸酯胶黏剂的改性，一般α-氰基丙烯酸酯胶黏剂胶只能耐热到80℃左右，这主要是由于它们是热塑性高分子，固化后还含有大量残余单体，其T_g不高，改善α-氰基丙烯酸酯胶黏剂的耐热性的途径一是采用交联剂，使其具有一定程度的热固性。如：乙二醇的双氰基丙烯酸酯、氰基丙烯酸烯丙基酯、氰基戊二烯酸的单酯或双酯。还可以采用耐热黏附促进剂，改善胶和胶接材料之间的界面状态。如：单元或多元羧酸、酸酐、酚类化合物等；适当地加入增塑剂或在α-氰基丙烯酸酯胶黏剂中引入马来酰亚胺，也可以提高耐热性。

就聚合物本身来说，在α-氰基丙烯酸酯胶黏剂中引入交联单体或共聚单体，会改善其耐水性；就界面来说，许多黏附促进剂（如：二酐、苯酐、硅烷等）可以改善界面状态，在一定程度上改善黏附性，也同时改善了耐水性。而提高耐冲击性的方法之一是引入可共聚的内增塑单体，如α-氰基-2，4-戊二烯酸酯等；也可以添加各种增塑剂，如苯酰丙酮、多羟基苯甲酸及其衍生物、脂肪族多元醇、聚醚及其衍生物等；用高分子量弹性体如聚氨酯橡胶、聚乙烯醇缩醛、丙烯酸酯橡胶以及接枝共聚物等来改性，可获得既快速固化又高度稳定的厌氧胶黏剂。

2.3　环氧树脂

环氧树脂是指分子中含有二个或二个以上环氧基并在适当化学助剂如固化剂存在下能形成三向交联结构的化合物之总称。环氧树脂为含一个以上环氧基团化合物的混合物，当环氧基团所连接的R或R′或二者皆为六元脂肪环时称为脂肪环氧树脂；当R或R′为不饱和脂肪酸时（油酸）称环氧化油；当R为H，R′为多元酸时，则称缩水甘油酯型环氧树脂；当R为H，R′为多元羟基苯酚时，则称缩水甘油醚型环氧树脂，最常用的双酚A型环氧树脂就属于这一类。环氧树脂涂料是合成树脂涂料的四大支柱之一，其分类方法有多种。

环氧树脂赋于涂料以优良的性能和应用方式上的广泛性，使得在涂料方面的增长速度仅次于醇酸树脂涂料和氨基树脂涂料，有“万能胶”之美称，环氧树脂是一种胶接性能好、耐腐蚀，且电绝缘性能和机械强度都很高的热固性树脂。它具有许多优良的性能，对金属和非金属都有很好的胶接效果。

在19世纪末和20世纪初两个重大的发现揭开了环氧树脂发明的帷幕。1891年德国的Lindmann用对苯二酚和环氧氯丙烷反应生成了树脂状产物。1909年俄国化学家Prileschajew发现用过氧化苯甲醚和烯烃反应可生成环氧化合物。这两种化学反应至今仍是环氧树脂合成的主要途径。1934年Schlack用胺类化合物使含有大于一个环氧基团的化合物聚合得到高分子聚合物，作为德国专利发表。1938年后，瑞士的P. Castan及美国的S. O. Greenlee所发表的多项专利都揭示了双酚A和环氧氯丙烷经缩聚反应合成环氧树脂，用有机多元胺或邻苯二甲酸酐均可使树脂固化，并具有优良的胶接性能。不久，瑞士CIBA（汽巴）公司、美国的Shell公司及Dow Chemical公司都开始了环氧树脂工业化生产及应用开发工作。1947年瑞士汽巴公司牌号为Araldite的胶黏剂开始引人注目，环氧树脂从此以万能胶闻名于世。另外Shell公司的EPON环氧树脂作为涂料推向市场，1956年美国联合碳化合物公司开始出售脂环族环氧树脂，1959年Dow化学公司生产酚醛环氧树脂，发展至今已在各个领域中获得广泛的应用。

环氧树脂命名原则是在基本名称之前加上型号。基本名称仍采用我国已有习惯名称“环氧树脂”。环氧树脂以一个或两个汉语拼音字母与两个阿拉伯数字作为型号，表示类别及品种。

2.3.1　环氧树脂的合成原理

最常用的环氧树脂是双酚A同环氧氯丙烷反应制造的双酚A二缩水甘油醚，即双酚A型环氧树脂。在环氧树脂中，它原料易得，成本最低，因而产量最大。国内约占环氧树脂总产量的90%，世界约占环氧树脂总产量75%～80%，被称为通用型环氧树脂。

（1）在碱催化下，环氧氯丙烷的环氧基与双酚A酚羟基反应，生成端基为氯化羟基化合物——开环反应

$$2CH_2—CH—CH_2—Cl\ (环氧, O) + HO—R—OH \longrightarrow$$
$$Cl—CH_2—CH(OH)—CH_2—O—R—O—CH_2—CH(OH)—CH_2—Cl$$

（2）在氢氧化钠作用下，脱HCl形成环氧基——闭环反应

$$Cl—CH_2—CH(OH)—CH_2—O—R—O—CH_2—CH(OH)—CH_2—Cl + 2NaOH \longrightarrow$$
$$CH_2—CH—CH_2—O—R—O—CH_2—CH—CH_2\ (两端环氧, O) + 2NaCl + 2H_2O$$

（3）新生成的环氧基再与双酚A酚羟基反应生成端羟基化合物——开环反应

$$CH_2—CH—CH_2—O—R—O—CH_2—CH—CH_2\ (两端环氧, O) + HO—R—OH \xrightarrow{NaOH}$$
$$CH_2—CH—CH_2—O—R—O—CH_2—CH(OH)—CH_2—O—R—OH\ (端环氧, O)$$

（4）端羟基化合物与环氧氯丙烷作用，生成端氯化羟基化合物——开环反应

（5）与NaOH反应，脱HCl再形成环氧基——闭环反应

$$(n+1)HO—R—OH + (n+2)CH_2—CH—CH_2—Cl\ (环氧, O) + (n+2)NaOH \longrightarrow$$
$$CH_2—CH—CH_2 \left[O—R—O—CH_2—CH(OH)—CH_2 \right]_n O—R—O—CH_2—CH_2—CH_2\ (两端环氧, O) + (n+2)NaCl + (n+2)H_2O$$

n为平均聚合度。通常$n=0\sim19$，分子量340～7000。调节双酚A和环氧氯丙烷用量比，可得到分子量不同的环氧树脂。液态双酚A环氧树脂，平均分子量较低，平均聚合度$n=0\sim1.8$。当$n=0\sim1$时，室温下为液体，如E-51，E-44。当$n=1\sim1.8$时，为半固体，软化点>55℃，如E-31。固态双酚A环氧树脂：平均分子量较高。$n=1.8\sim19$；当$n=1.8\sim5$时，为中等分子量环氧树脂，软化点55～95℃，如E-20，E-12等；当$n>5$时，为高分子量环氧树脂，软化点>100℃，如E-06，E-03等。

2.3.2 环氧树脂的固化原理

环氧树脂本身是热塑性树脂，是线型结构的化合物，不能直接作涂料和胶黏剂使用，可以通过与含活泼氢原子的化合物或树脂如多元胺、多元酸、多元硫醇、多元酚、聚酰胺树脂、氨基树脂、酚醛树脂等进行固化反应。环氧树脂和固化剂通常每分子含两个以上活性中心，固化反应导致形成三维网状结构，成为热固性的高分子涂膜。

有关环氧树脂固化剂的研究内容主要是改善环氧树脂的脆性、耐温性、耐候性、固化速度等方面的缺陷，提高其性能。

常用环氧树脂固化剂有脂肪胺、脂环胺、芳香胺、聚酰胺、酸酐、树脂类、叔胺，另外在光引发剂的作用下紫外线或光也能使环氧树脂固化，常温或低温固化一般选用胺类固化剂，加温固化则常用酸酐、芳香类固化剂，酸酐类与胺类固化剂性能比较见表 2－13。

胺类固化剂包括脂肪族胺类、芳香族胺类和改性胺类，是环氧树脂最常用的一类固化剂。脂肪族胺类如乙二胺、二乙烯三胺等，由于具有能在常温下固化、固化速度快、黏度低、使用方便等优点，所以在固化剂中使用较为普遍。芳香族胺类如间苯二胺等，由于分子中存在很稳定的苯环，固化后的环氧树脂耐热性较好，与脂肪族类相比，在同样条件下固化，其热变性温度可提高 40～60℃；改性胺类固化剂是指胺类与其他化合物的加成物。

表 2－13　酸酐类与胺类固化剂性能比较

项目	类别	
	有机胺	酸酐
混溶性	大部分为液体，易于互溶	大部分为固体，须熔化混合
用量	较严	较宽
配制量	不宜大量，现用现配	可配较大量
适用期	较短	较长
操作情况	固化时放热大，难控制	固化时放热小，易控制
固化温度	室温或高温皆可	需较高温度
固化产物	耐热性差，强度较低	耐热性较好，强度较高
毒性	较大	较小
价格	较高	较低

酸酐类如顺丁烯二酸酐、邻苯二甲酸酐等都可以作为环氧树脂的固化剂，固化后树脂有较好的机械性能和耐热性，但由于固化后树脂中含有酯键，容易受碱侵蚀。酸酐固化时放热量低，适用期长，但必须在较高温度下烘烤才能完全固化。

有许多合成树脂，如酚醛树脂、氨基树脂、醇酸树脂、聚酰胺树脂等都含有能与环氧树脂反应的活泼基团，能相互交联固化。这些合成树脂本身都各具特性，当它们作为固化剂使用引入环氧结构中时，就给予最终产物某些优良的性能。

酚醛树脂可直接与环氧树脂混合作为胶黏剂，胶接强度高，耐温性能好。但在胶合时，必须加温加压处理，才能获得比较理想的效果，作为固化剂的酚醛树脂是用碱性催化剂制得的，聚酰胺本身既是固化剂，又是性能良好的增塑剂。只要两种树脂按一定量配合搅拌均匀，就可在常温下操作和固化。国外科研工作者认为，能源问题和固化剂毒性是环氧树脂应用中不可避免的两个问题。对固化剂毒性问题十分重视。以半致死量 LD_{50} 指标为主要目标，几种胺类固化剂的 LD_{50} 值及 SPI 分类见表 2－14。所谓的半致死量是对动物集团（如一群白鼠）50% 致死的药品剂量，用毫克每千克（mg/kg）来表示。伯胺、仲胺刺激性比叔胺强，芳香胺毒性比脂肪胺大，间苯二酚的毒性比二乙烯三胺毒性强 10 倍。

表 2-14 几种胺类固化剂的 LD_{50} 值及 SPI 分类

固化剂名称	LD_{50}/(mg/kg)	SPI 分类
二乙烯三胺	2080	4~5
三乙烯四胺	4340	4~5
二乙氨基丙胺	1410	4~5
间苯二胺	130~300	2
聚酰胺	800	2
间苯二甲胺	625~1750	4~5

注：1. 无毒性；2. 有弱刺激性；3. 有中等程度刺激性；4. 有强烈敏感性；5. 有强烈刺激性；6 对动物有致癌可能性。

有机胺是一类使用最为广泛的固化剂，能与环氧树脂发生加成反应。以伯胺为例，与环氧树脂的反应为：

伯胺与环氧基反应生成仲胺并产生一个羟基：

$$R-NH_2 + \underset{\diagdown O \diagup}{CH_2-CH}- \longrightarrow R-NH-CH_2-\underset{OH}{\underset{|}{CH}}-$$

仲胺与另外的环氧基反应生成叔胺并产生另一个羟基：

$$R-NH-CH_2-\underset{OH}{\underset{|}{CH}}- + \underset{\diagdown O \diagup}{CH_2-CH}- \longrightarrow R-N\left[CH_2-\underset{OH}{\underset{|}{CH}}\right]_2$$

新生成的羟基与环氧基反应参与交联结构的形成：

$$R-N\left[CH_2-\underset{OH}{\underset{|}{CH}}\right]_2 + 2\underset{\diagdown O \diagup}{CH_2-CH}- \longrightarrow R-N\left[CH_2-\underset{O-CH_2-\underset{OH}{\underset{|}{CH}}-}{\underset{|}{CH}}\right]_2$$

含有羟基的醇、酚和水等能对固化反应起促进作用；含有羰基、硝基、氰基等基团的试剂对固化反应起抑制作用。由以上反应可以看出，氨基与环氧基反应有严格定量关系，氨基上一个活泼氢和一个环氧基反应，根据这种关系，可以计算出伯胺、仲胺类固化剂用量。100g 环氧树脂固化所需胺的质量 X（g）为

$$X=\frac{\text{环氧值}\times\text{胺的分子量}}{\text{胺中活泼氢原子个数}}$$

酸酐与环氧树脂反应速度非常缓慢，很少单独使用，常加入含羟基化合物或叔胺类化合物作促进剂，加快固化反应进行。酸酐类固化环氧树脂反应原理是活泼氢对酸酐的开环作用，酸酐与羟基反应生成单酯和羧基，单酯的羧基与环氧基反应生成双酯，又产生一个羟基。100g 环氧树脂固化所需酸酐的质量 X（g）为

$$X=k\times M\text{（酸酐分子量）}\times EV\text{（环氧值）}$$

式中，k 为经验数值，一般取 0.85。

有机酰肼类是一种高熔点的固体，与环氧树脂混合后储存期可达 4 个月，降低温度所需的促进剂与双氰胺类类似。微胶囊类固化剂是一种潜伏型固化剂，利用物理方法，将固化剂用微细的油滴包裹，形成胶囊，加入树脂中可暂时封闭起来，在适当的条件下释放固化剂。成膜剂通常用纤维素醚、明胶、聚乙烯醇、聚酯等，缺点是储存和运输不便。

2.3.3 环氧树脂的结构与性能

环氧树脂是含有环氧基团的高分子聚合物，主要是由环氧氯丙烷和双酚 A 合成的，其结构如下：

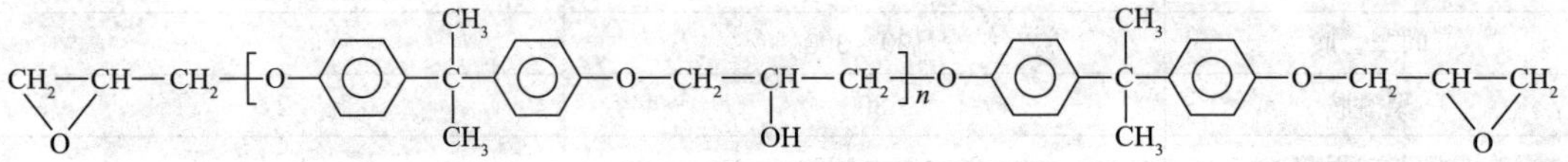

$$\underset{\backslash\ O\ /}{CH_2-CH}-CH_2-\left[O-C_6H_4-\underset{CH_3}{\overset{CH_3}{C}}-C_6H_4-O-CH_2-\underset{OH}{CH}-CH_2\right]_n O-C_6H_4-\underset{CH_3}{\overset{CH_3}{C}}-C_6H_4-O-CH_2-\underset{\backslash\ O\ /}{CH-CH_2}$$

n 表示聚合度，n 值越大，分子链越长，分子量越大，羟基越多，n 一般在 0 ~ 14 之间。羟基和环氧基是环氧树脂的活性官能团，可以和许多其他合成树脂或化合物发生反应。双酚 A 型环氧树脂大分子结构的两端是反应能力很强的环氧基；分子主链上有许多醚键，是一种线型聚醚结构；n 值较大的树脂分子链上有规律地、相距较远地出现许多仲羟基，可以看成是一种长链多元醇；主链上还有大量苯环、次甲基和异丙基。

环氧基和羟基赋予树脂反应性，使树脂固化物具有很强的内聚力和胶接力；醚键和羟基是极性基团，有助于提高浸润性和黏附力；醚键和 C—C 键使大分子具有柔韧性；苯环赋予聚合物以耐热性和刚性。

环氧树脂本身是热塑性的，要使环氧树脂制成有用的涂料或胶黏剂，就必须使环氧树脂与固化剂或植物油脂肪酸进行反应、交联而成为网状的大分子，才能显示出各种优良的性能。环氧树脂分子中苯环上的羟基能形成醚键，漆膜保色性、耐化学品及溶剂性能都好；分子结构中的脂肪族的羟基，与碱不起作用，耐碱性好。环氧树脂分子中含有脂肪族羟基、醚基和很活泼的环氧基，羟基和醚基的极性使环氧树脂分子和相邻表面之间产生引力，而且环氧基和含活泼氢的金属表面形成化学键，使漆膜具有优良的附着力，特别是对金属表面的附着力更强；环氧树脂结构中有羟基，使其耐水性不好。强度和交联度的大小有关，环氧值高，固化后交联度也高，环氧值低，固化后交联度也低，环氧值过高的树脂强度较大，但较脆；环氧值中等的树脂，高低温度时强度均好；环氧值低的树脂，高温时强度差些。不需耐高温，对强度要求不大，希望环氧树脂能快干，不易流失，可选择环氧值较低的树脂。

环氧树脂用途广泛，可根据用途不同，进行环氧树脂的选择，用作胶黏剂时最好选用中等环氧值（0.25 ~ 0.45）的树脂，如 6101、634；用作浇注料时最好选用高环氧值（ $>$0.40）的树脂，如 618、6101；涂料用的一般选用低环氧值（ $<$0.25）的树脂，环氧树脂涂料有较好的热稳定性和电绝缘性能。环氧树脂涂料不宜作为高质量的户外用漆和高装饰性用漆，因其户外耐候性差，漆膜易粉化、失光，漆膜丰满度不好。

2.3.4 环氧树脂中几个重要的质量指标

环氧树脂主要性能指标为环氧值、环氧当量、黏度、软化点、挥发分。

挥发分是 100g 树脂中低分子杂质、易挥发成分含量。

环氧值（A）是每 100g 环氧树脂中含有环氧基的当量数。如：分子量为 340 的环氧树脂，其两端均为环氧基，$A = 2/340 \times 100 = 0.58$mol/100g；环氧指数（$B$）是每 1kg 环氧树脂中所含环氧基的物质的量。环氧值和环氧指数都是环氧树脂的重要指标，$B = 10A$，生产单位和使用单位通过测定环氧值可以鉴定环氧树脂的质量。环氧值的测定方法有盐酸丙酮法和盐酸吡啶法。盐酸丙酮法的分析步骤是称取0.5～1.5g树脂，放于具塞三角烧瓶中，用移液管加入20ml盐酸丙酮溶液（1mol相对密度1.19的盐酸溶于40mL丙酮中，混匀），加塞摇荡使树脂完全溶解后，在阴凉处放置1h（15℃），再加甲基橙指示剂3滴，用0.1mol/L氢氧化钠标准溶液滴定到红色褪去变黄色为终点，同样操作，不加树脂，做一空白试验。

计算公式： $A(\text{mol}/100\text{g}) = (V_1 - V_2)N/10W$

式中，V_1为空白试验所消耗NaOH毫升数；V_2为样品消耗NaOH毫升数；N为NaOH标准溶液浓度；W为样品重，g，GB/T 1677—2008规定：E51、E44、E42取样品0.5g，E20取样品1g，E12取样品1.5g。

环氧当量（C）指含有一个当量环氧基的树脂的克数。也是表示树脂中环氧基的含量的指标，环氧当量与环氧值的换算关系：$C=1000/B$或$C=100/A$，E20的环氧值为0.2，则$C=100/0.2=500$。

羟基值（F）指100g树脂中含有羟基的当量数。分子量为1000的环氧树脂，分子中含4个羟基，则$F=4\div1000\times100=0.4$mol/100g。羟基当量（H）指含有一个当量羟基的树脂的克数。也是表示树脂中羟基含量的指标，换算式为$H=100/F$。

羟基当量测定方法有乙酰氯法，所用试剂是1.5mol/L乙酰氯的甲苯溶液，取118mL乙酰氯置于1L容量瓶中，加入纯甲苯到刻度，充分混匀；0.5mol/L氢氧化钠乙醇溶液；甲酚红指示剂，0.1g溶于100mL的50%的乙醇中；二氧六环；吡啶；丙酮。测定方法为取试样1～2g加入250mL具磨口塞的锥形瓶中，加入10mg二氧六环，加热至60℃使完全溶解，冷却至室温；用移液管加入10mL1.5mol/L乙酰氯的甲苯溶液，冷却至0℃；加入2mL吡啶，紧塞剧烈摇荡，置入60℃的水浴中加温1h，其间可开塞消除瓶内压力，每隔10min剧烈摇荡一次；将锥形瓶置入冰水中冷却，加入25mL冷蒸馏水，时时摇荡，在30min内在冰水浴中使过剩的乙酰氯分解；再加25mL丙酮以防止溶液乳化，加入数滴甲酚红指示剂，用0.5mol/L氢氧化钠乙醇溶液滴定；另作空白试验，按下式计算：

$$H（\text{羟基当量}）=2000W/(B-S)N$$

式中，B为空白试验所耗0.5mol/L碱乙醇溶液的毫升数；S为试样所耗0.5mol/L碱乙醇溶液的毫升数；N为碱乙醇溶液的当量数；W为样品质量g。

酯化当量（E）指酯化1mol单羧酸（60g醋酸或280gC_{18}脂肪酸）所需环氧的克数，可表示树脂中，羟基和环氧基的总含量。在计算酯化型环氧漆配方时将用到，E由化学分析测定，可由$E=100/(2A+F)$ g/mol换算出来，在酯化时一个环氧基相当于两个羟基。

2.3.5 环氧树脂的制备

工业生产的环氧树脂可根据分子量分为三类：高分子量、中分子量和低分子量的环氧树脂。低分子量环氧树脂在室温下是液体，而高分子量的环氧树脂在室温下是固体。由于分子量大小及分子量的分布不同，必须采用不同的生产方法。低分子量的树脂多采用两步加碱法生产，它可以最大限度地避免环氧氯丙烷的水解。中分子量环氧树脂多采用一步加碱法直接合成。高分子量环氧树脂可采用一步加碱法生产，也可采用两步加碱法生产。环氧氯丙烷与双酚A在NaOH存在下，制成环氧树脂的反应如下：

$$(n+1)HO-C_6H_4-\underset{CH_3}{\overset{CH_3}{C}}-C_6H_4-OH+(n+2)\underset{\backslash O/}{CH_2-CH}-CH_2-Cl+(n+2)NaOH\longrightarrow$$

$$\underset{\backslash O/}{CH_2-CH}-CH_2-\left[O-C_6H_4-\underset{CH_3}{\overset{CH_3}{C}}-C_6H_4-O-CH_2-\underset{OH}{CH}-CH_2\right]_n O-C_6H_4-\underset{CH_3}{\overset{CH_3}{C}}-C_6H_4-O-CH_2-\underset{\backslash O/}{CH-CH_2}$$

双酚 A 分子中的羟基上的活泼氢原子在 NaOH 催化下，与环氧氯丙烷的环氧基发生开环加成反应，使两个分子结合。然后在 NaOH 作用下，链端上的氯原子与羟基上的氢原子结合成 HCl 而脱除，闭合为新的环氧基，新生的环氧基再和双酚 A 反应，生成了中间含有仲醇基两端含有酚羟基的类似双酚 A 的更大分子。这个更大的类似双酚 A 的分子和环氧氯丙烷反应。重复以上开环、闭环、再开环的反应。

现以低分子量环氧树脂为例，阐述环氧树脂的生产工艺。

原料配比如表 2－15 所示。

表 2－15　低分子量环氧树脂配方

组分	kg	kmol
双酚 A	502	2. 2
环氧氯丙烷	560	6. 0
液碱（30%）	711	5. 3

该类树脂的生产工艺流程见图 2－7。

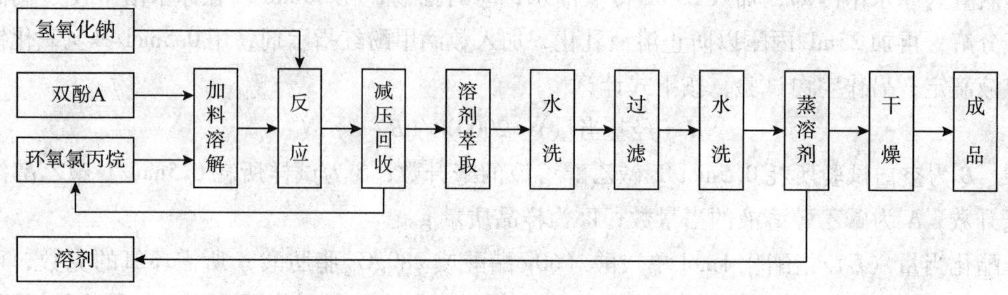

图 2－7　低分子量环氧树脂生产流程

在带有搅拌装置的反应釜内加入双酚 A 和环氧氯丙烷，升温至 70℃，保温 30min，使其溶解。然后冷却至 50℃，在 50～55℃下滴加第一份碱，约 4h 加完，并在 55～60℃下保温 4h。然后在减压下回收未反应的环氧氯丙烷。再将溶液冷却至 65℃以下，加入苯的同时在 1h 内加入第二份碱，并于 56～70℃反应 3h。冷却后将溶液放入分离器，用热水洗涤，分出水层，至苯溶液透明为止。静置 3h 后将该溶液送入精制釜，先常压后减压蒸出苯，即得树脂成品。

影响环氧树脂生产的主要因素有原料的配比，根据环氧树脂的分子结构，环氧氯丙烷和双酚 A 的理论配比应为（$n+2$）/（$n+1$），但在实际生产时，需使用过量的环氧氯丙烷。欲合成 $n=0$ 的树脂，则两者的分子比应为 10∶1。随着聚合度的增加，两种单体的比例逐渐趋近理论值。反应温度和反应时间对环氧树脂生产的影响在生产中不容忽视，反应温度升高，反应速率加快，低温有利于低分子量树脂的合成，但低温下反应时间较长，设备利用率下降。通常低分子量环氧树脂在 50～55℃下合成，而高分子量环氧树脂在 85～90℃下合成。碱的用量、浓度和投料方式对环氧树脂生产也有一定的影响，通常氢氧化钠水溶液的浓度以 10%～30% 为宜。在浓碱介质中，环氧氯丙烷的活性增大，脱氯化氢的反应较迅速、完全，所形成的树脂的分子量较低，但副反应增加，收率下降。一般来说，在合成低分子量树脂时用浓度为 30% 的碱液；而合成高相对分子量树脂用浓度为 10%～20% 的碱液。在碱性条件下，环氧氯丙烷易发生水解，反应方程式如下：

$$\underset{\diagdown\ \diagup\atop O}{CH_2—CH}—CH_2Cl \xrightarrow[H_2O]{NaOH} \underset{OH}{CH_2}—\underset{OH}{CH}—CH_2Cl \xrightarrow[H_2O]{NaOH} \underset{OH}{CH_2}—\underset{OH}{CH}—\underset{OH}{CH_2}$$

为了提高环氧氯丙烷的回收率，常分两次投入碱液。当第一次投入碱液后，主要发生加成反应和部分闭环反应。由于这时的氯醇基含量较高，过量的环氧氯丙烷水解几率低，故当树脂的分子链基本形成后，可立即回收环氧氯丙烷。而第二次加碱主要发生 α-氯醇基团的闭环反应。该树脂漆膜性能良好，附着力、耐候性均好，是目前环氧树脂漆中产量较大的品种。

2.3.6 环氧树脂的固化

环氧树脂本身是热塑性树脂，可以通过与含活泼氢原子的化合物或树脂如多元胺、多元酸、多元硫醇、多元酚、聚酰胺树脂、氨基树脂、酚醛树脂等进行固化反应。

1. 多元胺固化环氧树脂漆

使用多元胺加成物作固化剂时，漆膜不易泛白，臭味较小，配漆后可以不经静置熟化而直接使用，配方如表 2－16 所示。

表 2－16 多元胺固化环氧树脂漆配方 质量份

环氧树脂（E-20）（分子量为 900）		100
固化剂理论用量	己二胺	5.8
	二乙烯三胺	4.4
	乙二胺	3.1

原料的选择与漆的配制：溶剂为酮、醇和芳香烃混合溶剂，涂刷施工时用乙基溶纤剂，不能用脂类作固化剂，因为它与胺类会反应。

漆的制备工艺：环氧树脂和溶剂放在有回流冷凝器的釜中，加热溶解，过滤，即成清漆。如配制色漆，再加入颜料、填料，经研磨而成。所有固化剂则为另一组分。由于是双组分的，施工前按规定比例混合，静置 1～2h 熟化，否则容易“泛白”。这类漆流平性很差，施工后易产生桔皮、缩边等弊病。可在漆中加环氧树脂的 5% 左右的脲醛树脂或三聚氰胺甲醛树脂以改善其流平性。

2. 胺加成物固化的环氧树脂漆

由于多元胺的毒性、刺激性和臭味以及当其配制量不准确时可能造成性能下降等原因，目前常用改性的多元胺加成物作固化剂。如采用环氧树脂和过量的乙二胺反应制得的加成物来代替多元胺，消除了臭味，也避免了漆膜泛白现象，配方如表 2－17 所示。

表 2-17 改性的多元胺加成物固化剂

组分	用量/质量份
乙二胺（75%）	52
丁醇	56
二甲苯	56
环氧树脂（当量500）	110

工艺：将乙二胺、丁醇置于反应釜中，搅拌，缓慢加入环氧树脂，加热回流反应2~3h，减压蒸出溶剂和过量的乙二胺，达到终点后（软化点约96℃），降温出釜，冷却后是固态，使用时研粉。胺加成物固化环氧树脂清漆配方见表2-18。

表 2-18 胺加成物固化环氧树脂清漆配方

组分		用量/质量份
甲组分	环氧树脂（E-20）	50
	脲醛树脂	2.5
	混合溶剂	47.5
乙组分	环氧-乙二胺加成物	20
	混合溶剂	20

3. 聚酰胺固化的环氧树脂漆

低分子聚酰胺是由植物油的不饱和酸二聚体或三聚体与多元胺缩聚而成。由于其分子内含有活泼的氨基，可与环氧基反应而交联成网状结构；由于聚酰胺基有较长的碳链和极性基团，具有很好的弹性和附着力，因此除了起固化剂作用外，也是一个良好的增韧剂，而且对提高耐候性和施工性能有利。酮类、芳烃类和醇类混合溶剂，对环氧树脂有较好的相溶性，对颜料也有较好的润湿性。聚酰胺作固化剂的固化速度较胺固化慢，用量配比也不像胺固化严格，因而使用上要方便得多。

固化环氧树脂的聚酰胺是低分子量（1000~5000）、棕色黏稠液体。与胺固化漆比较，有如下优缺点：对金属和非金属都有很强的粘合力，可制得高弹性的漆膜；耐候性较好，施工性能好，不易“泛白”，使用期限较长，毒性较小；可在不完全除锈的或潮湿的钢铁表面施工。耐化学品性不及胺固化环氧树脂，可用于涂装储罐、管道、钻塔、石油化工设备、海上采油设备、皮革及纸张等。

在配漆中通常选用环氧/聚酰胺酯配比为2∶1，因为这种漆膜干燥很慢，为缩短干燥时间。可加入催化剂三（二甲氨基甲基）苯酚，简称DMP-30，其用量为清漆总不挥发分的1%~3%。

4. 合成树脂固化环氧树脂涂料

许多含有活性基团的合成树脂，它们本身都可以用作涂料的主要成膜物质，如酚醛树脂、聚酯树脂等，当它们与环氧树脂配合时，经过高温烘烤（约150~200℃），可以交联成优良的涂膜。

5. 酚醛树脂固化的环氧树脂漆

一般采用分子量为2900~4000、聚合度在9~30的环氧树脂时，其含羟基较多，与酚醛树脂的羟基固化反应较快；同时分子量大的环氧树脂分子链长，漆膜的弹性好。这类树脂漆是环氧树脂漆中耐腐蚀性最好的品种之一，具有优良的耐酸碱、耐溶剂、耐热性能，但漆膜颜色深，不能作浅色漆。酚醛树脂可以采用丁醇醚化二酚基丙烷甲醛树脂，它与环氧树脂并用时，可以得到机械强度高、耐化学品性能优良、储藏稳定性也好的涂料，用于化工设备、管道内壁、储罐内壁和罐头桶内壁。耐酸碱环氧树脂/酚醛清漆的配方见表2－19。

表2－19　耐酸碱环氧树脂/酚醛清漆配方

组分	用量/质量份	组分	用量/质量份
环氧树脂（E-06）	30	二甲苯	15
环已酮	15	40%二酚基丙烷甲醛树脂液	25
二丙酮醇	15		

40%二酚基丙烷甲醛树脂液的制备配方见表2－20。

表2－20　40%二酚基丙烷甲醛树脂液配方

组分	用量/质量份
双酚A	16.7
甲醛（36%）	31.5
NaOH（33%）	17.4
硫酸（53%）	13.0
苯酐	0.4
丁醇	21.0

工艺：甲醛与双酚A在NaOH存在下于40℃反应，产物以H_2SO_4中和水洗，加入苯酐、丁醇使之醚化，再经脱水（终点控制沸点120℃），过滤即得成品，黏度60～70s（涂4杯，25℃）。

该漆为单组分，涂敷后烘干，一般烘干温度90～150℃，烘10～30min，最后一道烘干温度180℃，烘60min，为提高固化速度可加磷酸作为催干剂，用量为清漆总不挥发分的1%～2%，但这种催干剂缩短了清漆的储存期。

6. 氨基树脂固化的环氧树脂漆

氨基树脂固化的环氧树脂漆颜色浅、光泽强、柔韧性好、耐化学品性能也好，适用于涂装医疗器械、仪器设备，以及用作罐头漆等。在设计配方时，环氧/氨基树脂为70/30时漆的性能最好。当环氧比例增加时，漆膜的柔韧性、附着力提高；当氨基树脂比例增加时，硬度和抗溶剂性提高，但其比例在30%以上时，烘烤温度则要提高很多。可使用清漆总不挥发分0.5%的对甲苯磺酸吗啉盐作为催干剂，烘烤温度可降到150℃，烘烤30min。

7. 环氧－氨基－醇酸漆

不干性短油度醇酸树脂与环氧树脂、氨基树脂相混溶，交联后，漆膜具有更好的附着力、坚韧性和耐化学品性。可用作底漆和通用防腐漆，配漆时环氧/醇酸/氨基配比为30/45/25，醇酸增加时，漆膜耐化学品性和附着力下降，柔韧性提高，烘干条件是180℃，15min；150℃，30min；120℃，60min。

环氧－氨基－醇酸漆配方见表2－21。

表2－21 环氧－氨基－醇酸漆配方

组分	用量/质量份
环氧树脂（E-20）	15.4
不干性短－中油度醇酸树脂（50%）	32.1
三聚氰胺甲醛树脂（50%）	21.4
环已酮	17.2
二甲苯	13.4
1%硅油溶液	0.5

8. 多异氰酸酯固化的环氧树脂漆

异氰酸酯固化环氧树脂涂料一般是双组分的：环氧树脂、溶剂（色漆应加颜料）为一组分，多异氰酸酯为另一组分。固化剂一般用多异氰酸酯和多元醇的加成物，如果使用封闭型的聚异氰酸酯为固化剂，就可得到储存性稳定的涂料。但这种涂料必须烘干，才能使漆膜交联固化。所有溶剂中不能含水，配制时 NCO：OH 约在0.7～1.1，不得使用醇类和醇醚类溶剂。

高分子量（1400以上）环氧树脂的仲羟基和多异氰酸酯进行的交联反应，在室温下即可进行，生成聚氨基甲酸酯，可以制成常温干燥型涂料。干燥的涂膜具有优越的耐水性、耐溶剂性、耐化学品性和柔韧性，用于涂装水下设备或化工设备等。常温干燥型多异氰酸酯固化环氧树脂涂料配方见表2－22。

表2－22 常温干燥型多异氰酸酯固化环氧树脂涂料配方

组分	用量/质量份	
甲组分	钛白	34
	环氧（E-03）	21
	环已酮	21.5
	醋酸溶纤剂	10.75
	二甲苯	10.75
乙组分	TDI加成物	18.7

2.4 聚氨酯树脂

聚氨酯是综合性能优秀的合成树脂之一。因其合成单体品种多，反应条件温和、专一、可控，配方调整余地大，可广泛用于涂料、胶黏剂、泡沫塑料、合成纤维以及弹性体，已成为人们衣、食、住、行以及高新技术领域必不可少的材料之一，其本身已经构成了一个多品种、多系列的材料家族，形成了完整的聚氨酯工业体系，这是其他树脂所不具备的。

聚氨酯树脂并非由氨基甲酸酯单体聚合而成，而是由多异氰酸酯（主要是二异氰酸酯）与二羟基或多羟基化合物反应而成。而且它们之间结合形成高聚物的过程，既不是缩合，也不是聚合，而是介于两者之间，称之为逐步聚合或加成聚合。在此反应中，一个分子中的活性氢转移到另一个分子中去，在反应过程中没有副产物。

异氰酸酯化学性质活泼，含有一个或多个异氰酸根，能与含活泼氢的化合物反应。常用的有芳香族的甲苯二异氰酸酯（TDI）、二苯基甲烷-4，4′-二异氰酸酯（MDI）等，脂肪族的六亚甲基二异氰酸酯、二聚酸二异氰酸酯，可用于汽车、建筑行业产品、冰箱、家具被覆材料以及鞋类。

2.4.1 异氰酸酯主要化学反应

1. 异氰酸酯的反应机理

异氰酸酯指结构中含有异氰酸酯基团（—NCO，即—N═C═O）的化合物，其化学活性适中。其电子共振结构为：

$$R-\overset{\ominus}{\ddot{N}}-\overset{\oplus}{C}=O \longleftrightarrow R-N=C=O \longleftrightarrow R-N=\overset{\oplus}{C}-\overset{\ominus}{\ddot{O}}$$

根据异氰酸酯基团中N、C、O元素的电负性排序：O（3.5）>N（3.0）>C（2.5），三者获得电子的能力是：O>N>C。因此，—N═C═O基团中氧原子电子云密度最高，氮原子次之，碳原子最低；碳原子易受亲核试剂进攻，而氧和氮原子易于被亲电试剂进攻。当异氰酸酯与醇、酚、胺等含活性氢类亲核试剂反应时，—N═C═O基团中的氧原子接受氢原子形成羟基，但不饱和碳原子上的羟基不稳定，经过分子内重排生成氨基甲酸酯基。反应如下：

$$R_1-NCO + H-OR_2 \longrightarrow [R_1-N=\underset{\underset{OR_2}{|}}{C}-OH] \longrightarrow R_1-\underset{H}{N}-\overset{\overset{O}{\|}}{C}-OR_2$$

异氰酸酯基（—N═C═O）是一个高度的不饱和基，对许多化合物有很高的活性，加成反应很容易进行。当—N═C═O与亲核试剂如醇类、酚类、胺类、酸类、水以及次甲基化合物反应时，这些含活泼氢的亲核试剂很容易向正碳离子进攻而完成加成反应。从键能的角度看，由于N═C的键能小于C═O的键能，因此，一般加成反应都发生在碳氮之间的位置上。理论上讲，异氰酸酯能与任何含活泼氢的物质发生反应，但由于含活泼氢物质的化学结构、活泼氢的类型及该类化合物的性质等差别，使得反应呈现多样性。对聚氨酯胶黏剂较有意义的反应主要是与含羟基化合物、含胺基化合物及水的反应。不同活性活泼氢基团与异氰酸酯反应活性比较见表2-23。

表2-23 不同活泼氢基团与异氰酸酯反应活性比较

基团	速率常数/[10^{-4}L/(mol·s)]		活化能/(kJ/mol)
	25℃	80℃	
芳香胺	10~20	—	—
伯羟基	2~4	30	33.5~37.7
仲羟基	1	15	41.9
叔羟基	0.01	—	—
水	0.4	6	46.1
酚	0.01	—	—
脲	—	2	—
羧酸	—	2	—

甲苯二异氰酸酯有两个异构体：2，4-甲苯二异氰酸酯（2，4-TDI）和2，6-甲苯二异氰酸酯（2，6-TDI），前者的活性大于后者，其原因在于2，4-甲苯二异氰酸酯中，对位上的—NCO基团远离—CH_3基团，几乎无位阻；而在2，6-甲苯二异氰酸酯中，两个—NCO基团都在—CH_3基团的邻位，位阻较大。另外，甲苯二异氰酸酯中两个—NCO基团的活性亦不同。2，4-TDI中，对位—NCO基团的活性大于邻位—NCO的数倍，因此在反应过程中，对位的—NCO基团首先反应，然后才是邻位的—NCO基团参与反应。在2，6-TDI中，由于结构的对称性，两个—NCO基团的初始反应活性相同，但当其中一个—NCO基团反应之后，由于失去诱导效应，再加上空间位租，故剩下的—NCO基团反应活性大大降低。

2. 异氰酸酯与活泼氢化合物的加成反应

（1）异氰酸酯与羟基化合物的反应

$$R—NCO + R'—OH \longrightarrow R—NH—\overset{\overset{\large O}{\|}}{C}—OR'$$

异氰酸酯与聚醚多元醇、聚酯多元醇等反应生成氨基甲酸酯，是聚氨酯合成中最常见的反应。

（2）异氰酸酯与水反应

异氰酸酯与水反应先生成不稳定的氨基甲酸，氨基甲酸分解成胺和二氧化碳。在过量异氰酸酯存在下，进一步反应生成取代脲。

$$R—NCO + H_2O \longrightarrow \left[R—NH—\overset{\overset{\large O}{\|}}{C}—OH\right] \longrightarrow R—NH_2 + CO_2\uparrow$$

此反应是聚氨酯预聚体湿固化的基础，多异氰酸酯和胺类反应速度比与水快，异氰酸酯与水混合时会产生大量的二氧化碳气体和取代脲。

（3）异氰酸酯与含胺基化合物的反应

$$R—NCO + R'—NH_2 \longrightarrow R—NH—\overset{\overset{\large O}{\|}}{C}—NH—R'$$

多异氰酸酯和胺类反应速度快，这是胺类化合物作为聚氨酯胶黏剂固化剂的化学基础，胺类化合物常被用来作聚氨酯胶黏剂的交联固化剂。

（4）与含有羧基的化合物反应

$$R—NCO + R'—COOH \longrightarrow \left[R—NH—\overset{\overset{\large O}{\|}}{C}—O—\overset{\overset{\large O}{\|}}{C}—R'\right] \longrightarrow R—NH—\overset{\overset{\large O}{\|}}{C}—R' + CO_2\uparrow$$

异氰酸酯与含有羧基的化合物反应，先生成混合羧酸酐，然后分解放出二氧化碳而生成相应的酰胺。

（5）与氨基甲酸酯的反应

$$R—NCO + R—NH—\overset{\overset{\large O}{\|}}{C}—OR' \longrightarrow R—N\begin{cases}\overset{\overset{\large O}{\|}}{C}—NH—R \\ \underset{\underset{\large O}{\|}}{C}—OR'\end{cases}$$

异氰酸酯与氨基甲酸酯反应生成脲基甲酸酯。此反应在没有催化剂情况下，一般需在120～140℃之间才能反应。

3. 异氰酸酯的自聚合反应

异氰酸酯化合物在一定条件下能自聚形成二聚体、三聚体等。

$$2R-NCO \longrightarrow R-N\langle C(=O) \rangle_2 N-R \qquad 3R-NCO \longrightarrow (RNCO)_3$$

（二聚体） （三聚体）

通过研究异氰酸酯化学，异氰酸酯基团具有适中的反应活性，涂料与胶黏剂化学中，常用的反应有异氰酸酯基团与羟基的反应，与水的反应，与胺基的反应，与脲的反应，以及其自聚反应等。作为涂料和胶黏剂时，这是它的一个优点，但是在制备和储存中，却要避免它们之间的反应。可采用的措施有选择氨酯级溶剂、对反应物进行脱水处理、反应体系进行氮气保护等。

2.4.2 聚氨酯树脂的合成原理

在聚氨酯涂料与胶黏剂中，除了单体异氰酸酯胶黏剂外，其他种类的聚氨酯涂料与胶黏剂都需要经过聚合反应形成聚氨酯树脂。像其他聚合物一样，各种类型的聚氨酯的性质首先依赖于分子量、交联度、分子间力的效应、链节的软硬度以及规整性。

聚氨酯的合成有多种途径，但广泛应用的是二元、多元异氰酸酯与末端含羟基的聚酯多元醇或聚醚多元醇进行反应。当只用双官能团反应物时，可以制成线型聚氨酯。

$$(n+1)O{=}C{=}N-R-N{=}C{=}O + nHO\sim\sim OH \longrightarrow$$
$$O{=}C{=}N-R-NH-\left[\overset{O}{\overset{\|}{C}}-O\sim\sim O-\overset{O}{\overset{\|}{C}}-NH-R\right]_n-N{=}C{=}O$$

若含—OH或含—NCO组分的官能度是三或更多，则生成有支链或交联的聚合物。最普通的交联反应是多异氰酸酯与三官能度的多元醇反应的交联结构。

$$3\sim NCO + HO\overset{OH}{\sim\sim}OH \longrightarrow \sim NH-\overset{O}{\overset{\|}{C}}-O\sim\overset{O-C(=O)-NH\sim}{\sim}\sim O-\overset{O}{\overset{\|}{C}}-NH\sim$$

2.4.3 聚氨酯树脂结构与性能的关系

聚氨酯的结构对性能的影响：聚氨酯可看作是一种含软链段和硬链段的嵌段共聚物。软段由低聚物多元醇组成，硬段由多异氰酸酯或其与小分子扩链剂组成。

聚酯型聚氨酯具有较高的强度、硬度、黏附力、抗热氧化性；聚醚型聚氨酯具有较好的柔顺性，优越的低温性能，较好的耐水性；聚酯和聚醚中侧基越小、醚键或酯键之间亚甲基数越多、结晶性软段分子量越高，聚氨酯结晶性越高，机械强度和胶接强度越大。

对称性的二异氰酸酯（MDI）制备的聚氨酯具有较高的模量和撕裂强度；芳香族异氰酸酯制备的聚氨酯强度较大，抗热氧化性能好；二元胺扩链的聚氨酯具有较高的机械强度、模量、黏附性和耐热性，且较好的低温性能。

2.4.4 聚氨酯的固化机理

聚氨酯的固化按其组分的不同，分为单组分预聚体的固化与双组分预聚体的固化，单组分预聚体可以常温湿固化。因预聚体是带有—NCO的弹性体高聚物，遇空气中的潮气即和H_2O反应生成含有—NH_2的高聚物，并进一步与—NCO反应生成含有脲基的高聚物。这种湿固化型不需其他组分，使用方便，具有一定的强度和韧性。由于湿固化，胶层中有气泡产生，—NCO含量越高，气泡越多，因此预聚体的—NCO含量不能过高。此外，胶接强度受湿度影响很大，湿度以40%～90%为宜。

双组分预聚体固化指的是双组分聚氨酯一组分是端基含有—NCO的预聚体或者多异氰酸酯单体；另一组分是固化剂（如胺类化合物）或者含羟基化合物，或者同时存在。一般胺类比醇类活性大，采用不同固化剂可以调节固化时间并获得不同性能的聚氨酯。当预聚体—NCO含量高时，可用低分子二元醇或端基含—OH的聚酯、聚醚与固化剂并用，以改善预聚体的弹性。当预聚体—NCO含量低时，可以用多官能度的胺类或醇类，以获得高度交联的聚氨酯。

2.4.5 聚氨酯的合成

根据聚氨酯的化学组成与固化机理不同，生产上有单包装和多包装两种。单组分聚氨酯树脂主要包括线型热塑性聚氨酯、聚氨酯油、湿固化聚氨酯和封闭型异氰酸酯。前三种树脂都可以单独成膜。热塑性聚氨酯具有热塑性，通过溶剂挥发成膜，涂膜柔韧性好，低温下柔韧性也能很好保持，主要用作手感涂料或皮革、织物的涂层材料。聚氨酯油通过氧化交联成膜；潮气固化聚氨酯通过水扩联交联成膜。封闭型异氰酸酯需要和体系中的羟基组分在加热条件下交联才能成膜，其交联膜的性能远远高于热塑性膜。溶剂型双组分聚氨酯产量大、用途广、性能优，为双罐包装，一罐为羟基组分，常称为甲组分；另一罐为多异氰酸酯的溶液，也称为固化剂组分或乙组分。使用时两个组分按一定比例混合，施工后由羟基组分大分子的—OH基团同多异氰酸酯的—NCO基团交联。

1. 聚氨酯改性油漆的合成

聚氨酯改性油漆又称氨酯油。先将干性油与多元醇进行酯交换，再与二异氰酸酯反应。它的干燥是在空气中通过双键氧化而进行的。此漆干燥快。由于酰胺基的存在而增加了其耐磨、耐碱和耐油性，适合于室内、木材、水泥的表面涂覆，但流平性差、易泛黄、色漆易粉化。干性油与多元醇进行酯交换，再以甲苯二异氰酸酯代替苯酐与醇解产物反应，并加入催干剂（钴、铅、锰的羧酸盐）。一般投料NCO/OH比例在0.9～1.0之间，太高则成品不稳定，太低则残留羟基多，抗水性差。

聚氨酯改性油漆的工艺是将亚麻油、季戊四醇、环烷酸钙在240℃醇解1h，使甲醇容忍度达到2∶1，冷却至180℃，加入第1批200#溶剂油和二甲苯混均匀，升温回流，脱除微量水分。再将TDI与第2批200#溶剂油预先混合，半小时内逐渐加入，通入N_2不断搅拌，加入锡催化剂，升温到95℃，保温，抽样，待黏度达加氏管5s左右时，冷却至60℃，加入丁醇，使残存的 NCO 基反应，完毕后过滤，冷却后加入催干剂（0.3%的金属铅和0.03%的金属钴），以及0.1%的抗结皮剂（丁酮肟或丁醛或丁醛肟），即可装罐。

2. 羟基固化型聚氨酯涂料的合成

羟基固化型聚氨酯，一般为双组分涂料，甲组分含有异氰酸酯基，乙组分一般含有羟基。使用前将甲乙两组分混合、涂布，使异氰酸酯基与羟基反应，形成聚氨酯高聚物。分为清漆、磁漆和底漆，它是聚氨酯涂料中品种最多的一种。可用于制造从柔软到坚硬、具有光亮涂膜的涂料，主要用于金属、水泥、木材及橡胶、皮革的防护与涂饰等。

双组分聚氨酯涂料用羟基树脂有短油度的醇酸型、聚酯型、聚醚型和丙烯酸树脂型等类型。作为羟基树脂首先要求它们与多异氰酸酯具有良好的相容性，另外，其羟基的平均官能度应该大于2，以便引入一定的交联度，提高漆膜综合性能。树脂合成工程师一般比较关注羟基含量（即羟值），实际上在分子设计时，羟基分布及其官能度和数均分子量也是非常重要的指标。

配方原则：A、B 两组分混容性好；—NCO/—OH 的比，理论值为1∶1，实际用 r∶1（$r>1$）。

A、B 两组分配方计算

当—NCO/—OH 的比为1∶1时，则每100g B 组分所需 A 组分的质量为：

$$W_a = 100 \times OH\% \times 42/(17 \times NCO\%) = 247 \times OH\%/NCO\%$$

—NCO/—OH 的比为1∶1，实际用 r∶1，则每100g B 组分所需 A 组分的质量为：

$$W_a = 100 \times OH\% \times r \times 42/(17 \times NCO\%) = 247 \times r \times OH\%/NCO\%$$

实际上在配制双组分聚氨酯清漆时，采用图算法最简捷和方便。图2-8是双组分聚氨酯涂料配方计算尺规。标线 A、B 上的数字分别表示 A 组分的—NCO 基的百分含量 NCO%和 B 组分的羟基百分含量 OH%，标线 W_A 的数字表示每100g B 组分所需 A 组分的质量。

当—NCO/—OH 的比为1∶1，先在 A、B 两条标线上分别找出 A、B 组分的 NCO%值和 OH%值，然后用直尺将这两点联结起来，与标线 W_A 相交的一点所表的数字，即为每100g B 组分所需 A 组分的质量 W_a。

—NCO/—OH 的比为 r∶1，先按上述方法求出，实际100克 B 组分所需 A 组分的质量，即：$W_{ar} = r \times W_a$

例：若 B 组分的 OH%为2.9，A 组分的 NCO%为13，则当—NCO/—OH＝1∶1时，

每100g B 组分所需 A 组分的质量 $W_a = 55$g；

当—NCO/—OH＝1.3∶1时，每100g B 组分所需 A 组分的质量 $W_{ar} = 1.3 \times 55 = 71.5$g。

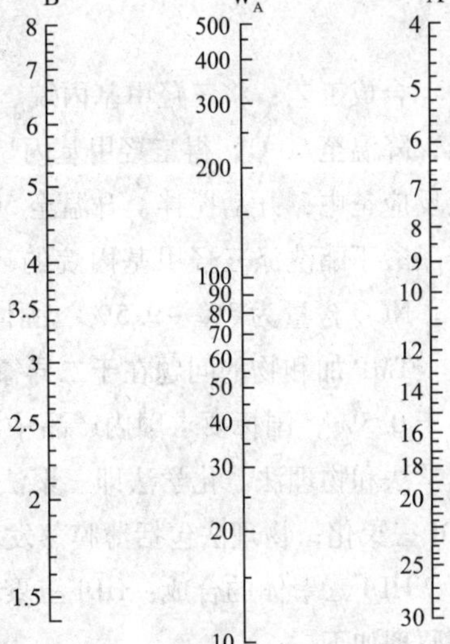

图2-8 双组分聚氨酯配方计算图

3. 多异氰酸酯的合成

在双组分聚氨酯涂料中，多异氰酸酯组分也称为固化剂或乙组分。甲苯二异氰酸酯等二异氰酸酯单体蒸气压高、易挥发，危害人们健康，直接使用甲苯二异氰酸酯作固化剂同羟基组分配制聚氨酯漆，应用受到限制。将二异氰酸酯单体同多羟基化合物反应制成端异氰酸酯基的加

和（成）物或预聚物；或者用二异氰酸酯单体也可以合成出缩二脲或通过三聚化生成三聚体，使分子量提高，降低挥发性，方便应用。多异氰酸酯加和物是国内产量较大的固化剂品种，主要有 TDI－TMP 加和物和 HDI－TMP 加和物。TDI－TMP 加和物的配方见表 2－24。

表 2－24　TDI－TMP 加和物的配方

原料	规格	用量/质量份
三羟甲基丙烷	工业级	13.40
环己酮	工业级	7.620
醋酸丁酯	聚氨酯级	61.45
苯	工业级	4.50
甲苯二异氰酸酯	工业级	55.68

TDI－TMP 加和物的合成原理：

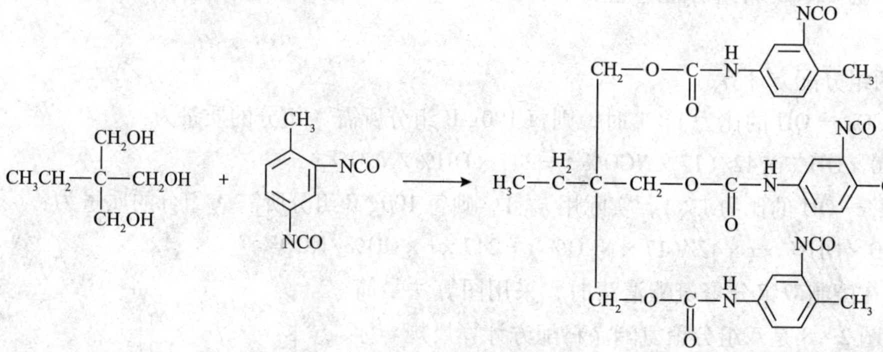

$$CH_3CH_2-C(CH_2OH)_3 + CH_3C_6H_3(NCO)_2 \longrightarrow H_3C-CH_2-C[CH_2-O-CO-NH-C_6H_3(CH_3)(NCO)]_3$$

合成工艺：将三羟甲基丙烷、环己酮、苯加入反应釜中，开动搅拌，升温使苯将水全部带出，降温至60℃，得三羟甲基丙烷的环己酮溶液。然后将甲苯二异氰酸酯、80% 的醋酸丁酯加入反应釜中，开动搅拌，升温至 50℃，开始滴加三羟甲基丙烷的环己酮溶液，3h 加完；用剩余醋酸丁酯洗涤三羟甲基丙烷的环己酮溶液配制釜，升温至 75℃，保温 2h 后取样测 NCO 含量。NCO 含量为 8%～9.5%、固体分为 50% ±2% 为合格，合格后经过滤、包装，得产品。

TMP 加和物的问题在于二异氰酸酯单体的残留问题，国外产品的固化剂中游离 TDI 含量都小于 0.5%，国标要求国内产品中游离 TDI 含量要小于 0.7%，为了降低 TDI 残留，可以采用化学法和物理法。化学法即三聚法，这种方法在加成反应完成后加入聚合型催化剂，使游离的 TDI 三聚化；物理法包括薄膜蒸发和溶剂萃取两种方法，国内已有相关工艺的应用。

HDI 三聚体的合成：HDI 三聚体是由 3mol HDI 三聚反应生成的三官能度多异氰酸酯，其合成原理如下：

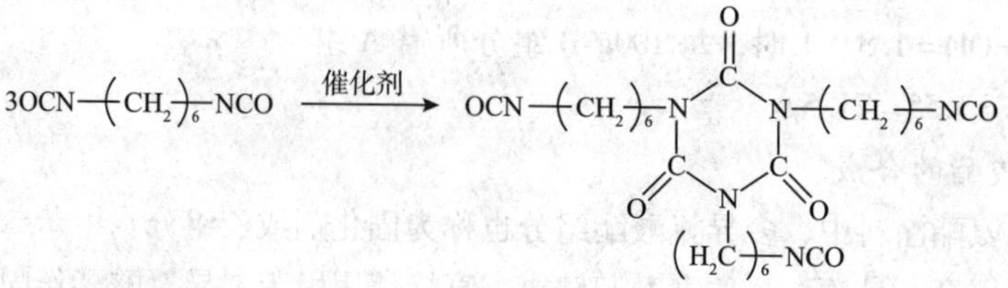

$$3OCN-(CH_2)_6-NCO \xrightarrow{\text{催化剂}} \text{OCN}-(CH_2)_6-\text{N}\ \text{(异氰脲酸酯环，三个 C=O)}\ \text{N}-(CH_2)_6-\text{NCO},\ \text{N}-(H_2C)_6-\text{NCO}$$

合成配方见表 2－25。

表 2-25 HDI 三聚体的合成配方

原料	规格	用量/质量份
己二异氰酸酯	工业级	1000
二甲苯	聚氨酯级	300.0
催化剂（辛酸四甲基铵）	工业级	0.300

合成工艺：将己二异氰酸酯、二甲苯加入反应釜中，开动搅拌，升温至60℃，将催化剂分4份，每隔30min加入1份，加完保温4h。取样测NCO含量。合格后加入0.2g磷酸使反应停止。升温至90℃，保温1h。冷却至室温使催化剂结晶析出，过滤，经薄膜蒸发回收过量的己二异氰酸酯，得HDI三聚体。

HDI三聚体具有优良性能，同缩二脲相比，HDI三聚体有如下特点：黏度较低、可以提高施工固体分含量、储存稳定、耐候、保光性优于缩二脲；施工周期较长、韧性、附着力与缩二脲相当、硬度稍高、应用广泛。德国Bayer公司HDI三聚体N-3390产品的主要规格如表2-26所示。

表 2-26 德国 Bayer 公司 HDI 三聚体 N-3390 产品主要规格

项目	规格
外观	无色或浅黄色透明黏稠液体
固体含量	90%
NCO 含量	19.6%
游离 HDI 含量	<0.15%
黏度（23℃）	（550±150）mPa·s
溶剂	乙酸乙酯

异佛尔酮二异氰酸酯（IPDI）三聚化生成三聚体，综合性能优于HDI三聚体，但价格较贵。德国Bayer公司IPDI三聚体Z4470的主要规格如表2-27所示。

表 2-27 德国 Bayer 公司 IPDI 三聚体 Z4470 主要规格

项目	规格
外观	无色或浅黄色透明黏稠液体
固体含量	70%±2.0%
NCO 含量	11.9%±0.4%
游离 IPDI 含量	<0.5%
黏度（23℃）	（500±500）mPa·s

2.5 氨基树脂

氨基树脂是热固性合成树脂中主要品种之一，以尿素和三聚氰胺分别与甲醛作用，生成脲-甲醛树脂、三聚氰胺-甲醛树脂，上述两种树脂统称氨基树脂。氨基树脂因性脆、附着力差，不能单独制漆。但它与醇酸树脂并用，经过一定温度烘烤后，两种树脂即可交联固化成膜，牢固地附着于物体表面，所以又称氨基树脂漆为氨基醇酸烘漆或氨基烘漆。两种树脂配合使用可以理解为醇酸树脂改善氨基树脂的脆性和附着力，而氨基树脂改善醇酸树脂的硬度、光泽、耐酸、耐碱、耐水、耐油等性能，两者互相取长补短。

2.5.1 氨基树脂的合成原理

1. 脲醛树脂的合成原理

尿素与甲醛在一定条件下缩聚而成的树脂称为脲醛树脂（UF）。脲醛树脂价格低廉，来源充足；分子结构上含有极性氧原子，与基材的附着力好，用酸催化时可室温固化。尿素含有 4 个 H，官能度为 4；甲醛的官能度为 2。产物的性能与原料的摩尔比、pH 值、反应温度、反应时间、黏度、固含量、游离甲醛含量、固化速度有关。尿素与甲醛发生的加成反应，又称为羟甲基化反应。

尿素和甲醛的加成反应一般在弱碱性或中性条件下进行，在此阶段主要产物是羟甲基脲，并依甲醛和尿素摩尔比的不同，可生成一羟甲基脲、二羟甲基脲或三羟甲基脲。

$$\mathrm{H_2N-\overset{\displaystyle O}{\overset{\|}{C}}-NH_2 + HCHO \xrightleftharpoons{OH^-\text{或}H^+} H_2N-\overset{\displaystyle O}{\overset{\|}{C}}-\underset{\displaystyle H}{N}-CH_2OH}$$

$$\mathrm{H_2N-\overset{\displaystyle O}{\overset{\|}{C}}-NH_2 + 2HCHO \xrightleftharpoons{OH^-\text{或}H^+} HOCH_2-\underset{\displaystyle H}{N}-\overset{\displaystyle O}{\overset{\|}{C}}-\underset{\displaystyle H}{N}-CH_2OH}$$

$$\mathrm{H_2N-\overset{\displaystyle O}{\overset{\|}{C}}-NH_2 + 3HCHO \xrightleftharpoons{OH^-\text{或}H^+} HOCH_2-\underset{\underset{\displaystyle CH_2OH}{|}}{N}-\overset{\displaystyle O}{\overset{\|}{C}}-\underset{\displaystyle H}{N}-CH_2OH}$$

缩聚反应是在酸性条件下进行的，羟甲基脲与羟甲基脲之间发生羟基与羟基、或羟基与酰胺基间的缩合反应，生成亚甲基。

$$\mathrm{HOCH_2-\underset{\displaystyle H}{N}-\overset{\displaystyle O}{\overset{\|}{C}}-NH_2 + HOCH_2-\underset{\displaystyle H}{N}-\overset{\displaystyle O}{\overset{\|}{C}}-\underset{\displaystyle H}{N}-CH_2OH \xrightleftharpoons{H^+,\ -H_2O}}$$
$$\mathrm{HOCH_2-\underset{\displaystyle H}{N}-\overset{\displaystyle O}{\overset{\|}{C}}-\underset{\displaystyle H}{N}-CH_2-\underset{\displaystyle H}{N}-\overset{\displaystyle O}{\overset{\|}{C}}-\underset{\displaystyle H}{N}-CH_2OH}$$

$$\mathrm{HOCH_2-\underset{\displaystyle H}{N}-\overset{\displaystyle O}{\overset{\|}{C}}-\underset{\displaystyle H}{N}-CH_2OH + HOCH_2-\underset{\displaystyle H}{N}-\overset{\displaystyle O}{\overset{\|}{C}}-NH_2 \xrightleftharpoons{H^+,\ -H_2O}}$$
$$\mathrm{HOCH_2-\underset{\displaystyle H}{N}-\overset{\displaystyle O}{\overset{\|}{C}}-\underset{\displaystyle H}{N}-CH_2O-CH_2-\underset{\displaystyle H}{N}-\overset{\displaystyle O}{\overset{\|}{C}}-NH_2}$$

通过控制反应介质的酸度、反应时间可制得分子量不同的羟甲基脲低聚物，低聚物间继续缩聚就可制得体型结构聚合物。

脲醛树脂用醇类醚化改性，醚化后的树脂中具有一定数量的烷氧基，使树脂的极性降低，增大了其在有机溶剂中的溶解性。醚化反应是在弱酸性条件下进行的，发生醚化反应的同时，也发生缩聚反应。

$$HOCH_2-\underset{H}{N}-\overset{O}{\overset{\|}{C}}-\underset{H}{N}-CH_2OH + C_4H_9OH \xrightleftharpoons{H^+,\ -H_2O} C_4H_9OCH_2-\underset{H}{N}-\overset{O}{\overset{\|}{C}}-N-CH_2$$

2. 三聚氰胺甲醛树脂的合成原理

三聚氰胺甲醛树脂是用三聚氰胺与甲醛缩合，以丁醇醚化而得。其反应为复杂连串反应：

$$\text{三聚氰胺}(NH_2,\ H_2N,\ NH_2) + 3HCHO \xrightarrow{OH^-} \text{三嗪环}(NHCH_2OH,\ HOCH_2HN,\ NHCH_2OH)$$

$$\text{三嗪环}(NHCH_2OH,\ HOCH_2HN,\ NHCH_2OH) + \text{三嗪环}(NHCH_2OH,\ HOCH_2HN,\ NHCH_2OH) \xrightleftharpoons{H^+,\ -H_2O}$$

$$\text{三嗪环}(NHCH_2OH,\ HOCH_2HN)-\underset{CH_2OH}{N}-CH_2HN-\text{三嗪环}(NHCH_2OH,\ NHCH_2OH)$$

$$\text{三嗪环}(NHCH_2OH,\ HOCH_2HN,\ NHCH_2OH) + \text{三嗪环}(NHCH_2OH,\ HOCH_2HN,\ NHCH_2OH) \xrightleftharpoons{H^+,\ -H_2O}$$

$$\text{三嗪环}(NHCH_2OH,\ HOCH_2HN)-NHCH_2O-CH_2HN-\text{三嗪环}(NHCH_2OH,\ NHCH_2OH) \xrightarrow[\Delta]{-HCHO}$$

$$\text{三嗪环}(NHCH_2OH,\ HOCH_2HN)-NH-CH_2HN-\text{三嗪环}(NHCH_2OH,\ NHCH_2OH)$$

多羟甲基三聚氰胺与丁醇发生如下的醚化反应（通常需要丁醇过量，酸性催化剂作用下，过量丁醇一方面促进反应向右进行，另一方面作为反应介质）；多羟甲基三聚氰胺通过本身的缩聚反应及和丁醇的醚化反应，形成高分散性的聚合物，就是涂料用的丁醇改性三聚氰胺甲醛树脂。

$$\text{三嗪环}(NHCH_2OH,\ HOCH_2HN,\ NCH_2OH) + ROH \xrightleftharpoons{H^+,\ -H_2O} \text{三嗪环}(NCH_2OR,\ HOH_2CN,\ NHCH_2OR)$$

2.5.2　氨基树脂的制备

能形成涂料基质的氨基树脂主要有脲—醛树脂、三聚氰胺甲醛树脂、苯代三聚氰胺甲醛树脂、聚酰亚胺树脂4种，现以脲—醛树脂为例，介绍其制备工艺。

1. 脲一醛树脂

脲一醛树脂是由尿素与甲醛缩合，以丁醇醚化而得。用它制得的涂料，流平性好，附着力和柔韧性也不差；但耐溶剂性差。如果加入磷酸（2%～5%）催化剂，便能常温干燥。丁醚化脲醛树脂的合成工艺：尿素分子有2个氨基，为4官能度化合物，甲醛为2官能度化合物，故一般生产配方中，尿素、甲醛、丁醇的摩尔比为1：(2～3)：(2～4)。

尿素和甲醛先在碱性条件下进行羟基氨基化反应，然后加入过量的丁醇，反应的pH值控制至微酸性，进行醚化和缩聚反应，通过控制丁醇和酸性催化剂的用量，使两种反应平衡进行。醚化过程中，通过测定树脂的容忍度来控制醚化程度。

丁醚化脲醛树脂的原料配方见表2－28。

表2－28　丁醚化脲醛树脂的原料配方

原料	尿素	37%甲醛	丁醇（1）	丁醇（2）	二甲苯	苯酐
分子量	60	30	74	74		
摩尔数	1	2.184	1.09			
质量份	14.5	42.5	19.4	19.4	4.0	0.3

丁醚化脲醛树脂的的生产过程是将甲醛加入反应釜中，用10%氢氧化钠水溶液调节pH值至7.5～8.0，加入尿素；微热至尿素全部溶解后，加入丁醇（1），再用10%氢氧化钠水溶液调节pH值至8.0；加热升温至回流温度，回流1h；加入二甲苯、丁醇（2），用苯酐调节pH值至4.5～5.5；回流脱水至105℃以上，测容忍度达1：2.5为反应终点；蒸出过量丁醇，调整黏度至规定范围，降温，过滤，分析。

丁醚化脲醛树脂的质量规格见表2－29。

表2－29　丁醚化脲醛树脂的质量规格

项目	外观	黏度（涂－4杯）/s	色泽（铁钴比色剂）/号	容忍度	酸值/（mgKOH/g）	不挥发分/%
指标	透明黏稠液体	80～130	≤1	1：2.5～3	≤4	60±2

2. 三聚氰胺甲醛树脂

改性后的三聚氰胺树脂，因含有一定数量的丁氧基基团，使之能溶于有机溶剂，并能与醇酸树脂混溶。其在不同的极性溶剂内的溶解度与不同类型的醇酸树脂的混溶性，均与三聚氰胺树脂的丁氧基含量有关（在生产时，以三聚氰胺树脂溶液对200#油漆溶剂油的容忍度来表示醚化度大小）。用它制得的漆，其抗水性及耐酸、耐碱、耐久、耐热性均比脲醛树脂漆好。

3. 苯代三聚氰胺甲醛树脂

它是甲醛与苯化三聚氰胺缩合，以丁醇醚化制得。由于其分子结构中，有一个活性基团被苯环取代，因此耐热性、与其树脂的混溶性、储存稳定性等都有所改性。用它制成的漆，涂膜光亮、丰满。

4. 聚酰亚胺树脂

聚酰亚胺树脂是以均苯四甲酸酐与二氨基二苯醚缩聚制得，以二甲基乙酰胺为溶剂，用它制成的漆，耐热和绝缘性能均较好。在氨基树脂漆组成中，氨基树脂占树脂总量的10% ~ 50%，醇酸树脂占50% ~90%，按氨基树脂含量分为三档。高氨基：醇酸树脂：氨基树脂 = (1 ~2.5)：1；中氨基：醇酸树脂：氨基树脂 = (2.5 ~5)：1；低氨基：醇酸树脂：氨基树脂 = (5 ~7.5)：1。氨基树脂用量越多，漆膜的光泽、耐水、耐油、硬度等性能越好，但脆性变大，附着力变差，价格也变高。因而高氨基树脂只有在特种漆或罩光漆中应用；低氨基者，漆膜的上述各项指标均较差，所以应用中氨基涂料为多。

与氨基树脂并用的主要是短油度蓖麻油、椰子油或豆油改性醇酸树脂及中油度蓖麻油或脱水蓖麻油醇酸树脂。用十一烯酸改性的醇酸树脂与氨基树脂制得的漆，其耐水、耐光、不泛黄性均较好。用三羟甲基丙烷代替甘油制得的醇酸树脂与氨基树脂制备的漆，其保光、保色及耐候性都有较大改善，用来涂刷高级轿车及高档日用轻工产品。

2.6 酚醛树脂

凡酚类化合物与醛类化合物经加成缩聚反应制得的树脂统称为酚醛树脂。常见的酚类化合物有苯酚、甲酚、二甲酚、间苯二酚等；醛类化合物有甲醛、乙醛、糠醛等。合成时所用的催化剂有氢氧化钠、氢氧化钡、氨水、盐酸、硫酸、对甲苯磺酸等。其中，最常使用的酚醛树脂是由苯酚和甲醛缩聚而成的产物，简称PF。这种酚醛树脂是最早实现工业化的一类热固性树脂。

酚醛树脂虽然是最早的一类热固性树脂，但由于它原料易得、合成方便以及树脂固化后性能能够满足许多使用要求，因此在工业上仍得到广泛的应用。

酚醛树脂具有高黏结性，低的水蒸气和氧渗透性，并且有极好的耐化学性和耐热性，在矿物质和有机酸中稳定性好，但是遇碱容易水解。另外，酚醛树脂还具有好的电绝缘性和低吸湿性。广泛用于木器、家具、建筑、船舶、机械、电气及防化学腐蚀方面，在我国涂料与胶黏剂生产中占有较大比重。其主要缺点是颜色深，在老化过程中涂膜容易泛黄，不易制成白色或浅色涂料。

在工业上通过控制原料苯酚和甲醛的摩尔比以及反应体系的pH值，就可以合成出两种性质不同的酚醛树脂：含有羟甲基结构、可以自固化的热固性酚醛树脂和酚基与亚甲基连接、不带羟甲基反应官能团的热塑性酚醛树脂。

2.6.1 酚醛树脂的合成原理

1. 热固性酚醛树脂合成原理

热固性酚醛树脂的合成是用苯酚和过量的甲醛（摩尔比为1.1 ~1.5）在碱性催化剂如氢氧化钠存在下（pH = 8 ~11）缩聚反应而成的。反应过程可分为以下两步：

首先是加成反应，苯酚和甲醛通过加成反应生成多种羟甲基酚。

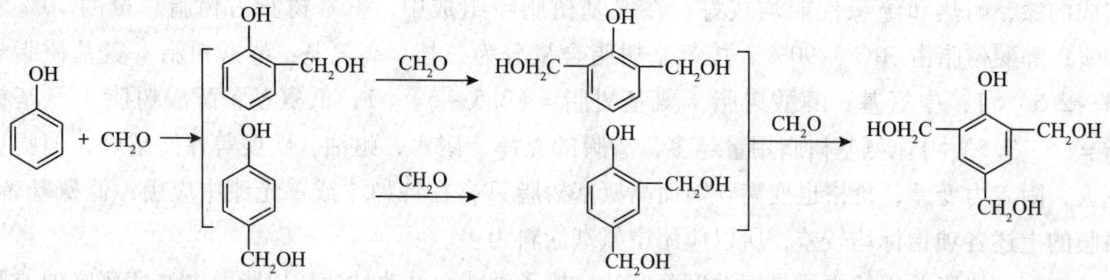

然后，羟甲基酚进一步进行缩聚反应，主要有以下两种形式的反应。

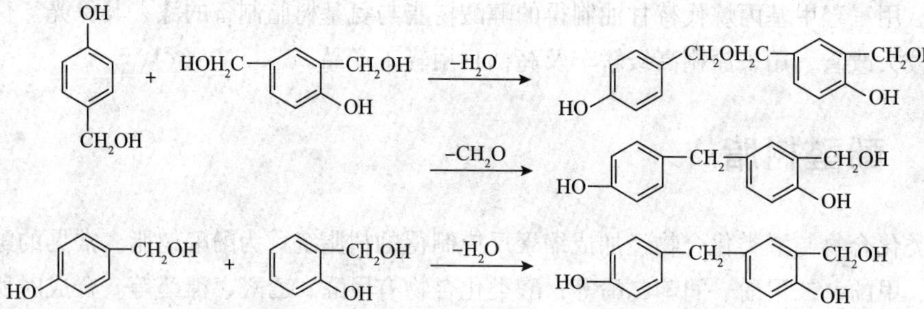

此时得到聚合物为线型结构，可溶于丙酮、乙醇中，称为甲阶酚醛树脂。由于甲阶酚醛树脂带有可反应的羟甲基和活泼的氢原子，所以在一定的条件下，它就可以继续进行缩聚反应成为一部分溶解于丙酮或乙醇中的酚醛树脂，称为乙阶酚醛树脂，乙阶酚醛树脂的分子链上带有支链，有部分的交联，结构也较甲阶酚醛树脂粗壮。这种树脂呈固态，有弹性，加热只能软化，不熔化。乙阶酚醛树脂中仍然带有可反应的羟甲基。如果对乙阶酚醛树脂继续加热，它就会继续反应，分子链交联成立体网状结构，形成了不溶不熔、完全硬化的固体，称为丙阶酚醛树脂。

由上述可知，热固性酚醛树脂在反应初期主要是加成反应，形成单羟甲基酚、多元羟甲基酚以及低聚体等。随着反应的不断进行，树脂分子量逐渐增大，如果反应不加控制，最终将形成凝胶状交联物。若在交联点前使反应体系骤冷，则各种反应的速度均降低。通过控制反应程度，可以获得适合不同用途的树脂产物。例如，若使反应程度降低，则得到的是平均分子量很低的水溶性酚醛树脂，可用作木材的黏结剂；当控制反应使产物脱水呈半固态树脂状时，这种产物可称为甲阶酚醛树脂，可溶于醇类等溶剂，适合作清漆以及复合材料的基体材料使用；若控制反应至脱水呈固体树脂，则可用作酚醛模塑料或特殊用途的黏结剂。如缩聚反应不断进行，最终形成交联的网络状结构：

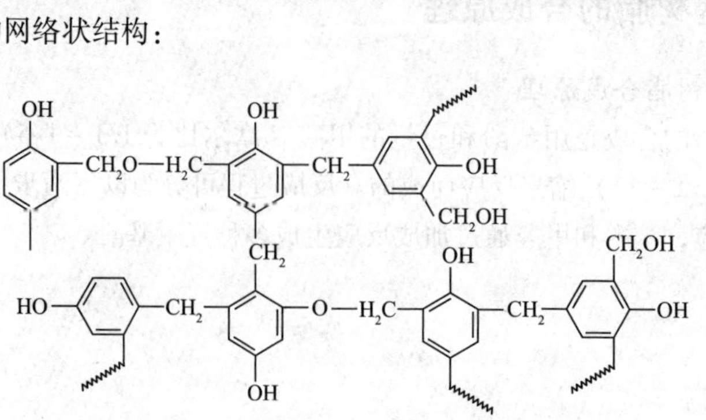

不同缩聚反应阶段的产物的性质特征不同，其应用也不同，因此需要判断缩聚反应的终

点，并控制反应终点。甲阶酚醛树脂为线型结构，分子量较低，具有可溶可熔性，并具有较好的流动性和湿润性，能满足胶接和浸渍工艺的要求，因此一般合成的酚醛树脂胶黏剂均为此阶段的树脂，通过黏度控制反应终点。乙阶酚醛树脂是甲阶酚醛树脂进一步缩聚得到的含支链的、不溶但可熔的聚合物，可部分地溶于丙酮及乙醇等溶剂，并具有溶胀性，加热可软化，可拉伸成丝，冷却后即变成脆性的树脂，通过测定反应程度控制终点。丙阶酚醛树脂是乙阶酚醛树脂继续反应缩聚而得到的最终产物。此阶段的树脂为不溶不熔的体型结构，具有很高的机械强度和极高的耐水性及耐久性。

2. 热塑性酚醛树脂合成原理

在酸性催化剂作用下，苯酚过量情况下，苯酚与甲醛反应生成双羟基苯甲烷的中间体。双羟基苯甲烷继续与苯酚、甲醛作用，但因为甲醛用量不足，只能生成线型热塑性酚醛树脂，它是可溶、可熔的，在分子内不含羟甲基的酚醛树脂，其反应过程如下，首先是加成反应，生成邻位和对位的羟甲基苯酚，这些反应物很不稳定，会与苯酚发生缩合反应，生成二酚基甲烷的各种异构体。

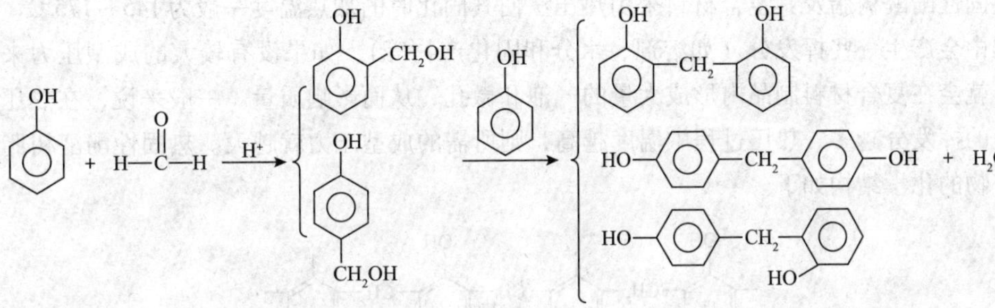

OH　CH₂OH　OH　OH　OH
H—C(=O)—H　H^+　CH_2
HO　CH_2　OH　+ H_2O
HO　CH_2　HO
CH_2OH

生成的二酚甲烷异构体继续与甲醛反应，使缩聚产物的分子链进一步增长，最终得到线型酚醛树脂，其分子结构式如下。

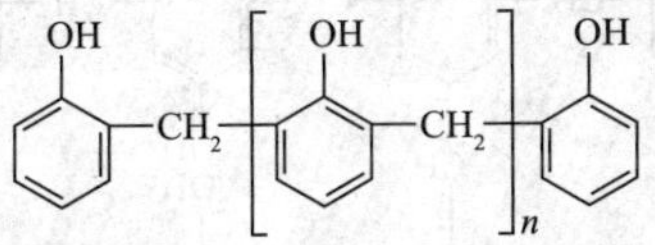

OH　OH　OH
CH_2　CH_2　n

其聚合度 n 与苯酚用量有关，一般为4~12。与热固性酚醛树脂相比，热塑性酚醛大分子上不存在羟甲基侧基，因此树脂受热时只能熔融而不会自行交联。由于在热塑性酚醛树脂大分子的酚基上存在一些未反应的活性点，在与甲醛或六亚甲基四胺相遇时，在一定的条件下会发生缩聚反应，固化交联为不溶不熔的体型结构。

热塑性酚醛树脂的缩聚反应依据pH值的大小，可得到两种分子结构的酚醛树脂：通用型酚醛树脂和高邻位酚醛树脂。通用型酚醛树脂是在强酸条件下（$pH<3$）合成的，此时缩聚反应主要通过酚羟基的对位来实现，在最终得到的酚醛树脂，酚基上所留下的活性位置邻位多而对位少，而酚羟基邻位的活性小，对位的活性大，所以这种酚醛树脂加入固化剂后继续进行缩聚反应的速率较慢。高邻位酚醛树脂是用某些特殊的金属碱盐作催化剂（如含锰、钴、锌等的化合物），在pH为4~7时通过反应制得的。由于此时的反应位置主要在酚羟基的邻位，保留了活性大的对位来参与反应，因此这种树脂加入固化剂后，可以快速固化，这种高邻位热塑性酚醛树脂的固化速度比通用型热塑性酚醛树脂快2~3倍。

2.6.2 酚醛树脂的固化

前面已经讲到，在酚醛树脂聚合的过程中，加入碱性催化剂或是加入酸性催化剂所得到的是不同种类的酚醛树脂，对于热固性酚醛树脂来说，它是一种含有可进一步反应的羟甲基活性团的树脂，如果合成反应不加控制，则会使体型缩聚反应一直进行到形成不溶不熔的具有三维网状结构的固化树脂，因此这类树脂又称一阶树脂。对于热塑性酚醛树脂来说，它是线型树脂，进一步反应不会形成三维网状结构的树脂，要加入固化剂后才能进一步反应形成具有三维网状结构的固化树脂，这类树脂又称为二阶树脂。

（1）热固性酚醛树脂的固化

热固性酚醛树脂的热固化性能主要取决于制备树脂时酚与醛的比例和体系合适的官能度。由于甲醛是二官能度的单体，要制得可以固化的树脂，酚的官能度就必须大于2。在三官能度的酚中，苯酚、间甲酚和间苯二酚是最常用的原料。热固性酚醛树脂可以在加热条件下固化，也可以在加酸条件下固化。

热固性酚醛树脂及其复合材料采用热压法使其固化时的加热温度一般为145～175℃。在热压过程中会产生一些挥发分（如溶剂、水分和固化产物等），如果没有较大的成型压力来加以排除，就会在复合材料制品内形成大量的气泡和微孔，从而影响质量。一般来说，在热压过程中产生的挥发分越多，热压过程中温度越高，则所需的成型压力就越大。热固性酚醛树脂最终固化产物的化学结构如下。

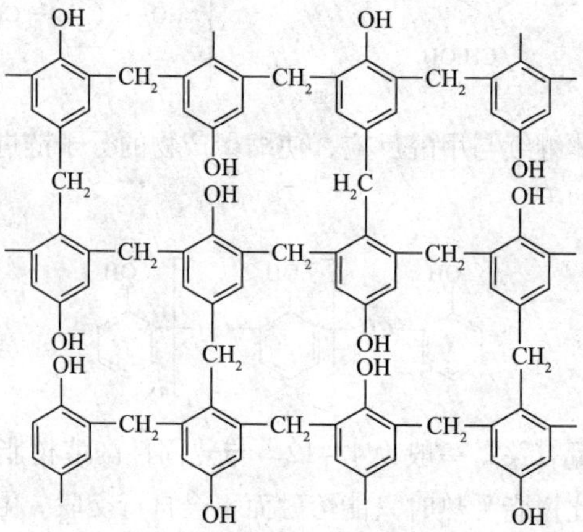

热固性酚醛树脂在用作胶黏剂及浇注树脂时，一般希望在较低的温度，甚至是在室温下固化。为了达到这一目的，这时就需要在树脂中加入合适的无机酸或有机酸，工业上把它们称为酸类固化剂。常用的酸类固化剂有盐酸或磷酸，也可用对甲苯磺酸、苯酚磺酸或其他的磺酸。一般来说，热固性树脂在pH =3～5 的范围内非常稳定，间苯二酚类型的树脂最稳定的pH值为3，而苯酚类型的树脂最稳定的pH值约为4。

（2）热塑性酚醛树脂的固化

对于热塑性酚醛树脂的固化来说，是需要加入聚甲醛、六亚甲基四胺等固化剂才能与树脂分子中酚环上的活性点反应使树脂固化。热固性酚醛树脂也可用来使热塑性树脂固化，因为它们分子中的羟甲基可与热塑性酚醛树脂酚环上的活泼氢作用，交联成体型结构。六亚甲基四胺是热塑性酚醛树脂最广泛采用的固化剂。热塑性酚醛树脂广泛用于酚醛模压料，大约80%的模压料是用六亚甲基四胺固化的。用六亚甲基四胺固化的热塑性酚醛树脂还可用作胶黏剂和浇注树脂。

由稍微过量的氨通入稳定的甲醛水溶液中进行加成反应，浓缩水溶液即可结晶出六亚甲基四胺 $(CH_2)_6N_4$。六亚甲基四胺固化热塑性酚醛树脂的机理目前仍不十分清楚，一般认为其固化反应如下。

热塑性酚醛树脂（~~） + $(CH_2)_6N_4$ ⟶ （结构式：N—CH_2 连接的三嗪环状交联结构）

六亚甲基四胺的用量一般为树脂量的10%～15%，用量不足会使制品固化不完全或固化速率降低，同时耐热性下降。但用量太多时，成型中由于六亚甲基四胺的大量分解会产生气泡，固化物的耐热性，耐水性及电性能都会下降。

2.6.3 酚醛树脂与脲醛树脂的性能

酚醛树脂为无定形聚合物，根据合成原料与工艺的不同，可以得到不同种类的酚醛树脂，其性能差异也比较大。总的来说，酚醛树脂有如下共同的特点：强度及弹性模量都比较高，长期经受高温后的强度保持率高，使用温度高，但质脆，抗冲击性能差；耐化学药品性能优良，可耐有机溶剂和弱酸弱碱，但不耐浓硫酸、硝酸、强碱及强氧化剂的腐蚀；电绝缘性能较好，有较高的绝缘电阻和介电强度，所以是一种优良的工频绝缘材料，但其介电常数和介电损耗比较大。此外，电性能会受到温度及湿度的影响，特别是含水量大于5%时，电性能会迅速下降；酚醛树脂的蠕变小，尺寸稳定性好，且阻燃性好，发烟量低；由于酚醛树脂结构中含有许多酚基，所以吸水性大，吸湿后制品会膨胀，产生内应力，出现翘曲现象。含水量的增加使拉伸强度和弯曲强度下降，而冲击强度上升。

脲醛树脂除可用作胶黏剂、涂料外，还可应用于纺织品、纸张、乐器、肥料等。脲醛树酯可制成水溶液状态、泡沫状、粉末状以及膏状使用。

用于涂料的脲醛树脂，很少直接利用氨基树脂作为成膜物。因为由氨基树脂单独加热固化所得的漆膜硬而脆、附着力差，通常与其他树脂如醇酸树脂、丙烯酸树脂等混合，作为他们的交联剂使用。改性后的树脂中，具有一定数量的烷氧基，使原来分子的极性降低，获得在有机溶剂中的溶解性、对醇酸树脂等的混容性和涂料的稳定性。

甲醚化脲醛树脂的特点是固化速度快，对金属有良好的附着力、成本较低，可作高固体分涂料，无溶剂涂料的交联剂。低分子量甲醚化脲醛树脂和各种醇酸树脂、环氧树脂、聚酯树脂有良好的混溶性。高分子量甲醚化脲醛树脂适合与干性或不干性油醇酸树酯配合使用。丁醇醚化的脲醛树酯在溶解性、混溶性、固化性、涂膜性能和成本等方面都较理想。

脲醛树脂分子结构上，含有极性氧原子对基材的附着力好，可用于底漆，亦可用于中涂漆，以提高面漆和底漆间的结合力。脲醛树脂，在所有氨基树脂中，固化速度最快，户外耐久性差，用酸催化剂时可在室温下固化，可用于双组的木器涂料。三聚氰胺甲醛树脂的耐污性，耐化学性和户外耐久性更好，广泛应用于涂料工业当中。

脲醛树脂与酚醛树脂的性能对比见表 2 – 30。

表 2 – 30　脲醛树脂与酚醛树脂的性能对比

品种	脲醛树脂	酚醛树脂
原料	尿素 + 甲醛	苯酚 + 甲醛
主要结构	$-CH_2-N(-)-C(=O)-NH-$	OH　OH $-C_6H_2(OH)(-)-CH_2-C_6H_2(OH)(-)-CH_2-$
耐热、耐老化	一般或较差	优异
耐（沸）水性	一般或较差	优异
颜色	无色 – 乳黄	红色 – 棕红
固化温度	$< 100℃$	$> 120℃$
固化速度	较快	很慢
耐霉性	一般或较差	优异
主要应用	室内粘接	室外为主
毒性问题	游离甲醛	游离酚

2.6.4　酚醛树脂改性

酚醛树脂的改性，可以将柔韧性好的线型高分子化合物（如合成橡胶、聚乙烯醇缩醛、聚酰胺树脂等）混入酚醛树脂中；也可以将某些黏附性强的，或者耐热性好的高分子化合物或单体与酚醛树脂用化学方法制成接枝或嵌段共聚物，从而获得具有各种综合性能的胶黏剂。研究较多的是利用三聚氰胺、尿素、木质素、聚乙烯醇、间苯二酚等物质对其进行改性。改进酚醛树脂固化速度、降低固化时间的四条途径：一是添加固化促进剂或者高反应性的物质；二是改变树脂的化学构造，赋予其高反应性；三是与快速固化性树脂复合；四是提高树脂的聚合度。

1. 三聚氰胺改性酚醛树脂

利用三聚氰胺与苯酚、甲醛反应可生成耐候、耐磨、高强度及稳定性好的、可以满足不同要求的三聚氰胺 – 苯酚 – 甲醛（MPF）树脂胶黏剂。可以采用共聚或共混的方法。

2. 尿素改性酚醛树脂

人们在致力于提高酚醛树脂胶黏剂性能的同时，也注意降低生产成本，降低 PF 树脂胶黏剂成本的主要途径是引入价廉的尿素。以苯酚为主的苯酚 – 尿素 – 甲醛（PUF）树脂胶黏剂，不但降低 PF 树脂的价格，而且游离酚和游离醛都可以降低。

3. 木质素改性酚醛树脂

木质素是广泛存在于自然界植物体内的天然酚类高分子化合物。在造纸生产过程中，黑液含有 50% ~60% 的木素磺酸盐。木质素 – 苯酚 – 甲醛胶黏剂已应用于生产人造板。不仅可以降低造纸废液的污染，而且也能降低 PF 树脂成本。在一定条件下，可用木质素硫酸盐或黑液代替高达 42% 的 PF 树脂胶黏剂，而固化时间无明显延长，板的性能也不降低。

4. 间苯二酚（resorcinol）改性酚醛树脂

自从 1943 年间苯二酚—甲醛（RF）树脂应用以来，主要生产船用胶合板以及在恶劣环境中使用的结构件。由于苯酚和间苯二酚两者结构相近，不少研究利用间苯二酚改性PF树脂，提高其固化速度，降低固化温度，主要有两种方法：一种是将RF树脂和PF树脂按一定比例进行共混；另一种是间苯二酚、甲醛两者共缩聚，这类胶黏剂的主要特点是能达到低温或室温固化。

5. 聚乙烯醇缩醛改性酚醛树脂

向PF树脂中引入高分子弹性体可以提高胶层的弹性，降低内应力，克服老化龟裂现象，同时，胶黏剂的初黏性、黏附性及耐水性也有所提高。常用的高分子弹性体有聚乙烯醇及其缩醛、丁腈乳胶、丁苯乳胶、羧基丁苯乳胶、交联型丙烯酸乳胶。

2.7 合成树脂在涂料与胶黏剂中的应用

醇酸树脂可以独立作为涂料成膜树脂，利用自动氧化干燥交联成膜，醇酸树脂具有自干性可以配制清漆和色漆。醇酸树脂作为一个组分（羟基组分）同其他组分（亦称为固化剂）涂布后交联反应成膜，其涂料体系主要有同氨基树脂配制的醇酸-氨基烘漆，同多异氰酸酯配制的双组分聚氨脂漆等，随着涂料科学与技术的发展，醇酸树脂涂料在涂料工业的地位应将得到继续重视。

羟基型聚酯树脂主要用于同氨基树脂配成聚酯型氨基烘漆或与多异氰酸酯配制室温固化双组分聚氨酯漆。聚酯型的这些体系较醇酸体系有更好的耐候性和保光性，且硬度高、附着力好，属于高端产品。但是聚酯极性较大，施工时易出现涂膜病态，因此涂料配方中助剂的选择非常重要。羧基型聚酯树脂主要用于和环氧树脂配制粉末涂料。

不饱和聚酯在涂料行业主要用来配制不饱和聚酯漆及聚酯腻子（俗称原子灰）。其包装采用双罐包装，一罐为主剂，由树脂、粉料、助剂、交联剂和促进剂（即还原剂）组成；另一罐为固化剂（即氧化剂），使用时现场混合后施工。

环氧树脂在涂料中的应用占较大的比例，它能制成各具特色、用途各异的品种。其共性：耐化学品性优良，尤其是耐碱性；漆膜附着力强，特别是对金属；具有较好的耐热性和电绝缘性；漆膜保色性较好。

环氧树脂除了对聚烯烃等非极性塑料黏结性不好之外，对于各种金属材料如铝、钢、铁、铜；非金属材料如玻璃、木材、混凝土等；以及热固性塑料如酚醛、氨基、不饱和聚酯等都有优良的粘接性能，因此有万能胶之称，环氧胶黏剂是结构胶黏剂的重要品种。

丙烯酸树脂是重要的涂料与胶黏剂工业用成膜物质，其今后的发展仍将呈加速增长趋势。其中水性丙烯酸树脂（包括乳液型和水稀释型）的研究、开发、生产及应用将更加受到重视，高固体分丙烯酸树脂和粉末涂料用丙烯酸树脂也将占有一定的市场份额。

酚醛树脂在我国涂料生产中占有较大比重，缺点是色深，在老化过程中涂膜容易泛黄，不易制成白色或浅色涂料，可用于清漆、汽车底漆、金属容器和船舶防锈及印刷油墨等领域。

氨基树脂固化时变硬和脆，一般不能单独作涂料使用，常与含有羟基、羧基、酰氨基的柔性好的其他树脂进行交联固化制得涂料。

酚醛-聚乙烯醇缩聚结构胶黏剂是发展最早的航空结构胶之一，也常应用于金属-金属、金属-塑料、金属-木材等胶接上。此种胶黏剂所采用的酚醛树脂（PF树脂）为甲阶PF树脂或其羟甲基被部分烷基化的甲阶PF树脂，聚乙烯醇缩醛主要为聚乙烯醇缩甲醛和聚乙烯醇缩丁醛。脲醛树脂（UF）胶黏剂仅能用于室内，而三聚氰胺甲醛树脂（FM）或三聚氰胺-尿素-甲醛树脂（MUF）则可以广泛用于条件恶劣的室外。酚醛树脂胶黏剂用于室外的可靠性更高，在木材加工领域的用量仅次于脲醛树脂，其耐沸水性能最佳。

聚氨酯是综合性能优秀的合成树脂之一。溶剂型的聚氨酯涂料品种众多、用途广泛，在涂料产品中占有非常重要的地位。随着人们环保意识以及环保法规的加强，环境友好的水性聚氨酯的研究、开发日益受到重视，其应用已扩展到涂料、胶黏剂等领域，正在逐步占领溶剂型聚氨酯的市场，代表着涂料、胶黏剂的发展方向。

2.7.1 防腐蚀涂料

涂层是一种最广泛应用的防腐蚀措施，防腐蚀涂料为由底漆至面漆的配套系统。防腐蚀涂料的品种很多，主要有：环氧树脂防腐蚀涂料、聚氨酯防腐蚀涂料、橡胶树脂防腐蚀涂料、乙烯树脂防腐蚀涂料、酚醛树脂防腐蚀涂料、呋喃树脂防腐蚀涂料等。其中环氧树脂防腐蚀涂料是防腐蚀涂料中应用最广泛、数量最多的防腐涂料品种；聚氨酯防腐蚀涂料由于其优良的综合性、适应性及可调控性，备受关注。在此主要介绍环氧树脂防腐蚀涂料和聚氨酯防腐蚀涂料。

1. 环氧树脂防腐蚀涂料

环氧树脂防腐蚀涂料通常分为无溶剂环氧防腐蚀涂料、环氧沥青防腐蚀涂料、环氧酚醛防腐蚀涂料、聚酰胺固化环氧防腐蚀涂料、胺固化环氧防腐蚀涂料等多种类型。

根据分子量高低可为液态或固态，液态环氧树脂易溶于芳烃，固态环氧树脂需用芳烃和极性溶剂如醇、酯、醚或酮的混合溶液溶解。高分子量环氧树脂可作为热塑性树脂制成挥发性涂料，虽使用方便且性能优良，但溶剂要求高，涂料的固体分低，故应用少；中等分子量环氧树脂可与其他树脂并用或制环氧酯。目前大量用于防腐蚀的是以低分子量环氧树脂为基础的双组分涂料，能制成高固体分和无溶剂涂料，涂层的交联度高，防腐蚀性能好。这类涂层的性能往往决定于固化剂。

2. 聚氨酯防腐蚀涂料

聚氨酯防腐蚀涂料与其他防腐涂料相比，有着良好的耐老化性，在防腐涂层系统中大多用作面漆。由于聚氨酯氨基甲酸酯官能团中的氢键赋予其破坏之后易恢复的“自愈”能力，聚氨酯也被用作中间漆和底漆。

聚氨酯防腐涂料的防腐机理分为3种：物理屏蔽、缓蚀钝化和牺牲阳极保护。根据分散介质的不同，目前聚氨酯防腐涂料可分为溶剂型聚氨酯涂料和水性聚氨酯涂料两大类。随着聚氨酯防腐涂料的发展，人们越来越注重高效高性能涂料的开发。

聚氨酯防腐涂料的改性成为该领域的研究热点之一，并且取得了快速发展。

有机化合物改性聚氨酯是指通过有机化合物与聚氨酯分子的化学结合或者物理混合，来改善聚氨酯的性能，根据改性剂的不同，大致可分为以下几类。

（1）环氧树脂改性

环氧树脂中的环氧官能团可以与聚氨酯中的异氰酸酯基反应，形成网状结构，从而将两者的性能有机结合，既保持了聚氨酯良好的耐油性、耐化学介质性、涂膜强度和耐磨性等，又具备了环氧树脂耐酸碱、附着力优良的性能。

环氧树脂改性聚氨酯的制备方法主要有2种，一种为机械共混法，即先合成聚氨酯预聚体，再通过物理手段将环氧树脂均匀地分散到聚氨酯基体中，最后对混有环氧树脂的预聚体进行固化，得到的环氧改性聚氨酯中的环氧树脂和聚氨酯没有化学键的连接，性能欠佳；另一种为化学共聚法，即利用环氧树脂上的环氧基团优先与聚氨酯预聚体进行共聚反应，然后环氧树脂的羟基再与其反应来制得环氧改性聚氨酯，与机械共混法相比，化学共聚法更为常见。

刘灿培等通过甘油醇解蓖麻油得到醇解物，再与异氰酸酯单体预聚，最后与环氧树脂E-42固化，环氧树脂与聚氨酯交联形成分子质量足够大的树脂，确保树脂成膜后能有效地抵挡化学药品的侵蚀，具有优异的耐酸碱性能。

文秀芳等考察了环氧树脂含量对环氧改性聚氨酯防腐涂料性能的影响，环氧树脂的加入显著地提高了涂膜的耐水性、耐化学品性、硬度和拉伸强度，环氧适宜的用量为8%～9%，得到的环氧改性水性聚氨酯树脂性能非常优异。其性能优异的原因之一就是涂膜的氢键化行为，提高硬链段分子链的有序排列程度，从而形成高分子结晶。

Sharmin等通过环氧化的亚麻籽油和无毛水黄皮籽油来制备环氧聚氨酯涂料，系统地考察了环氧量和羟值等因素对涂层防腐性能等的影响，发现该类涂料的性质主要由以下因素决定：①脂肪酸化合物和初始油的性质；②环氧化程度；③羟基和最终产物中的剩余双键的数量和位置；④悬挂长链的存在。这些因素会共同影响涂层的交联密度从而改善涂层的防腐等各方面的性能。唐义祥等也发现环氧树脂用量和羟基的接枝率对涂膜性能有很大影响，其影响涂膜防腐性能的原因是：接枝率的提高会使聚氨酯和环氧树脂的相容性提高，环氧树脂含量的提高会使涂膜的收缩性变小，它们都会提高涂膜的致密性从而影响其防腐性能。

（2）有机硅改性

有机硅化合物具有优良的低温柔韧性、耐热性、耐候性、耐水性、电绝缘性、化学稳定性和生物相容性，介电性能稳定，表面能低，但其也同时存在力学强度低、附着力较差等缺点。通过调节有机硅和聚氨酯的化学结构和链段，可以有效调节有机硅改性聚氨酯树脂的性能，来满足不同的应用要求。

采用硅氧基官能化的多异氰酸酯、原硅酸四乙酯低聚物（TEOS）等来制备聚氨酯，将其涂覆在铝合金上研究其对基底的腐蚀保护，发现由于TEOS的存在，会在铝基体表面自组装缩合形成SiO层，它会阻隔电解质和氧气到基底的扩散，从而抑制其腐蚀过程。

王金伟等通过氨基硅油与异氰酸酯基封端的低聚物共聚合成了氨基硅油改性的聚氨酯树脂，并从表面润湿行为的角度解释了其耐蚀性增强的原因：在聚氨酯中加入氨基硅油后，硅氧烷链段会向材料表面迁移、富集，使改性聚氨酯的表面自由能降低，表面疏水性提高，阻隔了水与金属基底的接触。

Pathak等通过溶胶凝胶法制备了有机硅聚氨酯水性涂料，用于铝以及铝合金的腐蚀防护，经过性能评估，发现该涂料具有优异的柔韧性、耐冲击性、硬度、热稳定性（高达206℃）、耐水性和耐蚀性，并且从不同角度探讨了耐蚀性能增强的原因：一方面，与纯聚氨酯涂层相比，改性镀层的接触角从48°±4°提高到58°±2°，疏水性的提高有利于阻碍腐蚀介质的渗透；另一方面，铝－氧－硅界面作为阻挡层也阻隔了氯离子和水向基底迁移。

（3）有机氟改性

有机氟化合物具有优异的疏水性、疏油性、耐热性、耐化学品性、耐紫外线及核辐射性、耐沾污性、柔韧性、耐磨性、润滑性、生物相容性、高抗张强度和高电阻率。但其溶解性能较差，从而限制了它的应用范围。将含氟化合物引入聚氨酯基体中，既可以保留聚氨酯基体的两相微结构特征和优异的机械性能，又能在很大程度上改善聚氨酯的表面性能以及整体性能。与有机硅改性聚氨酯相比，两者都能提高聚氨酯的疏水性，但是含硅链段会降低聚氨酯涂层对基底的附着力，而氟元素则价格相对昂贵，各有其优缺点。

Tonelli 等通过多步本体法制备了包含全氟聚醚链段的热塑性聚氨酯树脂，得到的聚合物具有独特的多相结构，硬段和氢化软段是自行组织的，第二软段由全氟聚醚链段构成，由于全氟聚醚链段的惰性以及向表面选择性富集，使得改性后的聚氨酯具有良好的耐化学品性。

张瑞珠等采用全氟烷基乙醇对二苯基甲烷二异氰酸酯进行修饰的方法在聚氨酯基体中引入氟元素，发现氟元素的质量分数为9.39%时，含氟聚氨酯涂层表现出较好的耐水性、黏结力和耐气蚀磨损性能，有望作为一些气蚀现象严重的水下过流部件的防护涂层；其耐水机理是因为低表面能的氟碳链向材料表面迁移，并在表面形成微纳米级突起结构，造成了氟化聚氨酯表面能的降低，随着氟含量的增加，向上迁移的氟碳链增多，密集的微纳米级突起结构排列形成具有“荷叶疏水效应”的有机氟膜，使得氟化聚氨酯的耐水性增强。

除了环氧树脂、有机硅、有机氟之外，还有一些有机化合物如聚酯等可以对聚氨酯进行改性，此处不再赘述。

有机化合物的引入可以提高聚氨酯的防腐性能，原因主要有：一方面有机化合物可以提高聚氨酯基体的交联密度，另一方面若用来改性的有机化合物中含低表面能元素，可以提高聚氨酯基体的疏水性。这两者均可以延缓腐蚀介质对聚氨酯基体的渗透，从而造成防腐性能的提高。

（4）纳米材料改性

将纳米材料加入到聚氨酯基体中，可以赋予材料新的叠加效应，以极低的含量显著影响复合材料的性能。纳米材料不仅可以改善聚氨酯传统的电、热、力学等综合性能，还能提高其阻隔性能。但是，纳米材料尺寸小，具有较大的比表面积和表面能，很容易发生团聚，不能很好地分散在聚氨酯基体中以及与聚氨酯基体较好地融合，因此如何避免纳米材料的团聚以及改善纳米材料在聚氨酯基体中的分散性和相容性是纳米材料改性聚氨酯涂料的关键性问题。目前已经有一系列有效的策略用于解决上述问题，其中最方便的是化学改性，包括共价改性和非共价改性。化学改性不仅能够大大削弱纳米材料之间的分子间相互作用力来改善其溶解性和分散性，而且对于纳米复合材料来说，还能通过共价键或非共价键合（如氢键和静电相互作用）增强基体材料和纳米材料之间的界面相互作用。

①纳米 SiO_2 改性：纳米 SiO_2 分子呈三维网状结构，存在大量的不饱和残键和不同状态的羟基，表面因缺氧而偏离其稳定的硅氧结构，因而具有较高的活性，可与聚氨酯基体中的某些基团发生共价结合，从而提高涂料的硬度、致密性、热稳定性和化学稳定性等。另外，纳米 SiO_2，具有极强的紫外吸收、红外反射的特性，并且在涂料固化完全后形成网状交联结构，有利于提高涂层的抗紫外线、耐老化性、耐水性和防腐蚀性能。

姚素薇等通过表面改性获得疏水性的纳米 SiO_2，粒径约为 50nm，再辅以物理分散将其均匀分散在聚氨酯清漆中，得到聚氨酯/SiO_2 纳米复合材料。一方面改性后的纳米 SiO_2，有较强的疏水性，能够减缓水渗透到涂层内部，进而抑制电解液中的离子到达基体表面；另一方面纳米 SiO_2 经偶联剂改性后，表面亲水性的羟基和偶联剂反应形成网络状结构，添加到聚氨酯中与聚氨酯发生交联，有效地降低了涂层的局部缺陷，因此提高了涂层的耐蚀性能。

Zhu 等通过溶胶凝胶法制备了 SiO_2/聚氨酯复合材料，发现 SiO_2 的加入显著提高了复合材料的热稳定性和耐腐蚀性，原因是SiO_2强大的阻隔性能以及绝缘的SiO_2降低了颗粒之间电子传递的效率，赋予复合材料较高的电阻率。

汤晓东等利用硅烷偶联剂在乙醇水溶液中对纳米SiO_2进行表面改性，研究了纳米SiO_2含量、乙醇水溶液配比和改性剂含量对填料分散性的影响，并且对聚氨酯/SiO_2纳米复合材料的耐蚀性能进行了表征，发现当纳米SiO_2的含量控制在5%～7%，乙醇水溶液中的水醇比为1：(2～3)，改性剂用量为纳米SiO_2质量的10%时，分散效果最佳，而且纳米SiO_2很好地填充到了钝化膜表面及其内部孔隙中，使膜层更为致密，抑制了镀锌板表面的电化学腐蚀作用，阻碍了腐蚀性介质对基底的侵蚀。

②纳米TiO_2改性：纳米TiO_2除了具有常规TiO_2的理化特性之外，由于颗粒尺寸的纳米级化、表面电子构成、电性特征和微观晶型结构的变化，赋予其优异的紫外线屏蔽作用、颜色效应、光化学效应和杀菌效应。在聚氨酯中引入TiO_2，可以有效提高聚氨酯基体的机械性能、耐热性、耐候性、耐化学品腐蚀、导电、抗紫外和抗菌等特性。

王淑丽等采用电化学阻抗谱研究了不同用量微米/纳米TiO_2对聚氨酯涂层的耐腐蚀性能的影响，结果表明：纳米TiO_2能有效提高涂层的耐腐蚀能力，其适宜用量为1.0%～1.5%。作为阻障型填料，纳米TiO_2有效地填充了涂层中较大的孔隙，提高了涂层的致密性，延缓了水、氧和氯离子对涂层内部的渗透。

③纳米ZnO改性：杨立红等通过电化学阻抗谱方法，结合涂层电阻与涂层特征频率分析、盐雾试验和表面形貌观察等，研究了纳米ZnO的加入量对聚氨酯涂层抗介质渗透能力的影响，当聚氨酯涂层中颜基比为0.3时，颜料在树脂中分布均匀适中，形成的连续完整涂层具有最佳的抗介质渗透能力，并且指出纳米材料独特的表面效应使得基体与颜料的结合更为紧密，提高了涂层的致密性。

④层状硅酸盐改性：层状硅酸盐具有在二维方向达到纳米级别的层状晶体结构，赋予其独特的力学性能、热稳定性和阻隔性能等，并且其自然界储量丰富，低廉的成本为其产业化提供了坚实的基础。层状硅酸盐结构是由硅氧四面体（SiO_4）在二维空间通过共用氧连接成层状（或片状）络阴离子的硅酸盐结构亚类。层与层之间主要由范德华力和氢键连接，层间一般存在Ca^{2+}、Na^{+}、Mg^{2+}等活性较高、易被取代的阳离子。其中，蒙脱土属于2：1型黏土矿物，每个单位晶胞由两个四面体夹带一个硅氧八面体构成，具有优异的离子交换能力，因此更易于被剥离和进行表面修饰，应用范围广泛。将蒙脱土引入聚氨酯基体中，蒙脱土片层的纳米效应使得片层与基体之间有着强烈的界面相互作用，并且原来相对自由的聚氨酯分子链的运动会受到片层的限制而固定在片层中，从而起到了交联的作用，因此复合材料的机械性能、阻隔性能等都会显著提高。

Heidarian等通过声波降解法辅助将有机改性蒙脱土均匀地分散在聚氨酯基体中，发现与纯聚氨酯相比，蒙脱土/聚氨酯复合材料的防腐性能在填料含量为3%时显著提高，并且指出在聚氨酯基体中具有良好分散性和相容性的蒙脱土有效增加了氧气和水的扩散路径长度。

⑤碳纳米管改性：碳纳米管（CNTs）主要是由碳六边形组成的单层或多层纳米级空心管状材料。它具有低密度、高长径比和纳米级管径，表现出优异的力学性能、电性能、热稳定性和化学稳定性。将CNTs引入到聚氨酯基体中，可显著提高复合材料的光、热、力学、防腐等性能。

冯拉俊等以多壁碳纳米管（MWCNTs）为导电填料加入到聚氨酯基体中，采用静电喷涂法制备 MWCNTs/聚氨酯复合涂层，制得的复合涂层的耐蚀性明显高于纯聚氨酯涂层。这是由于 MWCNTs 可以镶嵌在聚氨酯颗粒之间的孔隙，增加了涂层的致密性，减少了介质在涂层中的渗透。随着填料含量的增加，涂层的耐蚀性降低，当 MWCNTs 含量低至 0.5% 时，复合涂层的电阻率为 $1.11 \times 10^3 \Omega \cdot m$，且耐蚀性最强。这是由于 MWCNTs 含量过高时容易发生团聚，降低了 MWCNTs 在复合涂层中的实际含量及分散度，使涂层的耐蚀性下降。

(5) 石墨烯和氧化石墨烯改性

石墨烯（G）是一种单层的二维石墨碳材料，具有独特的几何形状和新奇的物理性能，包括高比表面积、优异的电导性、导热性、机械强度、高透明度和载流子迁移率等。氧化石墨烯（GO）是一种典型的二维含氧石墨烯衍生物，具有大量的含氧官能团，它具有和石墨烯同样优异的性能，并且更易于制备。在聚氨酯基体中加入石墨烯或氧化石墨烯，能产生优异的物理屏障作用，增加腐蚀介质从涂层表面到基体的腐蚀路径的弯曲度，从而提高其耐蚀性能。

Mo 等通过化学改性和物理分散来提高 G 和 GO 在聚氨酯基体中的分散性，研究了填料加入量对聚氨酯复合涂层防腐性能的影响，结果显示：G 和 GO 都有效地提高了复合涂层的防腐性能，最佳添加范围在 0.25% ~0.5% 之间，含量对防腐性能的影响取决于填料的润滑和阻隔效应与其引发的裂纹影响之间的平衡。纯的聚氨酯涂层腐蚀介质的扩散路径笔直，而添加适当含量的石墨烯和氧化石墨烯之后，腐蚀介质的扩散路径变得弯曲，但是当添加含量过多时，大量增长的微裂纹起到了主导作用，腐蚀介质通过微裂纹快速扩散。此外，相比于氧化石墨烯/聚氨酯涂层，石墨烯/聚氨酯涂层表现出更好的防腐性能，这是因为氧化石墨烯丰富的官能团一方面提高了分散性，另一方面使其晶格结构受到一定程度的破坏。

(6) 复合改性

简单地采用单一的方法来改性聚氨酯防腐涂料已经不能满足日益增长的要求，聚氨酯的复合改性研究成为了目前聚氨酯改性的发展趋势。

Siyanbola 等首先利用硅氧烷改性 ZnO 得到硅氧烷接枝 ZnO 粒子，然后将其与聚氨酯基体复合，制得的涂层耐腐蚀性和耐生物性良好，并且随着填料含量的增加，复合涂层的热稳定性、玻璃化转变温度、耐腐蚀性均有所提高。

聚氨酯防腐涂料的未来发展趋势：利用聚氨酯分子的可设计性，探索新的合成方法和工艺，在聚氨酯链段上引入具有特殊功能的分子结构，制备更多功能性的防腐涂料，朝着多功能、高品质方向发展。进一步加强聚氨酯防腐涂料复合改性技术的理论研究，系统研究各种因素对复合改性材料性能的影响，并深入探讨其内在的防腐机理。

重视将科研成果向产业化转变，环保型绿色涂料的研究，针对特殊场合和特殊需求，如需要具备耐高温、防紫外、耐辐射等性能的重防腐涂料的研究和开发。

3. 防腐蚀涂料配方实例

水下施工防锈涂料配方见表 2-31。

表 2-31　水下施工防锈涂料配方

原料名称		用量/质量份
甲组分	环氧树脂	34
	润湿剂	6
	防锈颜料	60

续表

原料名称		用量/质量份
乙组分	硫酸（相对密度1.84）	40.5
	磷酸（相对密度1.70）	18.7
	盐酸（相对密度1.91）	1.46
	水	36.34
	六次甲基四胺	1
	膨润土	适量

本涂料为无溶剂型，可直接在水下钢铁表面施工，在水中固化成膜。具有良好的附着力和防锈性能。适用于各种海上工程，诸如海上石油、天然气钻井平台、开采设备、码头钢桩、水下管道及船舶水下部位等的保护。

涂装工艺参考：施工表面需清除附着的海生物及厚锈层。甲、乙组分（5∶1）混合均匀后在水下刷涂施工，用量0.5kg/m^2，涂层厚（每道）约200μm。

生产工艺与流程：将硫酸、磷酸、盐酸组分按比例放入搪瓷锅内搅拌均匀，然后加入适量的膨润土、六次甲基四胺，边加边搅拌，至成为稠糊状后放置3～4h包装即可。甲组分是将环氧树脂、防锈颜料及润湿剂混合、研磨、过滤、包装而成。

2.7.2 船舶涂料

随着现代工业的高速发展，作为主要运输工具之一的船舶业，愈来愈受到人们的广泛关注，而对用于船舶方面的涂料的要求也不断提高。目前，船底涂料采用红丹涂料或铬酸锌涂料，面漆采用含有氧化亚铜的油溶性酚醛树脂涂料，对涂膜起泡、起皮的弊病，进行了大大的改善。

1. 船舶各部位划分及对涂层的要求

海洋与陆上自然条件不同，海洋有盐雾，带有微碱性的海水和强烈的紫外线等。船舶不同部位有其各自的腐蚀特点，对涂层有特定的要求。

船舶的船底部位，长期浸于水中，遭受海水的电化学腐蚀，要求船底涂料有优良的耐水性、防锈性；船底最外层涂料要能防止海洋附着生物的附着，施工时对人体毒性要小。船舶水线部位受海浪冲击，要既耐水又耐晒。水线以上的船壳及上层建筑结构，受海浪泼溅和强烈阳光照射，涂料膜要经受海洋气候强烈变化。甲板部位，涂料膜必须有较高的耐磨性与附着力。船舶油舱内所用的涂料要耐石油与海水交替；水舱，要求涂料有良好耐水性外，对水质不能有影响。此外船舶其他部位，对涂料各有其不同要求，单纯几个品种难以适应各种不同的要求，因此船舶不同部位，采用不同涂料品种。

2. 船舶涂料的分类

船舶涂料按使用部位分类，可分为车间底漆、防锈底漆、水下部位（船底漆）、水上部位（外壳漆）、上层建筑漆等。

车间底漆：包括酚醛改性磷化底漆、环氧富锌底漆、正硅酸酯锌粉底漆、不含金属锌粉底漆；防锈底漆：包括磷酸锌防锈漆、锌黄防锈漆、红丹锈漆漆等；水下部位（船底漆）：包括船底防锈漆和船底防污漆。船底防锈漆通常有沥青船底防锈漆、氧化橡胶船底防锈漆、环氧沥青船底防锈漆；船底防污漆有溶解型——沥青系氧化亚铜防污漆、接触型——氧化橡胶、乙烯类氧化亚铜防污漆、扩散型——有机锡防污漆、自抛光防污漆。水上部位（外壳漆）：包括水线漆、船壳漆、甲板漆、上层建筑漆等。

水线漆包括一般水线漆——酚醛、醇酸、丙烯酸树脂、氯化橡胶等；防污水线漆——氯化橡胶、乙烯类等；船壳漆包括醇酸船壳漆、氯化橡胶船壳漆、丙烯酸树脂船壳漆、环氧树脂船壳漆、乙烯类船壳漆；甲板漆有酚醛甲板漆，醇酸甲板漆、环氧树脂甲板漆、丙烯酸树脂甲板漆、氯化橡胶甲板漆；上层建筑漆包括醇酸树脂漆、氯化橡胶漆、丙烯酸树脂面漆、乙烯类漆；压载水舱——环氧沥青厚浆型涂料；滑油舱、燃油舱——石油树脂涂料；烟囱－有机硅铝粉漆；油舱——环氧树脂涂料和聚氨酯涂料；货舱——醇氧树脂漆和氯化橡胶涂料；饮水舱——环氧树脂涂料；锚链——煤焦沥青漆。

车间底漆又称为保养底漆或预处理底漆，是钢板或型钢经抛丸预处理除锈后的流水线上喷涂一层防锈漆，对经过抛丸处理的钢材表面进行保护，防止钢材在加工及船舶建造期间生锈而带来的腐蚀损害，是钢板经除锈后立即涂覆的涂料。首先将钢板上的水分、污泥及疏松的氧化皮通过吹皮、加热或通过固定钢丝刷除去浮锈，从而获得一个干燥、较清洁的表面。然后再用钢丸或钢丝粒抛于钢板表面上将铁锈及氧化皮除尽，呈金属本色，一般需达到瑞典标准 Sa2.5 级，对特殊要求的无机富锌底漆要达到 Sa3 级。钢板的粗糙度与抛丸所用的磨料品种有关，粗糙度必须合适，一般厚钢板为 40～70μm，薄钢板为 25～35μm；对无机富锌底漆粗糙度不宜过小，以保证漆膜在钢板上的附着力。

船底涂料是涂覆在船舶轻载水线以下长期浸没在水下船底部位的一种涂料。由船底防锈漆和船底防污漆两种性质不同的涂料配套组成，船底除锈漆是防污漆的底层涂料，它直接涂装在钢板上或用作中间层，能防止钢板的锈蚀和防止防污漆中无机毒料对钢板的腐蚀；可防止船舶不受海洋微生物的附着，在一定时间内能保持船底光滑与清洁，以此提高航速并节约燃料。船舶在航行期间船底无法保养维修，必须在船舶进港或上排时才能进行修理，船底涂料在经济技术指标允许的范围内应尽可能地延长使用寿命，以提高经济效益。现各国都广泛使用长效的船底防锈漆，使用期限在 5 年以上，有的甚至可达 10 年。使用自抛光型船底防污漆，防污漆的期效一般设计为 3 年以下。

船底涂料采用高压无气喷涂、手工刷涂、辊涂等方式施工。对高固体分防锈底漆，采用高压无气喷涂一次可达到较高膜厚。船底钢材的二次除锈一般要达到 Sa2.5 级。使用涂料必须达到一定的干膜厚度才具有长效防腐效果。为了提高防锈漆和防污漆的层间附着力，通常要涂装一道中间层涂料。各道涂料涂装时要注意涂料的干燥时间和最短、最长涂装时间间隔。

船底防污漆一般为单组分，但由于防污漆中毒料的含量高，经常出现沉淀现象，可在涂料配方中加入适量的防沉剂，如有机膨润土、硬脂酸铝等。施工前要彻底将涂料搅拌均匀。松香与氧化亚铜会发生反应生成松香酸铜，故要注意涂料的储存期限，一般不超过 1 年。

防污漆与防锈底漆配套良好，如接触型防污漆要求使用防锈性强的底漆配套，如环氧沥青配套体系。要注意涂装间隔，一般为 24h，最短可为 14h，最长不要超过 10 天。

防污漆可采用高压无气喷涂或手工刷涂、辊涂，采用高压无气喷涂时不仅效率高而且可得到较高的膜厚。一般不加或少加稀释剂，以免影响防污效果，不得在裸露的钢板上或舱室内部直接涂装防污漆。

船底涂料的毒性较大，特别是有机锡类挥发性大且影响其他非目标生物发育和生存，涂装时要加强劳动保护，严禁用手直接接触；涂装或铲除旧漆时要戴口罩，如有防污漆滴在皮肤上，应立即擦去再用肥皂清洗。铝壳船舶涂装时，常采用以丙烯酸为基料，有机锡为毒料的防污漆类型，不要采用以铜汞化合物为毒料的防污漆，这些有色金属会对铝合金有严重的腐蚀性。

对大型船舶可采用船底清洗，一般船舶下水后 1 ~ 1.5 年以后每隔 3 ~ 6 个月清洗一次，可恢复航速。对含有沥青类的防污漆，过长时间的曝晒和干湿交替可能造成漆膜出现龟裂和网纹等缺陷，适当浇水保养，最好在涂完末道防污漆后 1 ~ 2 天下水。

水线涂料：水线涂料涂覆在船舶轻载线和重载线之间船体部位。船舶的水线是腐蚀最严重的区域，腐蚀速率约为 0.5mm/a，局部腐蚀速率可达数 mm/a，这些遭受强烈腐蚀部位最通用与最有效的防腐措施是涂装水线涂料。

水线涂料具有良好的耐腐蚀性能，耐水性能，耐干湿交替、曝光曝晒性能和具有较好的机械强度，涂料膜层间附着力强，耐机械摩擦，快干。水线涂料分一般水线涂料与防污水线涂料。

酚醛水线涂料是目前使用最广，特别是水线部位经常需修修补补的货船，由于成本低，较为适合。用松香改性酚醛树脂或苯基苯酚甲醛树脂与桐油等干性油熬炼而成，具有良好的耐水性和附着力，有时还适量加入中油度醇酸树脂以提高涂料膜的保光性。

氯化橡胶水线涂料：以氯化橡胶为基料，氯化石蜡为增塑剂，加入颜料、填充料及助剂等配制而成。干燥快，可以大大缩短施工周期，对底材的附着力好，涂料膜坚韧耐磨，能经受海浪冲击，涂料膜不脱落，耐干湿交替，重涂性好，维修方便。

防污水线涂料：船舶经常停在海港时，水线部位若长期浸于海水中，很容易被这些海洋附着生物附着，需用具有防污性能的水线涂料，以防止海洋附着生物的附着，还需具有一般水线涂料所具的特性。以树脂、松香等为基料，氧化亚铜为主，辅之以氧化汞、DDT 或有机锡等作毒料，再加一定量的颜料以及助剂等配制而成。

船壳、上层建筑及甲板用涂料：船壳、上层建筑用涂料要求耐大气曝晒、良好的耐水性、耐浪花泼溅、对底漆或原来旧涂料具有良好的附着力，涂料膜必须有足够韧性，以适应船体钢板由于气温变化而产生的伸缩。常规船壳涂料常用油基船壳涂料、纯酚醛船壳涂料、纯酚醛醇酸船壳涂料、醇酸船壳涂料。氯化橡胶船壳涂料系用氯化橡胶、树脂、增塑剂、触变剂和颜料所制成，具有良好的耐水性与耐候性，干性快，施工不受气温限制。冷固化环氧树脂船壳涂料是用环氧树脂溶于丁醇及二甲苯等混合溶剂中作为涂料，以聚酰胺作为固化剂，加入耐候性好的颜料配制而成。

甲板涂料有常规甲板涂料，以松香改性酚醛树脂或苯基苯酚树脂与中油度酚醛涂料为基料，配以耐磨性好的颜料或填充料所制成。甲板防滑涂料，用醇酸树脂、过氯乙烯树脂为基料，并加入耐磨颜料配制而成。常规型甲板涂料使用期限较短，不能满足大型游轮、石油钻采平台的要求，比较理想、长效的甲板涂料是冷固化环氧树脂型涂料。

2.7.3 塑料用涂料

应用比较广泛的工程塑料有 ABS（丙烯腈 - 丁二烯 - 苯乙烯）、PC（聚碳酸酯）、PA（聚酰胺)、POM(聚甲醛),通用塑料有 PS(聚苯乙烯)、PE(聚乙烯)、PP(聚丙烯)、PVC(聚氯乙烯)。塑料主要应用于家用电器、建筑工程、机械仪表、玩具、卫生用具等,在很大范围代替了木材和钢铁,塑料表面涂饰能够给产品增加附加值,提高产品外观装饰性能,并能够改变塑料制品理化性能。塑料表面涂饰首先应用在家用电器上,现已由室内装饰发展至室外使用的防火性涂料。

1. 塑料涂饰的目的和要求

塑料涂饰的目的是改善塑料表面质感、改变塑料表面颜色、遮盖塑料成型过程中的一些缺陷、改善塑料表面性能、提高塑料性能,或赋予塑料新功能。塑料涂饰的要求包括对涂料和涂层的要求:对塑料表面附着良好,对塑料表面不能过分溶蚀,以自干型涂料为主,适应流水线涂装应用快干型涂料;涂层具有良好装饰性,室外用品的涂层要具有良好耐候性和防护性,室内用品的涂层要耐擦洗、耐洗涤剂和耐日用化学品的沾污、具备需要的物理机械性能及具备特殊需要的功能性性能。

2. 塑料用涂料的选择

塑料的种类繁多,对涂料性能的要求也各不一样,产品的施工条件各不相同,因此,需要多种涂料来涂饰,在根据涂料的特点及应用环境进行选择和设计涂料配方时,要注意如下几个方面:塑料用涂料的选择不仅要考虑被涂塑料的性质、施工工艺、对涂膜性能要求、制品的价值和涂料的价格,同时塑料用涂料应对塑料有良好的附着力,且不能过分溶蚀塑料表面。塑料用涂料按性能分,可以分为内用、外用及特殊用途涂料。

根据被涂塑料的性质来选择涂料,用于塑料表面的涂料首先应具备两个基本性质:一是涂料对塑料必须具有良好的附着力,这与涂料与塑料的搭配有关,塑料是高分子材料,不同的塑料有着它特有的结构和性能,对于极性较强的,表面张力比较高的塑料如聚氯乙烯、ABS 塑料,在选择涂料用树脂时应选择具有一定量如羧基、羟基、环氧基等极性基团的树脂,或在设计配方时保留一定量的极性基团,例如丙烯酸树脂中引入一定量的丙烯酸或甲基丙烯酸、丙烯腈单体共聚,这样有利于附着力提高,反之像聚乙烯、聚丙烯等非极性塑料,应选择结构相似的树脂如氯化聚丙烯、石油树脂与环化橡胶的共聚物,这样可在接口上形成互混层,甚至使链段互相缠结有利于提高附着力。其二,涂料不能过分溶蚀塑料表面。对于一些耐溶剂性很差的塑料,如聚苯乙烯、AS 塑料、聚碳酸酯,在选择涂料设计配方时应密切注意涂料的溶解度参数,使之在保证附着力的情况下,将溶剂选择在溶解区的近边缘处。如上述塑料可以选醇酸涂料、聚氨酯改性油,或是以醇类为主的溶剂,这样可以溶解的丙烯酸酯涂料就不至于过分溶蚀塑料表面,对于那些非极性塑料和热固性塑料则不必担心溶剂溶蚀问题,涂料的选择范围较宽。

根据塑料制品对涂膜性能要求来选择涂料,对于户内使用涂料多注重装饰效果,对理化性能有一定要求但并不是很高,在这种情况下使用单位往往注重涂膜干燥速度、装饰效果、花色品种、价格等方面,如电视机外壳、玩具,灯具等等,可以考虑醇酸涂料、丙烯酸涂料、丙烯酸硝基涂料等。对于户外使用的塑料用涂料,多重视防护效果要求耐光、保色性好,要耐湿热、耐盐雾、耐紫外线、耐划伤等,如汽车外壳、手机外壳、摩托车部件、安全帽等。在选择涂料时选择耐侯性好的双组分脂肪族聚氨酯涂料、交联型丙烯酸涂料及低温固化氨基涂料。需要表面涂饰涂料的塑料品种和其适用的涂料见表 2-32。

表 2-32 塑料品种和其适用的涂料

塑料品种	适用涂料
聚乙烯	环氧漆、丙烯酸酯涂料
聚丙烯	环氧漆、无规则氯化聚丙烯涂料
聚苯乙烯	丙烯酸酯涂料、丙烯酸-硝基涂料、环氧漆、丙烯酸-过氯乙烯涂料
改性聚苯乙烯 ABS 塑料	环氧漆、醇酸-硝基漆、酸固化氨基-聚氨酯涂料
聚氯乙烯	双组分聚氨酯漆、丙烯酸酯涂料
聚丙烯酸酯	丙烯酸酯涂料、有机硅涂料
聚酰胺塑料	丙烯酸酯涂料、聚氨酯涂料
聚碳酸酯（双酚 A 型）	双组分丙烯酸酯涂料与脂肪族聚氨酯涂料、有机硅涂料、氨基涂料
硝酸纤维素	丙烯酸-醇酸涂料
醋酸纤维素	丙烯酸酯-聚氨酯涂料
醋酸丁酸纤维素	丙烯酸-醇酸
酚醛塑料	聚氨酯漆、环氧漆、丙烯酸-硝基漆、酸固化氨基涂料
有机玻璃	丙烯酸树脂、丙烯酸改性聚氨酯、硝基漆、有机硅
环氧树脂	丙烯酸酯涂料
聚氨酯弹性体	聚氨酯
不饱和聚酯塑料	聚氨酯漆、环氧漆、丙烯酸酯涂料

聚苯乙烯（PS）是一种常见的塑料，耐溶剂性差，容易被涂料所溶蚀，热变形温度低。高抗冲聚苯乙烯（HIPS）对溶剂更敏感。用于聚苯乙烯和高抗冲聚苯乙烯表面的涂料主要是热塑性丙烯酸涂料、异氰酸酯固化丙烯酸涂料和醋丁纤维素（塑料用）涂料。

ABS 塑料具有较高的溶解度参数，能溶于酮类、酯类和苯类溶剂，不溶于醇类和脂肪烃类。其表面使用的涂料多为热塑性丙烯酸涂料，丙烯酸改性硝基涂料和丙烯酸-聚氨酯涂料。

丙烯酸改性硝基涂料是由热塑性丙烯酸树脂、硝酸纤维素、颜料，酯、醚、芳烃混合溶剂，助剂等组成。丙烯酸-聚氨酯磁漆是由多羟基丙烯酸树脂、耐候性优良的颜料、溶剂、助剂和缩二脲固化剂组成。

聚丙烯结晶性高，极性小，与涂膜附着性差，其表面较适用的涂料是氯化聚烯烃涂料，包括未改性的和改性的两类，有底漆和面漆。通常选用未改性的氯化聚烯烃涂料作为底漆，其组成为氯化聚丙烯用芳烃溶解的清漆。由丙烯酸单体、聚酯和改性聚烯烃共聚合成的树脂配制成彩色 PP 专用涂料。

特殊用途的塑料用涂料包括塑料真空镀金属用涂料、防静电涂料、辐射固化涂料。塑料真空镀金属用涂料的应用源于塑料能部分代替金属，却缺乏金属的质感。在塑料表面镀金属方法可以分为两大类，湿法和干法。真空镀膜的底漆性能要求：对被涂塑料表面具有良好的附着强度；涂膜要平整、光亮、丰满；不溶蚀被涂塑料表面，且不被面漆所溶蚀。真空镀膜的面漆性能要求：对底漆、铝膜附着力好；不溶蚀底涂料、不腐蚀铝膜；透明无色。塑料具有电绝缘性，经摩擦后易产生静电，使塑料表面易于吸尘。消除办法一种是在制品成型时添加除静电剂，另一种方法可以使用防静电涂料。防静电涂料是用防静电剂和组成涂料的单体聚合而得，这样的涂料具有耐久的防静电性能。

3. 塑料用涂料配方实例

（1）塑料涂覆用脲基单体改性苯丙乳液涂料

①原材料与配方

塑料涂覆用脲基单体改性苯丙乳液配方如表2－33所示。

表2－33 塑料涂覆用脲基单体改性苯丙乳液配方

原料名称	规格	用量/质量份
甲基丙烯酸甲酯（MMA）	化学纯	12～20
丙烯酸丁酯（BA）	化学纯	8～15
甲基丙烯酰胺亚乙基脲复合物（WAMⅡ）	化学纯	0～2.5
乙烯基三乙氧基硅烷（AC-75）	化学纯	1～4
苯乙烯（St）	化学纯	5～10
丙烯酸羟丙酯（HPA）	化学纯	5～15
甲基丙烯酸（MAA）	化学纯	0.5～1
过硫酸铵（APS）	化学纯	0.6
碳酸氢钠	化学纯	0.4
氨水（25%）	工业级	适量
去离子水	自制	50
复合乳化剂	工业级	2～3
异氰酸酯固化剂（Easaqua™ XM502）	工业级	适量

塑料涂覆用脲基单体改性苯丙乳液涂料配方见表2－34。

表2－34 塑料涂覆用脲基单体改性苯丙乳液涂料配方

原料名称	用量/质量份	原料名称	用量/质量份
乳液	100	流平剂	2～5
水性固化剂	5.0	消泡剂	0.1～0.5
蜡浆	3～6	中和剂	适量
成膜助剂	1～2	水	适量
润湿剂	1～3	其他助剂	适量

②制备方法

a）苯丙乳液合成：采用种子乳液半连续工艺滴加不同功能单体预乳液的方法，按照一定配比将部分乳化剂、去离子水和单体制成预乳化液Ⅰ、Ⅱ。其中Ⅰ含单体丙烯酸丁酯、甲基丙烯酸甲酯；Ⅱ含甲基丙烯酸甲酯、苯乙烯、甲基丙烯酸、丙烯酸羟丙酯、乙烯基三乙氧基硅烷、尿基单体。在装有温度计、球形冷凝管、滴加装置及搅拌器的四口烧瓶中，按照一定比例加入乳化剂、去离子水和缓冲剂，制备预乳液。升温到78℃，加入APS引发剂溶液；缓慢滴加Ⅰ，当反应体系溶液变蓝且单体回流消失后保温十分钟，再滴加余下的Ⅰ，保温30min，得到种子乳液。然后按顺序滴加完Ⅱ和引发剂溶液，保温1h，降温至40℃，用氨水调节pH值至

7.5~8.5，200 目丝网过滤出料。

b）双组分水性聚氨酯涂料的配制：水性固化剂和自制乳液按 n（—NCO）：n（—OH）= 1.4：1.0 混合，加入适量的蜡浆、成膜助剂、润湿剂、流平剂、消泡剂，搅拌均匀，加入适量水，调节为合适黏度，熟化 30min，然后涂抹在极性塑料基材上，室温固化。

③性能

涂料的性能如表 2-35 所示。

表 2-35 涂料的性能

性能	改性乳液
固含量/%	45
溶剂含量/%	6
表面干燥时间/h	0.6
涂膜外观	平整光滑
干附着力/%	15
湿附着力/%	26
硬度	H
耐乙醇擦拭性/次	55（不露底）
施工期限/h	>5
光泽（60°）	75

该乳液与水性异氰酸酯固化剂所配的水性塑料涂料，附着力较高，低碳绿色环保，是用于塑料表面涂装水性环保涂料。

（2）ABS 塑料专用丙烯酸酯柔感涂料

①原材料与配方

ABS 塑料专用丙烯酸酯柔感涂料配方如表 2-36 所示。

表 2-36 ABS 塑料专用丙烯酸酯柔感涂料配方

原材料	规格型号	用量/质量份
羟基改性丙烯酸树酯	自制	42~49
热塑性丙烯酸树脂	自制	18~21
消光剂	有机消光剂 OK607	10
催干剂	二月桂酸二丁基锡	0.06~0.08
流平剂	有机硅流平剂 BYK331	0.05~0.1
	氟碳改性丙烯酸类流平剂 EFKA3777	0.25~0.3
溶剂	工业品	适量
固化剂	N-3390	25~30

②涂膜的制备

将制得到的涂料主剂与固化剂、稀释剂，按一定比例混合均匀，并调整黏度至 18~20s，喷涂前用无水乙醇清洗塑料板。然后采用空气喷涂法制备样板，喷涂 2~3 遍，使涂膜完整平滑。喷涂后的样板先于室温放置干燥 10~15min，再在 80℃下，烘烤 30~40min，涂膜厚度控制在 30μm 左右。

③性能

ABS 塑料专用丙烯酸酯柔感涂料性能如表 2-37 所示。

表 2-37　ABS 塑料专用丙烯酸酯柔感涂料性能

检测项目	检测结果
漆膜外观	平整光滑
附着力/级	1
硬度	H
柔感度/级	5
柔韧性/mm	1
耐冲击性/cm	50
抗划伤性	良好
耐酒精擦拭性/次	80
耐汗渍性（24h）	合格
耐水性（72h）	不起泡，不变色
耐热性（70℃，72h）	无明显变化
耐寒性（-25℃，72h）	无明显变化

该 ABS 塑料用双组分柔感涂料，对底材有良好的附着力，合理选用增塑剂、消光剂、固化剂和流平剂，可赋予漆膜良好的柔感度和抗划伤性等性能，可以广泛用于 ABS 塑料底材上，具有姣好的使用价值。

2.7.4　玻璃及陶瓷用胶黏剂

玻璃的表面组成与其本体组成差异大，粘接时要根据具体情况分析，采取不同的表面处理方法；选择胶黏剂时必须要考虑到玻璃的特性。如在照相机、测距仪、显微镜等光学仪器中主要用有机胶黏剂，而在电子管、高真空器件、理化仪器的粘接时则广泛使用无机胶黏剂。陶瓷具有高表面能，易吸附水层，且结构牢固，给粘接带来一定的困难；陶瓷表面光滑，但断裂面较粗糙，较易粘接修复。陶瓷自身粘接，陶瓷与金属、塑料的粘接主要使用有机胶黏剂，但在陶瓷自身（大型）、陶瓷与金属一些时候的黏接却主要使用无机胶黏剂。

玻璃、陶瓷与其他材料的粘接，陶瓷与金属可选聚丙烯酸酯胶黏剂、不饱和聚酯胶黏剂、环氧-酚醛胶黏剂和环氧-聚酰胺胶黏剂等。玻璃、陶瓷与塑料，玻璃、陶瓷与氯化聚醚、ABS、聚苯醚、聚醚泡沫的粘接，可选用聚氨酯胶黏剂。玻璃、陶瓷与聚苯乙烯泡沫、聚氯乙烯泡沫、聚丙烯、聚缩醛、硬质聚氯乙稀的粘接，可选用环氧胶黏剂和改性环氧胶黏剂等。玻璃、陶瓷与聚四氟乙烯、聚苯乙烯、聚丙烯酸酯、聚碳酸酯的粘接，可选用聚丙烯酸酯胶黏剂和有机硅胶黏剂等。玻璃、陶瓷与软质聚氯乙烯的粘接，可选用酚醛-丁氰胶黏剂等。玻璃、陶瓷与其他品种的塑料粘接，一般可选用聚氨酯胶黏剂、环氧胶黏剂和改性环氧胶黏剂等。玻璃、陶瓷与橡胶，玻璃、陶瓷与硅橡胶的粘接，可选用有机硅胶黏剂等。玻璃、陶瓷与丁腈橡胶的粘接，可选用酚醛－丁腈胶黏剂和环氧－丁腈胶黏剂等。玻璃、陶瓷与氯丁橡胶的粘接，可选用酚醛－氯丁胶黏剂和环氧－氯丁胶黏剂等。玻璃、陶瓷与天然橡胶的粘接，可选用聚氨酯胶黏剂、改性橡胶胶黏剂和天然橡胶胶黏剂等。木材与玻璃、陶瓷的粘接，可选用聚乙烯醇缩丁醛胶、聚氨酯胶黏剂、环氧胶黏剂、环氧－聚酰胺胶黏剂、环氧－硅橡胶胶黏剂、甲醇胶黏剂等。玻璃、陶瓷与纸张的粘接可选用聚乙烯醇缩丁醛胶、氯丁橡胶胶黏剂、丁腈橡胶胶黏剂、丁基橡胶胶黏剂、聚氨酯胶黏剂等。玻璃、陶瓷与皮革的粘接可选用聚氨酯胶黏剂、环氧－氯丁橡胶胶黏剂和氯丁等。玻璃、陶瓷与织物的粘接可选用不饱和聚酯胶黏剂、聚氨酯胶黏剂和环氧－氯丁胶黏剂等。

玻璃与陶瓷用胶黏剂的配方实例：

1. 有机胶黏剂－543 胶

①使用温度范围：－60～＋120℃。

②主要用途：适用于各种陶瓷、玻璃、木材、金属、电木及其他塑料的粘接。

③配方：由多种环氧树脂（A）和聚酰胺、三乙醇胺及填料（B）等组成。

2. 无机胶黏剂

硅酸盐、磷酸－氧化铜无机胶黏剂、玻璃质无机胶黏剂等。

3. 聚甲基丙烯酸甲酯胶黏剂

①原材料与配方：聚甲基丙烯酸甲酯胶黏剂配方见表2－38。

表2－38 聚甲基丙烯酸甲酯胶黏剂配方

原料名称	用量/g	原料名称	用量/g
甲基丙烯酸甲酯	100	二乙基苯胺	0.1
甲基丙烯酸	10	过氧化苯甲酰	0.1
有机玻璃模塑粉	40	环烷酸钴（6%）	0.05

②制备及固化：将有机玻璃模塑粉溶于配方前两种组分的混合单体中，使用前加入后三种组分，搅拌均匀即成，黏接后，加压0.1～0.3MPa，室温24h固化。该胶用于金属、有机玻璃、陶瓷、玻璃等材料的粘接。

2.7.5 绝缘涂料与绝缘胶黏剂

绝缘涂料又叫绝缘漆，具有优良的电绝缘性能，在电阻、电容、电位器等电子元器件中具有广泛的用途，可以赋予电子元器件以耐温、绝缘、防潮、耐冲击、耐油等性能。绝缘涂料中成膜树脂的种类对绝缘涂料的性能和用途起决定作用，在绝缘涂料领域，根据不同性能和用途的需要可以选择不同的成膜树脂，主要的成膜树脂有聚酯树脂、环氧树脂、聚氨酯树脂、有机硅树脂、亚胺类树脂等，其中亚胺类树脂包含聚酯亚胺、聚酰亚胺等含有亚胺基团的树脂。

随着绝缘涂料技术的进步，成膜树脂由聚酯向聚氨酯和亚胺类树脂转变，其中聚氨酯树脂具有优异的自黏性、自焊性、染色性等性能，使得聚氨酯绝缘漆的研究越来越受到研究者的青睐；亚胺类树脂由于具有亚胺基团，具有极高的耐高温性能、耐热冲击性能、机械强度和耐软化击穿性能，使得亚胺类绝缘漆的研究越来越受关注；因为有机硅类树脂的介电性能优异，能在较大的温度、湿度及频率范围内保持稳定，具有优良的耐氧化、耐化学品、耐辐射等性能，有机硅类绝缘漆正逐步成为研究热点。

随着发达国家环保法规制定和执行越来越严格，生产过程中的溶剂挥发引起的事故越来越多，各国研究者对绝缘涂料的水性化和光固化的研究和应用给予了极大的重视并取得了实质性的进展。

绝缘胶黏剂系具有电气绝缘性能的胶黏剂。合成胶黏剂的电气绝缘性能主要决定于所用聚合物材料本身的特性，同时，还与胶黏剂的组成、胶接接头表面性质、湿气吸收、氧化过程和环境温度等因素有直接关系。

绝缘胶黏剂在电工设备中，广泛应用于浸渍、灌注和涂覆含有纤维材料的工件以及需要防潮密封的电工零件，如浇注电缆接头、套管、变压器、20kV及以下的电流互感器、10kV及以下的电压互感器等。绝缘胶黏剂的特点是适形性和整体性好，耐热、导热、电气性能优异。浇注工艺简单，容易实现自动化生产。绝缘胶与无溶剂浸渍漆相似，但黏度较大，一般加有填料。胶中不含挥发性溶剂，凝固后不会残留因溶剂挥发而存在的孔隙，所以绝缘防潮效果较绝缘漆好。工程对于绝缘胶的基本要求是：浇灌时的流动性和适形性好；凝固迅速、整体性好、收缩率小、不变型；具有高的介电性能和防潮、导热能力。常用的绝缘胶黏剂有环氧、有机硅、酚醛、聚酯、丙烯酸酯树酯胶黏剂等，在特殊的场合也有用含氟聚合物特种胶黏剂。

2.7.5.1 绝缘涂料分类

绝缘涂料是具有优良电绝缘性的涂料，有良好的电性能、热性能、机械性能和化学性能，多为清漆，也有色漆。

根据用途不同绝缘涂料可分为：①浸渍绝缘漆，用于绕组的浸渍绝缘处理；②漆包线漆，用作导线的绝缘层；③硅钢片漆，用作硅钢片的绝缘层；④覆盖绝缘漆，用作已经浸渍绝缘处理的绕组等的保护层，以防机械损伤或装配方便之用；⑤黏合绝缘漆，用来黏合云母、层压板等绝缘材料；⑥特种绝缘漆，如电阻、电容和电位器等的绝缘层用漆。

1. *浸渍绝缘漆*

无溶剂浸渍绝缘漆是由合成树脂、固化剂和活性稀释等组成，其特点是固化快、黏度随温度变化快，流动性和浸透性好，绝缘整体性好，固化过程挥发物少，因此，应用无溶剂浸渍漆可提高绝缘结构的导热性和耐潮性能，降低材料消耗，改善劳动条件，缩短生产周期。无溶剂绝缘漆有环氧绝缘漆、聚酯绝缘漆、快干绝缘漆，应用非常广泛。

2. *漆包线漆*

漆包线漆，是一种可以使绕组中导线与导线之间产生良好绝缘层的涂料。主要用于各类线径的裸铜线、合金线及玻璃丝包线外层，以提高和稳定漆包线的性能。

3. *硅钢片漆*

铁心硅钢片绝缘漆能够有效减少铁心涡流损耗，降低温升，提高电机效率，增强电机的抗腐蚀、耐油和防锈性能。定子铁心硅钢片表面绝缘处理要求绝缘层应具有良好的介电性能、耐油性、防潮性、附着力强以及足够的机械强度和硬度。

4. *覆盖绝缘漆*

覆盖绝缘漆具有干燥快、附着力强、漆膜坚硬、机械强度高、耐潮、耐油、耐腐蚀等特性。按树脂类型分为醇酸漆、环氧漆和有机硅漆。环氧漆比醇酸漆具有更好的耐潮性、耐霉性、内干性和附着力，漆膜硬度高，广泛用于潮热地区电机电器设备部件的表面涂覆。有机硅漆耐热性高，可作为H级电机电器的覆盖漆。

覆盖绝缘漆按填料又可以分为两种：不含填料和颜料的清漆和含填料和颜料的磁漆。同一树脂制成的磁漆比清漆漆膜硬度大，导热、耐热和耐电弧性能好，但其他电气性能稍差，多用于线圈和金属表面涂覆，而清漆则多用于绝缘零部件表面的电器内表面涂覆。

覆盖绝缘漆主要起防止机械损伤、防潮、防水、防大气各种污物的作用，也起绝缘作用，使用覆盖漆时应严格控制漆的黏度和均匀性、通风、烘培温度以及环境的清洁度，以保证漆膜的干燥和质量。磁漆在调和使用前必须充分搅拌，以消除沉淀块、黏度不均或变色等现象。

5. 粘合绝缘漆

将绝缘材料与绝缘材料、绝缘材料与其他材材料粘合在一起的漆。其主要功能是粘合作用。制造云母制品、复合制品、层压制品所用的漆是粘合漆。

6. 特种绝缘漆

用于电阻、电容和电位器等的绝缘层用漆。

2.7.5.2 绝缘涂料的选择原则

1. 绝缘漆的耐温等级

不同种类用途的电子变压器、电机、电子电器等用电设备产品的耐热要求不一样，各自有一定的耐热等级，选用绝缘漆时必须满足相应的耐热要求。例如耐热等级为H级的电子电气产品选择的绝缘漆必须是H级以上，低于H级的绝缘漆承受不了用电设备所发出的热量而损毁，而高于H级的绝缘漆却可以提高产品耐热可靠性和延长使用寿命。

2. 兼容性

各类用电设备均由多种材料构成，选用的绝缘漆应具有良好的兼容性，不应出现浸蚀其他构成材料，可优先选择通过UL认证的绝缘漆。一般来说，脂类溶剂绝缘漆溶剂的溶解力较次，兼容性不会有问题；芳香类溶剂和混合溶剂的溶解力较强，兼容性应引起重视。除油性线材不能耐苯类溶剂外，其他的耐溶剂性都可以，甚至很好，对于塑料类不变形即可。

3. 技术要求

用电产品选择绝缘漆必须能满足产品的技术要求。如有的产品要具有耐油性能，有的要具有阻燃性，有的要有高黏结力，有的要求使用无噪音等，选择绝缘漆时应根据不同的技术要求选择相应的漆型。

4. 制作工艺

工艺制作分两个方面：一是含浸、滴浸与复涂；二是自干还是烘干。对于烘干工艺来说，一般是不可选用自干型漆，自干型漆外层干燥后，工件里面的漆的溶剂挥发慢会影响固化时间。另外，生产条件和绝缘漆处理工艺工求也是选择漆型的重要依据。大含浸槽就必须选用稳定性好的漆型，生产线上用漆就尽可能选择快干型漆型。

5. 环保意识

在选择绝缘漆时，力求选择无污染的漆型，低烘烤快干型节能漆型。

6. 经济性

绝缘漆选择在满足前五项的原则前提下，还必须考虑到经济性，即在满足功能要求基础上，选一个单价低的产品，以节约开支降低成本。

2.7.5.3 绝缘涂料应用

1. 单组分高压绝缘涂料

单组分高压绝缘涂料，采用单组分室温硫化硅橡胶加入补强剂、填料、偶联剂和其他助剂，与空气中微量水分反应，脱去丁酮肟，固化成有机硅橡胶。单组分高压绝缘涂料的主要原材料见表 2－39。

表 2－39 单组分高压绝缘涂料用的主要原材料

原材料	组分
基料（成膜物质）	有机硅
溶剂	卤代烷－烷烃复合溶剂
填料	二氧化硅，氢氧化铝
偶联剂	硅烷偶联剂
补强剂	二氧化硅
其他助剂	硅油

单组分高压绝缘涂料具有优异的电气绝缘性、散热性，并具有良好的防潮憎水性能，化学性质稳定，使用寿命长，能耐电化学腐蚀，是很好的环保型涂料，且使用极其简单可靠。在白炭黑（气相二氧化硅）表面接枝了短链硅橡胶分子，使相容性、补强性能、柔软性、断裂伸长率和拉伸撕裂强度大幅度提高。

改性接枝过程：白炭黑表面 Si—OH 基活性很低，改性分两步进行。先与高活性的含 2～3 个 Si 原子、结构式为 HO—Si—O—Si—OH 的羟基硅油反应；再与活性较低的含 40～50 个 Si 原子的端羟基聚硅氧烷进行接枝反应，形成改性疏水树枝状白炭黑。

该白炭黑结构表面接枝了大量硅橡胶长分子链，使其结构与硅橡胶更趋于一致，相容性更好，表面的长分子链与硅橡胶缠绕交结强度更高，胶膜变得柔软、富有良好的断裂伸长率。

复合偶联剂体系很好地解决了绝缘涂料对塑料、橡胶附着力差的问题，可将传统红、绿、黄三色绝缘涂料改成一种透明涂料，工期短、施工成本低，解决了因附着力差影响使用寿命，甚至发生起皮、脱落等重大施工事故的问题。添加了该偶联剂体系的涂料可以耐酸、碱、盐腐蚀，与各种金属、塑料、橡胶等多种底材表面形成牢固的化学键连接。

该复合偶联剂结构示意图为 X—Si—O—Si…Si—Y，一端是能与多种表面形成牢固化学键的多个亲无机物的反应基团 X。X 为可水解基团，遇到空气中的水分或无机物表面吸附的水分均可引起分解，与无机物表面有良好的反应性。典型的 X 基团有烷氧基、芳氧基、酰基、氯基等，最常用的则是甲氧基和乙氧基，它们在偶联反应中分别生成副产物甲醇和乙醇。另一端是能与硅橡胶反应牢固连接的多个亲有机物的反应基团 Y。Y 能与合成树脂或其他聚合物发生化学反应或生成氢键溶于其中。中间体延长了偶联剂的长度，使其能更容易将陶瓷和硅橡胶涂层桥连在一起，且具有一定伸缩性，在固化、温差变化、水泡等引起的界面变形中不易被应力拉断。

单组分高压绝缘涂料性能指标见表 2－40。

表 2-40 单组分高压绝缘涂料性能指标

检测项目	性能指标
工作温度/℃	-50 ~ 200
黏度/(mm^2/s)	6000 ~ 10000
体积电阻/(Ω·m)	≥5.0×10^{14}
表面电阻/Ω	≥2.5×10^{12}
电击穿强度/(kV/mm)	≥20
表干时间（25℃，相对湿度50%）/min	≤10
实干时间（1mm）/h	≤24
使用年限/a	≥20
升温（1mm）/℃	≤5
耐漏电起痕及电蚀损性试验	TMA4.5级
阻燃性	FV-0级
附着力/级	2
拉伸强度/MPa	1.8
耐磨性/g	0.43
触变性	2.8mm 不滴漏，不塌陷
耐高温试验	200℃，72h 不分解，不龟裂，不剥离
耐温变性	-25 ~ 120℃每4h循环一次共计48h，无脱落、开裂、分解现象

注：刷涂完成即可送电，无需完全干燥。使用年限是根据普通涂料的使用年限推断。

单组分高压绝缘涂料主要用于高压输配电系统中母排、穿墙导管、大功率电机、干式变压器、开关柜、电缆头，甚至10kV架空导线等一切电力电器裸露金属带电体的外绝缘保护，能有效防止各种相间、相对地短路事故的发生，并能减少因系统过电压引起的短路事故发生，能消除外界潮气、污秽以及外物所引起的接地和相间短路故障，提高电气设备的运行可靠性和安全性。

2. 阻燃导热型硅橡胶绝缘涂料

高压开关柜在电力系统中应用极广，数量众多，其安全可靠运行对保障电力可靠供应至关重要，而高压开关柜内部一次设备绝缘缺陷是引起高压开关柜事故最为突出的因素之一。若高压开关柜发生绝缘故障，轻则造成设备损坏，重则引起大面积停电，给居民的正常生活、生产带来不必要的影响。

阻燃导热型硅橡胶绝缘涂料TS-10采用常温固化有机硅橡胶为基料，通过添加阻燃、抗电弧、导热等物质进行物理混炼制备而成。产品不但具有良好的绝缘性能，而且其阻燃性能和导热性能也非常优异。硅橡胶绝缘涂料的涂层具有绝缘性能好、憎水防潮性能佳、耐候性能优越等特点，采用新型绝缘涂料TS-10在处理高压开关柜绝缘故障方面十分有效。

3. 耐热性和耐磨性绝缘涂料

绝缘涂层含有氯乙烯聚合物、改性树脂和增塑剂，改性树脂的玻璃化转变温度>100℃。绝缘线的导线由上述绝缘涂层包覆。增塑剂基于100份氯乙烯聚合物和改性树脂的含量为25~

50 份，且氯乙烯聚合物与改性树脂的比例（氯乙烯聚合物/改性树脂）为 90：10~70：30，配方实例见表 2-41。

表 2-41　耐热性和耐磨性绝缘涂料配方

组分	配比/质量份
T H 2000（聚氯乙烯）	90 份
Polyimilex P M L 203（马来酰亚胺聚合物）	10 份
A D K Cizer C 9N（异壬基偏苯三酸酯）	30 份

将该涂料组合物涂覆于铜线上，制得的绝缘线耐热性和耐磨性良好。

2.7.5.4　绝缘胶黏剂分类

绝缘胶黏剂可以分为热塑性胶黏剂和热固性胶黏剂。前者用于工作温度不高、机械强度较小的场合，如用于浇注电缆接头；后者一般由树脂、固化剂、增韧剂、稀释剂、填料（或无填料）等配制而成。

热固性胶黏剂按其固化方式分为热固型（加热固化）、晾固型（常温下经一定时间后固化）、光固型和触变性几类。按应用方式，可分为黏合剂和浸渍剂、浇铸胶、包封胶等；按主体树脂的组成，可分为聚酯、环氧树脂、聚氨酯、聚丁二烯酸、有机硅、聚酯亚胺及聚酰亚胺等。按用途可分为电器浇注胶和电缆浇注胶。

1. 电器浇注胶

电器浇注胶由浇注用树脂加固化剂和其他添加剂构成，常用的固化剂有酸酐类和胺类。酸酐类固化剂的特点是毒性小，固化时挥发物少，电气、力学、耐热等性能较好。固化时不易产生应力开裂，特别是液体酸酐使用方便，应用较广。胺类固化剂的特点是：固化速度快、毒性大、胶的使用期短、固化时易产生应力开裂，实际应用时需加以技术处理。硼胺类络合物是广泛应用的一种固化剂，可延长胶的使用期。

2. 电缆浇注胶

常用的电缆浇注胶有松香酯型、沥青型和环氧树脂型 3 类。松香酯型电缆浇注胶电气性能较好，抗冻裂性好，适宜浇筑 10kW 及以上的电缆接线盒和终端盒；沥青型电缆浇注胶耐潮性好，适宜浇筑 10kW 以下的电缆接线盒和终端盒；环氧电缆胶密封性好，电气、力学性能好，适宜浇筑户内 10kW 以下电缆终端盒，且盒结构简单，体积小。

2.7.5.5　绝缘胶黏剂应用

1. 低温导热绝缘胶黏剂

低温导热绝缘胶黏剂，既具有耐低温特性，又具有较高的热导率，能满足壁温传感器温度测量的设计要求：热量传递快，温度测量快捷、准确。

用于长征系列运载火箭氢氧发动机系统的表面温度传感器，其端封和胶接安装需要一种耐低温导热绝缘胶黏剂，该胶黏剂的主要技术要求：使用温度范围 20~300K（-253~30℃）；在使用温区内胶黏剂的热导率应尽量接近不锈钢等金属的热导率，一般不低于 0.46W/(m·K)；胶黏剂的绝缘电阻、力学性能等应基本与低温胶黏剂相当。

以 DW-3 低温胶黏剂为基体胶，添加 HGH400 硅微粉作为导热绝缘填料，配制成的胶黏剂作为低温导热绝缘胶黏剂；其黏接工艺可以适合于三种不同固化条件，可以室温（30℃）固化，也可以加温固化；其黏接强度与DW-3胶黏剂相当；其热导率达0.63～0.70W/(m·K)，设计指标为不低于0.46W/(m·K)，满足设计要求；胶黏剂绝缘电阻大于100MΩ，满足设计要求。该低温导热绝缘胶黏剂可用于长征系列运载火箭氢氧发动机系统表面温度传感器的端封和胶接安装。

2. 高压电器专用绝缘胶黏剂

高压电器是在高压线路中用来实现关合、开断、保护、控制、调节、量测的设备。一般的高压电器包括开关电器、量测电器和限流、限压电器。同时高压电器也是危险设备，它的绝缘性能对于高压电器的安全使用至关重要，高压电器内部包含有许多金属元器件，很多元器件之间需要相互绝缘，以保证电路正常运行，高压电器专用绝缘胶黏剂原料组成如表2-42所示。

表2-42 高压电器专用绝缘胶黏剂配方

原料组成	配比/质量份	原料组成	配比/质量份
环氧树脂	15～20	环烷酸锌	0.3～0.6
酚醛树脂	2～5	松香	2～5
丁腈乳胶	8～12	促进剂	0.3～0.6
六次甲基四胺	8～15	丙酮	8～15
云母粉	5～10	苯	15～25

制备方法：先将环氧树脂、酚醛树脂、松香、云母粉、六次甲基四胺加入到苯和丙酮的混合溶剂中，混合均匀，作为A组分，再将促进剂、环烷酸锌加入到丁腈胶乳中，作为B组分，最后将A、B两组分混合一起后混炼成胶即可。产品粘接性能、抗老化性能、绝缘性能优良，尤其适合于高压设备金属器件之间的粘接。

3. 绝缘胶黏带

绝缘胶黏带是以软质聚氯乙烯（PVC）薄膜为基材，涂橡胶型压敏胶制造而成，具有黏性表面的带状绝缘材料。通常是用补强材料作底材，涂以胶黏剂经加热制成。底材有纸、布、玻璃纤维、塑料薄膜等。

绝缘胶黏带机械强度和介电性能良好，可以作电机、电器和绝缘零件的包绕型绝缘。常用的绝缘胶黏带有聚酯薄膜胶黏带、有机硅玻璃胶黏带等。根据使用工作温度要求，底材和胶黏剂可选用不同耐热等级的材料，例如聚酰亚胺薄膜胶黏带有F级和H级的。若胶黏带中还有云母纸，则属云母类，例如环氧玻璃布粉云母带，主要用于高电压大电机及其他电器绝缘。根据胶黏带所用胶黏剂的性能，有热封或热压型、自黏或压敏胶黏带。热压型胶黏带在受热和加压情况下才能黏合在一起。自黏或压敏带，通常只需要小的压力（多数情况下包带时的压力已足够了），不需要加温等其他因素就可以使层与层之间黏合好。自黏带有丙烯酸酯聚酯薄膜压敏带（B级绝缘）、丙烯酸酯聚酰胺薄膜压敏带（F级绝缘）等。这类自黏带在包绕或包扎电器零部件中采用甚多，使用很方便。此外，还有少量没有底材的纯胶型自黏带，例如硅橡胶自黏带，可用作大型电机、电缆、变压器、飞机的电插头等绝缘材料。

思考题

1. 生产醇酸树脂的常用原料是什么？单元酸的作用是什么？
2. 丙烯酸树脂的生产原料是什么？丙烯酸树脂结构与性能的关系。
3. 什么是环氧树脂？有哪些主要特点？
4. 简述环氧树脂结构与性能的关系。
5. 聚氨酯树脂生产过程有何特点？
6. 简述聚氨酯树脂结构与性能的关系。
7. 解释“凝胶化现象”和凝胶点的含义。
8. 简述热固性一阶酚醛树脂的合成条件及合成原理。
9. 热塑性二阶酚醛树脂的合成条件是什么？
10. 酚醛树脂有哪些缺点？改性用途有哪些？
11. 热固性酚醛树脂的固化过程分为哪几个阶段？分别具有什么特征？
12. 请说明热固性酚醛树脂的热固化原理，热固化的实质是什么？
13. 结合实例分析涂料与胶黏剂的应用。
14. 简述绝缘涂料的选择原则。

第3章　天然涂料与天然胶黏剂

3.1　天然涂料

3.1.1　油脂和油脂涂料

油脂涂料是涂料工业中最古老的品种，主要油脂是桐油、梓油、亚麻仁油、豆油以及脱水蓖麻油。中国采用桐油涂刷建筑、木制车船以及各种日用品等，已有几千年历史。公元前2000年，埃及也出现了干性油和颜料制成的涂料，油脂涂料由于受自然资源限制，而且其涂膜机械性能、装饰性和防腐蚀性等均不如合成树脂涂料好，在涂料工业中的比例逐年下降。

油脂涂料主要成分为甘油三脂肪酸酯，其中饱和脂肪酸酯叫脂肪，不饱和脂肪酸酯叫油（植物油），常见的植物油（涂料用）的脂肪酸见表3－1。

表3－1　常见的植物油（涂料用）的脂肪酸

通称	脂肪酸名称	主要来源
月桂酸	十二烷酸	椰子油
豆蔻酸	十四烷酸	椰子油
软脂酸	十六烷酸	各种油料
硬脂酸	十八烷酸	各种油料
油酸	十八碳烯（9）酸	各种油料
蓖麻醇酸	12-羟基十八碳烯（9）酸	蓖麻油
亚油酸	十八碳二烯（9，12）酸	豆油及梓油
亚麻酸	十八碳三烯（9，12，15）酸	亚麻油及梓油
桐油酸	十八碳三烯（9，11，13）酸	桐油

涂料工业用部分植物油的特性常数见表3－2。

表3－2　涂料工业用部分植物油的某些特性常数

油品	酸值	碘值	皂化值	密度（20℃）/（g/cm^3）	色泽（铁钴比色法）/号
桐油	6~9	160~173	190~195	0．936~0．940	9~12
亚麻油	1~4	175~197	184~195	0．97~0．938	9~12
豆油	1~4	120~143	185~195	0．921~0．928	9~12

续表

油品	酸值	碘值	皂化值	密度（20℃）/（g/cm³）	色泽（铁钴比色法）/号
松浆油	1~4	130	190~195	0.936~0.940	16
脱水蓖麻油	1~5	125~145	188~195	0.926~0.937	6
棉籽油	1~5	100~116	189~198	0.917~0.924	12
蓖麻油	2~4	81~91	173~188	0.955~0.964	9~12
椰子油	1~4	75~105	253~268	0.917~0.919	4

油脂涂料是以干性油为主要成膜物质的一类涂料，其主要由干性油、天然树脂、颜料、溶剂、催干剂等组成。涂料行业习惯把油分子中含有6个双键的称为干性油，如桐油、亚麻油、梓油、苏籽油等；含4~5个双键的油称为半干性油，如豆油、葵花籽油；含4个以下的双键的油称为不干性油，如蓖麻油等。

将干性油经过精漂去掉杂质，得到精制油。按一定配方和工艺进行高温熬炼，分子量增大，黏度增加，制成各种热炼油，是制造油脂涂料的基料。现在生产的品种有清油、厚漆、油性调合漆、油性防锈漆、油性电沉积涂料。

清油由热炼油加入催干剂而成。成本较低，无毒，施工方便，干燥慢，漆膜软，用作木材、金属表面涂料和稀释厚漆及腻子。厚漆是由热炼油、颜料和填料配制而成的稠厚浆状物。使用时加入清油和催干剂，用作房屋建筑涂料。油性调合漆，由热炼油、颜料、填料及溶剂配制而成，施工方便，用于涂刷建筑物、木材等。油性防锈漆，由热炼油、红丹等防锈颜料、填料、催干剂和溶剂组成。它的涂膜干燥慢，附着力及柔韧性好，涂膜初期较软，用作黑色金属的防锈底漆。油性电沉积涂料，由顺丁烯二酸酐与油加成后制得的铵盐、颜料及蒸馏水组成，用于黑色金属的小五金零件涂装。其特点是：易生产、价廉、涂刷性好、涂膜柔韧。缺点：涂膜干燥慢、膜软、机械性能较差，耐水性、耐酸碱及有机溶剂性差，不能打磨抛光。主要用途：建筑、维修和涂装要求不高的工程。

油脂涂料的生产工艺见图3-1。

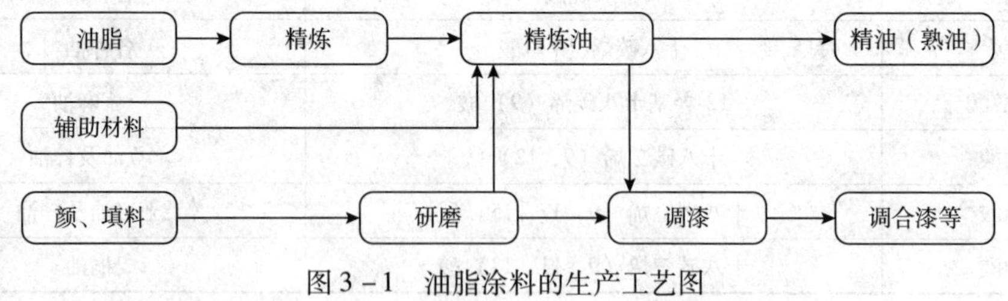

图3-1 油脂涂料的生产工艺图

3.1.2 天然树脂涂料

天然树脂涂料是以天然树脂及其衍生物为主要成膜物质制得的涂料总称。在合成树脂出现以前，天然树脂是制备涂料主要成膜物质的原料，或者单独使用，或者与油合用。天然树脂涂料的涂膜比油脂涂料的干得快，且坚硬光亮，是涂料工业初期的主要产品。20世纪以来，由于出现了性能优异的合成树脂，天然树脂（如化石树脂）的产量又受资源限制，致使天然树脂涂料在涂料中的比例逐渐下降，有些品种为合成树脂涂料所代替。至今仍在生产和使用的天然树脂涂料有松香酯涂料、沥青漆、改性大漆和虫胶清漆，其特点是施工方便，原料易得，制造容易，成本低廉，主要用于质量要求不高的木器家具、民用建筑和金属制品的涂覆。

1. 松香及其衍生物的涂料

松香是将从松树分泌出来的黏稠液体加以蒸馏而得到的一种天然树脂，颜色由微黄至棕红色，是一种透明、脆性的固体物质。

松香主要成分为松香酸。主要组分为树脂酸（90%以上），分子式为 $C_{19}H_{29}COOH$。它有多种异构体，现已查明的有9种，其中主要的为：松香酸（达50%以上）、新松香酸、左旋海松酸、右旋海松酸和左旋异海松酸等5种，结构如下：

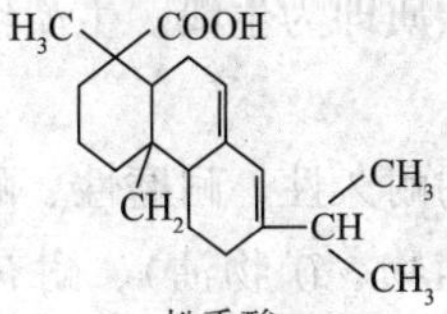

松香酸

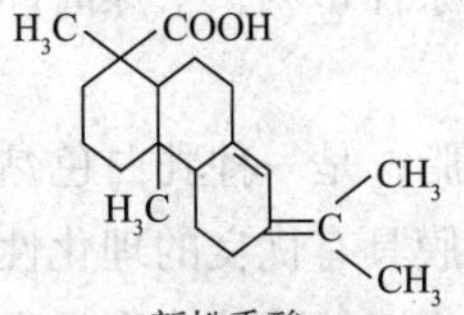

新松香酸 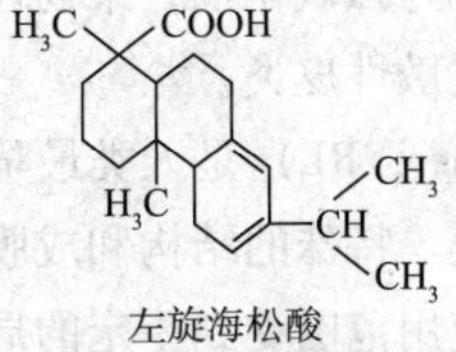　　左旋海松酸

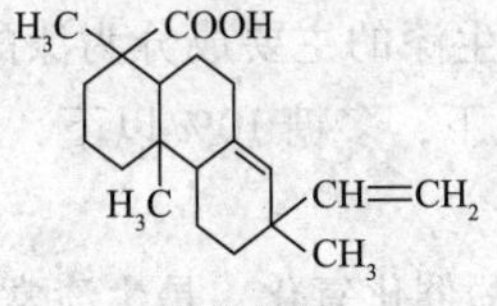

右旋海松酸 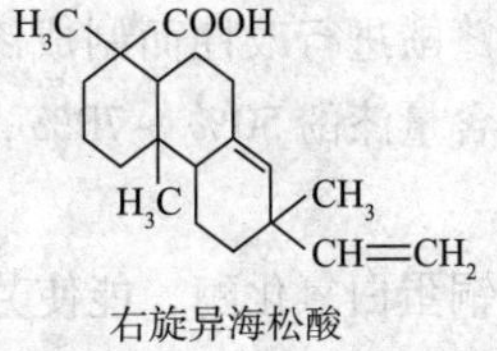　　右旋异海松酸

松香不能直接用作涂料，一般是经过加工制成其衍生物。通用的松香衍生物有两类：一类是松香与多元醇等反应制得的松香多元醇酯；另一类是用顺丁烯二酸酐与松香加成，再与多元醇反应得到的顺酐松香酯。用这两类皆可以不同比例与各种干性油热炼后，加溶剂制得不同性能的漆料（即液态的基料）。漆料加入催干剂后可制成清漆。漆料加颜料则配制成各种色漆。松香酯涂料比油脂涂料干燥快，漆膜坚硬和光亮，但柔韧性较差。由于松香产量大于其他化石树脂，价格较低，所以成为天然树脂涂料的主要类型。主要用做性能要求不高或没有特定要求的木材、钢铁表面，如门窗、家具等的涂料。

松香中的树脂酸和金属氧化物、氢氧化物及某些盐类在高温下反应，生成松香酸皂，这些松香酸皂可用于天然树脂涂料中起固体催干剂作用，缩短干燥时间，松香钙皂还有降低成本的作用。

松香与顺酐加成所得到的加成物是三元酸，用多元醇酯化，可得失水苹果酸酐硬脂酸，其颜色浅，抗光性强，不易泛黄，可作色浅的清漆及白色磁漆，也可用于硝基磁漆等。

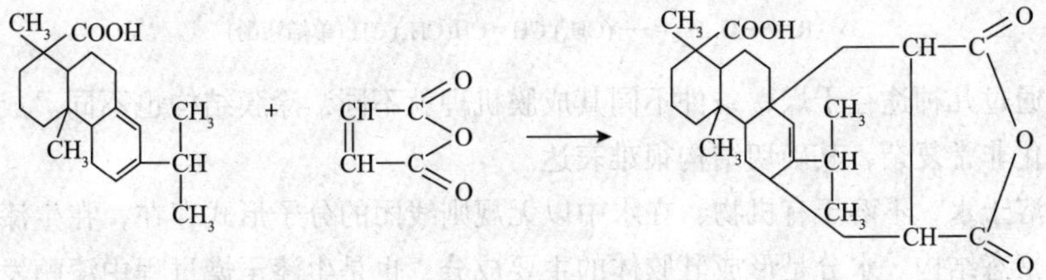

常用的松香脂有甘油松香脂、季戊四醇松香脂等，用一种或几种松香酯和干性植物油（桐油、梓油、亚麻油）经过热炼，加入颜料、催干剂、溶剂，可制备清漆、磁漆、底漆、腻漆等。松香脂涂料含干性油和松香酯两部分，其中干性油赋予漆膜柔韧性，松香酯则赋予漆膜以硬度、光泽、快干性和附着力。当树脂：油＝1：3 制成的涂料为长油度松香酯涂料，当树脂：油＝1：（2～3）制成的涂料为中油度松香酯涂料，当树脂：油＝1：（0.5～2）制成的涂料为短油度松香酯涂料。

2. 大漆

大漆即天然漆，又称国漆、土漆等，是我国著名特产之一。大漆一般分为生漆和精制漆。从漆树上割取的液汁用细布过滤，除去杂质即为生漆。生漆经过加工处理后即成为精制漆，又称熟漆。

大漆漆膜坚硬光亮，具有独特优良的耐久性，耐磨性、耐酸性、耐水性、耐热性、耐各种盐类、耐土壤腐蚀、耐油（包括所有动植物、矿物油）、耐有机溶剂，并具有良好的电绝缘性能。但漆膜不耐强碱与强氧化剂，柔韧性差，漆膜干燥条件苛刻，干燥时间长，毒性大，对部分人接触皮肤易患过敏性皮炎。

生漆（raw lacquer，RL）是人类最早使用的天然树脂，是一种乳白色黏性液体。在漆酶的催化作用下固化成膜。特殊的结构和成膜机制使得生漆膜具有优良的理化性能，但生漆膜抗紫外线性能欠佳使其使用范围受到一定的局限。迄今，对生漆的改性大多是先提取漆酚，再用无机或有机化合物对漆酚进行改性而制成漆酚基涂料。生漆的主要成分为漆酚、漆酶、树胶质、水分与油分等，其含量漆酚 50%～70%，漆酶 10% 以下，多糖 10% 以下，水 20%～30%，还有少量其他物质。

漆酶是一种含铜蛋白氧化酶，能使芳香二胺或二酚催化氧化，是生漆常温自然干燥成膜时不可缺少的催化剂，它能使漆酚在空气中氧化成为醌类化合物，和漆酚的侧链同时进行氧化聚合，即促使生漆在空气中干燥成膜。

树胶质在生漆中含量为 3.5%～9%，是一种多糖类化合物，不溶于有机溶剂而易溶于热水，从生漆中萃取出来后呈黄白色透明状物，其内含有微量的钙、钾、铝、镁、钠、硅等元素。

漆酚是生漆的主要物质，漆液涂布后的成膜物。不溶于水，溶于乙醇、丙酮、二甲苯等有机溶剂和植物油，在空气中极易氧化成黑色黏稠物。漆酚是由多种不同不饱和脂肪基取代的邻苯二酚组成的混合物。漆酚具有两个相邻的酚羟基，苯环上又有不饱和脂肪烃，所以具有酚类和不饱和键的特性。生漆成膜就是漆酚聚合交联固化过程。

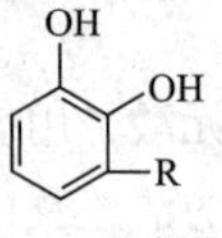

OH OH R

$R_1 = —C_{15}H_{31} = —(CH_2)_{14}CH_3$（氢化漆酚）

$R_2 = —C_{15}H_{29} = —(CH_2)_7CH = CH(CH_2)_5CH_3$（单烯漆酚）

生漆可通过几种途径干燥，条件不同其成膜机理就不同，涂膜结构也不同。成膜过程中物理和化学变化非常复杂，其确切结构很难表达。

多糖可溶于水，不溶于有机物，在水中以无规则线团的分子形式存在，在生漆漆膜中形成非常规整的聚态结构。水分是形成乳胶体的主要成分，也是生漆干燥过程中漆酶发挥作用的必需条件。

生漆固化成膜机理有常温自然干燥固化成膜机理和加热干燥固化成膜机理。常温自然干燥固化成膜机理属于氧化聚合，要求干燥过程中不断地与空气接触、吸氧，温度在20～30℃，相对湿度为80%～90%。生漆中的多种组分都会参与成膜反应，将反应简化，不考虑各组分间可能的联系，生漆氧化聚合可分四段，首先生成漆酚醌，反应如下：

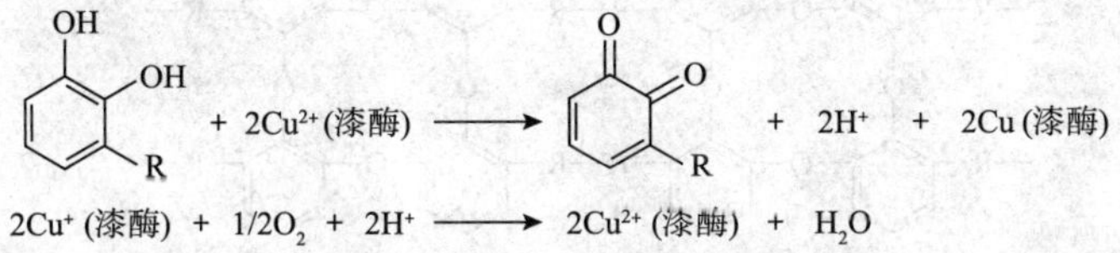

$$\text{(OH, OH, R)} + 2Cu^{2+}(\text{漆酶}) \longrightarrow \text{(O, O, R)} + 2H^{+} + 2Cu(\text{漆酶})$$

$$2Cu^{+}(\text{漆酶}) + 1/2O_2 + 2H^{+} \longrightarrow 2Cu^{2+}(\text{漆酶}) + H_2O$$

乳白色的漆液表面逐渐变成红棕色，接下来生成漆酚二聚体：

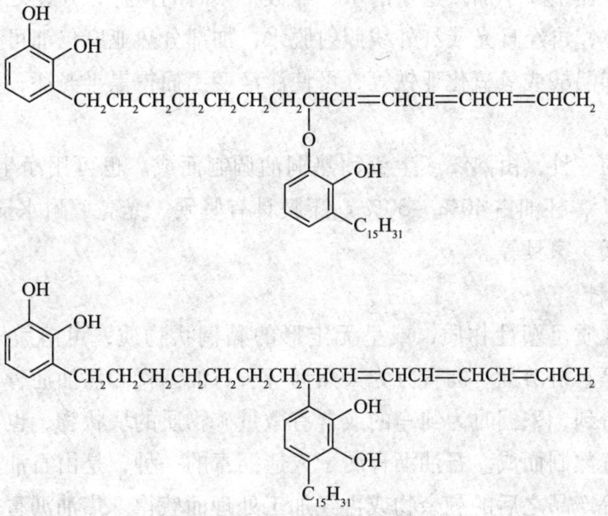

OH OH
$CH_2CH_2CH_2CH_2CH_2CH_2CH_2CHCH{=}CHCH{=}CHCH{=}CHCH_2$
O OH
$C_{15}H_{31}$

OH OH
$CH_2CH_2CH_2CH_2CH_2CH_2CH_2CHCH{=}CHCH{=}CHCH{=}CHCH_2$
OH OH
$C_{15}H_{31}$

再生成长链或网状高分子化合物，漆酚二聚体侧链氧化聚合，漆层颜色由褐色逐渐变黑，产物结构如下：

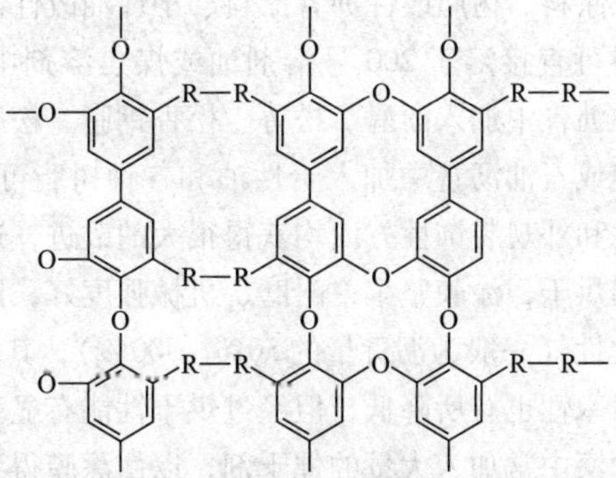

—O— —R—R— O —R—R—
O —R—R— O
O O O
O —R—R— O —R—R—

最后生成体型结构高聚物。在氧化聚合反应的基础上，漆酚侧链上的不饱和键会进一步聚合，形成体型结构的高聚物。实际上，漆酚与多糖以及糖蛋白之间，发生了接枝反应，在成膜时是多元的体型结构，情况复杂得多。

加热干燥固化成膜机理，当温度达70℃以上时，漆酶失去活性，所以隔绝空气加热使生漆干燥成膜，是以不吸氧的缩合反应和聚合反应为主形成的，反应式如下：

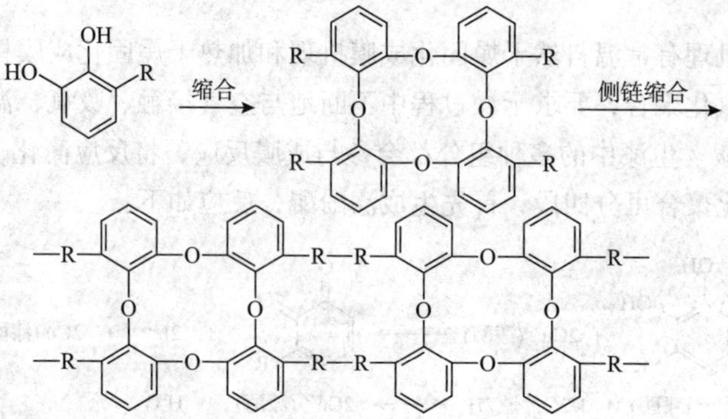

生漆经过日晒或低温烘烤，并进行搅拌，脱去其中一部分水分，就可以得到熟漆，熟漆干燥较慢，但光度好。在生漆中加入适量清水，经数十小时的搅拌，并使之与空气充分接触，变为深褐色的黏稠液体，再经日光或红外线照射脱水，加部分热亚麻仁油可生成推光漆。如在调制过程中加入铁盐和醋酸或氢氧化亚铁等，可使漆液变黑而得黑推光漆；不加铁剂则得红褐色的推光漆。

广漆是天然漆的一种，由熟漆或生漆和熟桐油调制而成。也可用净生漆和杯油调配而成，净生漆占60%～70%，杯油占40%～30%。漆膜具有坚硬、光亮、耐水烫、耐久等优良性能，最宜涂刷门窗、地板、家具等。

3. 沥青树脂涂料

沥青是黑色的硬质可塑性物质，或呈无定形的黏稠状物质，可溶解于二硫化碳、四氯化碳、三氯甲烷及苯等有机溶剂。沥青分为天然沥青、石油沥青和焦油沥青。天然沥青也叫地沥青，由沥青矿采掘得到，采掘时为纯净的或含有微量矿物质的块状物，也可从沥青岩石中经溶剂抽提或通过水蒸气熬制而成。石油沥青属于人造沥青的一种，是由石油原油炼制出汽油、煤油、柴油和润滑油等产品之后的剩余物或再经加工处理而获得。焦油沥青是黏稠状或质脆的固体状物质，是将各种燃料及其他有机化合物蒸馏（破坏蒸馏）时所得的焦油，再经过蒸馏的剩余物。有煤焦油沥青、木焦油沥青、骨焦油沥青及页岩沥青等。

沥青树脂涂料分纯沥青涂料、树脂改性沥青涂料、干性油改性沥青涂料、树脂和油改性沥青涂料等类型。纯沥青涂料可直接溶于200号溶剂油或煤焦溶剂中制成，靠挥发溶剂干燥成膜。树脂改性沥青涂料是在沥青中加入酚醛、松香、松香钙脂、松香甘油酯、环氧树脂、聚氨酯等树脂进行改性。在天然或石油沥青中加入干性油和各种树脂可使涂层在柔韧性、实韧性、附着力、机械强度、耐候性和外观装饰性方面均获得很大的改进，这类漆在沥青涂料中耐候性是最好的，尤其是经过高温烘干，涂膜坚牢，耐磨、机械强度好，黑亮。天然沥青或石油沥青或它们的混合物用干性油改性（一般为沥青量的50%～100%），其耐候性、耐光性要比无油沥青好，但干燥性能变差，耐水性也有所降低，但经过烘干性能有显著提高。由于沥青在油中的抗干作用，所以常温干燥的漆中常加入大量的催干剂，以使涂膜得到适当的干燥，催干剂常用铅、锰的环烷酸盐。

在溶剂型沥青涂料中使用酮、醇、芳烃等溶剂的目的是使涂料具有可施工性，而在沥青中加入颜料的作用是提高涂膜的致密性，降低其渗透性以及改善涂料的防腐、防锈和耐候等性能。沥青涂料所使用的着色颜料一般是铁红等防锈颜料或石墨等耐热颜料，加入碳酸钙等体质颜料来增加颜料的体积，改善涂料的某些性能，并具有降低成本的作用。常用的有沥青船底漆、沥青防锈漆、沥青防污漆等几个品种，热炼法生产沥青涂料的流程见图3－2，溶剂法生产沥青树脂涂料流程见图3－3。

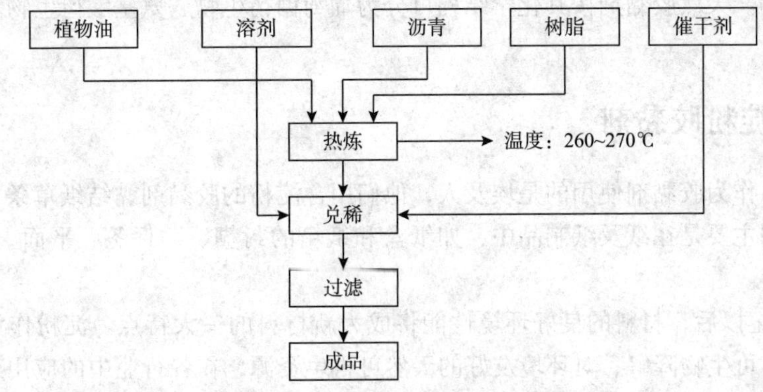

图3－2　热炼法生产沥青涂料流程

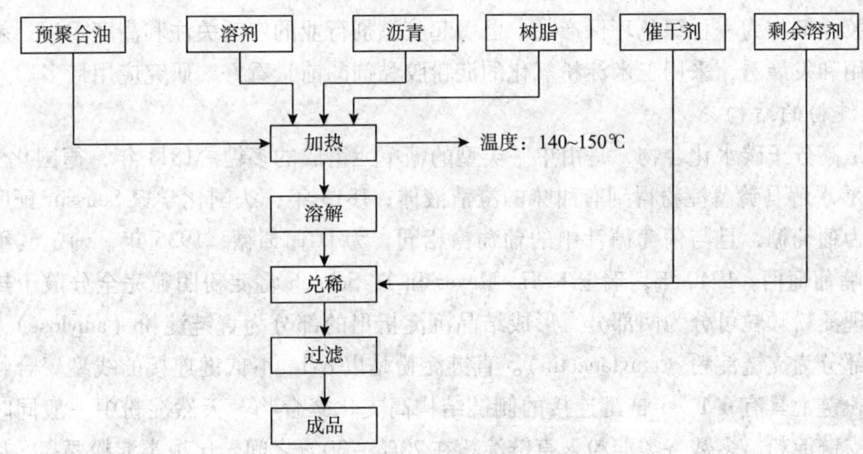

图3－3　溶剂法生产沥青树脂涂料流程

3.2　天然胶黏剂

原料来源于天然物质制成的胶黏剂称为天然胶黏剂。在合成高分子问世之前，使用的各种胶黏剂都是以天然高分子为主要成分的。虽然合成树脂胶黏剂已绝大部分取代了天然胶黏剂，但是某些特殊用途的胶黏剂现在仍在使用天然胶黏剂。天然胶黏剂具有价格低廉、使用方便、初黏性好等优点，但胶接强度差；大部分天然树脂都是水溶性的，所以可以以水作溶剂；从形态上看液态或粉状的居多；这类胶黏剂都可生物降解，长期在高湿度下会引起劣化造成胶接强度下降；不含对人体有害物质，是高安全性的胶黏剂。

天然胶黏剂可分为无机类和有机类，有机类又可分为蛋白质类和碳水化合物类。按其化学组成分为三大类：蛋白质胶、碳水化合物胶（如淀粉胶、纤维素胶等）和其他天然树脂胶（如木素、单宁、虫胶、松香、生漆等）。

天然胶黏剂按天然物质的来源可分为植物胶黏剂、动物胶黏剂和矿物胶黏剂。植物胶黏剂：包括树胶类（阿拉伯胶）、树脂类（松香树脂）、天然橡胶、淀粉类、纤维素类、大豆蛋白类、单宁类、木素类及其他碳水化合物制成的胶黏剂。动物胶黏剂：包括甲壳素、明胶（皮胶、骨胶等）、酪蛋白胶、虫胶、仿声胶等制成的胶黏剂。矿物胶黏剂：包括硅酸盐、磷酸盐等制成的胶黏剂。天然胶黏剂按其化学结构可分为葡萄糖衍生物、氨基酸衍生物和其他天然树脂等。

3.2.1 淀粉胶黏剂

最早将淀粉作为胶黏剂使用的是埃及人，他们用含淀粉的胶黏剂黏结纸草条，目前，淀粉作为胶黏剂应用主要是在纸及纸制品中，如纸盒和纸箱的封糊、贴标签、平面上胶、粘信封、多层纸袋粘合等。

进入21世纪以后，材料的良好环境性能将成为新材料的一大特点。淀粉作为一种无毒无害、价格低廉、可生物降解、对环境友好的天然可再生资源，在各行业中的应用日趋广泛。特别是近年来，世界胶黏剂工业生产技术正朝着节省能源、低成本、无公害、高黏性和无溶剂化方向发展。

淀粉胶黏剂作为一种绿色环保产品，已引起胶黏剂行业的广泛关注和高度重视。就淀粉胶黏剂的应用和发展看，采用玉米淀粉氧化的淀粉胶黏剂的前景看好，研究应用最多。

1. 原淀粉的结构

淀粉是高分子碳水化合物，是由单一类型的糖单元组成的多糖。1811年，德国化学家Krichoff用硫酸水解马铃薯淀粉得到有甜味的澄清液体；1815年，法国化学家Saussur证明，此液体中成分为葡萄糖，且与葡萄糖汁中的葡萄糖相同，为D-葡萄糖；1935年，确定其组成单元为α-D-吡喃葡萄糖。1940年，瑞士K. H. Meyer和T. Schoch将淀粉团粒完全分散于热的水溶液中，发现淀粉颗粒可分为两部分，形成结晶沉淀析出的部分为直链淀粉（amylose），留存在母液中的部分为支链淀粉（amylopectin）。直链淀粉是以α-1，4-甙键连接的线型聚合物。支链淀粉是淀粉链上具有α-1，6-甙键连接的侧链结构高支化聚合物。天然淀粉中一般同时含有直链淀粉和支链淀粉。多数谷类淀粉含直链淀粉在20%～30%之间，比根类淀粉要高，后者仅含17%～20%的直链淀粉。糯玉米、糯高粱和糯米等不含直链淀粉，全部是支链淀粉，如表3－3所示。

表3－3　常见淀粉的直、支链淀粉含量　　%

淀粉种类	直链淀粉含量	支链淀粉含量
玉米	26	74
马铃薯	20	80
小麦	25	72
大麦	22	78
高粱	27	73
大米	19	81
甘薯	18	82
糯米	0	100
豌豆（光滑）	35	65
豌豆（皱皮）	66	34

淀粉是一种可再生性天然高分子化合物，具有良好的黏合性和成膜性能。淀粉分子包括支链淀粉和直链淀粉两种成分。直链淀粉是一种线型聚合物，通过分子内氢键的作用卷曲成螺旋型。这种紧密堆集的线圈式结构不利于水分子接近，故不溶于冷水。支链淀粉有许多支链，这些短链容易与水分子形成氢键，故支链淀粉易溶于冷水。淀粉之所以能够成为一种良好的胶黏剂，就是因为具备了可生成糊的支链淀粉，而另一部分直链淀粉又能促进其发生胶凝作用的缘故。原淀粉分子量较大，聚合度较高，约160～6000，不溶于水，但在水中可溶胀。由于流动性及渗透性较差，若直接作为胶黏剂则其性能极差。利用物理、化学或酶的方法改变淀粉分子的结构或大小，使淀粉的性质发生变化，这种现象称为淀粉变性，导致变性的因素称作变性因子（变性剂），变性后的生成物称作变性淀粉。

经过物理、化学或生物的方法对淀粉进行有限度的改性，改变其分子结构和性能，便可控制淀粉的溶解度和黏度。淀粉分子中含有糖苷键和易于发生化学反应的羟基，所以淀粉能和许多物质发生化学反应。这一性质是制备性能优异胶黏剂的理论基础。淀粉胶黏剂的制作方法有多种，主要有糊化法、氧化法、酯化、醚化法及与其他高分子单体接枝共聚法。对淀粉的内部分子结构进行解体、降解，也是解决其用作胶黏剂时流动性及渗透性较差的有效方法之一。降解方法主要有热降解、生物降解、酸降解和氧化降解等，由于前三种方法存在温度高、时间长、降解率低和降解程度难以控制等问题，所以常用氧化降解，因此氧化淀粉胶黏剂是制备其他改性淀粉胶黏剂的基础。

2. 氧化淀粉胶黏剂

淀粉分子中化学性质较为活泼的羟基和α-1，4糖苷键易被各种氧化剂氧化。C_2、C_3、C_6位上的醇羟基很容易被氧化，在不同的条件下羟基被氧化为醛基、羧基，分子中的苷键部分发生断裂，使淀粉分子聚合度降低，氧化后的淀粉是含有醛基和羧基的聚合度低的改性淀粉的混合物。这种淀粉与水在氧化剂的作用下经加热糊化或室温糊化而制成氧化淀粉胶黏剂。氧化剂主要有双氧水、高锰酸钾、次氯酸钠。不同的氧化剂氧化机理不同，制成的氧化淀粉胶黏剂也不同。

高锰酸钾氧化作用主要发生在淀粉非结晶区的C_6原子上。用高锰酸钾氧化淀粉，氧化程度高，羧基含量高，解聚少容易控制，自身可作指示剂。缺点是产品色泽相对较深。用次氯酸钠（NaClO）氧化淀粉主要发生在C_2、C_3和C_6原子上，它不但发生在非结晶区，而且渗透到分子内部，并有少量葡萄糖单元在C_2和C_3处开环形成羧酸。这种作用方式使NaClO氧化淀粉胶黏剂的透明度、渗透性和抗凝聚性都较高，但胶接力较低。用NaClO氧化速度快，操作简单，价格也便宜。用双氧水氧化也主要发生在C_6原子上，反应进行到一定程度后，淀粉开始发生糖苷键断裂，是一个氧化降解过程，所得胶黏剂具有良好的水溶性和流动性。过量氧化剂可分解为水和氧气，对环境无污染。但初黏性和储存稳定性较差，价格也比较贵，反应较难控制。

淀粉经氧化后，形成具有水溶性、润湿性、胶接性的氧化淀粉。如果氧化程度过高，降解太厉害，黏度太低，胶接力下降。如果氧化程度不够，黏度太大，润湿性不好，胶接力也很低。氧化程度主要通过氧化剂、氧化时间和黏度来控制。在酸性介质中，过氧化氢氧化性最强，次氯酸钠最弱；而在碱性介质中，次氯酸钠氧化性最强。在碱性介质中，淀粉颗粒溶胀、氧化反应不仅在非结晶内进行，而且也能在结晶内进行，淀粉的氧化和碎裂容易进行。用次氯酸钠容易制得低黏度、高固体分、抗凝沉的氧化淀粉，工业上常用次氯酸钠作氧化剂。氧化剂的用量少，氧化程度不够，淀粉生成的新官能团总量减少，使胶黏剂的黏度增加，初黏力下降，流动性差。用量多，氧化过度，致使胶黏剂的黏度、初黏力下降。氧化反应时间对胶黏剂的黏度、透明度以及羧基含量有较大影响。随着反应时间延长，氧化程度增高，羧基含量增大，产品黏度逐渐降低，但透明度越来越好。

3. 酯化淀粉胶黏剂

酯化淀粉胶黏剂属于非降解性淀粉胶黏剂，它是通过淀粉分子的羟基与其他物质发生酯化反应而赋予淀粉新的官能团，从而使淀粉胶黏剂的性能得到改善。常用的酯化剂有脲醛树脂、磷酸、磷酸氢钠等。

淀粉氧化后含有醛基和羧基分子结构，而脲醛树脂中含有大量的二羟甲基脲，活泼的羟基在一定的条件下，会发生分子间的脱水缩聚。同时氧化淀粉的分子结构中醛基能与脲醛树脂中的羟基形成半缩醛及缩醛结构，最终形成具有淀粉链参与的交联体型结构。当以磷酸为酯化剂时，磷酸与淀粉分子中的羟基发生酯化反应，生成磷酸单酯淀粉。同时磷酸还能对淀粉起到一定的酸解作用。由于酯化淀粉发生部分交联，所以黏稠度升高，储存稳定性更好，防潮和防霉特性提高，其胶层可耐高低温交替作用。

4. 接枝淀粉胶黏剂

淀粉的接枝共聚是通过自由基反应来实现的。淀粉的接枝就是用物理和化学的方法使淀粉分子链产生自由基，在遇到高分子单体时，就形成了链式反应，在淀粉主链上产生一条由高分子单体构成的侧链。由于淀粉分子链间的氢键缔合，在一定温度范围内易凝胶，所以淀粉必须经过降解处理，再进行接枝共聚。氧化法是常用的淀粉降解方法，通过氧化使淀粉分子中的羟基氧化成羰基、醛基、羧基，同时发生分子链断裂，从而获得小分子量的淀粉颗粒。常用的接枝共聚试剂有聚乙烯醇、聚丙烯酰胺、聚丙烯酸以及环氧氯丙烷等。利用聚乙烯醇与淀粉分子中都有羟基这一特点，在聚乙烯醇与淀粉分子间可形成氢键，起到了聚乙烯醇与淀粉分子“接枝”的作用，这样使制得的淀粉胶黏剂具有更好的胶接性、流动性和抗凝冻性等优点。聚丙烯酸和聚丙烯酰胺含有亲水基团—COOH、—$CONH_2$，它们易与水分子形成氢键。它们本身的碳链结构通过缔合作用在分子间形成网状结构，使体系的黏度增加。

由于淀粉胶黏剂属于天然高分子胶黏剂，其价格低廉，无毒无味，对环境无污染而被广泛研究和应用。

目前淀粉胶黏剂主要应用在纸张、棉织物、信封、标签、瓦楞纸板上。它主链上带有太多的亲水基团，耐水性能较差。针对淀粉胶黏剂的特点和不足，人们已经进行了不同的研究和改进。加入交联剂硼砂等，通过交联反应可提高淀粉胶黏剂的胶接强度、耐水性和防腐性能；加入增塑剂如甘油、乙二醇、氯化钙等可以提高胶黏剂的韧性和塑性；加入防腐剂如苯酚等物质可提高淀粉胶黏剂的抗霉防腐性能，延长储存期和防止胶制品的霉变；加入稀释剂尿素、硼酸、硫脲等起到稀释作用，增加胶黏剂的渗透性和胶接强度。

3.2.2 纤维素类胶黏剂

纤维素是构成植物细胞壁的主要成分，是由许多吡喃型 D-葡萄糖基，在 1、4 位置上彼此以 β-甙键联接而成的链状高分子化合物。结晶部分多，不溶于水，可酯化和醚化，生成多种衍生物。用作胶黏剂的纤维素醚类衍生物主要有甲基纤维素、乙基纤维素、羟乙基纤维素、羧甲基纤维素等。纤维素酯类衍生物主要有硝酸纤维素和醋酸纤维素。

1. 纤维素醚类衍生物

甲基纤维素（MC）在冷水中有溶解能力，在热水中是不溶的。当温度升高时，甲基纤维素多半从水溶液中析出，或者是溶液发生胶凝现象。不同条件制备的各种醚化度的甲基纤维素，聚合度不同，在水中的溶解度也并不一致。水溶性产品作为胶黏剂、增黏剂和乳胶稳定剂。乙基纤维素（EC）是一种热塑性、非水溶性、非离子型的纤维素烷基醚，化学稳定性好，耐酸碱，电绝缘性和机械强度优良，具有在高温和低温下保持强度和柔韧性等特性，易与蜡、树脂、增塑剂等相容，作为纸、橡胶、皮革、织物的胶黏剂。羧甲基纤维素（CMC）是离子型纤维素醚。吸湿力强，在湿度为50%时可吸收18%的水分；在湿度为70%时，吸收32%的水分。不同醚化度的产物溶解度不同，因此其应用十分广泛。羧甲基纤维素有酸型和盐型之分。酸型在水中不溶解，工业生产的商品为盐型，有良好的水溶性。在纺织工业中，CMC常用来取代优质淀粉作为布料的上浆剂。纺织品上涂有CMC，能增加手感及柔软感，印染性能也有较大改进。在食品工业中，加有CMC的各种各样的奶油冰淇淋，外形稳定性好，容易着色，不易软化。作为胶黏剂，用于制造铅笔、纸盒、纸袋、壁纸及人造木材等方面。

2. 纤维素酯类衍生物

硝酸纤维素又称纤维素硝酸酯，因酯化程度不同，其氮含量一般在10%～14%之间。含量高者俗称火棉，曾用于无烟及胶质火药制造。纤维素硝酸酯种类见表3－4。含量低者俗称胶棉，它不溶于水，但溶于乙醇、乙醚混合溶剂，溶液即为火棉胶。因火棉胶溶剂挥发后会形成一层坚韧薄膜，所以常用于瓶口密封、创伤防护及制造历史上第一个塑料赛璐珞。若在其中加适量醇酸树脂作改性剂、适量樟脑作增韧剂则成为硝化纤维素胶黏剂，常用于纸张、布匹、皮革、玻璃、金属及陶瓷的粘接。

表3－4 纤维素硝酸酯种类

含氮量/%	取代度（DS）	溶 剂	用 途
10.5～11.1	1.8～2.0	乙醇	塑料、清漆
11.2～12.2	2.0～2.3	甲醇、酯类、丙酮、甲乙酮	清漆、胶黏剂
12.0～13.7	2.2～2.8	丙酮	炸药

醋酸纤维素又称纤维素醋酸酯。在硫酸催化剂存在下，用醋酸和乙酐混合液使纤维素乙酰化，然后加稀醋酸水解到所需酯化度的产物。醋酸纤维素可用于配制溶剂型胶黏剂，粘接眼镜、玩具等塑料制品。与硝酸纤维素相比，耐燃性和耐久性极好，但耐黏性、耐湿性和耐候性较差。

3.2.3 蛋白质胶黏剂

蛋白质胶黏剂主要包括动物胶（皮胶、骨胶和鱼胶）、酪素胶、血胶及植物蛋白胶（如豆胶）等几种。蛋白质胶黏剂除了皮胶、骨胶可不加成胶剂直接使用外，其他均需要在蛋白质原料中加入成胶剂，经调制后才能使用。

1. 蛋白质胶黏剂的组成

在蛋白质胶黏剂中水用来溶解蛋白质。氢氧化钙可提高胶接强度、耐水性及凝胶速度。蛋白质在氢氧化钙溶液中能生成蛋白质的钙盐，不溶于水，使蛋白质凝固。而氢氧化钠能够促进蛋白质成胶，常用浓度为30%的水溶液。蛋白质在氢氧化钠溶液中能生成钠盐，溶于水。硅酸钠起增加胶液黏度，延长胶的适用期的作用。常用的防腐剂有硫酸钠、氯化铜、硫化物，改性剂有甲醛、三聚甲醛、糠醛等，提高耐水和耐腐蚀性。

2. 大豆蛋白胶黏剂

植物蛋白不仅是重要的食品原料，而且在非食品领域也有广泛的应用。就大豆蛋白胶黏剂而言，早在1923年，Johnson申请了大豆蛋白胶黏剂的专利。1930年大豆蛋白脲醛树脂木板胶黏剂（杜邦公司），由于胶接强度较弱及生产成本过高，未能大量使用。

近几十年来，由于胶黏剂市场的扩展，全球石油资源的有限性和环境污染问题日益受到关注，使得胶黏剂工业重新考虑新型天然胶黏剂，致使大豆蛋白胶黏剂再次成为研究热点。大豆蛋白胶黏剂的典型配方见表3－5。

大豆蛋白胶黏剂的制备方法是先将水加入调胶机中，然后边搅拌边加豆粉（或豆蛋白），加完后搅拌15min（要求细腻均匀，无块状物），每隔1min，依次加入石灰乳、氢氧化钠、水玻璃，最后搅拌5~15min即可使用。如需加防腐剂，在加水玻璃后加入。

表3－5　大豆蛋白胶黏剂典型配方

配方组成/质量份		各组分作用
豆粉（粒度100目）	100	黏附作用
水	300	溶解蛋白质
石灰乳	20	促使蛋白质成胶，提高凝胶速度
氢氧化钠（30%）	20	促使蛋白质成胶，提高凝胶速度
硅酸钠	适量	增加胶液黏度，延长适用期

3.2.4　单宁胶黏剂

栲胶是复杂的天然化合物的混合物，主要有单宁、非单宁和不溶物。主要成分单宁是多元酚衍生物的混合物。根据单宁的化学组成和化学键的不同，可分为水解类单宁和凝缩类单宁两类。单宁是一种含有多元酚基的有机化合物，广泛存在于植物的干、皮、根、叶和果实中。主要来源于木材加工中树皮下脚料和单宁含量较高的植物。单宁胶黏剂是利用从植物的皮、叶和果实中的抽提物与其他化工原料经加工而配制成的胶黏剂。水解类单宁是简单酚化合物如焦棓酚、鞣花酸等和糖的酯（主要是葡萄糖与棓酸和双棓酸生成的酯）的混合物。水解类单宁可以代替部分苯酚制造酚醛树脂。由于其亲核性较低，与甲醛反应速度很慢，产量有限，作为化学原料资源开发的经济意义不大。凝缩类单宁占世界单宁产量的90%，在胶黏剂和树脂的生产方面作为化学原料具有经济开发价值。凝缩类单宁在自然界分布较广，特别是在金合欢、白破斧木、铁杉以及漆树等树种的树皮或木材中大量存在。

凝缩类单宁是由缩合度不同的类黄酮单体、碳水化合物以及微量的氨基酸和亚氨基酸按固定的结构方式构成的。单宁胶黏剂制备工艺是将单宁、甲醛与水混合，加热，制得单宁树脂，然后加入固化剂和填料，搅拌均匀即得到单宁胶黏剂。单宁胶黏剂具有良好的耐湿热老化性能，胶接木材性能与酚醛胶黏剂相似，主要用于木材等的胶接。典型的单宁胶黏剂配方见表3－6。

表3-6 单宁胶黏剂配方

质量份

组分	TF-1	TF-2	组分	TF-1	TF-2
金合欢单宁	100	100	胶黏剂组成		
甲醛	9.25	13.9	TF 树脂	100	100
水	100	100	30% 苛性钠	2.0	2.0
树脂合成条件			多聚甲醛	2.5	2.5
温度/℃	40	25	填料	3.0	3.0
时间/min	60	60			

3.2.5 木素胶黏剂

木素是木材的主要成分之一，其含量约占木材的20%~40%，仅次于纤维素。木素很难从木材中直接提取，主要来源是纸浆废液，资源极为丰富。木素是由苯基丙烷单元所组成的，这些结构单元通过C—C键或C—O—C（醚）键相互连接在一起。

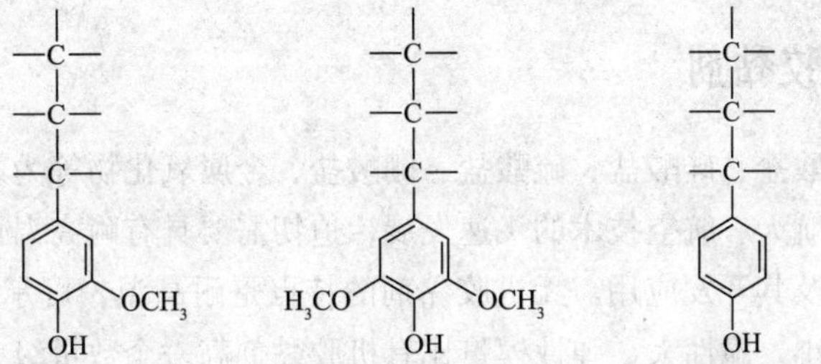

愈疮木基丙烷　　紫丁香基丙烷　　对羟苯基丙烷

针叶材木素中主要是愈疮木基丙烷结构单元，阔叶材和禾本科植物木素中主要是紫丁香基丙烷和愈疮木基丙烷结构单元。愈疮木基丙烷结构中，芳环上有游离的C_5位，也即酚羟基的邻位，是能够进行反应交联的游离空位，也是木素可以作为胶黏剂的主要依据。

利用木素酚羟基与甲醛作用获得类似酚醛树脂的聚合物，可与苯酚、间苯二酚等其他化合物并用，改进耐水性能。将木素与环氧中间体配合，加入苯酐固化剂，可得到木素-环氧树脂胶黏剂，性能与一般酚醛树脂相近。

3.2.6 阿拉伯树胶胶黏剂

阿拉伯胶（Arabic gum）也称金合欢树胶，是一种野生刺槐科树上的流出胶液。由于多产于阿拉伯国家而得名。阿拉伯胶为白色至深红色硬脆固体，相对密度1.3~1.4，能溶于水及甘油，不溶于有机溶剂。阿拉伯胶主要由分子量较低的多糖和分子量较高的阿拉伯胶糖蛋白组成。多糖中包括D-半乳糖、L-阿拉伯糖、L-鼠李糖和D-葡萄糖醛酸。阿拉伯胶的化学组成见表3-7。

表3-7 阿拉伯胶的化学组成

组成	阿拉伯糖	L-鼠李糖	D-半乳糖	D-葡萄糖醛酸	总糖量	蛋白质
含量（质量分数）/%	28.4	13.0	37.5	19.3	98.2	2.0

尽管阿拉伯胶分子量很大，但其溶解度却在各种多糖聚合物中居首位，是一种独特的亲水胶体。随着温度增加，溶解性增加，可以配制出含50% ~55%阿拉伯胶的溶液。阿拉伯树胶胶黏剂涂覆后，经干燥能形成坚固的薄膜，但脆性较大。加入增塑剂可增加韧性，常用的有乙二醇、甘油、聚乙二醇等，但干燥速度有所减慢。

配制时按配比称量好，混合、搅拌、溶解至透明即可。由于阿拉伯树胶的水溶性好，因此配制十分简单，既不要加热也不需要促进剂。阿拉伯胶液干燥极快。可用于光学镜片的粘接、邮票上胶、商标标签的粘贴、食品包装的粘接和印染助剂等。阿拉伯树胶胶黏剂典型配方见表3-8。

表3-8　阿拉伯树胶胶黏剂典型配方

组分	用量/质量份	组分	用量/质量份
阿拉伯树胶	100	淀粉	2.0
氯化钠	2.5	水	
甘油	2.0		

3.2.7　无机胶黏剂

以无机物，如磷酸盐、硅酸盐、硫酸盐、硼酸盐、金属氧化物等为黏料配制成的胶黏剂称为无机胶黏剂。随着航天、航空技术的飞速发展，迫切需要具有耐高温性能的新型材料，促进了无机胶黏剂的研究及其开发应用。无机胶黏剂的特点是耐高温，可承受1000℃或更高温度，抗老化性好，收缩率小，脆性大，弹性模量比有机胶黏剂高一个数量级，抗水，耐酸碱性差。

按固化方式可将无机胶黏剂分为四类：空气干燥型，如水玻璃、黏土等；水固化型，如石膏、水泥等；熔融型，如低熔点金属、玻璃胶黏剂等；化学反应型，如硅酸盐、磷酸盐等。

无机胶黏剂除通常用途外，还可用于材料粘接，特别是高温环境中的材料，如刀具、炉膛，原子能反应堆等耐热部件；密封与填充：如热电偶引线，高温炉中管道密封；浸渗堵漏：如充填合金铸件中的微气孔；涂层：如易燃材质耐热防火涂层，金属表面防氧化、绝缘涂层；制造高温用型材：如耐火纤维层压板、耐火材料等。

1. 磷酸-氧化铜无机胶黏剂

磷酸盐类胶黏剂是以浓缩磷酸为黏料的一类胶黏剂，主要有硅酸盐-磷酸、酸式磷酸盐、氧化物-磷酸盐等众多品种，可用于胶接金属、陶瓷、玻璃等众多材料。与硅酸盐类胶黏剂相比，具有耐水性更好、固化收缩率更小、高温强度较大以及可在较低温度下固化等优点。据考证，秦俑博物馆出土的秦代大型彩绘铜车马中，银件连接处就使用了无机胶黏剂，其成分与现代的磷酸盐胶黏剂基本相同。

磷酸盐类胶黏剂中氧化铜-磷酸盐胶黏剂是开发最早应用最广的无机胶黏剂之一，现代其应用最广泛的领域是耐高温材料的胶接。添加一些高熔点的氧化物如氧化铝和氧化锆等作组成的配方，可耐1300~1400 ℃的高温，这是其他任何有机胶黏剂所无法达到的，磷酸盐类胶黏剂及其固化剂见表3-9。

表3-9 磷酸盐类胶黏剂及其固化剂

磷酸盐		固化剂	
正磷酸盐	MH_2PO_4 M_2HPO_4 M_3PO_4	金属氧化物	ZnO，MgO，CaO，Al_2O_3，SiO_2
焦磷酸盐	$M_2H_2P_2O$ $M_4P_2O_7$	金属氢氧化物	Mg（OH）$_2$，Ca（OH）$_2$，Zn（OH）$_2$，Al（OH）$_3$
		硅酸盐	MgO·SiO_2
三亚磷酸盐	（MPO_3）$_2$	硼酸盐	B_2O_3，$Al_2O_3\cdot B_2O_3$

磷酸-氧化铜无机胶黏剂是由轻质氧化铜粉和特殊处理的磷酸铝（浓磷酸加少量氢氧化铝）溶液配制而成，为两组分包装，现用现配。

粘接原理：两组分调合后，氧化铜和磷酸反应生成磷酸二氢铜，再由放热反应的热量和过量的氧化铜进一步转化为磷酸氢铜。反应式为：

$$CuO + 2H_3PO_4 \longrightarrow Cu(H_2PO_4)_2 + H_2O$$

$$Cu(H_2PO_4)_2 + CuO \longrightarrow 2CuHPO_4 + H_2O$$

反应进行到最后，可溶于水的针状结晶磷酸氢铜不断析出，并在过量未反应的氧化铜颗粒周围堆积和互相穿插，将氧化铜粉紧紧地束缚在一起，氧化铜颗粒又对固结的胶块起增强作用，反应生成的水慢慢挥发掉，如固化过程加热，则效果更好。

氧化铜-磷酸盐胶黏剂对单纯平面的胶接强度低，因为其性脆，承受冲击载荷的性能较差，但对套接、槽接结构可达到很高的胶接强度。之所以能获得高强度，是由于化学、物理、机械三方面综合作用结果。化学作用为磷酸组分与氧化铜组分反应，生成含有 Cu^{2+}、$PO_4{}^{3-}$ 等离子的液体，将胶液涂于被胶接金属表面，等于把金属浸于含有 Cu^{2+} 的磷酸水溶液中。若金属（如铁、铝等）电位较高，在金属表面发生离子的取代反应，金属表面部分溶解，同时产生金属铜的沉积，使金属表面紧密结合。物理作用是胶黏剂表面分子间的吸附力起到胶接作用。机械作用利用胶接材料表面的凹凸不平部分起到加强“键”的作用，使表面邻接部分相互卡住，强度增加。

磷酸-氧化铜胶熔点950℃，在600℃以上粘接强度保持80%，胶层不溶于水，耐油，不耐酸碱，基本为绝缘体，耐久性好，室温下可放置5年。

配方为氧化铜粉200～300目（先在890～910℃灼烧）约4g，磷酸氢氧化铝1mL（由100mL磷酸和5～8g氢氧化铝配制而成）。具体工艺为将氧化铜粉倒入磷酸溶液，调成能拉丝时进行粘接，然后在50℃下烘1h，在80～100℃烘2h。

黏结时注意表面清洁干净后涂胶；因为胶吸水性强，必须现调现用；接头采用轴套或槽榫结构，如果被粘物为两平面时，可加销钉。如需卸胶，可浸泡在氨水中，即可分离。

2. 硅酸盐型无机胶黏剂

硅酸盐型无机胶黏剂，以碱金属以及季铵、叔胺等的硅酸盐为黏料，按实际情况需要适当加入固化剂和填料调合而成。固化剂主要包括：二氧化硅、氧化镁、氧化锌、氢氧化铝、硼酸盐、磷酸盐等。以硅酸钠为主要原料，以金属氧化物作固化剂（如硅、铝、钛、锌等的氧化物以及石墨粉、水泥）调合成可耐高温的化学反应型胶黏剂，有单组分液体、双组分液体和粉末加水成糊状等形态。其粘接性因硅酸盐中的金属不同而不同，钠盐 > 钾盐 > 锂盐，耐水性锂盐 > 钾盐 > 钠盐。硅酸盐类胶黏剂及其固化剂见表3-10。

表3-10　硅酸盐类胶黏剂及其固化剂

硅酸盐		固化剂
硅酸锂	$Li_2O \cdot nSiO_2$	金属粉末：Zn
		金属氧化物：ZnO，MgO，CaO，Al_2O_3
		金属氢氧化物：$Mg(OH)_2$，$Ca(OH)_2$，$Al(OH)_3$
硅酸钠	$Na_2O \cdot nSiO_2$	硅氟化物：Na_2SiF_6，K_2SiF_6
		硅化物：$Al_2O_3 \cdot SiO_2$
硅酸钾	$K_2O \cdot nSiO_2$	无机酸：H_3PO_4，H_3BO_3
		硼酸盐：KBO_2，CaB_4O_7

配方举例如下：磷酸铝、硅酸铝（1∶2）（50），三氧化二铝（35），氧化锆（15），磷酸（1），水（1.5）。工艺为先将磷酸铝、硅酸铝在1100～1150℃下烧结1h，通过320目筛，再将三氧化二铝在1100～1300℃下烧结1h，过320目筛，然后进行混合。固化条件是室温下1～2h，40～60℃下3h，80～100℃下3h，100～150℃下2h，200～250℃下2h，250～300℃下1h。，耐热性为-70～1400℃。可用于金属件套接粘接。

填料的选取原则为加入填料后胶黏剂的线性膨胀系数与被胶接材料的线性膨胀系数应基本一致，保证在高温下使用时不产生过大热应力而破坏胶接；填料本身还应该具有较高的机械强度、较好的耐热和耐水性，并能降低胶黏剂固化时的收缩率等。主要有氧化硅、氧化铝、碳化硅、氮化硼、云母等。

硅酸盐类胶黏剂胶接强度较高，耐热、耐水性能较好，但耐酸、碱性能较差。可广泛应用于金属、玻璃、陶瓷等多种材料的胶接。加入食盐可以提高硅酸钠溶液的黏度，改善溶液的胶接性能；加入尿素、硼砂、纯碱可以提高胶接强度；加入石灰可以提高胶黏剂的耐水性；掺入一定直径与长径比的无机纤维，可以提高胶黏剂的胶接强度，并降低固化物的收缩率。

3.3　天然涂料与天然胶黏剂的应用

3.3.1　生漆的应用

生漆主要用作涂料，作为涂料的优点是硬度大，耐磨性好，生漆漆膜的硬度可达（0.78～0.89）坏氧值；明亮光泽；漆膜密封性好，是防渗透的独特涂料；与木材的附着力强；漆膜耐热性高，耐久性好，耐化学腐蚀，耐有机溶剂强。作为涂料的缺点是价格高、黏度大，不易喷涂，须在适当的温度和湿度下干燥，漆膜表面容易氧化结皮，在储运过程中造成损失，色泽深，不易制成浅色漆；有毒性；掺假掺杂不易分离；漆膜脆，抗冲击强度差，对金属的附着力小。

改性生漆可以制备具有特殊性能的浅色（彩色）、无毒、自干或烘干型涂料，具有快干、浅色、无毒、优异的耐强酸与强碱、耐高温等优点。

生漆的漆酚苯核上的两个互成邻位的酚基性质很活泼，还具有酸性，它可以与许多无机化合物反应生成盐，与部分有机物在一定的条件下反应生成酯或醚。由于受此两酚基的影响，与它们成邻位和对位位置的苯核上的两个氢原子也变得非常活泼，成为两个官能基，能够参与多种化学反应。漆酚中的活性基团除二个酚基，邻位和对位位置的苯环上的两个氢原子外还有不饱和烃取代基，双键及共轭双键。

生漆改性的涂料品种有漆酚清漆、漆酚缩甲醛清漆等多种。

将生漆常温脱水、活化、缩聚后，用有机溶剂稀释可制得清漆，而漆酚缩甲醛清漆的制法是用有机溶剂将大漆里的漆酚提取出来与甲醛缩聚，再加入顺丁烯二酸酐季戊四醇树脂制成涂料。

其他改性漆：可用有机硅、环氧树脂、二乙烯基乙炔和沥青进行改性；用桐油、亚麻仁油、失水苹果酸酐树脂改性制成不同的生漆涂料。

需要注意的是对生漆的改性，有时某一种技术指标的提高是由另外一些性能的相对降低而得到的，要根据具体用途的需要，全面权衡。

3.3.2 大豆基胶黏剂在木材工业领域上的应用

木材用胶黏剂的发展趋势：减少胶黏剂中游离醛的含量；功能性木材胶黏剂将得到较快发展；对环境无污染及无毒的改性蛋白质胶；热熔胶和压敏型胶；利用森林资源来制造木材胶黏剂；无机胶黏剂；胶黏剂生产向集约化转化；环保型胶黏剂将成为合成胶黏剂的主流。

木材用胶黏剂的应用范围包括在胶合板中的应用，在刨花板中的应用，在纤维板中的应用，在细木工板中的应用，在装饰板中的应用，在家具制造中的应用，在木器中的应用，在建筑结构件的制造和内部装修中的应用等。

木材的粘接机理依靠机械镶嵌作用和分子间作用力发生粘接，但起主要作用的还是分子间的物理或化学作用，木材胶黏剂应具有极性、适当的湿润性、适当的酸碱度和适当的分子量。

木材胶黏剂的选用原则应考虑粘接强度，胶黏剂的操作性能和接头的耐久性，粘接结构件的结构类型，接头的受力情况等。

木材用胶黏剂包括天然胶和合成树脂胶黏剂，常用的天然胶有：蛋白质胶，如动物蛋白胶、皮胶、骨胶、血胶；植物蛋白胶，如豆粉胶、豆蛋白胶；淀粉胶，如玉米淀粉胶等。

合成树脂胶黏剂包括合成树脂缩聚树脂胶（酚醛树脂胶，脲醛树脂胶，三聚氰胺甲醛树脂胶，环氧树脂胶）、加聚树脂胶（聚醋酸乙烯酯乳液，醋酸乙烯酯-乙烯共聚乳液，醋酸乙烯酯-乙烯共聚物）和合成橡胶结构型胶（氯丁酚醛树脂胶）等。

近年来，由于酚醛树脂胶、脲醛树脂胶、三聚氰胺甲醛树脂胶中甲醛的释放量大，严重影响人们的身体健康，使得对环境无害而又可再生的植物蛋白胶黏剂日益受到人们的重视和青睐。大豆基胶黏剂作为一种环保型胶黏剂，具有原料来源丰富，价格低廉，可再生等优点。

在当前环保问题和胶黏剂原料来源紧缺的压力下，重新考虑使用生物质资源制备木材胶黏剂已成了必然趋势。为了扩大大豆基胶黏剂在木材工业领域上的应用范围，必须对它进行改性，着重提高其耐水性能。在大豆基木材胶黏剂的制备中，大豆蛋白质的改性方法有化学改性、物理改性、酶改性等。通过阴离子表面活性剂改性后的蛋白质三级结构得到伸展，其内部疏水端转而向外，从而增加其疏水性，进而提高了改性大豆蛋白胶黏剂的抗水强度。

大豆蛋白质主要由清蛋白和球蛋白组成，其中清蛋白约占5%，球蛋白约占90%。大豆球蛋白主要为11S球蛋白、7S球蛋白、2S和15S球状天然蛋白。由氢键和二硫键结合成密集的卷曲结构，大部分疏水性侧基位于其内部，而亲水性基团则暴露于外部。天然蛋白质通过改性，能改变其内部分子结构，失去原有的生物活性，并改变其化学和物理性质。天然蛋白中的球状蛋白分子结构紧密，运动阻力小，因而黏度小。经过改性的蛋白分子，结构疏松，棒状分子不对称增加，运动阻力相应增大，黏度增高，可在溶液中分散和伸展，能增加与纤维结构的接触面积，增强其间亲水基团和疏水基团的相互作用，因而有着很好的粘接性能，在大豆蛋白基胶黏剂制备中大豆蛋白的改性就是利用生化因素和物理因素使氨基酸残基和多肽链发生变化，因氢键和其他的化学键受到破坏，导致二、三、四级结构受到破坏，原来的不规则弯曲、折叠、螺旋状逐渐伸展，形成松散线状的肽键结构，从而提高大豆蛋白改性胶黏剂的黏度，增加与被粘物的接触面积。

十二烷基苯磺酸钠改性大豆分离蛋白合成木材胶黏剂生产过程：

①称取10.00kg氢氧化钠固体，加入到配制釜中，加入一定量的蒸馏水配成质量分数为20%的氢氧化钠溶液，并搅拌均匀，将配好的溶液保存。

②按照前述的操作步骤，分别称取30.00kg氢氧化钠，20.00kg氢氧化钙，37.00kg硅酸钠，依次加入一定量的蒸馏水，配制成质量分数为30%的氢氧化钠溶液，质量分数为20%的氢氧化钙溶液和质量分数为37%的硅酸钠溶液。质量分数为20%的氢氧化钠溶液作为pH值调节剂，而另外配制的氢氧化钠溶液和氢氧化钙溶液做增稠剂，硅酸钠溶液是调节剂。

③胶液配制：在配制釜中加入15.0kg大豆分离蛋白粉，4.5%十二烷基苯磺酸钠［质量比，相对于大豆分离蛋白（SPI）用量］，120L水，混合均匀调成浆液，用搅拌器搅拌。用20%氢氧化钠溶液调整到规定的pH值，在一定温度下搅拌，反应5h之后，每隔1min依次加入20%氢氧化钙溶液3kg，30%氢氧化钠溶液3kg，37%硅酸钠3kg，搅拌5~10min，加入适量的防腐剂，将制得的十二烷基苯磺酸钠（SDBS）改性胶体溶液，冷却至室温，避光保存。

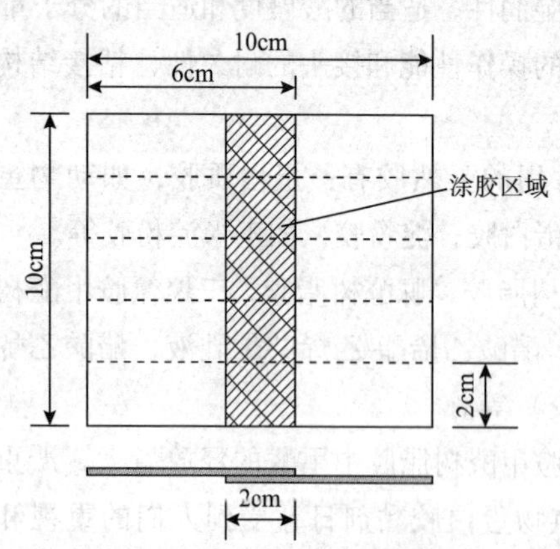

图3-4　测试胶合强度时单板样品的尺寸

④胶合板制作：将单板切割成长度为10cm、宽6cm、厚1.2mm（宽度方向与木材顺纹方向平行）。将配制好的胶液均匀涂布在单板的一端，涂胶面积为2cm×10cm，按照设定的该区域的双面涂胶量，先将涂胶的木材利用手压粘在一起，完成胶合板制作。

⑤性能测试

耐水胶合强度的测试：按GB 9846.12《胶合板胶合强度的测定》中关于H类胶合板的测定方法进行：待测样品在室温下养护24h后，将试件浸泡在63℃±3℃的水中3h，浸泡试件时应将全部试件浸入水中并加盖，取出后在室温下放置10min，测定耐水性胶接强度，每个试件取样品3个。

黏度的测定：测定产品的旋转黏度，每一组数据要测量3次，取平均数值。

3.3.3 纸张用淀粉胶黏剂

纸张用胶黏剂的种类包括无机胶黏剂，如水玻璃；植物性天然高分子胶黏剂，如淀粉类、纤维素类、天然胶乳类；动物性天然高分子胶黏剂，如酪朊胶黏剂、动物胶、鱼胶；合成胶黏剂，如乙烯树脂胶黏剂、合成胶乳胶黏剂、热溶胶、胶黏带和水再湿活化性胶黏剂。

影响纸张粘接的主要因素：①纸的湿润性：纸张由天然纤维素（特殊纸品除外）构成，纤维素本身很容易被水湿润，应考虑水含量较低的胶黏剂或非水溶剂胶黏剂。②表面处理：如纸张经过某种特殊处理，就可能失去其原有的多孔性，使之变得难于粘接，可考虑用烷基钛酸酯等表面处理剂对纸张进行预处理，以便获得可取的粘接效果。

1. 纸张用胶黏剂的选择原则

（1）水基胶黏剂的选用要求：加入保水剂，消除起皱现象；

（2）有机溶剂胶黏剂：环保、无毒。

（3）纸张与纸张的粘接。

①同种容易吸水的纸，且不考虑耐水性时，可用淀粉等天然的水溶性胶黏剂；

②同种容易吸水的纸，但需要有耐水性时，可用聚醋酸乙烯乳液；

③同种加工纸等难以吸水的纸，用乙烯-醋酸乙烯共聚乳液；

④一边是容易吸水的纸，另一边是不吸水的纸，应选择对不吸水面粘合性好的胶黏剂，例如乙烯-醋酸乙烯共聚乳液；

⑤两边都是不吸水的层压纸，则用热熔胶、热封胶、黏附剂等；

⑥非天然纤维和经表面涂塑处理过的天然纤维，要根据纸张的不同类别选择偶联剂等表面处理剂对纸张表面进行预处理，再采用通常的胶黏剂进行黏结。

（4）纸张与其他材料的粘接

根据各种材料的特性区别对待：

①植物性纤维与亲水性玻璃纸、石头、水泥和木材的粘接：淀粉、聚乙烯醇等水溶液。②纸张与聚氯乙烯、橡胶、玻璃、金属等发泡材料的粘接：醋酸乙烯酯与丙烯酸酯等的共聚物及无溶剂型胶黏剂。

（5）选择基准：酸碱作用原理。

①酸性材料：聚氯乙烯、聚丙烯酸腈、丁腈橡胶、硝化纤维、纤维素。

②碱性材料：聚醋酸乙烯、聚丙烯酸酯、醇酸树脂、聚酯、苯乙烯、乙烯基吡啶等。

2. 淀粉纸用胶黏剂

（1）淀粉胶黏剂的生产工艺

淀粉胶黏剂的生产工艺见图3－5。

水 —催化剂→ 溶解 —次氯酸钠、玉米淀粉→ 氧化 —烧碱→ 糊化 —碳酸钠→ 还原 —硼砂→ 络合 —水→ 稀释 ——→ 陈化 ——→ 产品

图3－5　淀粉胶黏剂的生产工艺

（2）基本组成及配比

基本组成及配比见表3－11。

表 3－11　淀粉胶黏剂的基本组成及配比

功能	实例	配比/质量份
主体成分	玉米淀粉、红薯淀粉等	20～22
氧化剂	双氧水、次氯酸钠、高锰酸钾	1～5
催化剂	Fe^{3+}、Mn^{2+}等	0.01～0.05
络合剂	硼砂	0.2～2.5
糊化剂	氢氧化钠	1.0～5.0
防腐剂	水杨酸、甲醛、五氯酚钠	0.05～0.10
消泡剂	乙酸丁酯、磷酸丁酯、有机硅油	适量
填料	轻质碳酸钙、膨润土等	适量
溶剂	水	65～75

（3）改性淀粉壁纸胶黏剂的配方

改性淀粉壁纸胶黏剂的配方见表 3－12。

表 3－12　改性淀粉壁纸胶黏剂配方

组成	配比/质量份
玉米淀粉	100
高锰酸钾	2.4
引发剂	2
氢氧化钠	10
硼砂	1～2
消泡剂	5～10
水	570

3.3.4　淀粉改性聚乙烯醇环保建筑用胶黏剂

改性原理：通过氧化使淀粉与聚乙烯醇分子间的羟基结构互相脱水形成网络结构，使粘接强度明显提高。硼砂作为交联剂，使淀粉与聚乙烯醇产生进一步的交联，能够提高胶黏剂的粘接强度和耐水性。

性能特点：采用硼砂和淀粉同时对聚乙烯醇胶黏剂改性，耐水性和粘接强度高，不含甲醛，无刺激性气体释放，对环境和人体健康无影响，属环保型胶黏剂，可作为建筑用或其他用途的水性胶黏剂使用。淀粉改性聚乙烯醇环保建筑用胶黏剂的配方参加表 3－13。

表 3－13　淀粉改性聚乙烯醇环保建筑用胶黏剂配方

原料	配比/质量份
聚乙烯醇	100
水	300～500
玉米淀粉	30～40

续表

原料	配比/质量份
氢氧化钠	3 ~ 6
次氯酸钠	8 ~ 15
硼砂	2 ~ 5
亚硫酸钠	2 ~ 3
过硫酸钾	1 ~ 2

制备方法：将次氯酸钠、氢氧化钠、硼砂、亚硫酸钠、过硫酸钾加水，分别配制成浓度为30%次氯酸钠溶液、10% NaOH 溶液、5%硼砂溶液、20%亚硫酸钠溶液、5%过硫酸钾溶液待用；将淀粉与水按质量比1∶4混合，在不断搅拌下加入30%次氯酸钠溶液和10% NaOH 溶液，升温至50℃，氧化反应20min，搅拌均匀待用；向反应釜内加入聚乙烯醇与剩余的水，在不断搅拌下升温至90℃，待聚乙烯醇溶解后降温至50℃，加入5%过硫酸钾溶液，搅拌氧化反应30min后，加入1/2淀粉糊，搅拌反应30min后再加入余下的淀粉糊搅拌20min，加入20%亚硫酸钠溶液，搅拌反应10min还原多余的氧化剂，加入5%硼砂溶液搅拌反应30min，升温至85℃，反应釜内由乳白色混浊液变为乳白色半透明胶液，降温出料，得到改性的聚乙烯醇胶黏剂。

思考题

1. 油脂、天然树脂涂料的主要发展方向是什么？
2. 油脂组成的主要成分是什么？油脂涂料的优缺点是什么？
3. 什么是生漆？生漆的成分是什么？
4. 什么是松香？松香的主要组成是什么？
5. 画出油脂涂料的制备工艺流程图。
6. 写出松香酸的结构式和松香顺酐加成物反应式。
7. 生漆最主要是什么？写出其化学结构式。
8. 油改性沥青涂料的制备方法有几种？画出主要工艺流程图。
9. 天然胶黏剂的种类、特点是什么？
10. 蛋白质胶黏剂的组成及各组分作用是什么？
11. 无机胶黏剂的特点是什么？
12. 什么是变性淀粉、氧化淀粉？
13. 氧化铜-磷酸盐胶黏剂的胶接原理是什么？
14. 结合实验设计出具有一定耐水性的天然改性胶黏剂配方。

第4章　溶剂和溶解理论

溶剂是溶剂型涂料配方中的一个重要组成部分，不仅用来溶解树脂、降低黏度以改善加工性能和施工性能，而且还影响涂料的粘接性、防腐性、户外耐久性及涂膜的表现性，如起泡、流挂、流平性等，因此，通过溶剂的选用可以改善涂料的某一或某几方面的性能。

4.1　溶剂类型

溶剂的分类有多种分类方法，按氢键强弱和形式溶剂主要分为3种类型：弱氢键溶剂Ⅰ、氢键接受型溶剂Ⅱ、氢键授受型溶剂Ⅲ。弱氢键溶剂主要包括烃类和氯代烃类溶剂，烃类溶剂又分为脂肪烃、芳香烃，常用的有石脑油、200号溶剂油、甲苯、二甲苯、三氯乙烷等。氢键接受型溶剂主要指酮类和酯类，酮类比酯类便宜，但后者气味芳香，常用的有丁酮、丙酮、环己酮、甲苯异丁基酮、异佛尔酮、醋酸乙酯、醋酸丁酯、醋酸异丙酯、醋酸-2-丁氧基乙酯等。氢键授受型溶剂主要为醇类溶剂，常用的有甲醇、乙醇、异丙醇、正丁醇、乙二醇、丙二醇、二甘醇单丁基醚等。按沸点分主要有低沸点、中沸点、高沸点溶剂；按来源分有石油溶剂和煤焦油溶剂；按化合物类型分有脂肪烃、芳香烃、醇、酮、酯、卤代烃、醇醚等类型。

常见的溶剂品种及特性分述如下：

烃类溶剂分脂肪烃和芳香烃两大类，脂肪烃主要是200号溶剂汽油，俗称松香水，毒性较小，不溶于合成树脂。

芳香烃溶剂有二甲苯、甲苯、苯等，溶解性比脂肪烃大。苯的闪点低，挥发快，安全性差，使用较少。甲苯和二甲苯广泛用作合成树脂漆的稀释剂，甲苯的溶解力、挥发性及毒性均大于二甲苯。在挥发性涂料中，要求有较快的挥发性和较好的溶解力，甲苯用量较多；在热喷涂用热塑性漆和烘漆中，多选用挥发速度适中的二甲苯。涂料中几种常用的烃类溶剂有200号溶剂油，它的溶解力属于中等范围，可与多种有机溶剂互溶，可完全溶解酚醛树脂漆、长油度的醇酸树脂，中油度的醇酸树脂需要和少量芳香烃一起使用，短油度醇酸树脂不能用200号溶剂油溶解，可用甘油、石油、沥青、煤油等溶解。二甲苯不溶于水，能与乙醇、乙酸、芳香烃和脂肪烃类溶剂混溶，由于它溶解力强、挥发速率适中，是短油度醇酸树脂、乙烯树脂、氯化橡胶和聚氨酯树脂的主要溶剂，也是沥青的溶剂，在硝基纤维素涂料中可作稀释剂。在二甲苯中加入20%～30%的正丁醇，可提高对氨基树脂、环氧树脂的溶解能力，是应用最广、使用量最大的一种溶剂，应用于水性漆料中，可降低水的表面张力，促进涂膜干燥、增加涂膜的流平性，缺点是黏度较高，对树脂溶液的黏度影响较大。

丙酮是沸点低，挥发快的强溶剂，是硝基纤维素涂料、过氯乙烯涂料、热塑性丙烯酸树脂涂料的良好溶剂，为防止因其挥发快造成空气中水蒸气在涂膜表面冷凝导致涂膜表面结霜发白，有时和低挥发的醇类和醇醚类混合使用。

甲基异丁基酮为中沸点溶剂，挥发速率较慢，是溶解力强、性能良好的溶剂，用于溶解硝基纤维素、丙烯酸树脂、乙烯树脂、环氧树脂、聚氨酯树脂等，由于价格较贵，常与其他溶剂配合使用。

环已酮是一种挥发速率较慢的强溶剂，用于聚氨酯涂料、环氧涂料、乙烯树脂涂料，可提高涂膜的附着力。醋酸乙酯能与醇、醚、氯仿、丙酮、苯等有机溶剂混溶，能溶解植物油、甘油、芳香酯、硝化纤维素、乙基纤维素、氯乙烯树脂、聚苯乙烯树脂、聚丙烯酸树脂等。醋酸正丁酯用于硝基纤维素涂料、聚丙烯酯涂料、氯化橡胶涂料、聚氨酯涂料等。丙二醇醚类溶剂有丙二醇甲醚、丙二醇乙醚、二丙二醇甲醚、丙二醇甲醚醋酸酯，乙醚醋酸酯等，主要用于溶剂型清漆和色漆的溶剂和助溶剂、水溶性涂料的助剂、乳胶漆的成膜剂，能增加树脂溶解的均匀性、促进涂料各组分间的偶联、改善涂膜的平整度、光泽、克服桔皮现象，和水的偶联能起到调节涂料黏度和挥发速率作用。

高沸点芳烃溶剂应用于涂料工业中，具有使涂料生产的沸程范围延伸50℃以上等许多优异性质，在涂膜干燥、溶剂挥发的全过程中能保持高度的溶解力，涂膜无桔皮，光泽度好。与二甲苯混合可调整挥发速率，与200号溶剂油相混合，能保持高的溶解性。对于丙烯酸树脂、氨基醇酸树脂等烘烤漆具有较强的溶解能力，应用于汽车，自行车，家电，家俱等涂料中。

萜烯溶剂为松节油，沸点140~200℃，挥发性适中，对天然树脂和油类的溶解力大于松香水、小于苯类，该类溶剂含有双键，能促进涂膜干燥。沸点在195~220℃的叫松油，含大量萜烯醇，溶解力强，挥发慢，有流平作用。

醇类溶剂主要有乙醇和丁醇，乙醇能溶解虫胶、聚乙烯醇缩丁醛树脂、苯酚甲醛树脂，和其他溶剂配合还可以溶解聚酯树脂，与醚类溶剂混合，可溶解硝基纤维素。乙醇多用作乙基纤维素、聚乙烯醇缩丁醛及醇溶性酚醛树脂的溶剂。丁醇挥发性较慢，溶解力不如乙醇，是氨基树脂的良溶剂。醇类溶剂对含有亲核基团的树脂有溶剂化作用，即氢键作用，它们对大多数合成树脂没有单独溶解性，但具有潜在溶解力，称为助溶剂。

酯类溶剂是各类溶剂中溶解力较强的一类，常用的为醋酸酯类。醋酸乙酯是挥发快的高极性溶剂，醋酸丁酯挥发速率适中，醋酸戊酯挥发速率较慢。

酮类溶剂对合成树脂的溶解力很强，与酯类溶剂常合称为强溶剂，常用的有丙酮、甲乙酮、环已酮等。丙酮、甲乙酮挥发性大；环已酮挥发性最慢，常用于改善流平性。

4.2 溶解理论

溶剂的溶解力是指溶剂溶解成膜物质而形成高聚合物的能力，衡量相容性或溶解性能最普遍的方法是测定两者的溶解度参数δ。

低分子化合物在溶剂中的溶解可用溶解度的概念来描述，如蔗糖、食盐在水中的溶解，其机理是溶剂分子或离子间的吸引力，而使溶质分子逐渐离开其表面，并通过扩散作用均匀地分散到溶剂中去成为均匀溶液。

高分子聚合物内聚集的高分子链比低分子大得多，而且分子中又存在多分散性，其溶解过程复杂，首先是“溶胀”，然后溶剂内扩散，溶剂化而溶解，故高分子化合物的溶解取决于溶剂分子和聚合物分子间亲合力所决定的溶剂向高分子分子间隙中扩散的难易。

4.2.1 极性相似原则

“同类溶解同类”，即极性溶质溶解于极性溶剂中，非极性溶质溶解于非极性溶剂中。乙醇与水互溶、苯不溶于水、醋酸溶于水，而高级脂肪酸不溶于水易溶于烃中等，都是此规则的再现。然而实践证明，这个规律仅是定性的，有时是错误的，例如：硝基甲烷（CH_3-NO_2）是极性分子，不能溶解硝化纤维素；环氧树脂在芳烃和醇中的溶解性都差，但它们的混和溶剂却可以作为中等分子量的环氧树脂的溶剂等现象与此规律相悖，体现了极性相似原则的局限性，比较科学的方法是用“溶解度参数相近的原则”进行判断。

4.2.2 聚合物溶液的相行为和溶解度参数

1. 聚合物溶液的相行为

聚合物溶液随温度变化的典型相图如图 4-1 所示。当温度低于上临界溶液温度（upper critical solution temperature，UCST）时，存在两相，聚合物的体积分数分别为 $\phi_2{}^A$ 和 $\phi_2{}^B$，UCST 随溶剂聚合物的不同而变。在 UCST 以上，聚合物完全溶解，成为单相。温度达到下临界溶液温度（lower critical solution temperature，LCST）-溶剂的临界温度时，又出现两相。为了使聚合物得到好的溶解，涂料配方中聚合物-溶剂体系的 UCST 必须低于环境温度或应用温度。

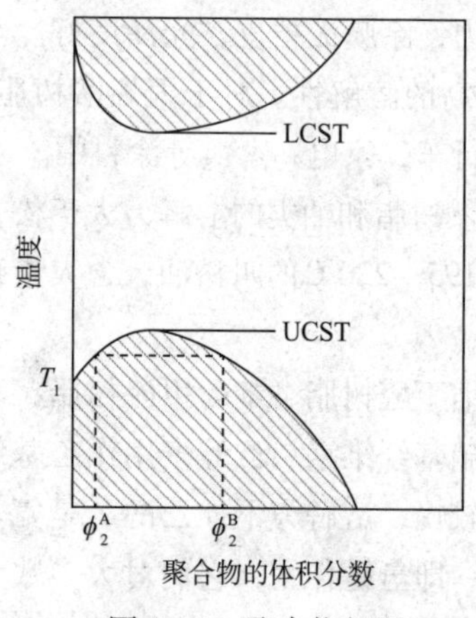

图 4-1　聚合物相图

高分子之间的相容或发生扩散作用的必要热力学条件是自由能的降低，即

$$\Delta G=\Delta H-T\Delta S\leqslant 0$$

Gibbs 混合自由能随聚合物浓度的变化关系如图 4-2 所示。

ΔG 越趋向负值，越有利于相容。得到完全溶解的聚合物溶液，负的 Gibbs 混合自由能值是必要条件，但不是充分条件。选择溶剂的一个实际有效的方法：尽可能使混合焓降到最低。

2. 溶解度参数的定义和物理意义

溶解度参数是内聚能密度的平方根，它是分子间力的一种量度。数学表达式为：

$$\delta=\left(\frac{\Delta E_V}{V}\right)^{0.5}=\left(\frac{\Delta H_V-RT}{V}\right)^{0.5}$$

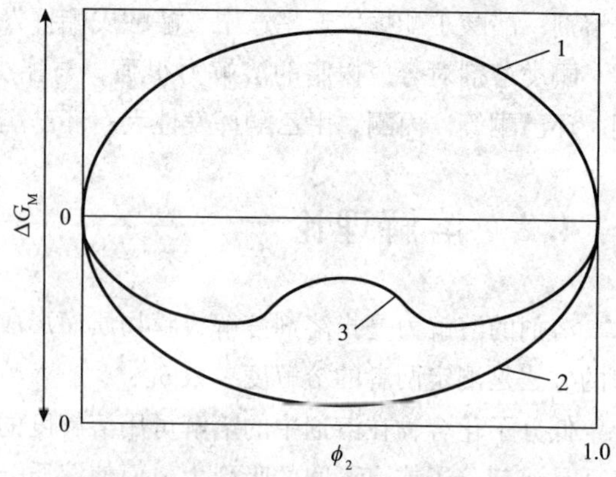

图 4-2　混合自由能和相稳定性的关系

1—完全不容；2—完全相容；3—部分相容

式中，δ 为溶解度参数，$(J/m^3)^{1/2}$ 或 $(cal/cm^3)^{1/2}$；ΔE 为每摩尔物质的内聚能；V 为摩尔体积；ΔH_V 为摩尔汽化热；R 为气体常数；T 为绝对温度。

$$1\ (cal/cm^3)^{1/2}=2.046\times 10^3\ (J/cm^3)^{1/2}$$

如两种物质的溶解度参数分别为δ_1和δ_2，当$\delta_1=\delta_2$时，$\Delta H=0$，表明两者混合时并不吸收热量，相容性很好；

当$|\delta_1-\delta_2|$值很大时，ΔH必然很大，若令二者相容，就要吸收很大热量，只有温度T在很高时才有可能；

$|\delta_1-\delta_2|$或ΔH大到一定程度，以致即使T很高，ΔG还是正值，表明两种高分子不相容。

如果以A表示溶剂，B表示溶质，F_{AA}为溶剂分子间的自聚力，F_{BB}为溶质分子间的自聚力，F_{AB}为溶剂和溶质分子间的相互作用力，则：$F_{AA}>F_{AB}$ 或 $F_{BB}>F_{AB}$不相溶；$F_{AB}>F_{AA}$或$F_{AB}>F_{BB}$溶质可以溶解在溶剂中。分子间的作用力包括范德华力和氢键，而δ是单位体积内全部分子的吸引力。

实践证明：当作用于溶剂分子间的作用力相等时，最容易实现自由混溶，或者说，当溶剂和溶质的溶解度参数相同时，溶质便可以在溶剂中溶解。所以，δ是表征物质溶解性的一个物理量。

对于非极性物质体系，通常$|\delta_A-\delta_B|<1.3\sim1.8$时，就可以估计为能够溶解，当然这个差值越小越好。溶剂对聚合物的溶解，有以下判断标准，即$\Delta\delta=|\delta_1-\delta_2|=2.0$作为聚合物耐溶剂性的划分界限。一般分为三个等级：$\Delta\delta>2.5$耐溶剂；$\Delta\delta=1.7\sim2.5$有轻微溶胀作用；$\Delta\delta<1.7$不耐溶剂。作为涂料用溶剂，常以$\Delta\delta<1$作为良溶剂判断标准。

4.2.3 溶解度参数的计算

溶解参数值可由以下几种方法计算。

1. 从沸点或蒸发焓计算溶解度参数

根据$\Delta E_M=\Delta H_M-RT$

25℃时上式简化为$\Delta E_{25}=\Delta H_{25}-592$

如果25℃时的蒸发焓（潜热）未知，则可由Hildbrand经验方程求得：

$$\Delta H_{25}=23.7T_b+0.02T_b^2-2950$$

$$\delta=\left(\frac{\Delta E_{25}}{V}\right)^{1/2}=\left(\frac{23.7T_b+0.02T_b^2-3542}{V}\right)^{1/2} \tag{4.1}$$

例1 甲苯的分子量$M=92.1$，密度$\rho=0.866\text{g/cm}^3$，在正常大气压下于111℃沸腾，计算甲苯25℃时的溶解度参数。

解：甲苯的摩尔体积$V=M/\rho=92.1/0.866=106.4\text{cm}^3/\text{mol}$

甲苯的正常沸点（绝对温度）为384K，代入计算公式得：

$$\delta_{甲苯}=\left(\frac{23.7\times384+0.02\times384^2-3542}{160.4}\right)^{1/2}=8.9(\text{cal/cm}^3)^{1/2}$$

注意：上述计算仅适应于无氢键存在的有机溶剂，对醇、酮、酯类形成氢键能力强的溶剂，如沸点在100℃以下时一般在计算值的基础上进行校正，醇+1.4，酯+0.6，酮+0.5。

2. 从蒸气压数据计算溶解度参数

根据Clapeyron方程，液体的蒸气压随温度的变化可由下式表示：

$$\frac{dp}{dt}=\frac{\Delta H}{T\Delta V} \tag{4.2}$$

假定蒸气为理想气体、液体的体积相对蒸气体积而言可忽略，则

$$2.31\lg\frac{p_1}{p_2} = \frac{\Delta H}{1.99}\left(\frac{1}{T_1} - \frac{1}{T_2}\right) \tag{4.3}$$

液体的蒸气压在限定范围内一般可与其绝对温度相联系：

$$\lg p = A - \frac{B}{T} \tag{4.4}$$

式中，A，B 为经验常数。将式（4.4）代入式（4.3），则

$$\Delta H = RB/\lg e = 4.58B$$

例2　已知己烷（$M = 86.2$，$\rho = 0.66\mathrm{g/cm^3}$）的蒸气压以毫米汞柱计，在 10～40℃范围内由下式求：

$$\lg p = 7.72 - \frac{1655}{T}$$

通过蒸气压数据计算己烷溶解度参数。

解：由

$$\lg p = 7.72 - \frac{1655}{T} \quad 对比\ \lg p = A - \frac{B}{T} \quad 得\ B = 1655$$

由 $\Delta H = 4.58B$

得 $\Delta H = 4.58 \times 1655 = 7580\mathrm{cal/mol}$

则据式（4.1）得

$$\delta_{己烷} = \left(\frac{(7580 - 1.99 \times 298) \times 0.66}{86.2}\right)^{1/2} = 7.3(\mathrm{cal/cm^3})^{1/2}$$

3. *从表面张力计算溶解度参数*

由于溶解度参数与表面张力有关，通常具有高的溶解度参数的液体，必有高的表面张力，因此，赫尔德布兰德和司考特（Hildebrand and Scott）提出了下列关系式：

$$\delta = K\left(\frac{\gamma}{V^{1/3}}\right)^{\alpha}$$

式中，γ 为表面张力，dyn/cm（$10^{-3}\mathrm{N/m}$）；V 为摩尔体积，$\mathrm{cm^3/mol}$；K 及 α 为推荐的常数见表 4－1。

表 4－1　不同类溶剂的 K 和 α 的推荐值

溶剂类型	K	α
烃类		
脂肪族，饱和	4.31	0.4
芳香族	4.56	0.37
卤化物	4.29	0.41
酯类、醚类、酰胺类	3.58	0.56
酮类	5.96	0.25
醇类	5.86	0.39

例3　乙酸正丁酯的表面张力为 25.2dyn/cm（20℃），摩尔体积为 $132\mathrm{cm^3/mol}$，计算其溶解参数。

解：查表 4.1 得 $K = 3.58$　$\alpha = 0.56$

$$\delta = K\left(\frac{\gamma}{V^{1/3}}\right)^{\alpha} = 3.58\left(\frac{25.2}{132^{1/3}}\right)^{0.56} = 8.8(\mathrm{cal/cm^3})^{1/2}$$

4. 从化学结构计算溶解度参数值

当高分子化合物是不挥发性物质时，难于用上述方法计算溶解度参数值，常由物质的化学结构（链的重复单元）计算：

$$\delta = \frac{\rho}{M}\sum G = \frac{1}{V}\sum G$$

式中，G 为各基团的摩尔吸引力常数；M 为链节分子量；$\sum G$ 代表单元分子中各组成原子及化学基团吸引力常数的总和。对许多溶剂类，化学结构方法求得的 δ 值是相当准确的。该方程还适用于计算聚合物的 δ 值，其链的重复结构单元作为计算的基础。一些结构的摩尔吸引力常数见表4-2。

例4 某环氧树脂（$\rho=1.15g/cm^3$）的重复单元具有如下结构，求其溶解参数。

$$\left[-O-C_6H_4-C(CH_3)_2-C_6H_4-O-CH_2-CH(OH)-CH_2- \right]_n$$

解：其基团及其摩尔吸引力常数值如下：

$$\sum G = 214\times2+133\times2+28+(-93)+658\times2+320+70\times2=2405$$

又 $M=284$

$$\delta = \frac{1.15}{284}\times2405 = 9.7(cal/cm^3)^{1/2}$$

表4-2 常见基团在25℃时摩尔吸引力常数

基团	G	基团	G
单键碳		双碳键	
—CH_3—	214	═CH_2	190
—CH_2—	133	═C—	111
—CH—（下接单键）	28	═C—（下接单键）	19
—C—（上下接单键）	-93	三键碳	
		≡CH	285
共轭结构	20~30	—C≡C—	222
苯基	735	I（单个）	425
亚苯基（邻，间，对）	658	S（硫化物）	225
萘基	1146	CO（酮类）	275
环（五碳）	110	COO（酯类）	310
环（六碳）	100	CN	410
H（可变）	80~100	CF_2	150
O（醚类）	70	CF_3	274
Cl（平均）	260	SH	315
Cl（单个）	270	ONO_2（硝酸酯）	约440
Cl（两个，如—CCl_2—）	260	NO_2（脂肪族硝基化合物）	约440
Cl（三个，如—CCl_3）	250	PO_4（有机磷酸、酯）	约500
Br（单个）	340	OH（羟基）	约320

5. 溶剂和混和溶剂的溶解度参数

当单一溶剂不能完全满足配方要求时，如溶解性、价格、毒性、挥发性等，可通过混合溶剂来代替。单一溶剂的溶解度参数可以从涂料工业上常用有机溶剂的溶解度参数及氢键值表中查得；混合溶剂的溶解度参数可以通过

$$\delta_{混合} = \Phi_1\delta_1 + \Phi_2\delta_2 + \Phi_3\delta_3 + \cdots$$ 计算求出。

式中，Φ_i 为混合体系中各组分的体积分数；δ 为各组分的溶解度参数。

例5 已知二甲苯的$\delta_1=8.8$、γ-丁丙酯的$\delta_2=12.6$。若以体积分数计、配制成33%二甲苯和67%γ-丁丙酯的混合溶剂，求混合溶剂的溶解度参数δ_{mix}是多少？

解：

$$\delta_{mix} = \Phi_1\delta_1 + \Phi_2\delta_2 = 0.33\times8.8+0.67\times12.6 = 11.35$$

6. 高分子聚合物的溶解度参数

高聚物与溶剂不同，它们是不挥发性物质，可以通过实验对比的方法确定高聚物δ值。在涂料工业中常用树脂的溶解度参数可以通过查表来确定，现代涂料用合成树脂的溶度参数多数在$\delta=9\sim11$范围内，酯、酮类溶剂是它们的良溶剂，但价格较贵。醇类溶剂$\delta>12$，有一定的助溶作用，为溶剂。非极性烃类溶剂$\delta<9$，为不良溶剂，但成本较低。

4.2.4 溶解度参数的应用

溶解度参数理论在生产与实验中，发挥了很大的作用。依据溶解度参数相同或相近可以互溶的原则，可判断树脂在溶剂（或混合溶剂）中，是否溶解；依据溶解度参数相同或相近原则可预测两种溶剂的互溶性；依据溶解度参数可以估计两种或两种以上树脂的互溶性。几种树脂的溶解度参数（或溶解度参数平均值）彼此相同或相差不大时，那么这几种树脂可以互溶，这对于预测几种树脂的混合溶液的储存稳定性和固体涂膜的物化性质有理论及实用价值。依据溶解度参数可判断涂膜的耐溶解性，如果涂膜中的成膜物和某一溶剂（或混合溶剂）的溶解参数的值相差较大，涂膜对该溶剂而言就有较好的耐溶剂性。利用溶解度参数相同或相近可以互溶的原则，选择增塑剂。如果增塑剂与溶剂和树脂可以互混，那么该增塑剂就可用于该树脂和该溶剂之中。

例6 已知甲基乙基酮的溶解度参数$\delta_{甲基乙基酮}=9.3$、甲苯的溶解度参数$\delta_{甲苯}=8.9$、1，2-二氯乙烷的溶解度参数$\delta_{二氯乙烷}=9.8$，聚苯乙烯的溶解度参数$\delta_1=8.5\sim9.3$、聚醋酸乙烯树脂的平均溶解度参数$\delta_{2平均值}=9.4$。试问聚苯乙烯在甲基乙基酮中，聚醋酸乙烯树脂在甲苯及1，2-二氯乙烷中可否溶解？

解：$|\delta_{甲基乙基酮}-\delta_1| = |9.3-(8.5\sim9.3)| = (0\sim0.8) < (1.3\sim1.8)$

$|\delta_{甲苯}-\delta_{2聚醋酸乙烯树脂}| = |8.9-9.4| = 0.5 < 1.3\sim1.8$

$|\delta_{1,2-二氯乙烷}-\delta_{2聚醋酸乙烯树脂}| = |9.8-9.4| = 0.4 < 1$

依据溶解度参数理论，聚苯乙烯在甲基乙基酮中可以溶解，聚醋酸乙烯树脂在甲苯及1，2-二氯乙烷中均可溶解。

例7 已知环已酮的溶解参数$\delta_{环已酮}=9.9$、甲基－异丁基酮的溶解参数$\delta_{甲基-异丁基酮}=8.4$、氯乙烯-醋酸乙烯共聚树脂的溶解参数$\delta_{共}=10.5$，试问哪种溶剂能溶解氯乙烯-醋酸乙烯共聚树脂？

解：环已酮：$|\delta_{环已酮}-\delta_{共}| = |9.9-10.5| = 0.6 < 1.3\sim1.8$；

甲基－异丁基酮：$|\delta_{甲基-异丁基酮}-\delta_{共}| = |8.4-10.5| = 2.1 > 1.3 \sim 1.8$；

依据溶解度参数理论氯乙烯-醋酸乙烯共聚树脂，在甲基－异丁基酮中不溶，与环己酮互溶。

例8 天然橡胶的溶解度参数平均值 $\delta_{平均值}=8.2$，正己烷的溶解度参数 $\delta=7.8$，可以溶解天然橡胶，若加入适量的甲醇，甲醇的溶解度参数 $\delta_{甲醇}=14.6$，可以使其溶解性增强，试求甲醇的最佳加入量是多少?

解：设混合溶剂中甲醇所占的体积分数为 X，则正己烷的体积分数为 $1-X$。

则混合溶剂的溶解度参数 $\delta_{mix}=(1-X)\times 7.8+X\times 14.6=8.2$（橡胶的溶解度参数），

解得 $X=0.059$

甲醇的最佳加入量是混合溶剂中甲醇所占的体积分数为5.9%。

4.2.5 三维溶解度参数

通过溶解度参数，我们似乎可以有把握地预测高聚物的溶解性了，但实践证明准确率仅50%，这是因为Hildebrand的推导仅限于非极性分子混合时无放热或吸热，而对于极性体系，因氢键的形成，混和时放热，故不适应了，对此美国涂料化学家伯里尔（Burrell）及雷伯曼（Lieberman）将氢键力和溶解度参数结合起来考虑，可使准确率提高到95%。

1967年汉森（Hansen）提出了三维溶解度参数：即分散力溶解度参数 δ_d，极性溶解度参数 δ_p，和氢键溶解度参数 δ_h，总的Hansen溶解度参数 δ_t 为：

$$\delta_t = (\delta_d^2 + \delta_p^2 + \delta_h^2)^{½}$$

常见溶剂和部分聚合物的三维溶解参数如表4－3所示。

表4－3 常见溶剂和部分聚合物的三维溶解度参数

溶剂或聚合物	δ_d	δ_p	δ_h
丙酮	7.6	5.1	3.4
正丁醇	7.8	2.8	7.7
醋酸丁酯	7.7	1.8	3.1
醋酸乙酯	7.7	2.6	3.5
庚烷	7.5	0	0
异丙醇	7.7	3	8
丁酮	7.8	4.4	2.5
甲苯	8.8	0.7	1
水	7.6	7.8	20.7
二甲苯	8.7	0.5	1.5
聚甲基丙烯酸甲酯	9.1	5.1	3.7
聚甲基丙烯酸乙酯	8.6	4.7	2
聚异丁烯	7.1	1.2	2.3
聚苯乙烯	10.4	2.8	2.1
聚醋酸乙烯酯	10.2	5.5	4.7
聚氯乙烯	8.9	3.7	4.1
丁苯橡胶	8.6	1.7	1.3

Hansen 以两倍的分散力溶解度参数为一轴，以极性溶解度参数和氢键溶解度参数为另两个轴，则聚合物的溶解范围可表示为一个球体。例如聚甲基丙烯酸甲酯（PMMA）的溶解度参数，如图 4－3 所示。聚合物的溶解参数在球体的中心，球体半径指示聚合物的溶解范围，球体以内表示溶剂可溶解聚合物，球体以外表示溶剂不溶解聚合物。

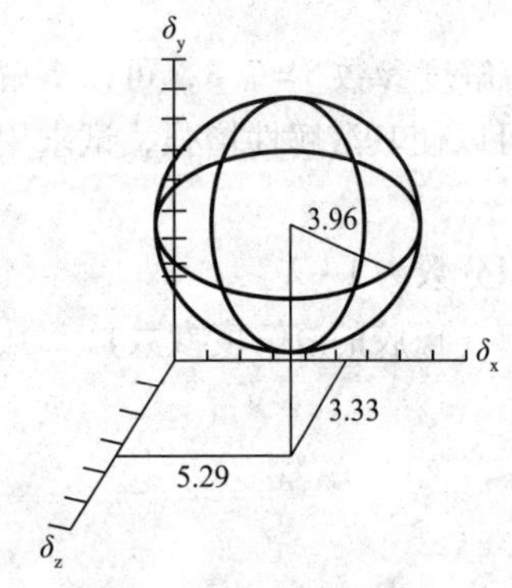

图 4－3　PMMAR 溶解度参数

既然许多溶剂的分散力溶解参数 δ_d 范围很窄（7.5～8.0），聚合物的溶解可表示为二维坐表图，如图 4－4 所示。聚合物的溶解度参数在圆的中心，圆的半径指示聚合物的溶解范围，即溶解度参数在这个圆半径内的溶剂一般可溶解聚合物。实际工作中，可将圆中心周围近似作为聚合物的溶解度参数。

根据 Hildebrand 理论，混合溶剂的溶解参数等于其单个溶剂溶解参数的体积平均数，应用于 Hansen 的三维溶解参数中，有如下方程：

$$\delta_{k,mix} = \sum \phi_i \delta_{k,i}$$

δ_k 是分散力溶解参数 δ_d 或极性溶解参数 δ_p，或氢键溶解参数 δ_h。假如上述方程有效，则可以混合两种聚合物的非溶剂而得到可溶解聚合物的溶剂，如图 4－4 所示。S_1 和 S_2 的溶解参数位于圆外，是两种不溶解聚合物的溶剂，将两种溶剂用直线连接，则部分直线落入圆内，表示其混合溶剂可以溶解聚合物，Hansen 曾将 22 种聚合物溶解于这些聚合物的非溶剂组成的 400 种混合溶剂中，结果仅有十种溶剂混合物不溶解聚合物。

含有几种聚合物的涂料与胶黏剂的相平衡行为更加复杂。相溶的必要条件是溶剂或溶剂的混合物可以溶解所有的聚合物，因此，通常确定所有聚合物溶解的重叠区，如图 4－5 所示。溶解度参数在这一重叠区的溶剂或溶剂混合物最可能溶解涂料与胶黏剂配方中所有的聚合物。

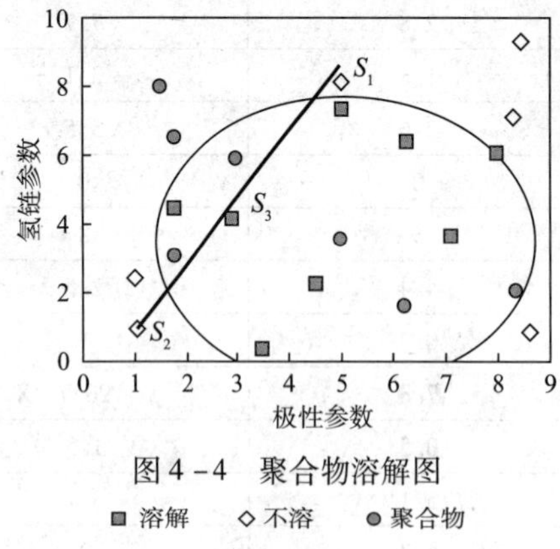

图 4－4　聚合物溶解图

■ 溶解　◇ 不溶　● 聚合物

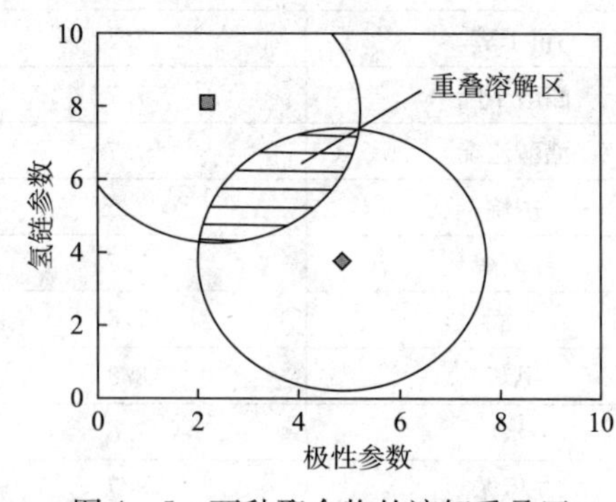

图 4－5　两种聚合物的溶解重叠区

◆ 聚合物1　■ 聚合物2

4.2.6　溶解化原则

溶剂化作用是高分子和溶剂分子上的基团能够相互吸引，从而促进聚合物的溶解，具体主要是高分子上的酸性基团（或碱性基团）与溶剂分子的碱性基团（或酸性基团）相互吸引产生作用而溶解。上述酸碱为广义，酸指电子接受体，碱指电子给予体。常见亲电子基团（酸）：$-SO_3OH > -COOH > -C_6H_4OH > =CHCN > CH_2Cl$；亲核基团（碱）：$-CH_2NH_2 > -C_6$

H_4NH_2 > $-CON(CH_3)_3$ > $-CONH-$ > $-CH_2COCH_2-$ > $-CH_2-O-CH_2-$。如聚合物中含上述系列中的后几个基团，则应选择含有相反系列中的最前几个基团的溶剂。

按弱氢键溶剂Ⅰ、氢键接受型溶剂Ⅱ、氢键授受型溶剂Ⅲ分析，满足溶解度参数的要求时，因为溶剂和高分子之间存在溶剂化作用或氢键，第三类溶剂可以溶解第二类聚合物。第二类溶剂可以溶解第一类和第三类聚合物，而第二类溶剂不易溶解第二类聚合物，但含有酯基的有可能相互溶解，因为酯基是两性偶极基团。第一类溶剂不易溶解第一类聚合物，第三类溶剂与第三类高分子因相互之间能够形成氢键可溶解。

聚碳酸酯（$\delta=9.5$）、聚氯乙烯（$\delta=9.7$）溶解于氯仿（$\delta=9.3$）、二氯化碳（$\delta=9.7$）、环己酮（$\delta=9.9$），它们的溶解情况是聚碳酸酯不溶丁环己酮，只溶于氯仿和二氯化碳；而聚氯乙烯只溶于环己酮，不溶于氯仿和二硫化碳。解析如下：

溶剂	氯仿	二氯化碳	环己酮
聚碳酸酯	溶	溶	不溶
聚氯乙烯	不溶	不溶	溶

聚碳酸酯是第二类聚合物，环己酮是第二类溶剂，它们相互之间不易溶解，而氯仿和二氯化碳是第一类溶剂，可以与聚碳酸酯这个第二类聚合物相互溶解。聚氯乙烯是第一类聚合物，不易溶解于第一类溶剂氯仿和二氯化碳，而环己酮是第二类溶剂，可以溶解聚氯乙烯。

从高分子上的碱性基团（电子给予体）与溶剂分子的酸性基团（电子接受体），高分子上的酸性基团（电子接受体）与溶剂分子的碱性基团（电子给予体）相互吸引力而产生作用而溶解也可看出其符合溶剂化原则。

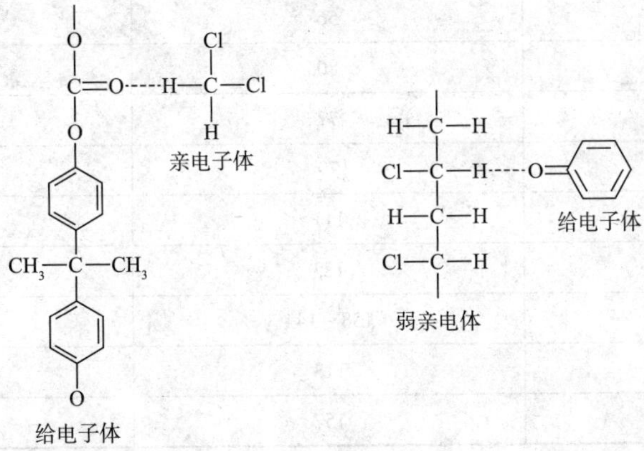

亲电子体

给电子体

弱亲电体

给电子体

选择溶剂首先需要考虑溶解度参数，其次是氢键力等级，最后是溶剂化作用。

4.3 溶剂的挥发

溶剂的挥发速率是影响涂膜质量的一个重要因素，如果溶剂挥发太快，涂膜既不会流平，也不会充分润湿基材，因而不能产生很好的附着力；如果溶剂挥发太慢，不仅要长时间，而且涂膜会流挂而影响施工质量。在涂料的施工和成膜过程中，溶剂必须从涂料中挥发，溶剂的挥发速率不仅影响涂膜的干燥时间，而且还影响涂膜的表观和物理性质。

溶剂挥发速率决定着涂层的干燥速率，影响涂膜的形成质量。挥发速率太快，涂料流平性差；挥发速率太慢，易产生流挂。

4.3.1 单一溶剂的挥发

单一溶剂的挥发主要受温度、蒸气压、表面积/体积及表面空气的流动速度等的影响。水的挥发速率还取决于相对湿度。溶剂的挥发速率通常以醋酸正丁酯为标准溶剂的相对挥发速率来表示

$$E = \frac{t_{90}(\text{醋酸正丁酯})}{t_{90}(\text{待测溶剂})}$$

式中，t_{90}表示90%的溶剂挥发所需要的时间，醋酸正丁酯的相对挥发速率定义为1，实验条件为25℃，空气流动速率为5L/min，将0.7mL待测溶剂滴在滤纸上或平底铝盘上。滤纸放置在平衡盘上并在封闭容器中测定90%溶剂挥发所需要的时间。

相对挥发速率也可以用一定时间内挥发的体积（E_v）或质量（E_w）相对比率表示。以醋酸丁酯的E_v等于100作为参考标准，常用溶剂的挥发速率如表4-4所示。

溶剂挥发速率受溶剂分子本身特性及环境条件的影响。沸点低的溶剂挥发性高。溶剂挥发难易程度与分子间作用力有关，氢键的存在将明显地限制溶剂的挥发速率，如丁醇和醋酸正丁酯。分子小的易挥发；极性溶剂较难挥发；醇类溶剂挥发慢。相对挥发速率与蒸气压有关，而蒸气压又与温度有关，因此T越高，P越大，E越大。提高环境空气流速，将提高溶剂的挥发速率。单位体积的表面积越大，挥发越快。

表4-4　常用溶剂的挥发速率（25℃）

溶　剂	沸点/℃	相对挥发速率
丙酮	56	994
甲乙酮	80	572
醋酸乙酯	77	480
乙醇	79	253
甲苯	111	214
醋酸丁酯	125	100
二甲苯	138~144	73
丁醇	118	36
环己酮	157	25

4.3.2 混合溶剂的挥发

理想混合溶剂，第i组分的蒸气为：

$$p_i = x_i p_i^0$$

式中，p_i^0为i组分纯液体时标准蒸气压；x_i为i组分的摩尔分数。

非理想混合溶剂，体系的总蒸气压为：

$$p_{总} = p_1 + p_2 + \cdots + p_i = X_1 x_1 p_1^0 + X_2 x_2 p_2^0 + \cdots + X_i x_i p_i^0$$

混合溶剂的相对挥发速率可以通过体积分数Φ，活性系系数X和单一溶剂的相对挥发速率

E 来测算。混合溶剂的相对挥发速率为：

$$E_{总} = (\phi XE)_1 + (\phi XE)_2 + (\phi XE)_3 + \cdots + (\phi XE)_i$$

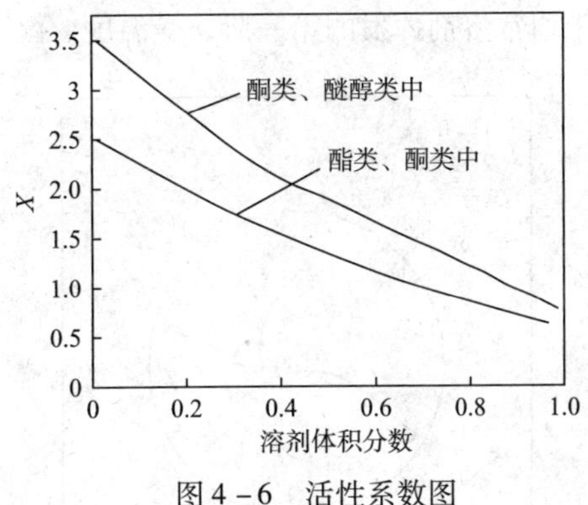

图4-6 活性系数图

活性系数 X 是混合溶剂中不同组分相互作用的量度，其值随混合溶剂中各溶剂组分的类型及浓度而变化。一般可以从活性系数图上查出。按溶剂类型（烃类溶剂，酯类/酮类溶剂，醇类）和溶液浓度分类的溶剂的活性系数如图4-6所示。

例9 某硝化纤维素溶液的溶剂配方的体积分数为醋酸正丁酯35%（$E=1$），甲苯5%（$E=2.0$），乙醇10%（$E=1.7$），正丁醇5%（$E=0.4$）。计算该混合溶剂的相对挥发速率。

解：从活性系数图上查出各组分溶剂的活性系数 X。

醋酸正丁酯 $X=1.6$、乙醇 $X=3.9$、甲苯 $X=1.4$、正丁醇 $X=3.9$，

$$E_{总} = (0.35\times1.6\times1.0) + (0.5\times1.4\times2.0) + (0.1\times3.9\times1.7) + (0.05\times3.9\times0.4) = 2.73$$

4.3.3 涂膜溶剂的挥发

在涂料中，溶剂的挥发可分为两个阶段，如图4-7所示。第1阶段："湿"阶段，溶剂的挥发速率与纯溶剂相同，主要受表面扩散阻力所制约。溶剂的挥发速率主要受单一溶剂挥发的四种因素所控制，溶剂的挥发速率与纯溶剂相同（可按公式计算），随着溶剂的进一步挥发，溶剂的挥发速率会突然变慢，进入第2阶段。第2阶段："干"阶段，主要受扩散速率的影响，具体如下：①溶剂分子大小和形状，分子越小，越规整，易扩散。如甲基丁基酮从表面挥发较甲基异丁基酮慢，而干燥过程，从底部的扩散，前者支链小，扩散速率快。②溶剂在聚合物中的保留能力，常见溶剂中甲醇是最不易保留。③聚合物和溶剂相互作用的影响，相互作用强难挥发。溶剂的挥发速率受从涂膜内到涂膜表面所控制，而这种扩散是由一个孔隙跳到另一个孔隙而进行的，或者说是从高分子聚合物产生的自由体系中扩散至表面而逸出的。这一扩散过程的主要控制因素是树脂的玻璃化温度（T_g）。当溶剂的挥发发生在 T_g 以上时，扩散速率与挥发速率相同，而且溶剂的挥发发生在 T_g 以下，溶剂的挥发由扩散速率所控制。例如 T_g 高于涂膜的温度，溶剂的挥发速率将趋于0。即使成膜几年，涂膜内仍含有小量的残余溶剂，为加快扩散挥发，常采用烘烤，使 $T_g < T_{烘}$，来改善涂膜性能。此外还有水的影响，涂膜厚度、表面张力、黏度等影响。

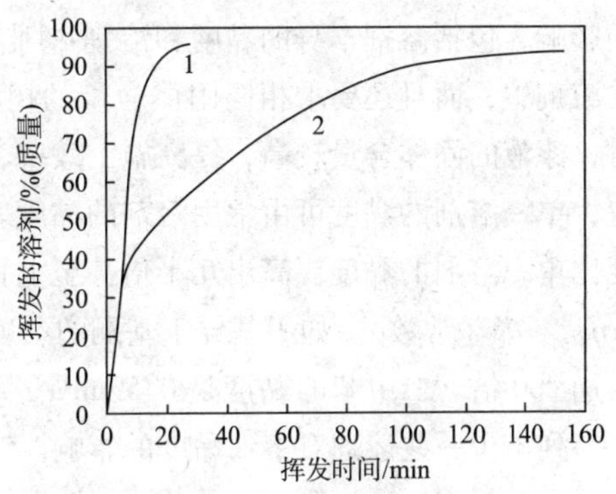

图4-7 溶剂的挥发阶段
1—100%甲基环己烷；
2—40%长油度醇酸树脂的甲基环己烷溶液

4.3.4 水性涂料中溶剂的挥发

水性涂料包括稀释型和乳胶型两种。水的挥发类似于通常溶剂挥发的第一阶，受温度、湿度和空气流动速率的控制。随大量水挥发后，挥发速率减慢，表面凝聚，水分子必须扩散到表面层挥发。因此在乳胶漆中，一般用涂刷或辊刷施工，目的是为了尽量延缓表面层的形成。使水分充分挥发出去，或者在涂料中加入一些挥发性溶剂如乙二醇、丙二醇，以便快速带出水分子。在溶剂的挥发过程中，体系的各种性能可能发生一些变化，如溶解度参数、表面张力和黏度。溶剂挥发过程中溶解度参数的变化如图 4－8 所示。

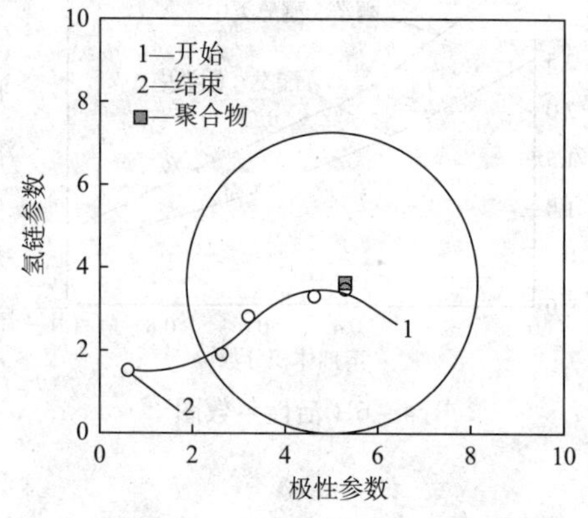

图 4－8　溶剂挥发过程中溶解度参数的变化

4.4 溶剂的其他性质

在选择溶剂时，除考虑其对树脂的溶解性和挥发性影响外，还要考虑溶剂对树脂溶液黏度的影响，包括溶剂本身的黏度和溶剂-树脂的相互作用。在涂料生产中，不仅要求树脂能溶解在溶剂中，而且还要求相同固体含量的树脂溶液黏度越低越好。这样当达到相同的施工黏度时，漆液的固体含量较高，提高施工效率，而挥发到大气中的溶剂量较小，同时漆液干燥速度快，单一溶剂的黏度可由常用溶剂的黏度表中查得。通常树脂溶于溶剂所形成的树脂溶液的黏度比单一溶剂的黏度要高出几十倍甚至上百倍。树脂溶液和溶剂的黏度关系可表示为 $\ln\eta_{溶液}=\ln\eta_{溶剂}+K$（常数）。如甲基异丁基酮的黏度是 0.55mPa·s，而其溶液的黏度可达到110mPa·s，增加200 倍。二甲苯的黏度是 0.59mPa·s，其溶液的黏度可达 367mPa·s，增加 622 倍，表 4－5列出了一些溶剂对溶液黏度的影响。

表 4－5　高固含量丙烯酸树脂溶液与溶剂黏度的关系

溶剂	溶剂黏度/(mPa·s)	溶剂密度/(g/mL)	溶液黏度/(mPa·s)
2-戊酮	0.68	0.805	80
甲基异丁基酮	0.55	0.802	110
醋酸乙酯	0.46	0.894	121
2-庚酮	0.77	0.814	147
醋酸正丁酯	0.67	0.883	202
甲苯	0.55	0.877	290
异丁酸异丁酯	0.83	0.851	367
二甲苯	0.59	0.877	367

树脂溶液黏度的大小主要是由树脂分子间作用产生的，减弱其作用有利降低黏度。其原因可以从两方面来说明。一是涂料用树脂多数是极性的和含有带氢键的基团如羟基、羧基等，这些基团的存在使树脂分子间倾向互相缔合，大大增加了溶液的黏度。二是溶剂对单个树脂分子

热力学体积的影响，溶剂与树脂之间作用越强，则热力学体积越增大，黏度就越高。

图4－9进一步说明不同的溶剂对含羟基的树脂溶液黏度的影响。二甲苯为溶剂的溶液黏度最高，甲醇为溶剂的溶液黏度最低，但并没有像预计那样更有效地降低溶液黏度。原因可能是甲醇既是氢键接受剂又是氢键供给剂，这样，甲醇可能在树脂分子之间形成桥，桥的一端为甲醇分子以氢键供给剂形式与树脂分子相连接，另一端为甲醇分子以氢键接受剂形式与树脂分子相连接，从而减弱了甲醇降低溶液黏度的效果。

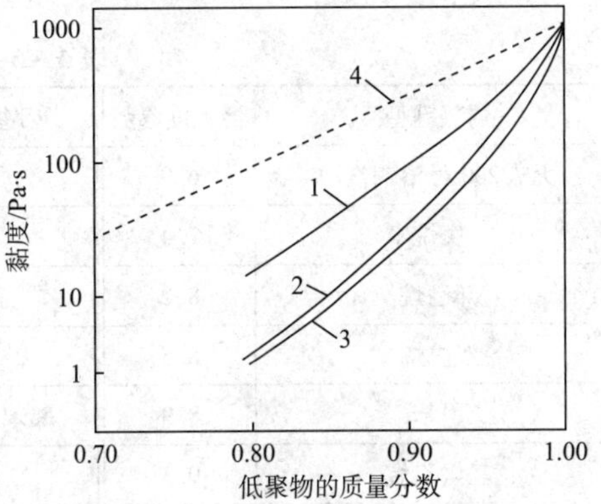

图4－9　不同的溶剂对含羟基的树脂溶液黏度的影响

1—二甲苯（$\delta_h=1.5$）；2—丁酮（$\delta_h=2.5$）；3—甲醇（$\delta_h=10.9$）；4—对数关系曲线

涂料配方中大多使用混合溶剂，混合溶剂对溶液黏度的影响在涂料的配方设计中更具意义，混合溶剂的黏度可根据组分中各种单一溶剂的黏度计算而得。溶剂（包括混合溶剂）与溶液黏度的关系，取决于树脂分子中极性基团的数目以及溶剂-树脂分子之间的相互作用等因素。

4.5　溶剂的选择方法

溶剂组成的任何变化都将可能引起涂料性能的变化，因此正确选择溶剂或混合溶剂对涂料的配方设计至关重要，选用原则为赋予涂料适当的黏度，有一定的挥发速率，与涂膜的干燥性相适宜；能增加涂料对物体表面的润湿性，赋予涂膜良好的附着力；同时考虑安全性和经济性。具体选择方法首先利用溶解度参数值选择能溶解树脂的溶剂或混合溶剂，选择30～40种溶解度参数范围较宽的溶剂，加入少量树脂，判断树脂在溶剂中的溶解性，确定树脂的溶解度参数范围。利用聚合物的溶解图选择可溶解树脂的溶剂。以聚苯乙烯为例，聚苯乙烯溶解图如图4－10所示。

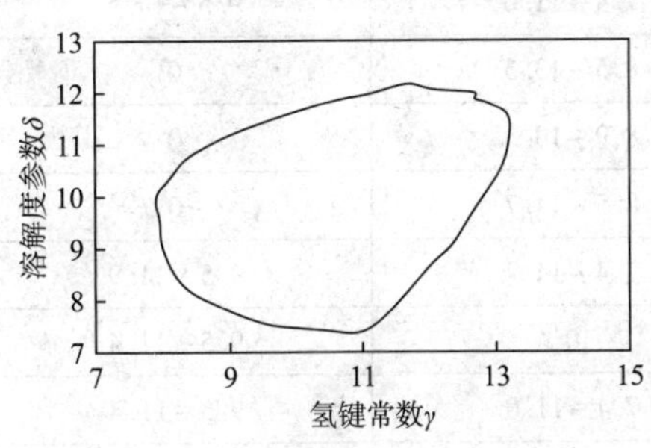

图4－10　聚苯乙烯溶解图

将同一氢键类型溶剂的溶解度参数按大小顺序排列，因为原则上，一种树脂溶解于同氢键类型的任何2种溶剂中，该树脂就可以溶解在溶解度参数介于这2种溶剂之间的同一类氢键的所有溶剂中。此外，即使单个溶剂的溶解度参数并不在其范围内，即不能溶解某树脂，但其混合溶剂可能溶解这种树脂；必须保持溶剂或混合溶剂在挥发过程中仍留在树脂的溶解重叠区，以免发生相分离。溶剂的溶解度参数见表4－6，部分树脂的溶解度参数范围见表4－7。

例如，正丁醇的溶解参数为11.4，是氢键授受型溶剂，二甲苯的溶解参数为8.8，是弱氢键型溶剂，不饱和聚酯的溶解度参数为9.2～12.7，单独使用正丁醇或甲苯，都不能溶解不饱和聚酯，但正丁醇/二甲苯的混合溶剂以1∶4的摩尔比混合，则可以溶解不饱和聚酯：

$$溶剂的溶解度参数 = \frac{1 \times 11.4 + 4 \times 8.8}{1 + 4} = 9.3$$

表 4-6　溶剂的溶解度参数

弱氢键型	溶解度参数	氢键接受型	溶解度参数	氢键授受型	溶解度参数
无味 200 号溶剂汽油	6.9	二乙基醚	7.4	二甘醇	9.1
庚烷	7.4	醋酸己酯	8	正辛醇	10.3
环己烷	8.2	醋酸丁酯	8.5	正戊醇	10.9
双戊烯	8.5	2-丁氧基乙醇	8.9	环己醇	11.4
甲苯	8.9	邻苯二甲酸二丁酯	9.3	正丁醇	11.4
三氯乙烷	9.3	二甘醇-甲基醚	9.6	异丙醇	11.5
二氯甲烷	9.7	环戊酮	10.4	正丙醇	11.9
硝基苯	10.0	二甘醇-丁基醚	10.7	乙醇	12.7
1-硝基丙烷	10.7	碳酸-2，3-亚丁酯	12.1	乙二醇	14.2
硝基乙烷	11.1	碳酸亚丙酯	13.3	甲醇	14.5
硝基甲烷	12.7	碳酸亚乙酯	14.7	甘油	16.5

表 4-7　部分树脂的溶剂的溶解参度数范围

树脂类型	溶解度参数范围		
	弱氢键型	氢键接受型	氢键授受型
硝基纤维素	11.1～12.7	7.8～14.7	12.7～14.5
乙酸丁酸纤维素	11.1～12.7	8.5～14.7	12.7～14.7
乙基纤维素	8.1～11.2	7.4～11.0	9.5～14.5
甲基丙烯酸甲酯	8.9～12.7	8.5～13.3	0
丙烯酸树脂	10.6～12.7	8.9～13.3	0
聚醋酸乙烯	8.9～12.7	8.5～14.7	0
醇酸树脂	7.0～12.7	7.4～14.7	9.5～11.9
脲醛树脂	0	0	9.5～11.4
三聚氰胺甲醛树脂	8.5～11.1	7.4～11.0	9.5～11.4
环氧树脂-1001	10.6～11.1	8.9～13.3	0
环氧树脂-1009	0	8.4～9.9	0
不饱和聚酯	9.2～12.7	8.0～14.7	0

对于含多种树脂的涂料与胶黏剂体系，必须根据各树脂的溶解度参数，确定其溶解重叠区，而选择混合溶剂的溶解度参数，必须落入这一重叠区。考虑到树脂的组成和分子量，以及溶剂的组成和纯度等因素的变化，通过实验验证是必要的。

接下来建立溶剂或混合溶剂的挥发轮廓图。假如溶剂或混合溶剂随时间和温度的挥发关系图不知道，通常需要选择几种不同挥发性的混合溶剂进行实验，以建立这些混合溶剂的挥发轮廓图，为溶剂或混合溶剂的选择提供参考。

考虑溶解力、挥发性的同时，还要考虑树脂溶液的黏度及表面张力、固含量、VOC 用量等重要性质也是十分必要。

黏度必须足够低，以利于涂料与胶黏剂的处理和使用，但黏度高可以避免涂料的流挂，与此相似，表面张力必须适中，以使涂料具有好的流平性而不在膜中引入各种缺陷。VOC 用量则需要满足涂料与胶黏剂在生产与使用中的有关法规。

步骤 3 是优化溶剂或混合溶剂以满足树脂的溶解性和涂料与胶黏剂的其他性能。可以通过设计计算机模型，快速确定符合挥发性、溶解度参数、黏度、表面张力和 VOC 用量的溶剂或混合溶剂，若无这种模型，则可通过实验来确定，但耗时耗力。

按上述步骤一旦选择了几种候选的溶剂或混合溶剂，接下来通过实验确定哪种溶剂或混合溶剂可以完全满足涂料或胶黏剂配方的要求，有时可能需要对混合溶剂的组成和用量进行小范围的调整以改善涂料与胶黏剂的某一方面的性能。如黏度、流平性、流挂、溶剂爆孔、挥发、固化时间、附着力等，最终得到能满足涂料与胶黏剂各方面性能的混合溶剂。

思考题

1. 涂料用溶剂选用原则是什么？

2. 已知二甲苯的溶解度参数 $\delta=8.8$，γ-丁内酯的溶解度参数 $\delta=12.6$，二甲苯和 γ-丁内酯按照 1/3 的体积比混合，求混合溶剂的溶解度参数。

3. 简述溶剂的选择方法。

第5章　颜料及其分散理论

5.1　颜料

颜料是不溶于涂料基料或溶剂的微细的颗粒状物质，颜料的物理性质和化学性质基本上不因分散介质而变，在漆膜中颜料依靠树脂黏结在一起，粒度范围一般在0.01～100μm，染料溶于水，而颜料不溶于水。颜料的作用除提供色彩、装饰性能外，还改善涂料的物理化学性能，如机械强度、耐久性、附着力等。根据颜料在涂料中的不同作用，可分为防锈颜料、体质颜料和着色颜料等三大类。按其组成结构主要分为无机颜料和有机颜料。防锈颜料和体质颜料基本上是无机的。

5.1.1　颜料的通性

颜料的颜色，是由于颜料对白光组分选择性吸收的结果。阳光是由一系列不同波长的电磁波所组成。一般可见光谱的波长在0.4～0.7μm之间，其中蓝光辐射的波长约小于480nm；绿光大致在480～560nm之间；黄光在560～590nm之间；橙色光在590～630nm之间；红光的波长大于630nm。红光和蓝光混合产生的紫色光尽管是一种普通的光，但在光谱中没有，白色是所有波长含量几乎相等的可见光，白光就是这些不同波长的光所组成的复色光。

颜料使涂料具有着色、遮盖、保护等基本功能。遮盖是漆膜覆盖在底材上，使底材呈现不出原有颜色的能力，靠颜料的遮盖力来实现。

颜料的遮盖力是指色漆涂膜中的颜料能够遮盖被涂饰表面，使其不露底色的能力。遮盖力对制造色漆是个重要的经济指标，选用遮盖力强的颜料，使色漆中颜料用量虽少，却可达到覆盖底层的能力。它是单位面积物体表面的底色被完全遮盖时所需颜料质量。颜料遮盖力与颜料颗粒大小、分散度及晶体结构有关，与颜料的吸光性能力有关，颜料的吸光能力强，遮盖力就高。如炭黑，入射光几乎能全部被吸收，用很少量颜料就能遮盖住底色。对于颜料与基料的折射率，如果颜料的折射率大于基料，遮盖力好。树脂的折射率均小于1.55，而无机颜料的折射率都较大，如钛白（2.72）、铁红（3.6），遮盖力好。有些颜料的遮盖力随着它们的晶体结构不同而异，如斜方晶形铬黄的遮盖力比单斜晶体的弱。混合颜料的遮盖力，决定于混合物各组分的遮盖力。但是不能根据加成规律来计算。如氧化锌掺以滑石粉混合成的颜料，其遮盖力较这两种颜料按加成法测算出来的遮盖力为大。因此可以在某些颜料中加入适量的体质颜料，来降低颜料的成本，而不至使它的遮盖力降低。

着色力是某种颜料和另一种颜料混合后形成颜色强弱的能力。着色力是控制颜料质量的一个重要指标。决定颜料着色力的主要因素是颜料的分散度，分散得越好，着色力越强。色漆的着色力随着漆的研磨细度增大而增强。着色力与遮盖力没有直接关系。例如透明颜料着色力很强，但遮盖力却很低。

在涂料工业中吸油量指一定质量颜料的颗粒绝对表面被油完全浸湿时所需油料的数量。习惯上常用100份质量的颜料需用若干份质量的精制亚麻籽油表示。吸油量是表示颜料粉末与载色体相互关系的一种物理数值。它不仅说明了颜料与载色体之间的混合比例、湿润程度、分散性能，而且也关系到涂料的配方和成膜后的各种性能。吸油量与颜料颗粒的大小、形状、分散与凝聚程度、比表面积以及颜料的表面性质有关。吸油量测定方法是称取100g颜料，逐滴加入精制亚麻油，并用刮刀仔细压研至颜料由松散状态正好转变成团状粘联体时油的质量，为该颜料的吸油量。另一种测量方法是在烧杯中，用玻璃棒搅拌到能挂在玻璃棒上往下滴的糊状的耗油量作为吸油量。油除了用于填充颜料粒子间隙外，还在颗粒表面形成一层吸附层。

涂料暴露在自然气候条件和光照辐射下经一段时间会出现失光、褪色、泛黄、剥落、开裂、丧失拉伸强度和整层脱落等现象。即使是室内光线或者透过窗玻璃的阳光也会对诸如颜料或染料之类的物质造成损害。因而对于户外使用的涂料，如建筑外用涂料和汽车涂料，耐候性和耐光性是最重要的检测项目。

颜料在光的作用下，颜色有不同程度的变化，这就是颜料的耐光性。变化程度越多，颜料的稳定性越差。这种现象可能是由于化学反应，或是由于颜料晶形的变化。如锌钡白在阳光下变暗，是由于硫化锌还原为金属锌；曝光停止后暗灰色消失，金属锌又可能形成氧化锌。实验证明锌钡白曝光后氧化锌含量增大。

颜料对光和大气作用的稳定性是它的一个重要性能，是影响户外用色漆的保色性、粉化性的重要因素。现在评价涂料耐候性和耐光性的方法也很多。而普遍采用的有自然气候老化试验、氙弧灯照射、碳弧灯照射、紫外光灯照射等人工加速气候老化试验的方法。

颜料颗粒大小，不仅决定着颜料的特性，而且决定着漆膜的质量。颜料颗粒大小即颜料的分散度、细度，一般用标准筛的筛余物测定。在其他条件相同的情况下。颜料的色泽决定于其细度。细度的提高，加强颜料的主色调和亮度。颜料的遮盖力和着色力也取决于其分散度。

粉化性也是颜料的通性，因曝晒漆膜中的成膜物被破坏，颜料脱落，形成一个粉末层，可被擦洗，这种现象叫粉化。

不同颜料，吸附性能不同，含水量不同。有的颜料微量的水分有利于分散（如华蓝4%以下），但太高则返粗絮凝（如华蓝达8%时）。

5.1.2　颜料的制漆性能

把含有两种或两种以上颜料的环氧地坪漆涂装成膜时，有可能会因涂膜中某种颜料颗粒漂浮到湿涂膜表面，形成颜料的花浮和泛浮的环氧地坪漆涂膜缺陷。当各种颜料密度和颗粒大小差别太大时，这种现象更易发生。泛浮的漆膜表面色泽是均匀一致的，只是表面的颜色由于一种颜料的集中与原漆的颜色有些差别而已；花浮则出现在干的涂膜表面上，形成由某一种颜料组成的网纹或条纹，使环氧地坪漆涂膜的颜色不能均匀一致。氧化铁、炭黑一类的颜料，最容易发生漂浮的涂装缺陷。

颜料分散在漆料中，漆料对颜料的湿润也是根据颜料颗粒表面积大小，来确定用量多少的，但实际生产中便于操作方便，都采用重量计量。而分散性能是指颜料颗粒的聚集体，在漆料中分散的难易程度和分散后的分散状态。它取决于颜料的本性（如极性）和制备法（如颗粒大小和粒度分散度等因素）。颜料经后处理，其分散性能可能改进。例如：经气流粉碎加工和表面活性剂处理的颜料，其分散性可大大提高。

5.1.3 无机颜料

按颜色分无机颜料可进一步分为：①白色颜料。涂料中使用的白色颜料主要包括钛白粉（TiO_2）、锌钡白（$ZnS \cdot BaSO_4$，又称立德粉）、氧化锌（ZnO）、铅白、锑白等，其中钛白粉应用最为广泛。②红色颜料。氧化铁红（Fe_2O_3，也称铁红）。天然氧化铁红颜色为橘红至深棕色。镉红（$n\mathrm{CdS} \cdot \mathrm{CdSe}$）。③黄色颜料。主要的黄色颜料有镉黄（$CdS \cdot BaSO_4$）、铅铬黄（$x\mathrm{PbCrO_4} \cdot y\mathrm{PbSO_4}$，也称铬黄）。④绿色颜料。有铅铬绿、氧化铬绿（$Cr_2O_3$）、铬绿（$\mathrm{PbCrO_4} \cdot x\mathrm{PbSO_4} \cdot y\mathrm{FeNH_4}[\mathrm{Fe(CN)_6}]$）等。⑤蓝色颜料。铁氰化铁钾又称铁蓝（$\mathrm{K_xFe_y[Fe(CN)_6]_x} \cdot n\mathrm{H_2O}$，$\mathrm{(NH_4)_xFe_y[Fe(CN)_6]_x} \cdot n\mathrm{H_2O}$），有较高的着色力，色坚牢度好，并有良好的耐酸性，但遮盖力差；群青（$\mathrm{Na_xAl_ySi_xO_iS_j}$）为天然产品，色坚牢度好，耐光、热和碱，但可被酸分解，着色力和遮盖力低。⑥黑色颜料。用量最大的黑色颜料是炭黑，炭黑的主要成分是炭，由碳氢化合物经高度炭化而制成。其吸油量大，色纯，且遮盖力强，耐光，耐酸碱，但较难分散。此外还有氧化铁黑[$\mathrm{(FeO)_x} \cdot \mathrm{(Fe_2O_3)_y}$]带有永久磁性，遮盖力和着色力均良好，它们主要用做底漆和二道漆的着色剂。

防腐颜料：防腐颜料用于保护金属底材免受腐蚀，按照防腐蚀机理可分为物理防腐颜料、化学防腐颜料和电化学防腐颜料三类。物理防腐颜料具有化学惰性，通过屏蔽作用发挥防腐功能，如铁系和片状防腐颜料。化学防腐颜料具有化学活性，借助化学反应发挥作用，如铅系化合物、铬酸盐、磷酸盐等。电化学防腐颜料通常是金属颜料，具有比金属还低的电位，起到阴极保护作用，如锌粉。

5.1.3.1 影响颜料性能的主要因素

1. 颜料粒子的大小

大多数颜料的平均粒径为0.01～1.0μm，最大可达100μm，体质颜料平均为50μm。粒子的大小直接影响颜料的遮盖力和着色力。粒径小，分散度大，反射光的面积多，遮透力强；粒径小，着色力强。

2. 颜料粒子的形状

主要影响涂料的流动性、储存性和耐久性。主要以3种形状存在：瘤状粒子，近似于球形，钛白、立德粉流动性好；针状粒子，如锌白、滑石粉，具有增强作用，提高硬度、强度；扁平粒子，如金属颜料，增强隔离作用。

3. 颜料粒子的比表面积

比表面积定义为单位质量颜料的表面积。与粒径成反比，比表面积大，遮盖力、着色力好。设单位质量的均一球形粒子的密度为ρ，粒径为d，则单位质量颜料的总表面积（S）为：

$$S = \frac{6}{d\rho}$$

4. 颜料粒子的表面处理

通过适当的处理，颜料粒子表面或被改性或完全被新的表面所取代。表面处理的目的：表面活性剂的存在可以控制过饱和、增溶、成核、成长和相转化等过程，从而影响颜料的形成；在无机颜料粒子上存在多聚磷酸盐、二氧化硅、铅或其氢氧化物，可保持粒子形状，防止煅烧过程中出现多孔。无机颜料表面存在有机物涂层，可以提高润湿效果，增加颜料的分散性和稳定性，改变涂料的流平性。通过表面处理可以改善其耐光、耐酸碱和耐溶剂性等。

5. 颜料粒子的粒度分布

以粒子出现频率对粒径作图，粒径呈左偏斜状态分布。即小粒径颗粒出现几率多于大粒径颗粒出现的几率，并出现一个峰值。即某一个粒径下粒径显现的几率最大，在峰值的两侧，曲线下降的速度越快越好，说明显现的几率集中，此时表现出的颜料颜色纯，颗粒均匀度好，颜料性能好。

5.1.3.2 几种常用的无机颜料

1. 钛白

是白色颜料中好的一种，有很强的着色力和遮盖力，而且耐光，耐热，耐稀酸，耐碱。分为锐钛型和全红石型，由于它们的晶格不同，锐钛型制漆常粉化，全红石型则不粉化，耐光性优异，前者白度比后者好。钛白主要用来赋予涂料的遮盖力，钛白常与氧化铝、氧化锌、二氧化硅等配合使用，可提高其耐光性。金红石型钛白和锐钛型钛白主要性能比较见表5-1。常用无机颜料的折射率见表5-2。

表5-1 金红石型钛白和锐钛型钛白主要性能比较

性能	金红石型	锐钛型
密度/(g/cm^3)	3.9~4.2	3.8~4.1
折射率	2.76	2.55
吸油量/%	16~48	18~30
着色力（雷诺数）	1650~1900	1200~1300
粒径/μm	0.2~0.3	0.3

表5-2 常用无机颜料的折射率

遮盖力低的颜料	折射率	遮盖力高的白色颜料	折射率
碳酸钙	1.58	氧化锌	2.08
二氧化硅	1.55	钛白粉（锐钛型）	2.55
碳酸镁	1.57	钛白粉（金红石型）	2.72
滑石粉	1.49		

钛白经过表面处理可改善其分散性、耐候性等。常用的表面剂组分主要为二氧化硅、氧化铝或有机涂层。

2. 锌白

有良好的耐热、耐光、耐候性，不粉化，适用于外用漆，可与树脂中的羧基基团反应生成锌皂，可改善涂膜的柔韧性和硬度，有清洁和防霉作用。由于其折射率比钛白小，所以遮盖力不如钛白。

3. 锌钡白

锌钡白又名立德粉，主要由30%左右 ZnS 和70%左右 $BaSO_4$ 组成，遮盖力比锌白高，仅次于钛白，具有化学惰性和耐碱性，可赋予涂料紧密性和耐磨性，多用于建筑涂料，不耐酸，在阳光下易变暗，不应用于制造高质量的涂料。

4. 硫化锌（ZnS）

其遮盖力、耐酸性比 TiO_2 差，其他性能较它好，如白度、耐磨性、对紫外线反射程度比 TiO2 高，并且对红外线发射能提供低的稳定的吸收，因而非常适用于飞机、宇宙飞船用面漆。

5. 铁系颜料

铁红（Fe_2O_3）、铁黄（$Fe_2O_3 \cdot H_2O$）、铁黑（Fe）（Fe_2O_3），具有很高的化学稳定性。耐光耐碱性好，铁红的耐热性高达 200℃，能强烈吸收紫外线，因而能强有力地保护涂料基料及被覆盖物品免受紫外线破坏。耐水，耐溶剂，耐化学性好，耐候性强，不受大气浸蚀，大量用于建筑涂料和防腐涂料的底漆，有防锈作用和隔离作用。

6. 铬系绿色颜料

铬绿（$PbCrO_4 \cdot xPbSO_4 \cdot FeNH_4[Fe(CN)_6]$），氧化铬绿（$Cr_2O_3$），铬绿不耐碱，不能用于 pH 大于 7 的水性涂料，也应避免与碱性填料如 $CaCO_3$ 混合使用。氧化铬绿吸油量高，耐光，耐高温，耐酸碱，化学稳定性好，广泛用于户外建筑涂料，如耐化工厂酸气涂料，耐海洋大气涂料等。

7. 镉系颜料

由 Cd、SnS、CdSe、HgS 等组成，随原料不同分为红、黄、橙等多种颜色，这种颜料粒径小，着色力、遮光力强，耐高温（400℃以上），耐酸碱，但价格贵，主要用于耐高温的特殊涂料。

8. 群青

群青分子式为：$Na_8Al_6Si_6O_{24}S_{(2\sim4)}$，结构复杂，组成为 Na_2O 19% ~23%、Al_2O_3 23% ~29%、S8% ~14%、SiO_2 37% ~50%，是最美丽的蓝色颜料，吸油量高，耐久性好，耐光耐候，耐热，耐碱，但不耐酸，遇酸分解变黄，在白漆中使用群青可抵消白漆的泛黄。

9. 炭黑

炭黑有炉黑、槽黑、热裂黑、灯黑、乙炔黑几种。炉黑多用于橡胶、塑料。炭黑粒径小，着色力、遮盖力很强，吸油量高，但分散困难，耐光耐热耐高温，耐酸碱，耐化学品性好，尤其能吸收紫外线，可提高涂料的耐候性，在涂料工业中广泛使用。

10. 金属颜料

金属颜料主要包括铝粉、锌粉和铜粉。

铝粉又称银粉，对紫外线有良好的反射能力。从而可延缓紫外线对涂料的老化破坏。具有鳞片状，有很好的隔离阻挡作用，即保障作用。工业上以铝粉浆形式出售，其中含铝粉 65%，35% 为溶剂（硬脂酸-浮型；油酸-非浮型），在涂料中有一定的光泽度及亮度。

锌粉为带蓝相的灰色粉末，为球形粒子，粒径平均 3 ~8μm，广泛用于钢铁的防锈保护，基料多为氯化橡胶、环氧酯、聚氨酯聚酯等。

铜粉又称金粉，呈金黄色，鳞片状粉末，主要应用于纸和纸板，用于涂料起装饰作用。

发光颜料由 ZnS 和硫化锌镉所组成，掺入 0.033% ~1.0% 的活性物质 Ag、Cu、Mg 等，白天在光照下可储存能量，夜晚在灯光照射下可释放出可见光，用于交通、安全标志及军事。

11. 体质颜料

由于对光的折射率低，因而遮盖力、着色力低，但可降低成本，改善涂料的某些性能或消耗某些弊病，可作增稠、流平剂、增强剂，提高阻水阻气性和耐水性、耐候性。表5－3列举了工业上涂料用体质颜料的主要性能。

表5－3　体质颜料的典型性质

名称	分子式	密度/(g/cm³)	折射率	平均粒径/μm	吸油量/(g/100g)	pH值
硫酸盐						
重晶石粉	$BaSO_4$	4.5	1.64	2～5	9	6.9
沉淀硫酸钡	$BaSO_4$	4.35	1.64	0.5～2	14～18	8
石膏	$CaSO_4$	2.35	1.59	2～6	21	
碳酸盐						
重质碳酸钙	$CaCO_3$	2.71	1.49～1.66	1.5～12	6～15	9～10
轻质碳酸钙	$CaCO_3$	2.71	1.49～1.66	0.3～10	5～70	9.5～10.5
白云石	$CaCO_3MgCO_3$	2.86	1.62	10～30	15～19	10
氧化物						
石英	SiO_2	2.6	1.55	2～25	15～25	6.9
硅藻土	SiO_2	1.95～2.35	1.42～1.48	90～150		
合成	SiO_2	2.1	1.46	0.02～0.11	>150	
硅酸盐						
高岭土	$Al_2O_3 \cdot 2SiO_2 \cdot H_2O$	2.6	1.56	2～10	25～43	6.7
滑石粉	$3MgO \cdot 4SiO_2 \cdot H_2O$	2.7	1.59	2～9	30～50	8.1～9.5
云母粉	$K_2O \cdot 3Al_2O_3 \cdot 6SiO_2 \cdot 2H_2O$	2.8	1.59	0.1～5	56～74	7.4
膨润土	$Al_2O_3 \cdot 4SiO_2 \cdot 2H_2O$	1.8				
天然硅灰石	$CaO \cdot SiO_2$	2.9	1.63		21～26	9.9
合成硅灰石	$CaO \cdot SiO_2$	1.86～2.45				9.9

①硫酸盐：主要为$BaSO_4$和$CaSO_4$。$BaSO_4$呈化学惰性、耐酸、碱，耐光、耐热、润滑性和分散性好。作面漆、汽车漆和底漆的填料，$CaSO_4$作底漆填料，可降低成本。

②$CaCO_3$：是最通用的体质颜料。既降低成本又起骨架作用，可增加涂膜厚度，提高机械强度、耐磨性、悬浮性。用于底漆、腻子较多。

③石英砂（SiO_2）：化学稳定性好，价格低廉，在乳胶漆中使用不仅起到填充作用，而且涂刷性好，平光作用和耐候性也好，用在地板漆、甲板漆中还可以改善漆膜的耐磨性和抗滑性。气相SiO_2（白炭黑）是很好的蚀变剂，化学元素稳定性好，但难以分散。天然硅藻土主要用于平光漆和底漆。

④硅酸盐：硅酸盐类体质颜料有滑石粉、高岭土、硅灰石、云母粉等。

滑石粉，可改善涂料的流变性，降低颜料下沉，防止涂料流挂，改善涂料的刷涂性，此外，在漆膜中还能吸收伸缩应力，免于发生裂缝和空隙，因而可增加涂膜的耐久性。

高岭土主要成分是微细高岭土，可提高钛白粉或其他白色颜料的遮盖力，改善涂料的耐久性、流变性和光泽。云母粉粒子呈片状，有阻挡隔离作用，对膜的强度有增强作用，提高其抗开裂性，常用于底漆和防锈漆中。硅灰石主要用于内墙平光涂料，有一定遮盖力和较好的装饰性。膨润土（钠基）主要用于水性涂料或乳胶涂料的触变剂。

5.1.4 有机颜料

有机颜料主要是指含有发色团和助色团的有机化合物，有机颜料有鲜艳的色彩，着色力强，不易沉淀及具有良好的耐化学性能，但遮盖力、耐高温性、耐候性较差。常用的有机颜料有耐晒黄、联苯胺黄、酞菁绿、酞菁蓝、甲苯胺红、大红粉等。常用的发色基团有：亚硝基、硝基、羰基、硫代羰基、偶氮基、氧化偶氮基、偶氮甲碱、乙烯基、苯基等含有不饱和键的基团；助色基团有：氨基、甲氧基、羟基等含有孤对电子的基团，分子中只含发色团不含助色团时一般不显色，但当多个发色团集结时即使没有助色团也可以显色，如：$CH_3—CO—CO—CH_3$是黄色、$C_6H_5—N═N—C_6H_5$为橙色，共轭体系存在有利于发色团显色。无机颜料和有机颜料的性能比较见表5－4。

表5－4　无机颜料和有机颜料的性能比较

性能	无机颜料	有机颜料	性能	无机颜料	有机颜料
溶解性	一般不溶，不扩散	微溶	相对密度	高	低
着色力	低	高	耐热性	高	低
遮盖力	高，不透明	低，透明	亮度	低	高

1. 有机颜料的性能

影响有机颜料性能的因素很多，包括化学组成、化学与物理稳定性、溶解性、粒子尺寸和形态、分散程度、晶体几何形状、折射率、相对密度，对可见光、UV光及IR光的吸收区、消光系数、表面积、表面组成等。这里扼要讨论一下有机颜料的主要性能。

（1）着色强度

着色强度为颜料的光吸收性能所决定，与颜料的分子结构和晶体结构有关。实际应用还取决于粒子尺寸和颜料的有效表面积，因而与颜料的分散度、聚集程度和絮凝程度有关。研磨分散和充分润湿是得到最大着色强度的必要条件。

（2）坚牢度

根据使用环境和条件的不同，有机颜料必须对光、热、气候、溶剂和化学品性呈惰性。

（3）分散

颜料分散的目的，是提供最大的表面积和均匀性，因此对涂料的光泽和透明性有直接影响。硬颜料质地需要更多的功来分散，利用某些体质颜料、表面活性剂及不同的分散技术可以改善颜料质地和与大多数树脂的相容性。

（4）工作性质：主要指颜料的应用和处理等的容易程度，包括相容性、吸油量、流变性、研磨性、润湿性、光泽、遮盖性、絮凝性等。

2. 有机颜料的的品种

有机颜料按其结构分为偶氮颜料、酞青颜料、喹吖啶酮颜料、还原颜料等。

(1) 偶氮颜料

偶氮颜料是有机颜料中用量最多的一种。特点是色彩鲜亮，但耐 UV 性差，户外耐久性不好。主要品种以红色为主，也有黄色、橙色及绿色颜料。分为单偶氮颜料：只含一个偶氮基；双偶氮颜料：含二个偶氮基；偶氮色淀：引入磺酸基，生成 Na、Ca、Ba、Sr 等盐。一些主要偶氮颜料的性能与应用如下：

①对位红用于深色调低中档空气干燥涂料中，有好的遮盖力和化学稳定性，但耐光性、耐修色性、耐烘烤性不好。

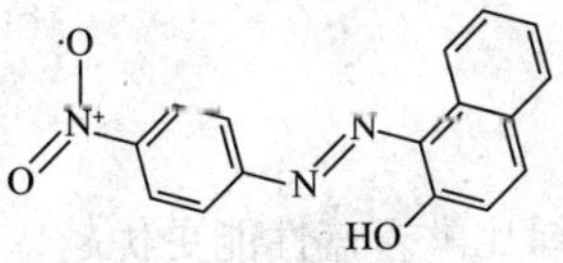

②甲苯胺红具有极其鲜亮的主色，保色性好，耐热、耐化学品，但耐光性不好，用于空气干燥漆和烘烤漆。

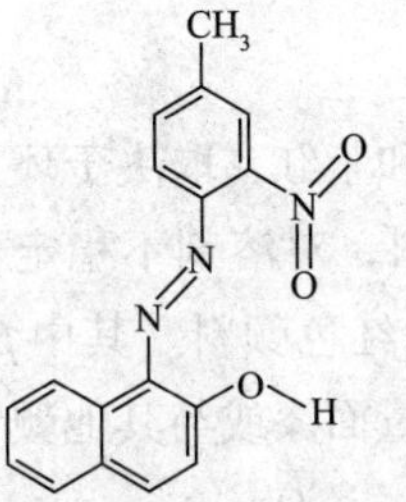

③偶氮色淀立索尔红-Na 盐为橙红色，Ba、Ca、Sr 盐依次为暗红到蓝红，Ba 和 Ca 盐用作低档磁漆，具有好的亮度、遮盖力和耐渗色性，但耐光性、户外耐久性、耐热性和耐化学品性差。

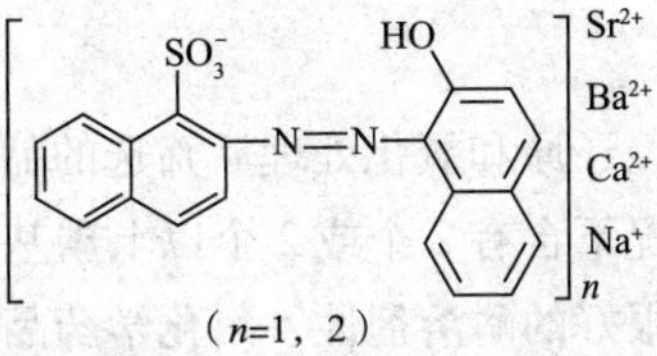

(n=1，2)

④苯甲酰老红　透明度高，耐热性、耐渗色性和户外保光性好，用作汽车金属色漆。

⑤吡唑啉酮红　着色力强，透明度高，耐热和耐渗色性都比单偶氮颜料好，耐化学药品性和主色耐久性好，但耐光性较差，用于自行车、玩具、钢笔和装饰品用漆。

⑥汉沙黄　色彩鲜亮，强度高，透明性好，耐光、化学品性好，耐热性差，用于耐化学品漆。

(2) 酞菁颜料

具有优良的耐酸、耐碱、耐候和耐光性，着色力极好，颜色鲜艳，遮盖力非常强。

酞菁蓝是最优良的蓝色颜料，主要组成是铜酞青（$C_{32}H_{16}N_8Cu$），分子结构为

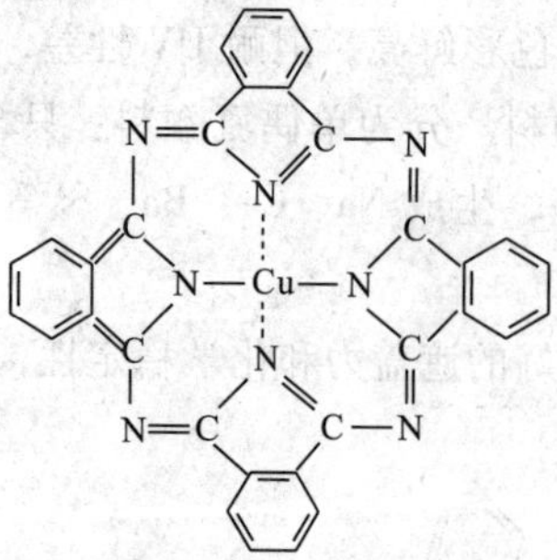

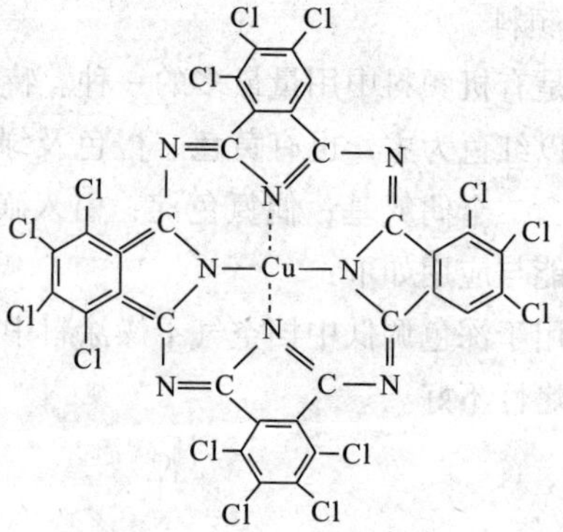

在涂料工业中用量很大，酞菁绿比酞青蓝性能更优越，在酞青蓝粗品的基础上，在氯化铜触媒作用下，通氯气氯代，直到形成14氯代物，颜色变为绿色（$C_{32}H_2N_8Cl_{14}Cu$）。

没有结晶问题，使用时可添加少量助剂如苯甲酸铝等，是最优良的绿色颜料，但价格昂贵。

（3）喹吖啶酮颜料

颜色有橙色、老红、猩红、品红和紫红，取决于环上是否有取代基及晶态。线型反式喹吖啶酮有4种品型：α型为蓝色红光颜料，对溶剂不稳定，不能直接作颜料使用；β型为鲜亮紫色颜料；γ型为蓝色红光颜料；δ型为红色颜料。其中β型和γ型具有工业价值，耐热、耐化学品性以及耐光性好，广泛用于高质量面漆或与其他颜料混合用。基本结构如下：

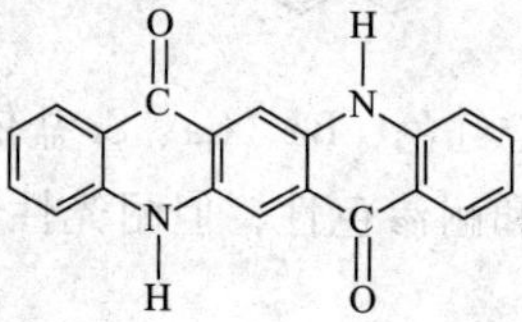

（4）还原颜料

还原颜料是以还原染料纯品经还原和氧化处理后筛选的品种。有黄、红、蓝、橙色。主要应用于轿车闪光面漆。大多数情况下含有2个或2个以上羰基。按其结构主要分为硫靛型、萘二酰胺型、苝型、蒽醌型，具有很好的耐溶剂性、耐化学药品性及耐久性。结构如下：

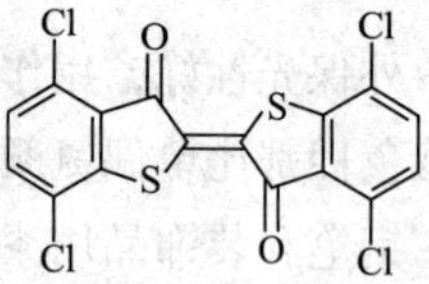

枣红色

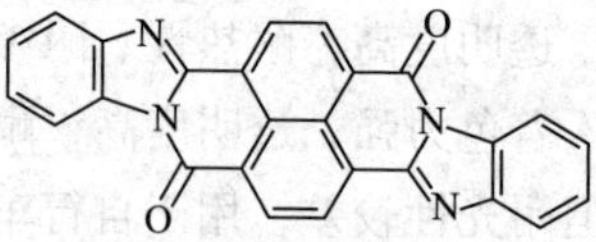

橙色

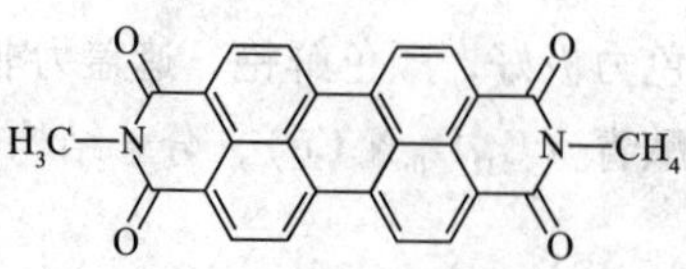

大红

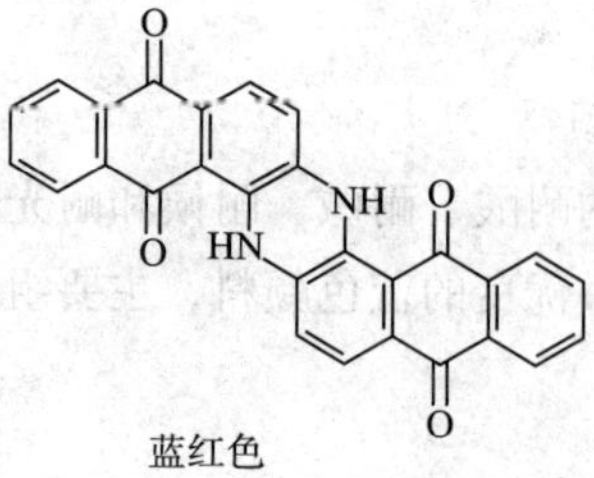

蓝红色

5.2　颜料分散理论

在涂料的生产过程中，颜料分散性越来越引起行业的重视，高质量的涂料必须要有卓越的鲜艳色、光泽、丰满度和良好的着色性能等。

涂料厂购入的颜料均以其原级粒子、附聚体和聚集体的混合体存在。原级粒子是颜料制造过程中形成的单个晶体或缔合晶体，粒度为5nm～1μm，能轻易地分散到漆料中去，附聚体是原级粒子间以边和角相连接结合而成的结构松散的大的颜料粒子团。聚集体是原级粒子间以多面相结合或晶面成长在一起的结构紧密的大的颜料粒子团。附聚体大多是颜料生产在干燥和随后的干磨过程中形成的。聚集体是颜料生产的成熟化阶段形成的。附聚体和聚集体合称为颜粒的二次粒子。通常附聚物分子之间的吸引力要弱得多，粘接不那么牢固，比较容易分散；而聚集体由于分子吸引力较大，粘接比较牢固，分散比较困难。

分散性能是指颜料颗粒的聚集体，在漆料中分散的难易程度和分散后的分散状态。它取决于颜料的本性和制备法（如颗粒大小和颗粒分散度等因素）。颜料经后处理，其分散性能可能改进。例如：经气流粉碎加工和表面活性剂处理的颜料，其分散性可大大提高。涂料工业中使用的绝大多数颜料是不溶于水或基本不溶于水和油的，但却可以被他们所润湿，并能均匀地分布于其中。

颜料在漆料的分散过程是由三个阶段所组成：润湿、机械化解聚集和稳定化。三者的关系是：润湿是基础，解聚集是为了更充分地润湿，而达到稳定状态是最终目的。

颜料在漆料中的润湿与解聚集主要通过设备来完成，是创造稳定化的前提，但不足以得到稳定化体系，当剪切力消除时，又可能重新附聚或凝聚，因此必须加入分散剂以稳定已分散的颜料粒子。润湿使颜料颗粒表面吸附的水分、气体被油取代，使颜料颗粒被漆料所润湿。颜料的润湿，并不是指固体与液体的简单结合，或粉状体在液体中的机械分布，而是由于在相的界面上，固体颜料分子与漆料液体分子之间形成一种直接而稳定的吸附键，并且被吸附在颜料固体表面上的分子与其余液体之间保持着亲和力。

借助外加机械力，将二次粒子恢复成或接近恢复成原级粒子的过程，叫解聚过程。这种机械力由研磨分散设备提供，即通常所说的砂磨机、球磨机、三辊机和高速分散机等。研磨分散的效率将直接影响色漆生产线的单位时间产量和能量消耗。

二次粒子解聚集的目的是使过大粒子解聚，接近达到原级粒子大小，其程度与颜料的性质（如硬度、表面形状、聚集程度）和漆料的性质（如黏度）等有关外，特别与施加的机械力的方式和大小有关。

分散（研磨），是指利用机械能，把颜料颗粒的聚集体打开，分散并非只是粉碎研磨的过程，而是颜料聚集体和附聚体粒子间的分离，粒子在介质（分膜物）中均匀地分布，最后体系（涂料）的稳定化阻止其重新聚集、絮凝和沉淀形成的过程。

机械分散可分为剪切分散型、内部剪切分散型、冲击分散型、摩擦分散型等，工业常用的分散设备是球磨机。分散的粒子受重力影响倾向于重新聚集而沉降，是分散系统的不稳定性。当色漆储存时，部分颜料沉积在底部结成不可逆转的硬块，颜料结块沉淀，影响涂装效果。储存时，部分颜料粒子夹持着漆料组成结构松散、体积膨大的絮凝物而沉降，这是颜料絮凝沉降，这种过程是可逆的，而色漆因异种颜料间在沉降特性上的差异，造成涂装后颜色不均匀，浮色发花，妨碍制品的美观。还有色漆在储存中出现异常增稠的现象，也就是黏度异常变化，上述现象是颜料粒子和漆料相互作用、粒子受力情况变化的结果。

稳定化阶段使分散后的颜料，能维持良好的分散状态，如不重新聚集、不絮凝、不下沉、不结块和不漂浮等。

分散过程，则是润湿过程的继续，进行颜料粒子解聚。使这些粒子能完全被漆料所润湿，并在每个粒子周围形成所谓溶剂膜，以消除粒子再度聚集的可能性，最后使粒子均匀地分布在漆基中。因此常常借助于一些助剂来改善颜料的润湿性，或防止颜料颗粒的聚集。颜料的分散性能对颜料的遮盖力和着色力的强弱有很明显的影响。

已经被润湿和解聚的颜料颗粒分布到大量的树脂中，这样就有足够的树脂包覆在颜料粒子周围并将其彼此隔离开来，从而减小了颜料粒子间的作用力，避免了颜料颗粒的相互接触，从而使体系稳定下来。这种被润湿和解聚的颜料颗粒被足够厚的、连续的、小挥发的成膜物质永久地分散开来，使分散体系在无外加机械力的作用下，也不会出现颜料粒子再次聚结形成大颗粒的过程，叫颜料的稳定化过程。

一般认为，完全的分散在任何体系中都不会达到，除非体系中，润湿、附聚体尽量减小及稳定化作用三个因素相继出现或同时呈现。稳定化机理是电荷相斥或熵相斥，颜料粒子的稳定主要取决于颜料粒子之间的三种作用力：①范德华力-吸引力随粒子直径的增大而增大，随粒子分隔距离的增大而减小。②静电力，随粒子尺寸、粒子表面双电层厚度的增大而增大，随粒子距离的增大而减小，还与溶液的 pH 值、盐浓度和盐离子价数有关。③空间位阻力-也是排斥力，与其吸附的聚合物颜料粒子表面的功能基团（如—OH、—COOH、—NH_2）和溶剂的性质有关。

颜料粒子表面的功能基因（如—OH，—COOH，—NH_2，—SO_3H 等）与聚合物之间产生作用；无机颜料通常为极性，可以吸附的聚合物分散剂种类很多；有机颜料可以通过表面处理增加其极性直至分散。

溶剂对立体位阻效应的影响有两方面：①含有羟基、氨基、羧基或氢键基团的溶剂可以作为吸附在颜料粒子表面的聚合物分散剂的置换剂，这时溶剂/颜料粒子之间的作用力大于颜料粒子/聚合物之间的作用力；②溶剂直接决定聚合物或聚合物分散剂在涂料中的相容性。溶剂/聚合物或聚合物分散剂的相互作用可以利用 Flory-Huggins 相互作用参数（χ）表示：$\chi = 0 \sim 0.5$，χ 值越小，相溶性越好。

溶剂影响聚合物的溶解，同时影响颜料粒子的湿润，聚合物和聚合物分散剂/颜料粒子/溶剂之间，三种相互作用必须平衡，分散稳定性最好。

溶剂必须有效地润湿粒子表面，但润湿程度太高影响颜料粒子表面对聚合物分散剂的吸附，或置换被吸附在粒子表面上的聚合物分散剂；溶剂对聚合物的亲和力必须足够高，以保证聚合物溶剂化，但亲和力太高导致聚合物分散剂倾向留在溶液中而不被颜料粒子表面所吸附。聚合物分散剂与颜料粒子的亲和力必须足够高，但太高又影响聚合物的溶剂化和稳定段尾端的足够厚度。

当三种力平衡时，才能得到稳定化体系，三种力的相互作用关系，构成了颜料的分散理论。加助剂（润滑剂，分散剂）的作用就是促使平衡向减小吸引力，增大排斥力的方向移动，使颜料粒子间的距离变大，从而达到充分分散的目的。

5.3 配色技术

5.3.1 颜色的基本知识

人用肉眼所能感觉到的光波波长范围在400~700nm之间，即可见光波长范围，是由红、橙、黄、绿、青、蓝、紫7种单色光组成。光照射时会出现三种情况：反射、透射和吸收。

通常根据颜色的三要素—色调、明度和彩度来标明涂膜的颜色或区分其颜色上的差别。色调是指红、黄、蓝三种颜色之间的颜色差别，是表示涂膜的颜色在“质”的方面的特性。明度是指颜色的明暗深浅的差别，表示颜色在“量”方面的特性，即表示一个涂膜反射的光线多少的知觉属性。彩度是表示颜色的饱和程度即纯洁度的一种特性。彩度越高颜色越鲜艳，表明涂膜的反色光谱的选择程度越高。三种基色（红、绿、蓝）按不同比例合成，可以引起不同的彩色感觉；合成的彩色光的亮度取决于三基色亮度之和；三种基色彼此独立，不能由其他基色合成。只有其色调、明度、彩度三种特性都相同，两种颜色才相同。

5.3.2 配色方法

1. 传统配制法

人工配制复色漆，主要凭实际经验，按需要的色漆样板来识别出存在几种单色组成，各单色的大致比例是多少，做小样调配实验，然后进行配制，但也必须按照色彩学的基本原理进行。传统配制程序是：标准色卡→查配方→配色比较。

油漆的色彩有7样。红色、黄色、绿色，通常叫原色，两种原色的混合是间色，两间色相混合或三原色不等量相混合所产生的色彩叫复色。原色和复色如用白色充淡，可以调节为浅红、粉红、浅蓝、天蓝等深浅不同的色彩。如加入不同分量的黑色，又可以调出棕、灰、褐色、黑绿等到明度不同的各项颜色。因此白色和黑色又叫消色。

色漆的调配注意事项：在自然光照下配色，油漆的配色是要按样板的颜色进行，先试配小样，再对照样板，确定有几种颜色的复色漆，然后把这几种颜色漆分别装在罐中，先称毛重，再用它调色，配色完工后再称一次，这两次称量之差，就是参加配色各种色漆的重量，作为调配大样时的参考。在配色的过程中，参加配色的色漆要慢慢地加入，不停地搅动随时察看不要使它过多，由浅到深直到配准为止。

在调配复色漆时，要选性能相同的涂料相配；配色时，先要选定主色，并估计各种颜色的比例，然后由浅入深地进行调配，变加边搅拌；要注意调配过程中还要加哪些辅助性材料，如催干剂、稀释剂、固化剂等。在调配灰色、绿色漆时，用中性色配成的，可能会发生浮色现象。这时可以加一点微量硅油防止。

2. 电脑配色法

现代调色技术是当今国际上流行的生产方式，近年来，国外先进的调色技术及与调色技术有关的产品不断进入中国，国内涂料行业采用现代调色技术将进入实质性阶段。

目前，世界上电脑配色大体上有这几种方式：一种是选用常用的颜料作为基本颜色，在大量实验的基础上得出调色配方输入计算机，使用计算机从中检索出相近的配方。这种方法简单可靠，但只限于几种常用的颜料，实际使用中时常受到限制。另外是一体化调色系统所代表的配方数据法颜色管理软件的配色方式，以色度值计算法色彩管理系统配色软件的电脑调色系统及颜色管理软件组成的电脑配色方式。根据颜色配方产生的方法不同，配色软件有两种：

（1）配方数据法

依据采用的色浆系统，在颜色数据库中可储存数万个颜色配方，每个配方表达着色空间的一个点，当分光光度仪读取颜色样板的色度值并传递给颜色管理软件时，软件就会按照设定的容许度，在数据库中搜索出若干配方并修正给出。此方法的特点：须使用通用色浆、色卡等必要的组成产品以及配套的颜色管理软件；有配方库给出的配方，符合涂料诸多性能要求；颜色准确性较高、重现性好、误差较小；数据库稳定。

采用通用色浆为基础的一体化调色系统，是通过实验获得调色配方作为数据库后存入电脑。使用时用户只需将某种特定的颜色编号或代码输入电脑中，即可检索出所需的颜色配方。同时输入包装桶尺寸或需要调色的数量以及产品品种等基本数据后，色浆注入机（调色机）根据电脑配方的指令，按体积注入的方式准确注入实现这种颜色所需的色浆，经混匀后调色过程结束。整个过程只需几分钟时间。

（2）色度值计算法

首先，通过分光光度仪将采用的颜料或色浆系统及其一系列不同冲淡色的色度值，输入电脑中建立相应的色度值数据库。由分光光度仪读取颜色样板的色度值，配色软件计算出颜色配方。此方法的特点可任选颜色或色浆，配色系统及软件适用性强；配色的准确性取决于数据库的建立；颜料或色浆变化时，数据库需做适当修正；建立数据库时需制作每个原色浆的色卡，有一定的工作量。

色度值计算法电脑配色系统由色卡涂刮仪、分光光度仪、电脑（包括色彩管理系统配色软件）、打印机、自动调色装置等组成。其基本工作原理是通过分光光度仪读取任意颜色的色度值，配色软件进行比较与计算，给出（若干）颜色的基本配方，供调色使用。

对于电脑配色系统来说，数据库的正确建立在配色计算中是最重要的一个部分，若资料库并未被正确建立，则配色就不能进行。

通过分光光度计测量制作的各色样卡，并将测量的相关数据输入电脑储存，即建成基础数据库，亦即用户配色用色库。测量光谱反射率是建立数据库的关键，测量的精度直接关系到配色的结果。

保存在资料库中的每一种颜色的特性信息，都是通过一组相同颜料在不同比例下制成的样板，由分光光度仪测定，从波长 400nm 到 700nm 中的反射率值，每隔 20nm 将一个数据输入资料库获得。系统将反射率数据计算出任何一种颜色的 K 和 S 值，这里的 K 值是颜色吸收光线的系数，S 值是颜料反射光线的系数，电脑根据这些信息对配方进行预测。因此，在制备样板时应尽量做到准确，并将有关数据准确记录下来。

建立资料库时，重要的一点在于必须保证所有颜色批量应相同，特别是钛白浆、黑色浆和树脂，所有样板必须是全遮盖的。

思考题

1. 颜色的三要素的含义是什么？
2. 简述颜料的分散理论。
3. 颜料的主要作用是什么？
4. 影响遮盖力的主要因素有哪些？
5. 促进分散体系稳定的措施是什么？

第6章　涂料的成膜与胶黏剂的胶接理论

涂料涂覆于物体表面以后，由液体或疏松粉末状态转变成致密完整的固态薄膜的过程，即为涂料的成膜，亦称之涂料的干燥和固化。胶接是一个复杂的物理、化学过程。胶接理论是研究胶接力形成机理、解释胶接现象的理论。

6.1　涂料的成膜理论

涂料只有在基材表面形成一层坚韧的薄膜后才能充分发挥其功能，一般来说，涂料首先是一种流动的液体，在涂布完成之后才逐渐从液态变为固态，形成连续有附着力的薄膜，是一个玻璃化温度不断升高的过程。按照成膜过程中树脂基料的结构是否发生了变化，成膜机理可以分为物理成膜和化学成膜，物理成膜理论认为转变成膜主要通过溶剂挥发和分子链缠结成膜或者水的挥发、乳胶粒凝聚成膜以及热熔成膜；化学成膜主要通过树脂基料发生交联反应形成体型结构成膜，如环氧基团和氨基的反应等。

涂膜干燥是涂料施工的主要内容之一，由于这一过程不仅占用很多时间，而且有时能耗很高，因而对涂料施工的效率和经济性产生重大的影响。

只靠涂料中液体（溶剂或分散相）蒸发而得到干硬涂膜的干燥过程称为物理机理固化。高聚物在制成涂料时已经具有较大的分子量，失去溶剂后就变硬而不粘，在干燥过程中，高聚物不发生化学反应。而涂料与空气发生反应的交联固化是氧气能与干性植物油和其他不饱和化合物反应而产生游离基并引起聚合反应，水分也能和异氰酸酯发生反应，这两种反应都能得到交联的涂膜，所以在储存期间，涂料罐必须密封良好，与空气隔绝。通常用低分子量的聚合物（分子量1000～5000）或分子量较大的简单分子，涂料的固体分可以高一些。涂料在储存过程中，必须保持稳定，可以用双罐装涂料法或是选用在常温下互不发生反应，只是在高温下或是受到辐射时才发生反应的组分。涂膜固化机理的比较见表6－1。

表6－1　涂膜固化机理

干燥机理	涂料中液体的挥发	涂料和空气之间的交联反应	涂料组分之间的交联反应
涂料中成膜物质的分子量	高	低	高或低
涂料的固体分	溶液型涂料：低，10%－35% 乳液型涂料：中到高，40%－70%	中到高25%－100%	中到高30%－100%
涂膜中聚合类型	线型	交联型	交联型

续表

干燥机理	涂料中液体的挥发	涂料和空气之间的交联反应	涂料组分之间的交联反应
抛光性、修补性、再流平性	好	可或差	可或差
不加热时的干燥速度	快	慢到适中	较快
储运情况	好	涂料罐必须密封良好	除烘干和辐射固化型之外，必须双罐装
举例	硝酸纤维素和其他挥发性漆 某些乳胶漆 某些有机溶胶漆	装饰性（建筑）漆 某些烘漆 单罐装聚氨酯	工业烘漆 酸催化漆 聚氨酯涂料 不饱和聚酯木器涂料

涂料成膜主要靠物理作用和化学作用来实现，挥发性涂料和热塑性粉末涂料等，通过溶剂挥发或熔合作用，便能形成致密涂膜；热固性涂料必须通过化学作用才能形成固态涂膜。

仅靠物理作用成膜的涂料称之非转化型涂料，它们在成膜过程中只有物理形态的变化而无化学作用，此类涂料包括挥发性涂料、热塑性粉末涂料、乳胶漆及非水分散涂料等。

此类涂料施工以后的溶剂挥发分为三个阶段，即湿阶段、干阶段和两者相重叠的过渡阶段。液态涂料施工到被涂物件表面后形成了可流动的液态薄层，通称为“湿膜”，它要按照不同的机理，通过不同的方式，变成固态的连续的“干膜”，才得到需要的涂膜。“干膜”由“湿膜”变为“干膜”的过程通常称为“干燥”或“固化”。这个“干燥”或“固化”过程是涂料成膜过程的核心阶段。从液态到固态，黏度和强度发生变化。

“干燥”或“固化”过程的速度（干燥速度）和达到的程度（干燥程度）是由涂料本身组成结构、成膜的条件（温度，湿度，涂膜厚度等）和被涂物件的材质特性所决定的。成膜工艺分常温固化成膜、加热固化成膜（包括蒸气、电、远红外线加热等形式）和特种固化成膜（包括电子束固化、光固化、氨蒸气固化等）。

6.1.1 溶剂性涂料的物理干燥

挥发性涂料的品种有硝基漆、过氯乙烯漆、热塑性丙烯酸漆及其他烯基树脂漆等。这类涂料的树脂分子量很高，靠溶剂挥发便能形成干爽的硬涂膜，在常温下表干很快，故多采取自然干燥方法。

热塑性高分子只在较高的分子量下才呈现出较好的物理和化学性能，但分子量高，玻璃化温度和黏度随之升高，必须用足够的溶剂将体系的玻璃化温度和黏度降低，使 $T-T_g$ 的数值大到足够使溶液可以流动和涂布，在涂布以后溶剂挥发，分子链紧密缠结形成固体薄膜。理想的溶剂性涂料应该是施工时可以自由流动，在物件表面上铺展成均匀的膜，然后溶剂能快速挥发。溶剂的挥发可以分为3个阶段：阶段Ⅰ，溶剂表面快速挥发，导致表面层聚合物浓度增加；阶段Ⅱ，溶剂通过聚合物浓度层扩散至表面进一步挥发；阶段Ⅲ，残留的溶剂进一步扩散挥发。在阶段Ⅰ，溶剂的挥发速度主要取决于溶剂的蒸气压、溶剂蒸气的密度、蒸发潜热、溶液的表面张力、相对湿度、膜的比表面积和涂料表面气流的强度。

随着溶剂的挥发，体系的黏度增加，T_g增加，自由体积减小，此时溶剂的挥发速度不仅取决于溶剂挥发的快慢，而且取决于溶剂分子达到膜表面的速度，即达到阶段Ⅱ——溶剂的挥发速度受溶剂通过膜的扩散速度所控制。溶剂分子从一个自由体积孔穴跳跃到另一个自由体积孔穴，最后到达膜表面。随着溶剂的进一步挥发，聚合物溶液 T_g接近成膜温度，自由体积孔穴很少，残余在涂膜中的溶剂挥发，即阶段Ⅲ。

在湿阶段，溶剂挥发与简单的溶剂混合物蒸发行为类似，溶剂在自由表面大量地挥发，混合蒸气压大致保持不变且等于各溶剂蒸气分压之和。在过渡阶段，沿涂膜表面向下出现不断增长的黏性凝胶层，溶剂挥发受表面凝胶层的控制，溶剂蒸气压显著地下降；在干阶段，溶剂挥发受厚度方向整个涂膜的扩散控制，溶剂释放很慢。

颜料对挥发速度能产生不同的影响：粗分散的颜料能加速挥发，细分散的颜料特别是片状结构的颜料能使挥发速度降低。

对于指定配方涂料，相对干涂膜中溶剂保留量取决于涂膜厚度。不同配方的涂料，影响溶剂保留率的因素包括溶剂的分子结构和大小、树脂分子结构与分子量大小及颜填料形状和尺寸。体积小的溶剂分子较易穿过树脂分子间隙而扩散到涂膜表面，带有支链体积较大的溶剂分子易被保留，并且与溶剂的挥发性或溶解力之间没有对应关系。分子量高的树脂对溶剂的保留率较高，硬树脂对溶剂保留率要比软树脂大；加增塑剂或环境温度提高到玻璃化温度以上，都将明显地增强溶剂的扩散挥发。

环境条件对挥发性涂料干燥的影响因素是空气流速和温度。湿阶段溶剂大量迅速挥发，表面溶剂蒸气达到饱和，此时提高空气流速有利于涂膜的表干。

提高温度使涂膜中溶剂扩散性增加，有利于实干和降低溶剂保留率；但温度提高使溶剂饱和蒸气大幅度增加，结果涂膜表干太快，流平性很差，在低温烘干强制干燥时，可通过控制好一定的闪干时间来解决这一矛盾。

6.1.2 乳胶漆的物理干燥

乳胶漆的成膜机理是随着分散介质（主要是水和共溶剂）挥发的同时产生聚合物粒子的接近、接触、挤压变形而聚集起来，最后由粒子状态的聚集变成为分子状态的凝聚而形成连续的涂膜。

通过粒子凝聚成膜的还有非水分散体系、有机溶胶、增塑溶胶和水稀释性树脂体系，以及粉末涂料体系。机理主要有凝聚理论、毛细管理论和相互扩散理论。凝聚理论：Bradford 等认为乳胶的成膜是由于聚合物表面张力增大导致乳胶粒子的凝聚而成的。毛细管理论：Brown 认为乳胶成膜是由毛细管力产生的。该理论认为乳胶成膜分为两个阶段：第一阶段，随着水的挥发，未变形的粒子形成网状结构；第二阶段，变形粒子凝聚形成均相涂膜。相互扩散理论由 Voyutskii 提出，认为乳胶成膜分为三个阶段，首先水的挥发使得粒子间区稳定剂浓度增加，其次球形聚合物粒子的部分变形，上述两过程中，表面张力和毛细管力均起重要作用，最后稳定剂排除。

乳胶漆的干燥，必须包括聚合物粒子由单个变成膜的过程，即单个粒子的变形及自由扩散进入邻近粒子，要扩散进入必须有自由体积孔穴作保证。故成膜速度与（$T-T_g$）有关，$T-T_g$

值越大，成膜速度越快，但它亦影响膜是否为固态膜，抗粘着性实验表明 $T-T_g \leqslant 21℃$。可由两种途径解决这种矛盾：一是加入成膜助剂，成膜助剂的加入使聚合物 T_g 降低，随着助剂的挥发，T_g 升高。二是设计乳胶粒子的结构，如核-壳结构，较高 T_g 为核，较低 T_g 为壳，凝聚成膜的 T_g 接近聚合物的平均 T_g。

热塑性乳胶涂料的干燥成膜与环境温度、湿度、成膜助剂和树脂玻璃化温度等相关。

环境湿度极大地制约着成膜湿阶段水的蒸发速率，提高空气流速可大大加快涂膜中水的蒸发；当乳胶粒子保持彼此接触时，水的挥发速率降至湿阶段的5%～10%。此时如果乳胶粒的变形能力很差，将得到松散不透明且无光泽的不连续涂膜。为了赋予乳胶漆膜应用性能，树脂的玻璃化温度都在常温以上，故加入成膜助剂来增加乳胶粒在常温下的变形能力，使乳胶漆的最低成膜温度达到10℃以上，彼此接触的乳粒将进一步地变形融合成连续的涂膜。在乳胶粒熔合以后，涂膜中水分子通过扩散逃逸，释放非常缓慢。

乳胶涂料的表干在2h以内，实干约24h左右，干透约需2周。成膜助剂从涂膜中挥发速率按乙二醇单乙醚、乙二醇单丁醚、乙二醇丁醚醋酸酯、乙二醇、二乙二醇单丁醚依次递减。乙二醇单甲醚蒸发太快，在到达干膜前便完全逸失；乙二醇醚醋酸酯则基本上全部分布于树脂相中。这两种助剂在干阶段对水的蒸发影响较小。乙二醇丁醚则趋向于在水相和树脂相之间分配，水蒸发受其分配率的影响。乙二醇的存在使之形成一个连续的膨胀的亲水网状结构，使极性成膜助剂易于扩散逃逸。但乙二醇比丙二醇有更强的吸湿性，涂膜干透较慢，添加丙二醇的乳胶漆膜在几周以后保留极少的水或成膜助剂，不至于对涂膜（特别是户外涂料）产生不利影响。

热塑性粉末涂料、热塑性非水分散涂料必须加热到熔融温度以上，才能使树脂颗粒融合形成连续完整涂膜，即热熔融成膜，此时成膜取决于熔融温度、熔体黏度和熔体表面张力。

6.1.3 氧化干燥

反应成膜是指可溶的低分子量的聚合物涂覆在基材表面以后，在加温或其他条件下，分子间发生交联反应形成三维网状结构而转变为坚韧的薄膜的过程，是热固性涂料的共同成膜方式。其中如含干性油或者半干性油的不饱和聚酯涂料、醇酸树脂涂料等通过氧气发生氧化交联反应成膜，环氧树脂与多元胺或者酸酐反应交联成膜，多异氰酸酯与含羟基低聚物如聚醚多元醇反应生成聚氨酯成膜，有机硅树脂通过烯氢加成反应成膜，光固化涂料通过自由基或阳离子聚合成膜等。

靠化学反应交联成膜的涂料称之转化型涂料，此类涂料的树脂分子量较低，它们通过缩合、加聚或氧化聚合交联成网状大分子固态涂膜。

由于缩合反应都利用加热获取化学反应的能量，使涂膜固化，故此类涂料称之热固性涂料。像酚醛漆、氨基烘漆、聚酯漆、丙烯酸烘漆等都是通过缩合反应固化成膜；不饱和聚酯、双组分环氧、双组分聚氨酯等则通过加聚反应固化成膜；油性漆、醇酸漆、环氧酯涂料则通过氧化聚合反应固化成膜。因此，转化型涂料的类型具体可分为气干型涂料、固化剂固化型涂料、烘烤固化型涂料三类。

气干型涂料是利用空气中的氧气或潮气来固化成膜的涂料。

氧化聚合涂料：含干性油的涂料按氧化聚合方式成膜，干燥性能与油的性质、油度、催干剂等有关。

含干性油或半干性油涂料如不饱和聚酯涂料、醇酸树脂涂料、酚醛树脂涂料和天然树脂涂料等可以通过与空气中的氧发生氧化交联反应，生成网状大分子结构。反应机理如下：

非共轭双键体系（α-位亚甲基的氧化）：

$$R\sim\sim\sim CH{=}CH{-}CH_2{-}CH{=}CH\sim\sim\sim R \xrightarrow{O_2} R\sim\sim\sim CH{=}CH{-}\underset{\substack{|\\O\\|\\O\\|\\H}}{CH}{-}CH{=}CH\sim\sim\sim R$$

分解产生自由基：

$$R{-}OOH \longrightarrow RO\cdot + \cdot OH$$

$$2R{-}OOH \longrightarrow RO\cdot + ROO\cdot + H_2O$$

自由基进攻，发生交联反应：

$$RO\cdot + RH \longrightarrow ROH + \cdot R_1$$

$$R\cdot + R\cdot \longrightarrow R{-}R \quad \text{碳碳交联}$$

$$RO\cdot + R\cdot \longrightarrow R{-}O{-}R \quad \text{醚键交联}$$

$$RO\cdot + RO\cdot \longrightarrow R{-}O{-}O{-}R \quad \text{过氧基交联}$$

共轭双键体系（主要是碳碳交联）：

$$\sim\sim\sim\sim CH{=}CH{-}CH{=}CH\sim\sim\sim\sim \xrightarrow{O_2} \sim\sim\sim\sim \underset{|}{CH}{-}CH{=}CH{-}\underset{|}{CH}\sim\sim\sim\sim \text{（两端 CH 经 O—O 相连）}$$

$$\sim\sim\sim\sim CH{-}CH{=}CH{-}CH\sim\sim\sim\sim \text{（O—O 桥）} \longrightarrow \sim\sim\sim\sim \underset{\substack{|\\OO\cdot}}{CH}{-}CH{=}CH{-}\dot{C}H\sim\sim\sim\sim$$

$$\xrightarrow{\sim\sim\sim\sim CH{=}CH{-}CH{=}CH\sim\sim\sim\sim} \begin{array}{l}\sim\sim\sim\sim CH{-}CH{=}CH{-}CH\sim\sim\sim\sim\\ \sim\sim\sim\sim CH{-}CH{=}CH{-}CH\sim\sim\sim\sim\\ \sim\sim\sim\sim CH{-}CH{=}CH_2{-}CH_2\sim\sim\sim\sim\end{array}$$

催干剂有主催干剂和助催干剂，主催干剂主要为钴、锰、铈催干剂，起催化作用。机理：催化氧化及增加吸氧速度。以钴为例，

在钴金属催干剂、光或热作用下，过氧化物分解成烷氧基：

$$ROOH + Co^{2+} \longrightarrow RO\cdot + Co^{3+} + OH^-$$

$$ROOH + Co^{3+} \longrightarrow ROO\cdot + Co^{2+} + H^+$$

助催干剂，这类催干剂单独不起催干作用，但它们可以提高主催干剂的催干效率，还可以起到使漆膜干燥均匀（表里一致）、消除漆膜起皱和使主催化剂稳定等作用，属于这一类的有锌、钙、锆、铅、稀土催干剂。

一般情况下，含干性油树脂的氧化干燥成膜过程可以分为下列几步：由于抗氧剂存在产生的诱导期被破坏；氧的摄取成为可测量，并生成氢过氧化物和共轭体系；氢过氧化物发生分解成自由基，并且浓度增加，反应为自动催化；开始发生交联反应和断链反应，分别生成网状结构和低分子副反应产物，氧的吸收量在成膜时达到最高值。

过氧基可以夺取两个双键间的 α-H 形成过氧化氢和自由基，则在过氧化氢的形成过程中，碳自由基、烷氧基之间彼此结合而交联。

显然，含共轭双键的油基在一个氧分子进攻下能产生两个自由基，而非共轭双键只形成较难分解的过氧化物，共轭双键的油基干燥较快，并在催干剂的作用下大大加速。其中钴干料是表干催干剂，铅干料起输送氧的作用，增加涂膜的吸氧能力，使涂膜底部和表面均衡地干燥，以防涂膜起皱。

氧化聚合涂料采用高沸点的溶剂汽油、松香水等挥发性较慢的溶剂，但交联反应的速度更慢，干燥主要由氧化聚合反应所决定。通常表干需 6h、实干需 18h 以上。

潮气固化涂料主要是潮气固化聚氨酯和潮气固化环氧涂料这两种。潮气固化聚氨酯是利用聚氨酯树脂的端异氰酸酯与空气中水分子反应：

$$\sim\sim NCO + H_2O \xrightarrow{慢} \sim\sim NH_2 + CO_2\uparrow$$

$$\sim\sim NH_2 + OCN\sim\sim \xrightarrow{快} \sim\sim NHCONH\sim\sim$$

潮气固化环氧涂料测利用酮亚胺潜伏型固化剂来交联成膜：

$$C_2H_5(CH_3)C=NCH_2CH_2N=C(CH_3)C_2H_5+2H_2O \rightarrow H_2NCH_2CH_2NH_2+2C_2H_5(CH_3)C=O$$

6.1.4 化学干燥

化学干燥常常涉及官能团之间的缩聚反应。常用的官能团有羟基、羧基、羟甲基、环氧基、异氰酸基、酰氨基、氨基等。化学干燥分为分子内缩聚反应和分子间缩聚反应。固化剂固化型涂料多为双组分涂料，两个组分之间有很高的化学活性，因此在常温下能固化成膜，并且混合以后只有 4～8h 的使用期。主要品种有环氧、聚氨酯和不饱和聚酯等。组分之间的混合比对涂膜性能和干燥影响很大。

1. 双组分环氧涂料

这种涂料都用胺作固化剂，固化反应如下：

$$\sim\sim CH_2\underset{\diagdown O \diagup}{CHCH_2} + H_2NR \longrightarrow \sim\sim CH_2\underset{|\atop OH}{CH}CH_2NHR \xrightarrow{\sim\sim CH_2\underset{\diagdown O \diagup}{CHCH_2}}$$

$$\sim\sim CH_2\underset{|\atop OH}{CH}CH_2\underset{|\atop CH_2\underset{|\atop OH}{CH}CH_2\sim\sim}{N}R \xrightarrow{\sim\sim CH_2\underset{\diagdown O \diagup}{CHCH_2}} \sim\sim CH_2\underset{|\atop OH}{CH}CH_2\overset{OH\atop | \atop CH_2CHCH_2\atop |}{\underset{|\atop CH_2\underset{|\atop OH}{CH}CH_2}{N^+}}R$$

2. 双组分聚氨酯（PU）涂料

此类涂料是以多异氰酸酯作为甲组分、羟基树脂作为乙组分，混合施工后，涂膜的低温干燥性比环氧涂料好，但也易出现流平性不良的问题。

固化反应如下：

$$\sim\sim NCO + HO\sim\sim \longrightarrow \sim\sim NHCO_2\sim\sim$$

3. 不饱和聚酯涂料

不饱和聚酯涂料是用苯乙烯稀释的不饱和树脂，与过氧化物和钴盐促进剂混合，通过自由基引发、聚合而固化。由于固化反应很快，故混匀后的适用期一般不超过4h。

烘烤固化型涂料树脂中的各基团，常温下的化学反应性很弱，但加热到较高温度时，基团之间将快速地发生化学反应使涂膜交联固化。主要品种有氨基烘漆、丙烯酸烘漆、聚酯漆、热固性聚氨酯、环氧烘漆和有机硅涂料等。

装饰性涂料多用氨基树脂作交联剂，在中温下使羟基树脂固化：

$$\sim\sim N(CH_2OR)_2 + HO\sim\sim \longrightarrow \sim\sim N(CH_2OR)CH_2O\sim\sim + ROH$$

$$\sim\sim N(CH_2OR)CH_2OH + HO\sim\sim \longrightarrow \sim\sim N(CH_2OR)CH_2O\sim\sim + H_2O$$

$$\sim\sim N(CH_2OR)CH_2OH + ROCH_2NH\sim\sim \longrightarrow \sim\sim N(CH_2OR)CH_2N(CH_2OR)\sim\sim \text{(自交联)} + H_2O$$

环氧酚醛防腐蚀底漆则在180℃以上的高温彻底交联固化，虽然涂膜黄变严重，但防腐蚀性能很好。在酸催化剂存在下，固化温度可降低或形成醚键的倾向增加。

若用氨基树脂固化环氧树脂，环氧树脂的环氧基和羟基都与氨基树脂发生类似反应。

影响交联固化涂膜的机械性能的因素主要有：①两个交联点之间链的长度。交联密度（XLD）越高，模量越大，涂膜越硬。②交联树脂的 T_g，随着固化进行，T_g增加。

交联固化反应与涂料储存稳定性的处理方法：一是双组分包装；或选择交联反应速率受温度影响大的体系。A，E_a较大的体系，即低温储存时速率小，而升温速率显著提高。

根据 Arrhenius 公式：$\ln k = \ln A - \dfrac{E_a}{RT}$反应：A + B→A - B，其速率 = k［A］［B］

指前因子 A 和活化能 E_a较大的体系，其储存时速率常数小而升温时速率常数大，即储存稳定性好，而升温时固化速度快。

指前因子主要受熵变因素影响，三个重要的影响因素为分子性、反应类型、极性变化。单分子反应的 A 大于双分子的 A；开环反应的 A 值高，闭环反应的 A 值低；极性变化对 A 值的影响是使极性变小的反应，A 值大。

对于大多数为双分子反应的交联固化反应，可以利用封闭反应物或封闭的催化剂，进行或催化交联反应。

自由体积对反应速率和反应完整性有很大影响，当反应温度远大于玻璃化温度 T_g，自由体积大，交联反应速度受浓度和动力学参数控制。当温度低于玻璃化温度 T_g，自由体积小，聚合物链段运动有限，反应速度较慢，在中间温度时，交联反应可以进行反应，交联反应反应速度，受分子链运动速度控制，而不是受动力学参数控制。

假如初始反应温度低于玻璃化温度 T_g，随着溶剂的挥发，T_g进一步升高，即使溶剂基本上完全挥发，没有交联固化反应发生也不能成膜。

6.2 胶黏剂的胶接理论

聚合物之间，聚合物与非金属或金属之间，金属与金属和金属与非金属之间的胶接等都存在聚合物基料与不同材料之间界面胶接问题。粘接是不同材料界面间接触后相互作用的结果。因此，界面层的作用是胶黏科学中研究的基本问题。诸如被粘物与粘料的界面张力、表面自由能、官能基团性质、界面间反应等都影响胶接。胶接是综合性强、影响因素复杂的一类技术，了解胶接理论，可以从理论上指导胶黏剂选择，胶接接头的设计，制定最佳的胶接工艺，控制影响胶接强度的各种因素，达到形成强力胶接接头的目的。更重要的是了解胶接的内在机理，包括胶接与被粘对立统一的关系，胶接过程中的物理、化学变化，从而对胶接现象，从感性认识深化到本质与规律性的理性认识。

经过几十年的研究和发展，许多学者从不同的角度，提出了许多有价值的理论。

1. 机械结合理论

从物理化学观点看，机械作用并不是产生粘接力的因素，而是增加粘接效果的一种方法。胶黏剂渗透到被粘物表面的缝隙或凹凸之处，固化后在界面区产生了啮合力，这些情况类似钉子与木材的接合或树根植入泥土的作用。机械连接力的本质是摩擦力。在粘合多孔材料、纸张、织物等时，机构连接力是很重要的，但对某些坚实而光滑的表面，这种作用并不显著。这是一种较早的最直观的宏观理论。认为被粘物表面的不规则性，如高低不平的峰谷或疏松孔隙结构，有利于胶黏剂的填入，固化后胶黏剂和被粘物表面发生咬合而固定。这就是机械结合理论最简单的解释。McBain 在30年代首先提出这一理论。机械嵌定的固定方法应用很普遍，表面处理过的金属粘接，多孔物质如纸、木材、皮革、纺织品等的粘接就是实际的例子。

机械结合的关键是被粘物表面必须有大量的凹穴、槽沟、多孔穴等，当胶黏剂涂布上去时，经过润湿、流动、挤压、铺展而填入这些孔穴内，固化后，就嵌定在孔隙中而紧密地结合起来，表现出较高的胶接强度。机械结合理论曾经起过积极作用，但是随着其他胶接理论的建立和发展，几乎一度被冷落。近20年来，用现代微观研究仪器观测结果，证明微机械嵌定作用是存在的。

如在ABS塑料上镀金属，镀前先用溶剂处理，使塑料表面产生大量微穴，然后沉积导电物质到微孔中，再进行电镀。

金属铝的胶接强度一般不太高，经HCl液或化学氧化液处理后，生成大量立体结晶构造，带有大量槽沟和微穴，胶接强度有显著提高。钢带表面轧制的光滑面，直接的胶接强度并不高，经磷酸盐处理后，产生大量磷酸铁微孔，胶接强度明显提高。

2. 吸附理论

吸附理论的基本观点是：胶接是一种吸附作用，这是最早提出并被大多数科学家接受的。吸附理论认为，胶接产生的黏附力主要来源于胶黏剂与被粘物之间界面上两种分子之间相互作用的结果，所有的液体、固体分子之间都存在这种作用力，这些作用力包括化学键力、范德华力和氢键力。这个过程是，首先胶黏剂分子由布朗运动向被粘物表面移动，胶黏剂分子的极性基团向被粘物的极性部分靠近，当胶黏剂分子与被粘物分子间的距离小于0.5nm时，分子间就产生了范德华力或氢键力的结合。吸附理论把胶接主要归结于胶黏剂与被粘物分子间力的作用。

根据吸附理论，如果胶黏剂分子中极性基团的极性越大，数量越多，则对极性被粘物的胶接强度就越高；极性胶黏剂与非极性被粘物或非极性胶黏剂与极性被粘物胶接，由于分子间排斥，不利于分子的接近，不能产生足够的分子间力，所以胶接力很差；而非极性胶黏剂与非极性被粘物结合，由色散力产生的胶接强度较小。

要使胶黏剂润湿固体表面，胶黏剂的表面张力应小于固体的临界表面张力，胶黏剂浸入固体表面的凹陷与空隙就形成良好润湿，见图6－1（a）。如果胶黏剂在表面的凹处架桥，便减少了胶黏剂与被粘物的实际接触面积，从而降低了接头的胶接强度，见图6－1（b）。

图6－1　胶黏剂在表面良好润湿和不良润湿的情况

大多数有机胶黏剂都容易润湿金属被粘物，获得良好润湿的条件是胶黏剂的表面张力比被粘物的表面张力低，但实际上许多固体被粘物的表面张力都小于胶黏剂的表面张力，这是环氧树脂胶黏剂对金属具有优良黏结性的原因，而对于未经处理的聚合物如聚乙烯、聚丙烯和氟塑料很难粘接。

3. 扩散理论

胶黏剂与被粘物具有相容性时，在良好润湿、紧密接触的同时由于分子或链段的相对运动而产生相互穿越（扩散）现象。这种扩散的结果使界面消失并产生过渡区，从而形成牢固的接头。理论与实践表明，胶黏剂与被粘物的溶解度参数越接近则扩散作用越强，粘接强度越高。适当降低基料的分子量，升高粘接温度，增长接触时间或制作粗糙表面等均有利于扩散而提高粘接强度。

扩散理论认为，粘接是通过胶黏剂与被粘物界面上分子相互扩散产生的。当胶黏剂和被粘物都具有能够运动的长链大分子时，扩散理论基本是适用的。热塑性塑料的溶剂粘接和热焊接即为分子扩散的结果。

高分子材料之间的胶接是由于胶黏剂与被粘物表面分子或链段彼此之间处于不停的热运动引起的相互扩散作用，如果胶黏剂是以溶剂的形式涂敷到被粘物表面，而被粘物表面又能在此溶剂中溶胀或溶解，则彼此间的扩散作用更为显著，其胶接强度就越高。

高分子材料之间的胶接可以分为同种高分子材料的自粘和不同种高分子材料的互粘。前者是同种分子间的扩散，后者是不同类分子的扩散。这种扩散作用是穿越胶黏剂、被粘物的界面交织进行的。扩散理论在解释聚合物的自粘作用方面已得到公认，粘接体系借助扩散理论不能解释聚合物材料与金属、玻璃或其他硬体胶黏，因为聚合物很难向这类材料扩散。

4. 化学键理论

化学键理论认为胶黏剂与被粘物分子之间除相互作用力外，有时还有化学键产生，例如硫化橡胶与镀铜金属的胶接界面、偶联剂对胶接的作用、异氰酸酯对金属与橡胶的胶接界面等的研究，均证明有化学键的生成。化学键的强度比范德华作用力高得多；化学键形成不仅可以提高黏附强度，还可以克服脱附使胶接接头破坏的弊病。但化学键的形成并不普通，要形成化学键必须满足一定的量子化学条件，所以不可能做到使胶黏剂与被粘物之间的接触点都形成化学键。况且，单位黏附界面上化学键数要比分子间作用的数目少得多，因此黏附强度来自分子间的作用力是不可忽视的。该理论认为，胶接作用是由于胶黏剂与被粘物之间的化学结合力而产生的，有些胶黏剂能与被粘物表面的某些分子或基团形成化学键。化学键是分子中相邻两原子之间的强烈吸引力，一般化学键要比分子间的范德华力大一两个数量级，这种化学键的结合十分牢固。

5. 静电理论（双电层理论）

双电层理论是将胶黏剂与被粘物视作一个电容器。电容器的两块夹板就是双电层。即当两种不同的材料接触时，胶黏剂分子中官能团的电子通过分界线或一相极性基向另一相表面定向吸附，形成了双电层。

由于双电层的存在，欲分离双电层的两个极板，就必须克服静电力。当被粘物与胶黏剂剥离时，可以视为两块极板的分离，此时两极之间便产生了电位差，并随着极板间的距离增大而增大，到一定极限值时，便产生了放电现象。由于双电层的形成，胶黏剂与被粘物之间就有静电力产生，从而产生了胶接力。双电层理论只存在于能形成双电层的胶接体系，不具有普遍性，并且双电层所产生的静电力即使存在于某些胶接体系中，但是，它在这个胶接中绝不是起主导作用的，它只占整个胶接力的一部分。当胶黏剂和被粘物体系是一种电子的接受体-供给体的组合形式时，电子会从供给体（如金属）转移到接受体（如聚合物），在界面区两侧形成了双电层，从而产生了静电引力。在干燥环境中从金属表面快速剥离粘接胶层时，可用仪器或肉眼观察到放电的光、声现象，证实了静电作用的存在。但静电作用仅存在于能够形成双电层的粘接体系，因此不具有普遍性。此外，有些学者指出：双电层中的电荷密度必须达到10^{21}电子/cm^3时，静电吸引力才能对胶接强度产生较明显的影响。而双电层迁移电荷产生密度的最大值只有10^{19}电子/cm^3，因此，静电力虽然确实存在于某些特殊的粘接体系，但决不是起主导作用的因素。

6. 配位键理论

配位键理论认为，强的黏附作用来源于胶黏剂分子与被粘物在界面上生成的配位键（氢键就是一种特殊的配位键）。胶接时，胶黏剂涂覆在被粘物表面后，受被粘物表面的吸引，胶黏剂开始润湿被粘物材料表面，同时胶黏剂分子向被粘物材料移动。在移动过程中，胶黏剂分子中带电荷部分逐渐向被粘物材料带相反电荷部分靠近，当这两部分距离小于0.35nm时，就结合形成配位键。生成配位键既需要有提供未共享电子对的一方，又需要有接受电子对的一方。就是说比较理想的胶接应当是，当被胶接材料是电子供给体时则应采用电子接受体的胶黏剂进行胶接；当被胶接材料是电子接受体，则应采用电子供给体的胶黏剂进行胶接。如果在胶接中，胶黏剂与被胶接材料均能提供电子对或均为接受电子对的一方，则胶接就很难成功。聚四氟乙烯材料之所以难以胶接就是典型的例子，因为聚四氟乙烯可以提供电子对，而一般的胶黏剂大多可提供电子对，这样两者都能提供电子对，胶接时不能产生配位键，这就是聚四氟乙烯难粘的原因之一。环氧树脂之所以具有很好的胶接性，从最简单的分子结构看，它有4个氧原子、2个苯环，从配位键机理分析，因为4个氧原子有8个配位能力很强的未共享电子对，还有2个具有共轭π键体系的苯环，另外分子中没有大的烷基链构成位阻，这就使它成为胶接金属材料的佼佼者。

7. 弱边界层理论

妨碍粘接作用形成并使粘接强度降低的表面层称为弱边界称。弱边界层对于胶结体系的黏合是有危害的，非常容易引起破坏。因此，应当尽量避免弱边界层。

当液体胶黏剂不能很好浸润被粘体表面时，空气泡留在空隙中而形成弱区。又如，当胶黏剂中所含杂质能溶于熔融态胶黏剂，而不溶于固化后的胶黏剂时，会在固体化后胶接形成另一相，在被粘物与胶黏剂整体间产生弱界面层（WBL）。

产生WBL除工艺因素外，在聚合物成网或熔体相互作用的成型过程中，胶黏剂与表面吸附等热力学现象中产生界面层结构的不均匀性，不均匀性界面层就会有 WBL 出现。这种 WBL 的应力松弛和裂纹的发展都会不同，因而极大地影响着材料和制品的整体性能。

自 1920 年以来，人们已经提出了多种胶接理论。每种理论都有大量实验为依据，只是研究的角度、实验方法、实验条件各有不同，但目标都是为追求形成胶接现象的本质。另外，还有流变理论也在研究中，各种理论研究继续向纵深发展。

研究手段的发展，提高了人们认识事物深度与广度的能力。胶接科学技术已广泛应用于工农业生产、国防高新科技和日常生活中，这也促进了研究胶接机理的迫切性。各派理论已开始逐步靠近，由独立分散而逐步结合。吸附理论采纳了扩散理论，更加合理地解释了润湿、扩散、胶接成键过程；酸碱相互作用理论，本身就是吸附理论深化的发展，是胶接功的主要贡献部分；化学键理论是从吸附理论衍生出来的，除了成键机理有其独特之处以外，其余都离不开吸附理论的基本内容；静电理论吸取了酸碱相互作用给体与受体的观念，从而有了更进一步的发展。

胶接理论至今还未发展成统一的理论，对各派理论可采取综合理解，兼收并蓄，灵活运用的原则，充分调动提高胶接强度的一切有利因素，避免降低分子作用力的不利因素。

由于每一种理论都有一定的依据，可以认为胶接是多种因素构成的，并具有协同关系。不妨设想总胶接功是各理论胶接功的总合，列出如下的表达式：

$$W_{总} = W^{ad} + W^{ab} + W^{c} + W^{d} + W^{e} + W^{n}$$

式中，$W_{总}$为总胶接功；W^{ad}为物理吸附功；W^{ab}为酸碱相互作用功；W^{c}为化学键功；W^{d}为扩散功；W^{e}为静电作用功；W^{n}为机械功。

胶接是不同材料界面间接触后相互作用的结果，界面层的作用是胶黏科学中研究的基本问题，诸如被粘物与粘料的界面张力、表面自由能、官能基团性质、界面间反应等都影响胶接。胶接是综合性强，影响因素复杂的一类技术，而现有的胶接理论都是从某一方面出发来阐述其原理，所以至今全面唯一的理论是没有的，虽然这些理论尚有争论，还没有公认的统一理论，但在解释胶接现象方面，均各有可取的观点。

思考题

1. 简述物理干燥和化学干燥。
2. 简述含干性油树脂的氧化干燥成膜的一般过程。
3. 涂膜固化机理的三种类型是什么？
4. 如何解决交联固化反应与涂料储存稳定性的矛盾？
5. 胶黏剂的固化或硬化方式是什么？
6. 几种胶接理论的主要观点是什么？

第 7 章　涂料与胶黏剂的配制技术

涂料与胶黏剂配方研究与开发是涂料与胶黏剂科学的重要内容，但是由于涉及多门学科，研究对象复杂，目前还没有形成完善的理论，配方设计主要还是靠大量的实验优选和经验积累，一个成熟的配方设计师应该重视多学科理论的学习，将理论运用于实践，同时，不断积累经验，提高悟性，才能成为一名优秀的配方工作者。

7.1　涂料配方设计

涂料是一个多组分的配方产品。由于基材和使用环境不同，对涂膜的性能也提出种种不同的要求，涂料配方中各组分的用量及其相对比例又对涂料的施工性能（如流平性、干燥性等）和涂膜性能（如光泽、硬度等）产生极大的影响，对涂料必须进行配方设计方能满足各方面要求。

7.1.1　涂料配方的设计原理

涂料配方设计是指根据基材、涂装目的、涂膜性能、使用环境、施工环境等条件进行涂料各组分的选择并确定相对比例，并在此基础上提出合理的生产工艺、施工工艺。由于影响因素众多，相互耦合，建立一个符合实际使用要求的涂料配方是一个复杂的课题，需要进行大量的试验才能得到符合使用要求的涂料配方。

7.1.1.1　涂料的组成与各组成的配方计算

涂料一般由成膜物、颜（填）料、溶剂（或稀释剂）和助剂组成。涂料施工后，随着溶剂和稀释剂的挥发，成膜物干燥成膜。成膜物可以单独成膜，也可以黏接颜（填）料等物质共同成膜，所以也称黏结剂，它是涂料的基础物质。涂料的基本组成见表 7－1。

表 7－1　涂料的基本组成

组　成	原　料	
成膜物	油料	鲨鱼肝油、带鱼油、牛油、豆油、蓖麻油等
	树脂	天然树脂：虫胶、松香、天然沥青等 合成树脂：醇酸树脂、氨基树脂、丙烯酸树脂、环氧树脂、聚氨酯树脂、有机硅树脂、氟碳树脂等
颜料	颜料	无机颜料：钛白、氧化锌、铬黄、铁蓝、铬绿、氧化铁红、炭黑等 有机颜料：甲苯胺红、酞菁蓝、耐晒黄等
	填料	滑石粉、碳酸钙、硫酸钡、石英粉等
助剂	增塑剂、催化剂、稳定剂、流平剂、消泡剂、乳化剂、分散剂、防结皮剂、引发剂等	
溶剂和稀释剂	石油溶剂、甲苯、二甲苯、醋酸丁酯、醋酸乙酯、丙酮、环己酮、丁醇、乙醇、卤代烃等	

主要成膜物质是自身能形成致密涂膜的物质，是涂料中不可缺少的成分，涂膜的性质主要由它所决定，又称为基料。次要成膜物质，自身不能形成完整涂膜的物质，但能与主要成膜物质一起参与成膜，赋予涂膜色彩或某种功能，也能改变涂膜的物理力学性能。次要成膜物质包括颜料、填料、功能性材料添加剂。辅助成膜物质包括溶剂、稀释剂和助剂。

1. 主要成膜物质

成膜物质是组成涂料的基础，它对涂料的性质起着决定作用。它能形成薄层涂膜，为涂膜提供所需要的各种性能。它还能与涂料中所加入的必要的其他成分混合（如溶剂、颜料、助剂等）形成均匀的分散体。可作为涂料成膜物质的品种很多，按成膜物质本身的结构和所形成涂膜的结构来划分，主要可分为转化型和非转化型两大类。转化型涂料成膜物主要有干性油和半干性油、双组分的氨基树脂、聚氨酯树脂、醇酸树脂、热固型丙烯酸树脂、酚醛树脂等等。非转化型涂料成膜物主要有硝化棉、氯化橡胶、沥青、改性松香树脂、热塑性丙烯酸树脂、乙酸乙烯树脂等。成膜物质亦可分为天然树脂和合成树脂，合成树脂包括热塑性树脂和热固性树脂两类。

醇酸树脂配方的计算：在生产醇酸树脂的时候，需要一个恰当的配方，以期能达到所要求的酯化程度和酸值。所以在制定配方时要注意：多元醇、多元酸、脂肪酸之间的比例、要求的酸值、制造方法等。可用分子比作基础来考虑这些问题，但油漆的传统概念总是以油度来考虑，把醇酸树脂分为短、中、长油度三类。所以要结合二者来计算。

在脂肪酸（C_{18}）：苯酐：甘油（分子比）=1：1：1时，其平均官能度为2，这个树脂理论上能酯化完全，它的油度约为60%。油度高于此树脂时，其平均官能度将小于2，可以酯化完全。油度小于此树脂时，其平均官能度将大于2，会导致早期胶化，所以需采用多元醇过量的办法以降低平均官能度。表7-2是不同油度的干性油醇酸树脂多元醇的参考过量数。这里多元醇的过量是相对于苯酐而言，我们用r表示。应用表2-1数值，结合油度计算公式可计算出各组分的量，再通过K值分析（注意制造方法），然后进行试验，找出酸值与黏度关系，再修订配方。如果发现胶化过早，可增加多元醇的用量；如果酸值小，黏度很低，则减少多元醇的用量。再经过试验，进行修订，反复几次，可得到一个工艺可行的较好的生产配方。我们也可以通过K值计算多元醇的过量数，将醇酸树脂的配方计算出来。

表7-2　不同油度醇酸树脂参考羟基过量数

油度/%	与苯酐酯化过量羟基数/%	
	甘油	季戊四醇
65	0	5
62~65	0	10
60~62	0	18
55~60	5	25
50~55	10	30
40~50	18	35
30~40	25	—

设 e_{A1} 表示油的当量数，e_{A2} 表示苯二甲酸酐的当量数，r 表示多元醇量对苯二甲酸酐量的比值，x 表示多元醇的官能度，

根据醇酸树脂常数定义：

$$K = \frac{m_0}{e_A},$$

$$K = \frac{m_0}{e_A} = \frac{e_{A1} + \frac{e_{A2}}{2} + \frac{e_{A1}}{3} + \frac{re_{A2}}{x}}{e_{A1} + e_{A2}}$$

设每次配方计算苯二甲酸酐用量都以 1mol 为基础，即 $e_{A2}=2$

则

$$r = \frac{[e_{A1}(K - \frac{4}{3}) + 2K - 1]x}{2}$$

如多元醇为甘油，$K=1$，则

$$r = \frac{3}{2} - \frac{e_{A1}}{2}$$

如多元醇为季戊四醇，$K=1$，则

$$r = 2 - \frac{3}{2}e_{A1}$$

例1 计算脂肪酸含量为 62% 的豆油脂肪醇酸树脂的配方。$K=1$，季戊四醇的当量值为 34.5。

解：计算时以 1mol 苯二甲酸酐为例，$e_{A2}=2$，$K=1$，则

$$K = \frac{m_0}{e_A} = \frac{e_{A1} + \frac{e_{A2}}{2} + \frac{e_{A1}}{4} + \frac{re_{A2}}{4}}{e_{A1} + e_{A2}}$$

把 $K=1$，$e_{A2}=2$ 代入上式并整理，得：

$$\frac{1}{4}e_{A1} = 1 - \frac{1}{2}r$$

$$r = 2 - \frac{1}{2}e_{A1}$$

据式（2.4）得：

$$0.62 = \frac{280e_{A1}}{280e_{A1} + e_{A1} \times 34.5 - e_{A1} \times 18 + e_{A2} \times 74 + r(e_{A1} \times 34.5) - e_{A2} \times 9}$$

解得：$e_{A1}=1.413$

豆油脂肪酸　1.413×280=395.6；苯二甲酸酐　2×74=148.0；

季戊四醇　4×34.5=138.0

树脂配方分析见表 7-3。

表 7-3　醇酸树脂配方分析

成分	用量/kg	e_A	e_B	m_0	占树脂成分/%
豆油脂肪酸	395.6	1.413	—	1.413	61.99
季戊四醇	138.0	—	4	1.000	21.62
苯二甲酸酐	148.0	2.00	—	1.000	23.19
总计	681.6	3.413	—	3.413	106.8
理论出水量	43.4	—	—	—	6.8
酸酐树脂量	638.2	—	—	—	100.0

$$K = \frac{3.413}{3.413} = 1.000$$

$$R = \frac{4}{3.413} = 1.172$$

R 表示多元醇（含油内）的量对酸的当量数量的比值。

例 2　计算豆油脂肪醇酸树脂的配方。它由苯二甲酸酐、豆油及工业季戊四醇制成，油度为 62.5%。已知工业季戊四醇的当量值为 35.4，豆油的当量为 293，苯二酸酐的当量为 74。

解：本例与例 1 的区别在于一个用酸，一个用油，本例未给出 K 值，按油度计算。

据表 7-2 查多元醇的过量为 10%。

苯酐以 1mol 为例，$e_{A2}=2$，则季戊四醇 $e_{B2}=2\times1.1=2.2$

所需油量 $=\frac{\text{要求油度}}{100-\text{要求油度}}\times$（酯化苯二甲酸酐的多元醇量 + 苯二甲酸酐量 + 过量多元醇量 − 产生的水）$=\frac{62.5}{100-62.5}\times(2\times35.4+2\times74+\frac{2\times35.4\times10}{100}-18)=346.5$

按计算惯例，设多元醇与多元酸的分子比为 2∶2，则醇酸树脂的配方为：豆油 346.5；季戊四醇 $70.8+70.8\times10\%=77.9$；苯二甲酸酐 148。

按当量表示：豆油 $=\frac{346.5}{293}=1.183$；季戊四醇 $=\frac{77.9}{35.4}=2.20$；苯二甲酸酐 $=\frac{148}{74}=2.0$

树脂配方分析见表 7-4。

表 7-4　醇酸树脂配方分析

成分	用量/kg	e_A	e_B	m_0	占树脂成分/%
豆油	346.5	1.183	—	1.183	62.5
甘油（油内）	—	—	1.183	0.394	—
季戊四醇	77.9	—	2.20	0.550	14.05
苯二甲酸酐	148.0	2.00	—	1.00	26.75
总计	572.4	3.184	3.384	3.127	103.30
理论出水量	18.0	—	—	—	3.3
树脂的量	554.4	—	—	—	100.0

羟基与羧基比值：

$R=\frac{e_B}{e_A}=\frac{3.383}{3.183}=1.063$；$r=\frac{2.20}{2}=1.1$；$K=\frac{m_0}{e_A}=\frac{3.127}{3.183}=0.981$

此配方安全性有待进一步提高，需重新计算设计更合理配方。

例3 拟订一个55%油度亚麻油醇酸树脂的配方，$K=1$，多元醇用甘油。

解：按式

$$r=\frac{3}{2}-\frac{e_{A1}}{2}$$

$$\frac{\text{油度}}{100}=\frac{293e_{A1}}{2\times 74+293e_{A1}+r\times 2\times 31-18}$$

$$0.55=\frac{293e_{A1}}{130+293e_{A1}+(\frac{3}{2}-\frac{e_{A1}}{2})\times 2\times 31}$$

$$e_{A1}=0.824$$

亚麻油醇酸树脂配方为：亚麻油 $0.824\times 293=241.40$

甘油 $(3-e_{A1})\times 31=67.5$

苯二甲酸酐 $2\times 74=148$

配方解析见表7-5。

表7-5 醇酸树脂配方分析

成分	用量/kg	e_A	e_B	m_0	占树脂成分/%
亚麻油	241.4	0.824	—	0.824	55.0
甘油（油内）	—	—	0.824	0.275	—
甘油	67.5	—	2.176	0.725	15.37
苯酐	148.0	2.00	—	1.00	33.73
总计	456.9	2.824	3.0	2.824	104.10
理论出水量	18.0	—	—	—	4.1
树脂的量	438.9	—	—	—	100.0

过量羟基当量：

$$R=\frac{e_B}{e_A}=\frac{3.000}{2.824}=1.062$$

$$r=\frac{2.176}{2}=1.088$$

$$K=\frac{m_0}{e_A}=\frac{2.824}{2.824}=1$$

涂料工业中使用的聚酯泛指由多元醇和多元酸通过聚酯化反应合成的、一般为线型或分支型的、较低分子量的无定形齐聚物，其数均分子量一般在$10^2\sim10^4$，根据其结构的饱和性可以分为饱和聚酯和不饱和聚酯。饱和聚酯包括端羟基型和端羧基型两种，它们亦分别称为羟基组分聚酯和羧基组分聚酯。羟基组分可以同氨基树脂组合成烤漆系统，也可以同多异氰酸酯组成室温固化双组分聚氨脂系统。不饱和聚酯与不饱和单体如苯乙烯通过自由基共聚后成为热固性聚合物，构成涂料行业的不饱和聚酯涂料体系。为了实现无定形结构，通常要选用三种、四种甚至更多种单体共聚酯化，因此它是一种共缩聚物。

涂料用聚酯一般不单独成膜，主要用于配制聚酯-氨基烘漆、聚酯型聚氨酯漆、聚酯型粉末涂料和不饱和聚酯漆，属中、高档涂料，所得涂膜光泽高、丰满度好、耐候性强，而且也具有很好的附着力、硬度、抗冲击性、保光性、保色性、高温抗黄变等优点。同时，由于聚酯的合成单体多、选择余地大，大分子配方设计理论成熟，可以通过丙烯酸树脂、环氧树脂、硅树脂及氟树脂进行改性，因此，聚酯树脂在涂料行业的地位不断提高，产量越来越大，应用也日益拓展。

聚酯树脂的配方计算：饱和聚酯树脂的原料主要是二元醇、二元酸和三元醇，个别的还有一元醇或一元酸。最常用的醇是新戊二醇，其酯化物的耐水性优于乙二醇和丙二醇。三元醇主要是三羟甲基丙烷、三羟乙基乙烷。最常用的芳香族二元酸是间苯二甲酸，由于间苯二甲酸的耐盐雾性、耐化学性和耐水性比邻苯二甲酸更优越，因此，间苯二甲酸在聚酯树脂中的应用更为普遍。合成聚酯树脂中也使用脂肪族二元酸，如己二酸、壬二酸和癸二酸，以己二酸应用更为普遍。大多数树脂都含芳香族二元酸和脂肪族二元酸，芳香族二元酸与脂肪族二元酸的摩尔比是控制树脂 T_g 的主要因素。合成聚酯树脂时，若采用化学反应引入除多元醇、多元酸之外的其他成分，产生的就是改性聚酯树脂。

例 4 聚酯树脂合成配方及计算见表 7－6，进行配方分析。

表 7－6 合成配方及计算

配方	投量/kg	摩尔数 n/mol	摩尔分数/%	e_A	e_B	m_0
己二醇	180.0	1.5254	25.487		1.5254 ×2	1.5254
1，4-环己烷二甲醇	97.17	0.6738	11.258		0.6738 ×2	0.6738
1，2-丙二醇	84.98	1.11684	18.661		1.11684 ×2	1.11684
己二酸	390.0	2.66867	44.5893	2.66867 ×2		2.66867
抗氧剂	3.850					
有机锡催化剂	0.525					
		5.985			3.31604 ×2	5.985

计算及分析见表 7－7。

表 7－7 配方分析

项目	数值
$m_{总}$	752.15
N_0	5.985
m_{H_2O}	96.07
n_{OH}	6.633
n_{COOH}	5.337
f	1.784
X_n	9.238
M_n	1013
羟值	110
f_{OH}	2

其中，$m_{总}$为单体总投料量；n为单体总摩尔数；m_{H_2O}为缩合水量；n_{OH}为单体羟基的总摩尔数；n_{COOH}为单体羧基的总摩尔数；f为平均官能度；X_n为数均聚合度；M_n为数均分子量；f_{OH}为平均官能度。

水性聚酯是涂料技术科学和社会可持续发展要求的产物，水性聚酯树脂的结构和溶剂型聚酯树脂的结构类似，除含有羟基外，还含有较多的羧基和（或）聚氧化乙烯嵌段等水性基团或链段，含羧基聚酯的酸值一般在35～60mgKOH/g（树脂）之间，大分子链上的羧基经挥发性胺中和后成盐，提供水溶性（或水分散性）。

例5 TMA型水性聚酯树脂合成配方见表7－8。

表7－8 水性聚酯树脂合成配方

配方	投料量/kg
新戊二醇	416.0
己二醇	118.0
三羟甲基丙烷	402.0
己二酸	292.0
苯酐	444.0
间苯二甲酸	332.0
二甲苯	80.00
偏苯三酸酐	192.00
有机锡催化剂	2.000
二甲基乙醇胺	90.00

配方分析见表7－9。

表7－9 水性聚酯树脂合成配方分析

项目	数值
$m_{总}$	2004
m_{H_2O}	198
n_{OH}	19
n_{COOH}	14
$m_{树脂}$	1806
n	15
f	1.867
X_n	15
M_n	1806
羟值	112
酸值	56

2. 颜料

颜料可以使涂料呈现出丰富的颜色，使涂料具有一定的遮盖力，并且具有增强涂膜机械性能和耐久性的作用。颜料的品种很多，在配制涂料时应注意根据所要求的不同性能和用途仔细选用。填料也可称为体质颜料，特点是基本不具有遮盖力，在涂料中主要起填充作用。填料可以降低涂料成本，增加涂膜的厚度，增强涂膜的机械性能和耐久性。

颜料是分散在涂料中从而赋予涂料某些性质的粉体材料，包括颜色、遮盖力、耐久性、力学强度、对金属底材的防腐性、特殊功能如导电、导热性能等。按照其在涂料中的功能和作用分为着色颜料、体质颜料、防腐颜料、功能颜料。色泽、着色力、遮盖力、耐光性、耐候性是颜料的基本特性，它们与颜料的结构和组成有关，而颜料结晶形态、粒径和外形对漆膜的光泽、颜料的润湿分散性以及涂料储存期间颜料的稳定性有较大的影响。在涂料工业中，通常采用研磨或高速分散的方法使颜料均匀地分散在涂料体系中，并使其保持稳定悬浮状态或者沉降后容易被分散。

填料主要是碱土金属盐类、硅酸盐类和铝镁等轻金属盐类。碳酸钙是涂料用的主要填料，包括重质碳酸钙（天然石灰石经研磨而成）和轻质碳酸钙（人工合成）两类。滑石粉是一种天然存在的层状或纤维状无机矿物，它能提高漆膜的柔韧性，降低其透水性，还可以消除涂料固化时的内应力。重晶石（天然硫酸钡）和沉淀硫酸钡稳定性好，耐酸、碱，但密度高，主要用于调合漆、底漆和腻子。二氧化硅分为天然产品和合成产品两类。天然二氧化硅又称石英粉，可以提高涂膜的机械性能。合成二氧化硅按照生产工艺分为沉淀二氧化硅和气相二氧化硅，气相二氧化硅在涂料中起到增稠、触变、防流挂等作用。瓷土（$Al_2O_3 \cdot 2SiO_2 \cdot 2H_2O$），也称高岭土，是天然存在的水合硅酸铝．它具有消光作用，能做二道漆或面漆的消光剂，也适用于乳胶漆。云母是天然存在的硅铝酸盐，呈薄片状，能降低漆膜的透气、透水性，减少漆膜的开裂和粉化，多用于户外涂料。

涂料的颜料体积浓度是表征涂料最重要、最基本的参数，由于涂料中所使用的各种颜料、填料和基料的密度相差甚远，颜料体积浓度更能科学反映涂料的性能，在科学研究和实际生产中成为制定和描述涂料配方的参数。

涂料配方中颜料（包括填料）与黏结剂的质量比称为颜基比。在很多情况下，可根据颜基比制定涂料配方，表征涂料的性能。一般来说，面漆的颜基比约为（0.25~0.9）：1.0，而底漆的颜基比大多为（2.0~4.0）：1.0，室外乳胶漆颜基比为（2.0~4.0）：1.0，室内乳胶漆颜基比为（4.0~7.0）：1.0。要求具有高光泽、高耐久性的涂料，不宜采用高颜基比的配方，特种涂料或功能涂料则需要根据实际情况采用合适的颜基比。

在颜料和基料的总体积中即干膜体积中，颜料所占的体积分数称为颜料体积浓度，用 *PVC* 表示，即：$PVC = V_{颜料}/(V_{颜料}+V_{基料})$。当基料逐渐加入到颜料中时，基料被颜料粒子表面吸附，同时颜料粒子表面空隙中的空气逐渐被基料所取代，随着基料的不断加入，颜料粒子空隙不断减少，基料完全覆盖了颜料粒子表面且恰好填满全部空隙时的颜料体积浓度定义为临界颜料体积浓度，并用 *CPVC* 表示。*PVC* 对涂膜性能有很大影响，$PVC > CPVC$ 时，颜料粒子得不到充分的润湿，在颜料与基料的混合体系中存在空隙。当 $PVC < CPVC$ 时，颜料以分离形式存在于黏结剂相中，颜料体积浓度在 *CPVC* 附近变化时，漆膜的性质将发生突变，因此，*CPVC* 是涂料性能的一项重要表征，也是进行涂料配方设计的重要依据。

例6 乳胶漆配方如表7－10所示，计算颜料基料比及颜料体积浓度。

表7－10 乳胶漆配方

组分	含量/%	相对密度	体积/cm^3	固体含量/%	固体体积比/%
二氧化钛	19.2	4.2	4.57	19.2	4.57
碳酸钙	21.7	2.8	7.75	21.7	7.75
乳液树脂	27.9	1.02	27.35	14.51	13.95
增稠剂	0.7	1.33	0.53	0.7	0.53
分散剂	0.5	1.0	0.50		
防霉、防腐剂	0.3	1.0	0.30		
聚结剂	0.5	0.98	0.51		
水	29.2	1.0	29.20		
总量	100.0		70.71	56.11	26.80

解：颜料基料比是配方中着色颜料和体质颜料的质量分数的总和与基料的固体（非挥发组分）质量分数之比。

由表7－10，二氧化钛和体质颜料碳酸钙的质量分数之和为19.2＋21.7＝40.9，基料的固体质量分数为14.51。

则颜料基料比＝40.9/14.51＝2.8∶1.0

颜料体积浓度（PVC）的计算公式如下：

$$\mathrm{PVC}=\frac{\text{颜料和填料的体积}}{\text{颜料和填料的体积}+\text{固体基料的体积}}\times 100\%$$

由表7－10知三种有关组分的体积如下：

颜料：金红石型二氧化钛 4.57

填料：老粉 7.75

基料（固体）：乳液聚合物13.95

$\mathrm{PVC}=(4.57+7.75)/(4.57+7.75+13.95)\times 100\%=46.9\%$

3. 助剂

助剂在涂料中用量很少，一般不超过5%，对涂膜某方面的性能起改性作用。生产中根据涂料的性能要求来选择助剂。对涂料生产过程发生作用的助剂：消泡剂、润湿剂、分散剂、乳化剂等。对涂料储存过程发生作用的助剂：防桔皮、防沉淀剂等。对涂料施工成膜过程发生作用的助剂：催干剂、固化剂、流平剂、防流挂剂等。对涂料性能发生作用的助剂：增塑剂、防霉剂、阻燃剂、防静电剂、紫外线、吸收剂。

4. 溶剂

溶剂是涂料配方中的一个重要组成部分，虽然不直接参与固化成膜，但它对涂膜的形成和最终性能起到非常关键的作用，它主要具有以下功能：溶解聚合物树脂；调节涂料体系的流变性能，改善加工性能，使涂料便于涂装；改进涂料的成膜性能，进而影响涂料的附着力和外观；在静电喷涂时还可调整涂料的电阻，便于施工；能防止涂料和涂膜产生病态和缺陷，如橘皮、发花、浮色、起雾、抽缩等。

溶剂的选择一般需要考虑溶剂的溶解能力、挥发速度、黏度、表面张力、安全性、毒性及成本等多种因素，有关这方面的知识，参阅溶剂和溶剂理论。

合理地选择和使用溶剂，可以提高涂料性能，如外观、光泽、致密性等。溶剂习惯上分为普通溶剂（非活性稀释剂）和反应性溶剂（活性稀释剂）两类。常用的溶剂有，脂肪烃、芳香烃、醇、酯、醚、酮等。一种涂料可使用一个溶剂品种，也可以使用多个溶剂品种（混合溶剂）。

7.1.1.2 涂料用助剂

助剂是涂料的一个组成部分，它不能单独自己形成涂膜，在涂料成膜后可作为涂膜中的一个组分而在涂膜中存在，能显著改善涂料或涂膜的某一特定方向的性能。对涂料的生产、储存、施工、成膜过程及最终涂层的性能有很大影响，有时甚至可起关键作用，随着涂料工业的发展，助剂的种类日趋繁多，应用愈来愈广，地位也日益重要。

1. 流平剂

获得一个光滑、平整的表面，是涂料装饰性的最基本要求。但在涂膜表面常常会出现缩孔、气孔、刷痕等与界面张力相关的表面缺陷，必须添加流平剂改善流平性，提高装饰性。涂料施工时表面平整，但在涂料干燥时，因树脂的表面张力大于溶剂的表面张力，随着溶剂蒸发，涂膜表面形成较高的表面张力，并伴随着黏度增大和温度下降，造成涂膜内外层产生温差和黏度的不同及表面张力差。由于表面张力差将产生一种驱动力，使底层含溶剂较多的涂料向表层流动散开，流动的涂料又在重力作用下向下沉，使这种散开、下沉的流动周而复始，产生局部涡流，直到黏度增长到足以阻止其流动为止。这种流动在表面产生不规则的六边形网格，称为贝纳德旋涡（BenardCell），如图 7 - 1 所示。

涂料施工时表面不平整，干燥过程中也不能使其平整的情况属于流平问题。如果涂料对底材润湿性不好，或者涂料表面张力大于底材表面张力，涂料无法铺展润湿，表面所吸附的气体不能被涂膜所取代，涂膜易产生缩孔或气孔，如图 7 - 2 所示。

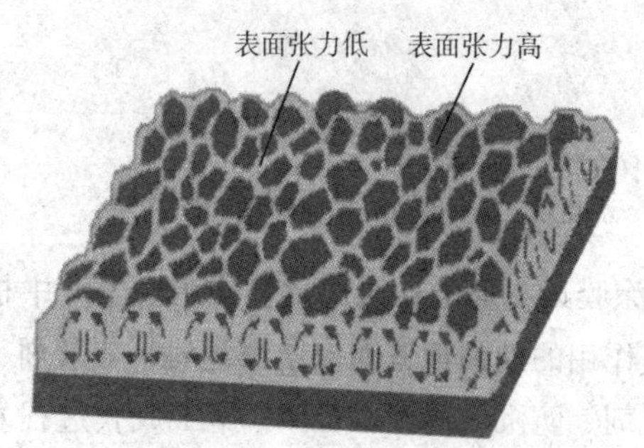

图 7 - 1 贝纳德旋涡

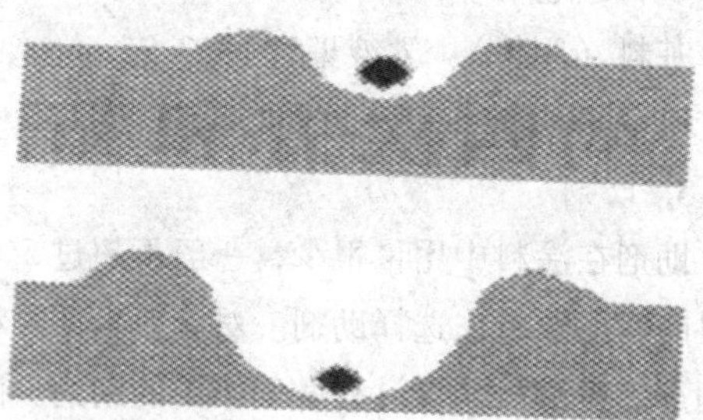

图 7 - 2 缩孔

表 7 - 11 各种底材和树脂的表面张力

底 材	表面张力/(10^{-3}N/m)	树 脂	表面张力/ (10^{-3}N/m)
铝	33 ~ 35	65% 豆油醇酸	37
镀锌钢板	30 ~ 40	聚甲基丙烯酸丁酯	41
磷化钢板	45 ~ 60	环氧树脂	45
玻璃	70	氨基树脂	58

由表7－11可知：醇酸树脂漆对金属底材铺展润湿，流平性好；环氧树脂和氨基树脂漆的流平性差，易产生缩孔。对于溶剂型涂料，黏度随溶剂挥发不断增加，如果涂膜干燥时黏度增加过快，流平时间太短，涂膜流平性不好。可调整溶剂挥发速度，降低黏度，延长流平时间。可使用高沸点溶剂，使涂膜开放、流平时间延长。溶剂型涂料涂膜表面易存在表面张力梯度，可添加流平剂来降低涂料与底材间的界面张力。乳胶涂料的黏度不随水分的挥发而增加，靠成膜助剂来增加乳胶颗粒的融合作用。粉末涂料在干燥过程中没有溶剂挥发，粗糙的颗粒是通过熔融成膜，不存在表面张力差，主要是粉末涂料熔体的高黏度和对底材的润湿性问题，降低熔体黏度和表面张力有利于改善对底材的润湿性，可添加流平剂来降低涂料与底材间的界面张力。防缩孔、流平剂的设计应保证具有如下功能：降低涂料与基材之间的表面张力，使涂料与基材具有最佳的润湿性，即减少因溶剂挥发导致的张力梯度；能调整溶剂的挥发速度，降低黏度，提高涂料的流动性；在漆膜表面能形成单分子层，以提供均一的表面张力。因此流平剂可以是高沸点的溶剂，也可以是相容性好、分子量适中（600～20000）的聚合物，如醋丁纤维素、聚丙烯酸酯类，这类聚合物的作用就是降低涂料与基材之间的表面张力而提高润湿性。由于其为低分子量聚合物，同涂料的树脂不完全混溶且表面张力低，易从涂料树脂中渗透出，使被涂物体润湿，从而排除基材表面吸附的气体。

高沸点良溶剂，如高沸点的酯、酮、芳烃及其混合物，用于溶剂型涂料中，延长涂膜开放时间，提高涂料的流平性或防止树脂溶解性变差产生的缩孔现象，对颜料也有良好的润湿作用；有机硅树脂类助剂能有效降低表面张力和改善润湿性能。它的性能与分子结构、分子量大小及黏度有密切关系。一般采用0.1～0.4Pa·s低分子量有机硅树脂，它与合成树脂有一定的相容性，并降低表面张力，促进表面流动，增加对底材的润湿性，还有良好的消泡性，聚二甲基硅氧烷，俗称硅油，主要用于溶剂型涂料中。低黏度硅油，0.001～0.1Pa·s作流平剂，60Pa·s作消泡剂。改性有机硅助剂，有较好的混溶性，采用芳基、聚酯、聚醚改性。芳基改性，使相容性增加，耐热性提高；聚酯提高耐热性，降低表面张力；聚醚用于调节极性，品种多，使用较普遍。

2. 光稳定剂

在日光中，紫外线（290～400nm）的能量与有机材料的化学键能相当，当有机材料长期暴露于日光中时，会发生光氧化降解而老化。不同的有机材料，因分子结构不同，光氧稳定性有很大差别。有机硅和有机氟材料有良好的抗老化性；丙烯酸树脂长期曝晒仅透明性降低；芳香族聚氨酯除了黄变外，还有物理力学性能的下降；聚酯有一定的光泽下降和光降解；环氧树脂发生严重的粉化降解。分子中含有不饱和基团、羰基、醚键时，光敏感作用更强，提高材料的光稳定性更为重要。光老化的重要因素是光引发，光敏基团或光敏物质是光引发降解的内在根源。吸收紫外线的能量，添加光稳定剂和抗氧剂是有机材料稳定的重要手段。典型的紫外线吸收剂是能形成分子内氢键环的化合物，吸收的高能量将氢键破坏，转化为热能释放，分子内氢键环能周而复始地形成和开环。分子内氢键越强，氢键的断裂能越高，吸收的紫外线能量越多，光稳定性越好。

二苯甲酮衍生物主体结构为邻羟基二苯甲酮，与树脂有良好的相容性和加工稳定性，吸收波长范围280～340nm。

邻羟基苯基苯并三唑衍生物，吸收波长范围300～385nm，与树脂相容性良好，色浅，应用较广。

3. 增稠剂

增稠剂可增加涂料的黏度，降低流动性。目前涂料工业使用的增稠剂多指水性涂料的增稠剂，而且更多地用于乳胶涂料。增稠剂是一种流变助剂。虽然涂料的流变性与涂料中所用树脂、颜料、溶剂或分散介质、pH 值等因素有关，但当加入增稠剂后，涂料的流变性能在相当大的程度上取决于流变助剂即增稠剂的影响，尤其是乳胶涂料，离开这些增稠剂就得不到预期的流变性。

水性涂料使用的增稠剂主要有水溶性和水分散型高分子化合物。早期水性涂料使用的增稠剂多为天然高分子改性物，如树胶类、淀粉类、蛋白类及羧甲基纤维素钠，由于存在易腐败、霉变及在水的作用下降解而失去增稠效果，因此现在已很少使用。

为此近年来国内外均开发出增稠效率高、不霉变、不降解的合成高分子型增稠剂。

（1）各种增稠流变助剂的结构与作用机理

水性系统所用的增稠剂从原料来源来划分主要有以下 4 种：各种天然或改性无机化合物（如黏土等）、各种天然或改性有机化合物（如纤维素）、阴离子碱溶胀型增稠剂、各种非离子缔合型流变改性剂（如聚氨酯等），比较常用的是后三种。根据增稠剂与乳胶漆中各种粒子作用关系，可分为缔合型和非缔合型。选择合适的流变助剂以适合涂料的施工、流动、经济性、存储稳定性及漆膜的各种性能等（如光泽、耐水性等）。

纤维素等分子量较大，通过水合或形成在水相体系中起作用的弱凝胶结构来增加黏度，如羟乙基纤维素醚类。具有较好的增稠效果有利于阻止颜填料的沉降，提高乳胶漆的储存稳定性；具有较好的触变性、涂刷容易，但触变太强会导致飞溅现象的发生；较好的抗分水效果，有利于改善乳胶漆的开罐效果；对配方的选择性较小、通用性强，对各种类型的乳胶漆都具有优良的增稠效果，是不可或缺的一种流态调节剂。缺点是防霉变性能差，易吸收微生物或生物酶发生降解而导致黏度不可逆转地下降。

非离子疏水改性聚氨酯类（HEUR），通常用聚醚（PPG、PEG）和单异氰酸酯亲核加成制得，或者先用过量的二异氰酸酯和一定分子质量的聚醚反应，然后用烷醇或有机胺封端。由二异氰酸酯和聚醚多元醇反应，用长链的烷醇封端可得产物分子式结构如下：

$$R_1O-\overset{O}{\overset{\|}{C}}NH-R-\left[NH\overset{O}{\overset{\|}{C}}-\left(OCH_2CH_2\right)_m\right]_n O\overset{O}{\overset{\|}{C}}NH-R-NH\overset{O}{\overset{\|}{C}}-OR_1$$

该产物即为 HEUR 分子，R1 为疏水封端基。HEUR 结构比较特殊，其中间是由亲水基团组成，两边由疏水端基组成，疏水基团主要是由直链烷醇类或者有机胺类封端剂封端之后得到的，因此形成了“亲油-亲水-亲油”三嵌段的分子结构。在水性体系中，当 HEUR 的浓度大于临界胶束浓度（CMC）时，疏水的端基会在水中缔合形成胶束，由于缔合的作用，HEUR 形成三维的网状结构，如图 7－3（a）所示；而在乳胶粒体系中如图7－3（b）所示。

HEUR 不仅通过疏水端基的胶束作用形成缔合，还可以通过疏水端基吸附在乳胶粒的表面，使乳胶粒子和疏水端基处于解缔合和缔合的平衡状态，解缔合和缔合的时间很短（远小于 1s），正是由于解缔和缔合的瞬间平衡拉近了一些与增稠剂分子末端距离较远的粒子，使 HEUR 的增稠效果大大提高。

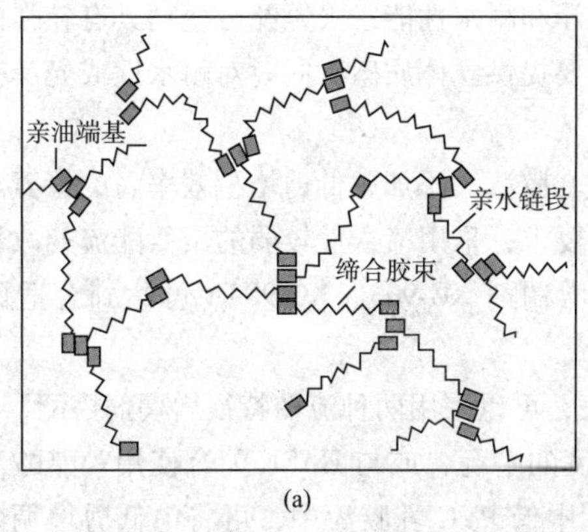

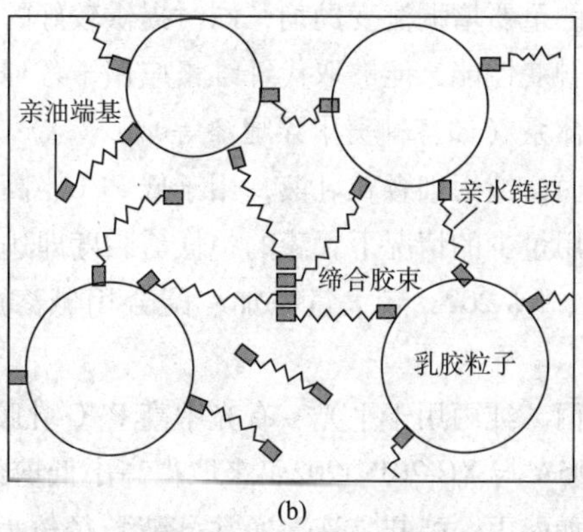

图7-3 （a）水体系增稠机理和（b）乳胶体系的增稠机理

（2）增稠流变助剂在乳胶漆中的应用

乳胶漆是一个较新的行业，其在中国的快速发展是近十几年的事情，由于其中的树脂黏合剂是以分散的状态存在，本身不具有真溶液的特征，其流态的展现必须通过调整才能满足对其生产、储存及使用中的要求。在乳胶漆中黏度与流态的调整优劣往往直接决定着一个配方的成败。因为乳胶漆是一个复杂的混合分散体系，其流态的调整要完全依靠流变助剂来调整；其中的组分多达十几种甚至几十种，而每一种组分都或多或少直接影响黏度，可见要想达到一个理想的乳胶漆状态必须综合考虑所有可能产生影响的因素。

在乳胶漆的生产、储存及施工过程中，人们常常对其有不同的要求，例如：生产中人们希望黏度低一些好，这样有利于分散、搅拌（降低能耗）、过滤、罐装等；在储存时，人们希望黏度高一些较好，这样可以阻止颜填料的沉淀及其他组分的分层。增稠剂若搭配不好，往往会导致分水、严重时还会产生破乳现象，影响开罐效果；施工时对黏度及流态的要求更加复杂，首先要求涂刷省力、必须具有一定的触变性，触变性过大可能带来飞溅，涂刷完毕黏度的恢复要有一定的滞后性、以利于乳胶漆流平，滞后时间太长又可能导致流挂现象的产生；一些特殊的工艺漆（如浮雕漆、真石漆等）对流态又有特殊的要求。

非离子缔合型增稠剂可分为假塑型、牛顿型两类；在水、强极性溶剂乙二醇丁醚中缔合程度不同。它的应用较多地受到乳液品种、粒子大小的影响，非离子缔合型增稠剂对粒径较细乳液粒子吸附作用更强，中低剪黏度高。非离子缔合型增稠剂的选择与使用依据乳液特征，并且要针对具体的乳胶漆配方。影响非离子缔合型增稠剂增稠作用的因素还包括：分散润湿剂、助溶剂、表面活性剂的 HLB 值等，在具体的配方中要综合考虑。

流变助剂在乳胶漆的生产、储存、施工中具有不可取代的作用，单一的一种流变助剂很难同时满足上述要求，因而形成品种丰富的乳胶漆专用流变助剂体系。

乳液型如普通的碱溶胀 XG-60，适合保水性能或各种具有立休质感（如弹性拉毛、浮雕漆等）的乳胶漆；XG-06 具有较好的增稠效果及流平性能，适用于内墙经济性乳胶漆；XG-903 增稠效率高、流变性能好，适用于各种内外墙乳胶漆；XG-905A 增稠、流动性能优异，适用于对流动、流平要求较高的各种中高档乳胶漆。

非离子聚氨酯类有 XG-202，对高剪切有贡献，适用于对流平有较高要求的内墙体系；XG-201 流平性能好、对中低剪切黏度有贡献，在提供流平性能的同时可以减少各种乳液型增稠剂的用量。聚氨酯增稠剂主要对中低剪切黏度贡献大，兼具一定的流平性，是各种中高档内外墙乳胶漆的重要增稠流变助剂，同时提供较好的光泽和耐水性能；聚氨酯触变剂具有较强的增稠效果和触变性能，能够取代纤维素应用于各种需要提供立体质感、同时对耐水性或光泽有较高要求的体系（如各种美术浮雕漆等）。

苯丙、纯丙细颗粒乳液，用于低 PVC、高光乳胶漆，添加中低剪增稠效率高的聚氨酯流变剂，在用量少的情况下，漆的中低剪黏度即达到要求；采用缔合性较弱的聚氨酯流变改性剂如 XG-201、XG-202，较大量添加，配合用碱溶胀增稠剂 XG-903、XG-905A 可达到合适的高剪黏度。

苯丙、纯丙用于平光、有光中高 PVC 乳胶漆，可以采用两种流变特征增稠剂搭配，如 XG-903、905A 与 XG-201、202，来取得高中低剪黏度的平衡，或与 HASE 配合使用。醋酸乙烯共聚物，如醋丙、醋叔乳液，通常乳液粒径较大，中低 PVC 乳胶漆中，可将中低剪增稠效率高的 HEUR 与 HEC、HASE 配合使用。非离子缔合型增稠剂疏水基团的种类与数目决定其增稠效率。疏水基团与乳胶漆中的疏水粒子，如乳胶粒子或颜料粒子进行缔合吸附，增稠作用强弱与乳胶粒子的组成、粒径、乳化剂种类有关。乳液的乳化剂、pH 值、初始黏度也会影响增稠效果。采用亲水的保护胶体如聚乙烯醇稳定的乳液黏度较高，粒子表面比较亲水，但与缔合型增稠剂吸附较弱。采用表面活性剂作为乳化剂，用量过高时，影响增稠剂吸附。乳液的粒径和粒径分布各不相同，小粒径乳液具有比较大的比表面积，利于 HEUR 增稠剂疏水基吸附，显著提高低剪和中剪黏度，用于制备高光泽乳胶漆的乳液粒子比较细。

市场上低成本、高 PVC 的乳胶漆占有工程漆的较大份额，乳胶漆中颜填料用量较高，常达到 45% 以上，乳液用量低至 10%，PVC 高达 80%。由于漆中颜填料用量较高，为防止颜填料沉降，保证乳胶漆不分层，要求储存黏度较高。可应用较高分子量的羟乙基纤维素（HEC）来提高中低剪黏度，但同时由于屈服值大，造成漆的流平性较差；也可配合碱溶胀型增稠剂如 XGBD-903，提高中低剪黏度，同时提高保水性。

只用 HEC 和碱溶胀型增稠剂，高剪黏度通常达不到要求，涂刷性差，丰满度低，飞溅性强。可采用缔合型增稠剂来改善流平性、涂刷性、丰满度。高 PVC 漆中乳液量少，乳液粒子较粗，非离子缔合型增稠剂与乳液之间作用较弱，可以使用牛顿型缔合型增稠剂如 XG-201，提高高剪黏度，改善涂刷性、流动性、飞溅性、丰满度。

中等 PVC 乳胶漆中，乳液用量较多，使用普通 HEC、碱溶胀乳液增稠剂，中剪黏度达到要求时，低剪黏度过高，流平、流动性均较差；采用假塑性聚氨酯类缔合型增稠剂，可以同时提高中低剪黏度，增稠效率高，流动性好，但低剪黏度、屈服值较低，不足以抗流挂。通常将上述两者配合使用。低 PVC 乳胶漆中，乳液用量高，采用缔合型增稠剂增稠效率高；由于缔合型增稠剂与乳胶粒子间存在缔合作用，干燥的漆膜光泽高、致密性好。

综上所述，除纤维素外，乳液型、非离子聚氨酯等一系列增稠流变改性助剂可以满足在配方实际中的需要。针对具体的乳胶漆配方，增稠流变助剂的选择一定要寻求成本与性能间的最佳平衡，对于低成本、高 PVC 乳胶漆的黏度控制应保证储存中不分层，考虑采用 HEC、碱溶胀增稠剂或缔合型增稠剂配合，部分配方也可考虑使用部分无机化合物来改善体系的流变性能及降低成本。中 PVC 乳胶漆，采用碱溶胀增稠剂与缔合型增稠剂配合使用，特别是可采用缔合度高的碱溶胀增稠剂；低 PVC 乳胶漆，一般可采用碱溶胀增稠剂与牛顿型的缔合型增稠剂配合使用，特别是对光泽有要求的体系最好多选用一些非离子类流变助剂。非离子缔合型增稠剂对乳液增稠效率受乳液种类影响很大，一般对苯丙、纯丙乳液效率高，对醋丙、醋叔乳液效率较低；同一类乳液，乳胶粒子大小、表面活性剂种类不同，增稠效率也存在差异，所以非离子缔合型增稠剂的选择一定要根据乳液性质来确定。

4. 其他助剂

催干剂是指能提高氧化交联型涂膜固化速度的物质，起加速固化的作用，俗称干料。主要是油溶性的有机酸金属盐类，常用的有铅、钴、锰的环烷酸盐、辛酸盐、松香酸盐和亚油酸盐。

触变剂加入涂料中，在没有剪切力的情况下会形成胶冻状的结构，受到较高剪切力时则有较好的流动性，剪切力取消又会恢复成胶冻状态，这种现象称为触变。加入触变剂的涂料，在施工时能避免发生流挂和流淌现象，储存时可减少或消除颜料沉淀现象。

防霉剂是用于防止常用涂料特别是水性乳胶涂料受细菌或霉菌侵蚀的添加剂。常用的防霉剂有有机汞化合物、有机锡化合物、偏硼酸钡、氧化锌等。

增塑剂是用于增加涂膜柔韧性的助剂。常用的有邻苯二甲酸二丁酯、邻苯二甲酸二辛酯及氯化石蜡等。

7.1.2 涂膜病态及防治

1. 流挂

涂料涂装于垂直物体表面，在涂膜形成过程中湿膜受到重力的影响朝下流动，形成不均匀的涂膜，称为流挂。要使涂膜流动适宜，就要使涂料的流变性处于最适宜的状态，要防止流挂病态的发生，最重要的是要控制在刷涂剪切速率下的涂料黏度。另外，所用溶剂的品种也是重要的因素，因为它影响着黏度的变化。在采用喷涂方法施工时，涂膜厚度要掌握好，喷涂过厚或溶剂挥发速率过慢，也会造成流挂。另外，底材及底层表面状态，以及施工涂装方法和大气的环境条件等也会导致流挂的产生。

2. 刷痕、滚筒痕

涂料采用刷涂或滚涂方法施工时，涂膜表面干燥后产生未能流平的痕迹称为“刷痕”或“滚筒痕”，它明显地影响了涂膜的外观。预防措施是控制涂料质量，调整施工黏度及环境条件，必要时可添加少量高沸点溶剂或者流平剂。

3. 桔皮

桔皮是湿膜未能充分流动形成的似桔皮状的痕迹。施工黏度较高，烘干前的闪蒸时间不当，稀释剂的质量，底材的温度等均会导致涂膜桔皮病态的产生。预防措施主要是添加适量挥发速度较慢的溶剂，以延长湿膜的流动时间使之有足够时间流平，加入适量流平剂也能减轻涂膜桔皮病态。

4. 起粒

起粒是涂装后漆膜表面出现不规则块状物质的总称。颜料分散不良、基料中有不溶的聚合物软颗粒或析出不溶的金属盐、溶剂挥发过程中聚合物沉淀、小块漆皮被分散混合在漆中等是造成起粒的主要原因，因此要防止此病态发生，必须注意颜料充分分散、溶剂合理设计、涂料的净化及施工场所环境的洁净度。

5. 缩孔

缩孔也是涂膜因流平性不良出现的病态之一，产生缩孔的主要原因是湿膜上下部分表面张力不同。实际应用时，可以采取加入适宜的流平助剂或低表面张力溶剂来解决，此外，还应注意提高底材的可润湿性。

6. 泛白

泛白（变白）现象常发生在挥发型涂料涂装中，是涂装后溶剂迅速挥发过程中出现的一种不透明的白色膜的情况，这是由于溶剂迅速挥发吸收大量热量导致正在干燥的涂膜邻近的水分凝结在涂膜上面的缘故，有时溶剂含水也会引起泛白，一般来说，溶剂的挥发性越高，漆膜变白的倾向越大。预防措施是调整好涂料所用溶剂，并适量增加高沸点溶剂，减少挥发快的溶剂用量，控制空气中相对湿度。

7.2 胶黏剂配方设计

各种胶黏剂的配方设计，一般要经过配方原理设计、配方组成设计及组分配比的最优化设计三个步骤，但无机胶黏剂与有机胶黏剂的配方设计原则不同。

胶黏剂基料的分子结构决定了胶黏剂的基本特性，配方设计时，根据胶黏剂的功能和耐环境应力要求，设计或者选择具有相应胶黏特性的材料来配制胶黏剂。

胶黏剂基料的分子设计，是根据胶黏剂的用途功能，确定基料分子的一次结构，再根据制造条件和一次结构确定其二次及高次结构，使其具备多种多样的性能和功能。

一般胶黏剂的配方设计，是依据功能要求，选取适用的材料来配制胶黏剂，或者根据材料分子的化学结构与材料物性之间的相互关系，合成具有所需功能的材料来配制胶黏剂。

7.2.1 胶黏剂配方设计原则

7.2.1.1 配方设计原则

1. 无机胶黏剂配方设计原理

一般根据反应机理进行，配方结构设计通常遵循如下原则：酸碱相协规则、结构相似规则、离子半径比与配位数相近规则。

酸碱相协规则即软酸软碱亲和规则或硬酸硬碱亲和规则。例如，体系中 PO_4^{3-} 是硬碱，对金属亲和性较差，可以加入硬酸 Mn^{2+} 和偏硬酸 Zn^{2+}，使其更亲和于单键上硬碱性的氧，改善黏附强度；也可以在磷酸成盐前，将其加热浓缩成多磷酸，使单键上的硬碱性氧减少，双键上软碱性氧增加，同样可提高黏附强度。

结构相似规则：$CuO-H_3PO_4$ 体系的固化物为多元离子晶体，按结构相似规则，根据锌在黄铜中的增韧作用，将 Zn^{2+} 引入 $CuO-H_3PO_4$ 体系中，胶黏剂的韧性也能获得明显的改善。

离子半径比与配位数相近规则：胶黏剂体系中阳离子 Cu^{2+}、Mn^{2+}、Zn^{2+} 和阴离子 O^{2-} 的半径比，分别为 0.514、0.571、0.529，十分相近。它们常采取 O^{2-} 配位数趋于 6 的结构。P^{5+} 的 O^{2-} 配位数为 4，所以选 Mn^{2+} 和 Zn^{2+} 以改善 $CuO-H_3PO_4$ 胶黏剂的强度。

2. 合成胶黏剂配方原理设计

根据胶黏剂的用途和主要功能指标，选择基料或合成新型高分子材料；根据基料的交联反应机理，选择固化剂或引发剂以及相应的促进剂等直接参加反应的组分；按照反应物物质的量计算和确定原理性配方方案，将胶黏剂的主功能及有关指标作为设计的目标函数，进行配方试验，测试指标，通过方案设计评价系统，最终确定原理性配方的主成分及比例。

配方组成设计阶段：胶黏剂的使用要求是多方面的，而胶黏剂的基料所能提供的功能，难以完全满足要求，因此必须借助于其他助剂才能实现。

配方组分选择应按功能互补原理，根据胶黏剂的功能要求加入助剂，使原有功能获得改善，增加所需功能。

组分材料的选择原则：溶解度参数相近，各组分间有良好的相溶性；不直接参加反应的组分搭配，应遵循酸碱配位原则。

酸碱配位作用本质上是电子转移过程，组分搭配也就是电子受体（酸）与电子给体（碱）的搭配。胶黏剂/被粘物、聚合物/填料等均应遵循酸碱匹配条件，体系才能稳定且具有较高的黏附力。

组分配比的最优化设计阶段：胶黏剂的组分确定后，根据胶黏剂的功能要求，依据，主功能最优、其他功能适当的原则，对胶黏剂体系的功能与配方间的对应关系，用数学方法进行最优化设计，也可以用计算机辅助配方设计，进行综合权衡，以确定最佳配方。

要使胶黏剂具有最佳性能，各组上的用量准确是十分重要的，例如固化剂用量不够，胶黏剂固化不完全，固化剂用量太大，又会提高交联密度，致使材料综合性能变差，一般称取各组分的相对误差，要控制在2% ~5%之间，以保证较好的粘接性能。

7.2.1.2 胶黏剂的组成

胶黏剂通常为多组分配合物，是由基料、固化剂、溶剂、促进剂、填料、增韧剂、稀释剂、偶联剂、稳定剂，防老剂、增黏剂、增稠剂等配合而成。

除了基料是必不可少的股份之外，其他组分则视性能要求和工艺需要决定取舍。

基料又称胶料，是胶黏剂的主要成分，要求有良好的黏附性和润湿性。作为基料的物质有天然聚合物、合成聚合物及无机物三大类。

胶黏剂配方中聚合物相对分子质量提高，胶黏剂机械强度提高，低温韧性提高，胶黏剂黏度增大，浸润速度减慢；高分子的极性增加，对极性表面黏附力提高，耐热性增加，耐水性下降，黏度增大；交联密度提高，耐热性提高，耐介质性提高，蠕变减小，模量提高，延伸率降低，低温脆性增加。

固化剂是使液态基料通过化学反应，发生聚合、缩聚或交联反应，转变成高分子量固体，使胶接接头具有力学强度和稳定性的物质。不同的基料应选用固化快、质量好、用量少的固化剂。

填料是不参与反应的惰性物质，可提高胶接强度、耐热性、尺寸稳定性并可降低成本。其品种很多，如石棉粉、铝粉、云母、石英粉、碳酸钙、钛白粉、滑石粉等。各有不同效果，根据要求选用，必须干燥，粒度要小，用量合适。

填料用量增加，热膨胀系数下降，固化收缩率下降，使胶黏剂有触变性，成本下降，硬度增大，黏度增大；用量过多，使胶黏剂变脆。。

增韧剂是一种单官能团或多官能团的化合物，能参加固化反应。常用的增韧剂有不饱和聚酯树脂、低分子聚酰胺、聚硫橡胶等。增韧剂能提高胶黏剂的柔韧性，降低脆性，改善抗冲击性等。增韧剂对胶接强度的影响是很大的，增韧剂用量增加，韧性提高，抗剥离强度提高，内聚强度及耐热性缓慢下降。

增塑剂用量增加，抗冲击强度提高，黏度下降，内聚强度下降，蠕变增加，耐热性急剧下降。

稀释剂是用来降低胶黏剂的黏度和固体成分浓度的液体物质，便于施工操作，有能参与固化反应的活性稀释剂和惰性稀释剂两种。

偶联剂具有能分别和被粘物及胶黏剂反应成键的两种基团，使胶黏剂与被黏物表面之间形成胶接界面层，提高胶接强度。常用的偶联剂为硅氧烷或聚对苯二甲酸酯。加入偶联剂黏附性提高，耐湿热老化性提高，有时耐热性下降。

稳定剂为防止胶黏剂长期受热分解或储存时性能变化的成分。

增黏剂是增加胶膜黏性或扩展胶黏剂黏性范围的物质，增黏剂的主要作用是使原来不粘或难粘的材料之间的胶接强度提高、润湿性及柔韧性得到改善。增黏剂大部分是低分子树脂，有天然和人工合成产品，以硅烷和松香树脂及其衍生物为主，烷基酚醛树脂也常用。

防老剂是改善胶黏剂中高分子材料因热、光、湿等因素引起的老化破坏的物质。加入防老剂有助于胶黏剂在配制、储存和使用期间保持性能稳定，防老剂包括抗氧化剂、紫外线吸收剂等。

7.2.1.3 胶黏剂性能的影响因素

胶黏剂的力学性能与胶黏强度间的内在联系，是胶黏剂配方设计需要了解的重要问题之一。除黏接界面结合力外，胶黏强度还与胶层的内聚强度（即胶黏剂的强度）有关。要制备高强度粘接接头，就必须配制高强度的胶黏剂。

1. 胶黏剂与被粘物

在选择胶黏剂时需要考虑的因素很多，主要有被粘物的物理化学性质，被粘物的使用条件，粘接材料的制造工艺、生产成本、环境污染等。

根据被粘物的化学性质选择胶黏剂，粘接极性材料（包括钢、铝、钛、镁、陶瓷等），选择极性强的胶黏剂，如环氧树脂胶、聚氨酯胶、酚醛树脂胶、丙烯酸酯胶、无机胶等；粘接弱极性和非极性材料（包括石蜡、沥青、聚乙烯、聚丙烯、聚苯乙烯、ABS 等），选择丙烯酸酯胶、不饱和聚酯胶，或用能溶解被粘物的溶剂，如三氯甲烷、二氯甲烷等。

根据被粘物的物理性质选择胶黏剂：粘接脆性和刚性材料（如陶瓷、玻璃、水泥和石料等），选择强度高、硬性大和不易变形的热固性树脂胶黏剂，如环氧树脂胶、不饱和聚氨酯胶、酚醛树脂胶；粘接弹性和韧性材料（如橡胶、皮革、塑料薄膜等），选择弹性好、有一定韧性的胶黏剂，如氯丁胶、聚氨酯胶等；粘接多孔性材料（如泡沫塑料、海绵、织物等），选择黏度较大的胶黏剂，如环氧树脂胶、聚氨酯胶、聚醋酸乙烯胶、橡胶型胶黏剂等。

根据被粘物使用条件选择胶黏剂：被粘物受剥离力、不均匀扯离力作用时，选择韧性好的胶，如橡胶胶黏剂、聚氨酯胶等；被粘物受均匀拉力、剪切力作用时，选择比较硬、脆的胶，如环氧树脂胶、丙烯酸酯胶等；被粘物要求耐水性好时，选择环氧树脂胶、聚氨酯胶等；被粘物要求耐油性好时，选择酚醛-丁腈胶、环氧树脂胶等。根据被粘物的使用温度选择，如环氧树脂胶适宜在 120℃以下使用，橡胶胶黏剂适宜在 80℃以下使用，有机硅胶适宜在 200℃以下使用，无机胶适宜在 500 ~ 1000℃使用。

根据使用工艺选择胶黏剂：灌注用，选择无溶剂、低黏度胶黏剂；密封用，选择膏状、糊状或腻子状胶黏剂。

绝大多数固体表面，从微观的尺度来看，是凹凸不平的，将这样的表面迭合起来，只有很小的点面能相互接触，大部分的表面都不能接触。因此分子的总吸引力很小，很容易被分开。胶黏剂作用的目的之一，就在于可将不规则的粗糙表面填补起来，使两个接触不良的表面，通过胶黏剂产生高度的分子接触，提高胶接强度。

在开始施加胶黏剂的时候，胶黏剂应当具有较好的流动性和润湿性，这样才能对固体表面产生良好的润湿铺展，起到填充凹凸不平表面的作用。然后，胶黏剂又应当能够向界面扩散，并在恰当的时间发生固化或硬化，具有较高的内聚强度，能经受较大的外力作用。

不同的胶黏剂品种，有各种不同的固化或硬化方式。溶剂型胶黏剂是通过溶剂的蒸发或扩散、渗透而固化；热熔型胶黏剂是通过降低温度而固化，化学反应型胶黏剂则是在一定的温度（通常是升温）下，通过内部产生聚合或缩聚反应而固化。

2. 黏度

无论哪一种类型的胶黏剂，在使用的时候，均要保持较小的黏度，以利于润湿、铺展和均匀地分布到被粘物表面；同时还要求胶黏剂有较小的表面张力，才可能有较好的润湿效果，自发地铺展于凹凸不平的基体表面上，形成良好的分子接触。

液体的黏度是由于液体的分子之间受到运动的影响而产生内摩擦阻力的表现。它除了受溶液浓度的影响以外，主要受分子量的影响：

$$[\eta] = K\overline{M}_{\eta}^{\alpha}$$

式中，$[\eta]$ 为高分子溶液的特性黏度；$\overline{M}_{\eta}$ 为平均分子量；K、α 为两个与体系有关的常数。

聚合物的分子量（或聚合度）直接影响聚合物分子之间的作用力，而分子间作用力的大小决定物质的熔点和沸点的高低，对于聚合物决定其玻璃化转变温度 T_g 和 T_m。所以聚合物无论作为胶黏剂或被粘物其分子量都影响粘接强度。一般说来，分子量和胶接强度的关系仅限于无支链线型聚合物的情况，包括两种类型。一种类型在分子量全范围内均发生胶黏剂的内聚破坏，这时，胶接强度随分子量的增加而增加，但当分子量达到某一数值后则保持不变。另一种类型由于分子量不同破坏部分亦不同，这时，在小分子量范围内发生内聚破坏，随分子量增大胶接强度增大；当分子量达到某一数值后，胶黏剂的内聚力同黏附力相等，则发生混合破坏；当分子量再进一步增大时，则内聚力超过黏附力，润湿性不好，则发生界面破坏。结果使胶黏剂为某一分子量时的胶接强度为最大值。

一般来说，同一高分子在良溶剂中的黏度，要比在不良溶剂中的高一些。溶剂型胶黏剂的粘接强度当然要受胶层内残留溶剂量的影响。溶剂量多时，虽然浸润性好，但由于胶黏剂内聚力变小，而使内聚强度降低。胶黏剂聚合物之间的亲和力大时，随着溶剂的挥发粘接强度增大。两者之间无亲和力时，残留一些溶剂时胶黏剂的黏附性却较大，随着溶剂的挥发，强度反而下降。显然，溶剂起了增加两者间亲和力的作用。

随着温度的升高黏度下降。热熔胶的熔融黏度受温度的影响更为明显。黏度影响高分子和被粘物表面接触的紧密程度。黏度低，胶黏剂较易润湿铺展，分子接触紧密，可得到较高的粘接强度。但是，黏度过低，虽然利于润湿铺展，但也易于流淌，且内聚强度不会太高。溶剂型胶黏剂的黏度如果太低，当溶剂蒸发时，收缩大，应力集中较严重，胶接强度反而降低。

热熔型胶黏剂会因为和被粘物之间热膨胀系数的差别，冷却时引起应力集中。所以，在调制或选择胶黏剂时，需要综合考虑各种影响，设计最佳的黏度。胶黏剂的黏度应当是随着胶接过程的推进而逐步升高，最终胶膜硬化或固化。胶黏剂在低黏度状态时的时间久一点，可以增加接触的程度和胶接强度。从实用观点出发，绝大多数胶黏剂至少应在几分钟之内保持相当的流动性。对大面积一次胶接时，则希望保持流动性的时间略长一点，以便顺利完成大面积的均匀涂胶。一次胶接面较小的，则保持低黏度时间可短一点，如 α-氰基丙烯酸酯类胶黏剂，多用于小面积快速胶接，保持低黏度时间只需几秒或几十秒。胶黏剂处于流动状态的时间，是胶接过程的重要参数之一，也是胶黏剂控制适用期的重要因素。根据所要求的胶接水平，综合考虑胶黏剂的黏度及保持流动性的时间是很重要的。

3. *表面能*

胶黏剂与基体之间的接触程度也受到表面能的影响，Zisman 曾经指出，接触角对衡量接触程度是有用的量度。液体胶黏剂和高表面能固体之间的分子相互作用能，一般都超过液体分子本身的内聚能。金属、金属氧化物和各种无机物都是高能表面，如与其接触的液体或胶黏剂的黏度很低，表面张力也低，则其接触角很小，可以自动润湿铺展，分子相互接触紧密，胶接强度可能高。反之，许多极性的液体胶黏剂和非极性的聚乙烯或其他聚合物，由于低能表面以及和液体胶黏剂的极性不相匹配，形成的接触角大，胶接效果不好，胶接强度也不会高。实践证明，凡是液体或胶黏剂表面张力低于基体表面张力，就会表现出良好的润湿铺展效果，并且分子接触比较紧密，意味着会出现较高的胶接强度。非极性聚合物如聚乙烯和聚四氟乙烯的表面能和临界表面张力，低于一般胶黏剂的表面张力值（33～78mN/m），所以润湿与胶接的效果均不好。只有进行表面改性，提高表面能，才能满足胶接要求。

4. *弱边界层*

胶黏剂与被粘物之间，应当有良好的分子接触，才能达到较高的胶接强度。如在胶接接头内，存在相当低的强度区域，那么，即使胶黏剂与被粘物之间有良好的接触，接头强度也并不会很高。

弱边界层理论认为，当胶接在界面发生破坏时，实际上是内聚破坏或弱边界层破坏。弱边界层来自胶黏剂、被粘物、环境或三者的任意组合。如果杂质集中在胶接界面附近，并与被粘物结合不牢，在胶黏剂和被粘物中都可能出现弱边界层。当发生破坏时，看起来是在胶黏剂和被粘物界面，但实际上是弱边界层的破坏。聚合物基体内，形成弱边界层的原因，有以下几种：①聚合过程所带入的杂质影响，如从聚合反应釜中掉进去的润滑油，这是低分子量的有机杂质；②聚合过程未全部转化的残余低分子量尾料的影响；③加入的抗氧剂、增塑剂、紫外光吸收剂、润滑剂等低分子量助剂的影响；④成型加工过程中带入的杂质，如脱模剂的影响；⑤商品在储存运输过程中，不慎带入的杂质的影响。

聚乙烯与金属氧化物的胶接便是弱边界层效应的实例，聚乙烯含有低强度的含氧杂质或低分子物，使其界面存在弱边界层，所承受的破坏应力很少。如果采用表面处理方法除去低分子物或含氧杂质，则胶接强度明显提高，事实证明，界面上确实存在使胶接强度降低的弱边界层。

7.2.2 胶接基础

7.2.2.1 概述

要得到一个良好的胶接制件必须考虑表面清洁度、润湿性、胶黏剂的选择、胶接接头的设计等因素。胶接接头是被胶接材料通过胶黏剂进行连接的部位。胶接接头的结构形式很多。从接头的使用功能、受力情况出发，有以下几种基本形式。

搭接接头（lap joint）：由两个被胶接部分的叠合，胶接在一起所形成的接头；

面接接头（surface joint）：两个被胶接物主表面胶接在一起所形成的接头；

对接接头（butt joint）：被胶接物的两个端面与被胶接物主表面垂直；

角接接头（angle joint）：两被胶接物的主表面端部形成一定角度的胶接接头。

接头胶层在外力作用时，有四种受力情况见图7－4。

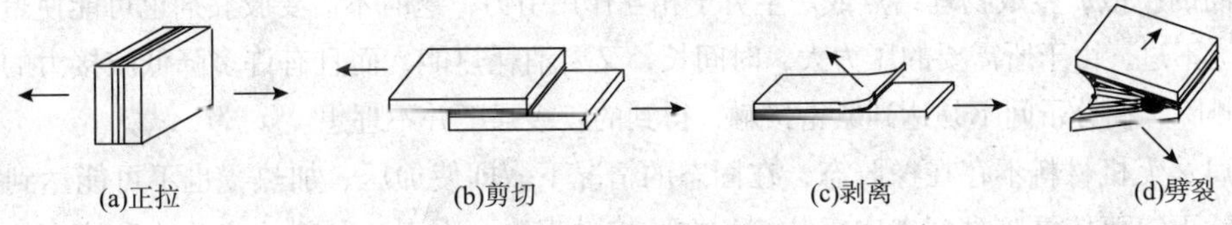

图7－4 接头胶层受力图

拉应力的外力与胶接面垂直，且均匀分布于整个胶接面。剪切力的外力与胶接面平行，且均匀分布于胶接面上。剥离力的外力与胶接面成一定角度，并集中分布在胶接面的某一线上。劈裂力（不均匀扯离力）的外力垂直于胶接面，但不均匀分布在整个胶接面上。为了分析方便，上述四种应力尚可简化为拉应力和剪切力两类。拉应力包括均匀扯离（正拉）力，不均匀扯离（劈裂）力和剥离力。

胶接接头设计的基本原则：保证在胶接面上应力分布均匀；具有最大的胶接面积，提高接头的承载能力；将应力减小到最低限度，尽可能使接头胶层承受拉力、压力和剪切力，避免承受剥离力和不均匀扯离力。胶黏剂的基本特性是决定接头设计的重要因素，接头设计还受制备装置、制造价格及制品外观的限制。胶接接头的强度主要由下面几个因素决定：被粘物和胶黏剂的力学性能；残余内应力；界面接触程度；接头的几何形状。每个因素对接头性能都有很大的影响，设计中必须考虑消除应力集中的问题。交接接头最好的结构是套接，其次是槽接或斜接。

7.2.2.2 形成交接的条件

1. 胶接的基本过程

理想的胶接是当两个表面彼此紧密接触之后，分子间产生相互作用，达到一定程度而形成胶接键，胶接键可能是次价键或主价键，最后达到热力学平衡的状态。

理想的胶接强度，可以在一些假定的前提下计算出来。因为这是从理想状态出发的，没有考虑一系列可能影响胶接强度的实际因素，所以理想的胶接强度比实际测得的胶接强度要大几个数量级。理想的胶接有理论意义，有利于分析理解胶接的机理，对实际的胶接过程有重要的指导意义。

在温度和压力不发生变化的前提卜，把两个已经胶接起来的相，从平衡状态可逆地分开到无穷远，彼此的分子不再存在任何相互作用的影响时，所消耗的能即为粘合能，也就是胶接力。单位面积上所需的胶接力，称为理想胶接强度，以 σ^{α} 表示：

$$\sigma^{\alpha} = \frac{16}{9(3)^{1/2}} \cdot \frac{W_a}{Z_0}$$

式中，Z_0 是两相达到平衡时的距离；W_a 为胶接功。

在大多数聚合物的分子相互作用，只存在色散力的情况下，一般 $Z_0=0.2\text{nm}$，$W_a=10^{-5}\text{J/cm}^2$，于是 $\sigma^{\alpha}\approx1500\text{MPa}$，如果分子相互作用力不仅是色散力，还有氢键力，诱导力甚至化学键力的话，则值更要大得多。即使如此，这一计算出来的理想胶接强度，也要比实际胶接强度大两个数量级以上。

实际的胶接，大多数都要使用胶黏剂，才能使两个固体通过表面结合起来。聚合物处于橡胶态温度以上时（未达熔融态），通过加压紧密接触，使两块处于橡胶态的聚合物，通过界面上分子间的扩散，生成物理结点或产生分子相互作用引力，这时不需要胶黏剂也可能使聚合物胶接起来。不过，由于所需要的压力大，时间长，又要消耗热能，而且有许多降低胶接力的影响因素并未排除，使分子间不易达到紧密接触，得到的胶接强度并不理想。

金属、无机材料不存在橡胶态，在固态的情况下，即使加压、加热，也不可能达到分子接触，这就更需要依靠胶黏剂来实现胶接。在胶接过程中，由于胶黏剂的流动性和较小的表面张力，对被粘物表面产生润湿作用，使界面分子紧密接触，胶黏剂分子通过自身的运动，建立起最合适的构型，达到吸附平衡。随后，胶黏剂分子对被粘物表面进行跨越界面的扩散作用，形成扩散界面区。对高分子被粘物而言，这种扩散是相互进行的；金属或无机物由于受结晶结构的约束，分子较难运动，但胶黏剂在硬化前，分子可以扩散到表面氧化层的微孔中去，达到分子的紧密接触，最后仍能形成以次价力为主的或化学键的胶接键。这就是胶接的基本过程。全过程的关键作用是润湿、扩散和形成胶接键。

2. 润湿

为形成良好的胶接，首先要求胶黏剂分子和被胶接材分子充分接触。为此，一般要将被胶接体表面的空气、或者水蒸气等气体排除，使胶黏剂液体和被胶接材料接触。即将气-固界面转换成液-固界面，这种现象叫做润湿，其润湿能力叫做润湿性。胶黏剂对被粘物表面良好的润湿可以保证被粘物与胶黏剂之间有最大的接触面积，粘合作用最强。

胶黏剂在涂胶阶段应当具有较好的流动性，而且其表面张力应小于被粘物的表面张力。这意味着，胶黏剂应当在被粘物表面产生润湿，能自动铺展到被粘物表面上。当被粘物表面存在凹凸不平和峰谷的粗糙表面形貌时，能因胶黏剂的润湿和铺展，起填平峰谷的作用，使两个被粘物表面通过胶黏剂而大面积接触，并达到产生分子作用力的0.5nm以下的近程距离。这就要求要选择能起良好润湿效果的胶黏剂。同时，也要求被粘物表面事先要进行必要的清洁和表面处理，达到最宜润湿与胶接的表面状态。要尽量避免润湿不良的情况。如果被粘物表面出现润湿不良的界面缺陷，则在缺陷的周围就会发生应力集中的局部受力状态；此外，表面未润湿的微细孔穴，胶接时未排尽或胶黏剂带入的空气泡，以及材料局部的不均匀性，都可能引起润湿不良的界面缺陷，这些都应尽量排除。

判断润湿性可用接触角来衡量，这可用 Young 方程来表示：

$$\gamma_{SV}=\gamma_{LV}\cos\theta+\gamma_{SL} \tag{1}$$

式中，θ 为接触角，也称为润湿角；γ_{SV} 为固气界面张力；γ_{LV} 为液气界面张力；γ_{SL} 为固液界面张力。此式应处于热力学平衡状态才有意义。

判断润湿方式：

（1）从接触角（润湿角）来判断

习惯上将液体在固体表面的接触角 $\theta=90°$ 时定为润湿与否的分界点。

$\theta>90°$ 为不润湿，$\theta<90°$ 为润湿，接触角 θ 越小，润湿性能越好。

当 $\theta = 180°$时，$\cos\theta = -1$，表示完全不润湿。当 $\theta = 0°$时，$\cos\theta = 1$，表示完全润湿。

（2）由 Dupre′胶接功的方程式来判断润湿

$$W_a = \gamma_{SV} + \gamma_{LV} - \gamma_{SL} \tag{2}$$

式中，W_a 为胶接功，是表征胶接性能的热力学参数。一般 W_a 值越大，胶接力也越大，润湿性越好。因为 γ_{SV}、γ_{LV} 两种表面张力测试麻烦，将式（1）代入式（2）中得：

$$W_a = \gamma_{LV}\ (1 + \cos\theta) \tag{3}$$

此式称为 Young-Dupre′方程，θ 越小，W_a 越大。

（3）用铺展系数来判断润湿

$$\text{铺展系数为：} S = \gamma_{SV} - \gamma_{SL} - \gamma_{LV} \tag{4}$$

当 $S = 0$ 时，表示可能发生液体在固体表面上自动铺展，即能润湿；当 $S > 0$ 时，必然发生铺展，即润湿性好；当 $S < 0$ 时，不能铺展，即不润湿。由此可知，θ 值尽可能小，W_a 和 S 尽可能大，则胶黏剂对被粘物的润湿性好，有利于提高胶接强度。

Zisman 将固体表面分为高能表面和低能表面。凡表面能 $> 200\text{mN/m}^2$ 为高能表面，金属、金属氧化物和无机化合物的表面，都是高能表面；表面能 $< 100\text{mN/m}^2$ 为低能表面，有机化合物、聚合物和水都属低能表面。高能表面的临界表面张力 $\gamma_c >$ 胶黏剂的 γ_{LV}，容易铺展润湿；低能表面的 $\gamma_c <$ 一般胶黏剂的 γ_{LV}，所以不易铺展润湿。

临界表面张力 γ_c 较大的被粘物，选择比被粘物 γ_c 小的胶黏剂比较容易，有较多的胶黏剂品种可供选择。但 γ_c 越小，则越不容易选择能有效润湿的胶黏剂。例如，聚四氟乙烯（PTFE）的 γ_c 只有 19mN/m，很不容易找到表面张力比这还小的胶黏剂，所以 PTFE 具有难粘的特性，利用这一特性，将 PTFE 热喷涂于锅面，就可以制成不粘锅。要想胶接 PTFE，只有利用钠-萘溶液进行化学处理或利用低温等离子体进行处理使表面改性，才能进行胶接。油能够很好地分散于水的表面形成一层油膜，是由于油的表面张力小于水的表面张力。反之，水就不能铺在油的表面。值得一提的是有些固体材料，如金属和其他无机材料的表面张力很大，使得它们的表面很容易被油类等表面张力小的物质所污染，因此，该类物质在用胶黏剂时，要先做预处理，否则很难达到较佳的粘合效果。

由于胶黏剂是由多种成分组合在一起的混合物，虽然各成分的表面张力能够从文献中查到，但是组分的微小改变也会导致整体的表面张力的改变。因此实际应用中要根据具体情况加以调整，如可以在胶黏剂中加入适量表面不活性剂以降低胶黏剂的表面张力，以提高胶黏剂对被胶接材料的润湿能力，为更好地胶接创造条件。

利用十二烷基硫酸钠、十二烷基苯磺酸钠改性大豆粉、大豆分离蛋白提高胶黏剂的胶接强度，就是一个非常好的例子。

3. 如何提高胶接强度

胶黏剂分子或分了链段与处于熔融或表面溶胀状态的被粘聚合物表面接触时，分子之间会产生相互跨越界面的扩散，界面会变成模糊的弥散状，两种分子也可能产生互穿的缠绕。这时，虽然分子间只有色散力的相互作用，也有可能达到相当高的胶接强度。若胶黏剂与高分子材料被粘物的相容性不好，或润湿性不良，则胶黏剂分子因受到斥力作用，链段不可能发生深度扩散，只在浅层有少许扩散，这时界面的轮廓显得分明。只靠分子色散力的吸引作用结合的界面，在外力作用下，容易发生滑动，所以胶接强度不会很高。

利用胶黏剂粘接金属，由于金属分子是以金属键紧密结合起来的，分子的位置固定不变，而且金属分子排列规整，有序性高，大多数能生成晶体构造，密度大而结构致密，不但金属分子不能发生扩散作用，就是胶黏剂的分子也不可能扩散到金属相里面去。所以，胶黏剂粘接金属形成的界面是很清晰的。若对金属表面进行改性，除去松散的氧化层、污染层，并使之生成疏松多孔状表面，或增加表面的粗糙度，会有利于胶黏剂分子的扩散、渗透或相互咬合，有可能提高胶接强度。另外，选择强极性的或能与金属表面产生化学键的胶黏剂，也能提高胶接强度。借助偶联剂的作用，也是提高胶接强度的有效方法。

利用胶黏剂粘接被粘物，最终的目的是形成具有一定强度能满足使用要求的胶接接头。润湿和扩散是胶接过程中出现的现象，其质量直接影响胶接键的强度。胶黏剂润湿被粘物并发生扩散，在界面上两种分子间产生相互作用，当分子间的距离达到分子作用半径的0.5nm以下时，会生成物理吸附键，即次价键。如表面发生化学吸附，则生成化学键。当胶黏剂固化或硬化后，生成的胶接键即被固定下来而保有强度。

要获得高强度的胶接接头，首先必要的条件是在界面处要能建立分子级的紧密接触，分子的距离一般应小于0.5nm。否则界面作用力太小，不能承受稍大的应力。其次，胶黏剂与被粘物界面上，最好能通过分子的扩散作用，形成分子间的缠结，这有利于提高强度。为提高胶接强度，还必须掌握影响强度的一系列因素，并加以控制。

7.3 配方设计实例

分子结构设计，主要是研究涂料与胶黏剂特性与分子结构的关系。涂料与胶黏剂基料分子中的高分子链结构、价键种类和健能、相对分子质量大小及其分布、分子极性、结晶度等都直接影响涂料与胶黏剂的特性，它们都是基料分子结构设计的重要内容。

7.3.1 醇酸树脂配方设计分析

合成醇酸树脂的反应是很复杂的。根据不同的结构、性能要求制备不同类型的树脂，首先要拟定一个适当的配方，合成的树脂既要酸值低、分子量较大、使用效果好，又要反应平稳、不致胶化。配方拟定还没有一个十分精确的方法，必须将所拟配方反复实验、多次修改，才能用于生产。

程序如下：(1) 根据油度要求选择多元醇过量百分数，确定多元醇用量；不同油度对应多元醇用量参考值见表7-12。

表7-12 不同油度对应多元醇用量参考值

油度/%	>65	65~60	60~55	55~50	50~40	40~30
甘油过量/%	0	0	0~10	10~15	15~25	25~35
季戊四醇/%	0~5	5~15	15~20	20~30	30~40	

多元醇用量=酯化1mol苯酐多元醇的理论用量（1+多元醇过量百分数）

使多元醇过量主要是为了避免凝胶化。油度越小，体系平均官能度越大，反应中后期越易胶化，因此多元醇过量百分数越大。

(2) 由油度概念计算油用量：油量=油度×(树脂产量-生成水量)。

(3) 由固含量求溶剂量。

(4) 验证配方。即计算$\bar{f}$、P_c

例7 椰子油醇酸树脂配方见表7-13，验证配方可行性。

表7-13 醇酸树脂配方

原料	用量/kg	分子量	摩尔数/kmol
精制椰子油	127.862	662	0.193
95%甘油	79.310	92.1	0.818
苯酐	148.0	148	1.000
油内甘油			0.193
油内脂肪酸			3×0.193

分析结果：油度 = 127.862/(127.862 + 79.310 + 148.0 - 18) = 38%

醇超量 = (3×0.818 - 2×1.000)/(2×1.000) = 0.227

平均官能度$\bar{f}$ = 2×(2×1 + 3×0.193)/(0.818 + 0.193 + 1 + 3×0.193) = 1.992

P_c = 2/1.992 = 1.004 不易凝胶。

7.3.2 丙烯酸树脂配方设计分析

丙烯酸树脂配方设计的程序：①确定树脂的类型，热塑型，热固型还是双组分类型；②确定树脂用来制作哪类、什么品质的涂料或胶黏剂；③确定树脂的聚合方法；④确定设计的树脂和涂料或胶黏剂应达到主要技术指标和施工性能，根据涂料或胶黏剂的产品特性来选择单体；⑤对选择的单体之间相互反应性能加以论证，选择有利于共聚反应的单体；⑥确定聚合工艺条件；⑦模拟单体配比进行树脂合成实验；⑧根据模拟单体配比合成的结果，对单体配比进行反复调整实验；⑨确定合成树脂的最佳工艺，包括聚合方法，树脂配方，聚合工艺，树脂质量指标等。

7.3.2.1 单体的选择

丙烯酸树脂配方的设计，首先要正确地选择单体。选择合适的单体，必须了解单体的物化性质，通常将聚合单体分为硬单体、软单体和功能单体三大类。

甲基丙烯酸甲酯（MMA）、苯乙烯（ST）、丙烯腈（AN）是最常用的硬单体；丙烯酸乙酯（EA）、丙烯酸丁酯（BA）、丙烯酸异辛酯（2-EHA）为最常用的软单体。长链的丙烯酸及甲基丙烯酸酯（如月桂酯、十八烷酯）具有较好的耐醇性和耐水性。

功能性单体有含羟基的丙烯酸酯和甲基丙烯酸酯，含羧基的单体有丙烯酸和甲基丙烯酸，羟基的引入可以为溶剂型树脂提供与聚氨酯固化剂、氨基树脂交联用的官能团。其他功能单体有：丙烯酰胺（AAM）、羟甲基丙烯酰胺（NMA）、双丙酮丙烯酰胺（DAAM）和甲基丙烯酸乙酰乙酸乙酯（AAEM）、甲基丙烯酸缩水甘油酯（GMA）、甲基丙烯酸二甲基氨基乙酯（DMAEMA）、乙烯基硅氧烷类（如乙烯基三甲氧基硅烷，乙烯基三乙氧基硅烷，乙烯基三（2-甲氧基乙氧基）硅烷，乙烯基三异丙氧基硅烷，γ-甲基丙烯酰氧基丙基三甲氧基硅烷，γ-甲基丙烯酰氧基丙基三（β-三甲氧基乙氧基硅烷）单体等。

功能单体的用量一般控制在1%~6%（质量比），如果用量过大，可能会影响树脂或成漆的储存稳定性。乙烯基三异丙氧基硅烷单体由于异丙基的位阻效应，Si—O键水解较慢，在乳液聚合中其用量可以提高到10%，有利于提高乳液的耐水、耐候等性能，但是其价格较高。乳液聚合单体中，双丙酮丙烯酰胺（DAAM）、甲基丙烯酸乙酰乙酸乙酯（AAEM）分别需要同聚合终了外加的已二酰二肼、已二胺复合使用，水分挥发后可以在大分子链间架桥形成交联膜。

含羧基的单体有丙烯酸和甲基丙烯酸，羧基的引入可以改善树脂对颜、填料的润湿性及对基材的附着力，与环氧基团可以发生反应，对氨基树脂的固化有催化活性。树脂的羧基含量常用酸值控制在10mgKOH/g（固体树脂）左右，用于聚氨酯体系时，酸值稍低些，用于氨基树脂时酸值可以大些，促进交联。

合成羟基型丙烯酸树脂时羟基单体的种类和用量对树脂性能有重要影响，双组分聚氨酯体系的羟基丙烯酸组分常用伯羟基类单体：丙烯酸羟乙酯（HEA）或甲基丙烯酸羟乙酯（HEMA）；考虑成漆储存的稳定性，氨基烘漆的羟基丙烯酸组分常用仲羟基类单体，如丙烯酸-β-羟丙酯（HPA）或甲基丙烯酸-β-羟丙酯（HPMA）。

涂料用丙烯酸树脂常为共聚物，不同结构单体的共聚活性不同，选择单体时必须考虑它们的共聚活性，实验中，一般采用单体混合物“饥饿态”加料法（即单体投料速率 < 共聚速率）控制共聚物组成。为使共聚顺利进行，共聚用混合单体的竞聚率不要相差太大，如苯乙烯同醋酸乙烯、氯乙烯、丙烯腈难以共聚。必须用活性相差较大的单体共聚时，可以补充一种单体进行过渡，即加入一种单体，而该单体同其他单体的竞聚率比较接近、共聚性好，苯乙烯同丙烯腈难以共聚，加入丙烯酸酯类单体就可以改善它们的共聚性。

单体选择时还应注意单体的毒性大小，一般丙烯酸酯的毒性大于对应甲基丙烯酸酯的毒性，如丙烯酸甲酯的毒性大于甲基丙烯酸甲酯的毒性，丙烯酸乙酯的毒性也较大。在与丙烯酸酯类单体共聚用的单体中，丙烯腈、丙烯酰胺的毒性很大，应注意防护。

7.3.2.2 玻璃化温度的设计

涂料与胶黏剂用丙烯酸树脂属高聚物，其运动包括链段运动和整个分子链的运动，且兼有固体的弹性与液体的黏弹性。玻璃化温度是链段能运动的最低温度，其高低与分子链的柔性有直接关系，对于涂料制品，由于在玻璃化温度以上涂膜就会变软，故通常在玻璃化温度以下使用，所以希望在使用时玻璃化温度高些。

确定了丙烯酸树脂的玻璃化温度后，就基本确定了树脂所选择的单体，也就决定了树脂的性能和制漆后涂料的性能。几种常见丙烯酸酯类单体的玻璃化温度值如表7－14所示。

表7－14 常见丙烯酸酯类单体的玻璃化温度值

单体	T_g/K	单体	T_g/K
丙烯酸甲酯	281	丙烯酸	379
丙烯酸乙酯	251	丙烯腈	369
丙烯酸正丁酯	219	丙烯酰胺	438
丙烯酸2-乙基已酯	203	甲基丙烯酸丁酯	293
甲基丙烯酸	458	甲基丙烯酸异丁酯	326
甲基丙烯酸甲酯	378	甲基丙烯酸已酯	268
甲基丙烯酸乙酯	338	甲基丙烯酸环已酯	356
苯乙烯	373	甲基丙烯酸-β-羟乙酯	328
乙酸乙烯酯	305	甲基丙烯酸-β-羟丙酯	346

凡是使链段柔性增加或使分子间作用力降低的因素均将导致 T_g 下降，反之凡导致链段运动能力下降的因素均使 T_g上升。主链结构为—C—C—、—C—N—、—Si—O—、—C—O—等单键的非晶态聚合物，由于内旋转容易，链柔性大，其 T_g较低。主链上含有苯基、萘基等芳香杂环，刚性大，T_g高。连接在主链碳原子上的基团大，空间位阻大，内旋转困难，刚性大，T_g高。主链上有孤立的双键，内旋转容易，柔性大，T_g低。主链上有共轭双键，分子链不能内旋转，刚性大，T_g高。侧基极性大，分子间作用力大，T_g高；主链上同一碳原子上连有两个不同基团的，T_g高；主链上同一碳原子上连有两个相同极性基团的比只连一个极性基团的 T_g低。长支链能够减弱分子间的作用力，使 T_g降低；分子链之间能够形成氢键或者离子键的，使 T_g升高。当聚合物的分子量比较低时，随分子量增加，玻璃化温度 T_g增大；但是当分子量大于一定值后，T_g将与分子量无关。无规共聚物，是个均相体系，只出现一个 T_g。无规共聚物的 T_g介于两均聚物 T_g之间。加入增塑剂，T_g下降；交联度低时，T_g的变化不大，交联点密度增大，T_g随交联度的增加而提高。

丙烯酸树酯的玻璃化温度决定了其涂膜的硬度和抗划伤性，玻璃化温度越高则涂膜越硬，抗划伤性越强，但设计时要注意调整涂膜不能脆；丙烯酸树脂的玻璃化温度越高，制漆后涂膜干率越好、溶剂释放性越好、涂膜耐溶剂性、耐腐蚀性越好，在同样树脂合成反应条件下，树脂的玻璃化温度越高，树脂反应最终黏度越大、分子量高；反之，树脂玻璃化温度越低，树脂反应最终黏度越低、分子量越小。

用热塑性合成树脂乳液制成的乳胶涂料，对其涂膜性能要求和施工性能要求往往是矛盾的。为了克服这一矛盾，在设计乳液配方时，应选择 T_g值较高而又有足够极性的共聚物组成，因聚合物的极性对乳液聚合物的 MFT 有很大影响，极性大时，其 MFT 往往比 T_g 低。再配之以其他措施，如乳化剂种类和用量的选择搭配、细致地选择成膜助剂，是有可能由较高 T_g的聚合物乳液制备具有适宜 MFT 的乳胶涂料的。

在丙烯酸树脂诸多技术指标中，丙烯酸树脂玻璃化温度值是相当重要的一个技术指标，丙烯酸树脂的玻璃化温度，可影响丙烯酸树脂的诸多性能，可以通过按涂料使用性能的要求，设计计算丙烯酸树脂的玻璃化温度，进行合理正确的选择。

例 8 某热塑性丙烯酸树脂的单体组成及相应的玻璃化温度见表 7－15，计算该热塑性丙烯酸树脂的玻璃化温度。

表 7－15 某热塑性丙烯酸树脂的单体组成及相应的玻璃化温度

单体名称	质量/g	T_g/K
甲基丙烯酸甲酯	14.43	378
苯乙烯	23.3	373
丙烯酸丁酯	9.74	219
丙烯酸	1.24	379
总量	48.71	

解：由：

$$\frac{1}{T_g} = \frac{W_1}{T_{g1}} + \frac{W_2}{T_{g2}} + \cdots + \frac{W_n}{T_{gn}}$$

得

$$\frac{1}{T_g}=\frac{\frac{14.43}{48.71}}{378}+\frac{\frac{23.3}{48.71}}{373}+\frac{\frac{9.74}{48.71}}{219}+\frac{\frac{1.24}{48.71}}{379}$$

$$=0.0007836+1.001282+0.0009132+0.00006718$$

$$=0.003046$$

$$T_g=328.3K=55.3℃$$

该热塑性丙烯酸树脂的玻璃化温度 T_g 为55.3℃

丙烯酸树脂的玻璃化温度的确定和选择还要按系统的综合要求考虑，要保持个性与综合性相结合并统一的要求。要考虑不同涂料品种是单独用还是改性后用，是固化剂交联型还是烘漆类型，固化剂选择是室内用还是户外用，是普通涂料还是装饰性涂料，是防腐涂料类型还是特殊功能类型等要求，所以设计丙烯酸树酯的玻璃化温度值，不能只简单追求或满足某一两项简单的物理指标，而应按系统综合要求考虑。

玻璃化温度反映无定型聚合物由脆性的玻璃态转变为高弹态的转变温度。不同用途的涂料，其树脂的玻璃化温度相差很大。外墙漆用的弹性乳液其 T_g 一般低于 -10℃，北方应更低一些；而热塑性塑料漆用树脂的 T_g 一般高于60℃，交联型丙烯酸树脂的 T_g 一般在 -20～40℃。

7.3.2.3 引发剂的选择

常用过氧类引发剂的活性如表7-16所示，其中过氧化二苯甲酰（BPO）是一种最常用的过氧类引发剂，正常使用温度70～100℃，过氧类引发剂容易发生诱导分解反应，而且其初级自由基容易夺取大分子链上的氢、氯等原子或基团，进而在大分子链上引入支链，使分子量分布变宽。过氧化苯甲酸叔丁酯是近年来得到重要应用的引发剂，为微黄色液体，沸点124℃，溶于大多数有机溶剂，室温稳定，对撞击不敏感，储运方便，它克服了过氧类引发剂的一些缺点，且所合成的树脂分子量分布较窄，有利于固体分的提高。

表7-16 常用过氧类引发剂的活性

品名	不同半衰期对应分解温度/℃		
	0.1h	1h	10h
过氧化二苯甲酰（BPO）	113	91	71
过氧化二月桂酰	99	79	61
过氧化-2-乙基已酸叔丁酯	113	91	72
过氧化-2-乙基已酸叔戊酯	111	91	73
过氧乙酸叔丁酯	139	119	100
过氧化苯甲酸叔丁酯（TBPB）	142	122	103
过氧化-3，5，5-三甲基已酸叔丁酯	135	114	94
叔丁基过氧化氢（TBHP）	207	185	164
异丙苯过氧化氢	195	166	140
二叔丁基过氧化物（DTBP）	164	141	121
过碳酸二环已酯	76	59	44
过碳酸二（2-乙基已酯）	80	61	44

为了使聚合平稳进行，溶液聚合时常采用引发剂同单体混合滴加的工艺，单体滴加完毕，保温数小时后，还需一次或几次追加滴加后消除引发剂，以尽可能提高转化率，每次引发剂用

量为前者的10%~30%。

7.3.2.4 溶剂的选择

用作室温固化双组分聚氨酯羟基组分的丙烯酸树脂不能使用醇类、醚醇类溶剂，以防其和异氰酸酯基团反应，溶剂中含水量应尽可能低，可以在聚合完成后，减压脱出部分溶剂，以带出体系微量的水分。常用的溶剂为甲苯、二甲苯，可以适当加些乙酸乙酯、乙酸丁酯。环保涂料用溶剂不准含“三苯”——苯、甲苯、二甲苯，通常以乙酸乙酯、乙酸丁酯（BAC）、丙二醇甲醚乙酸酯（PMA）混合溶剂为主，也有的体系以乙酸丁酯和重芳烃（如重芳烃S-100，S-150）作溶剂。

氨基烘漆用羟基丙烯酸树脂可以用二甲苯、丁醇作混合溶剂，有时掺入一些丁基溶纤剂（BCS，乙二醇丁醚）、S-100、PMA、乙二醇乙醚乙酸酯（CAC）。

热塑性丙烯酸树脂除使用上述溶剂外，丙酮、丁（甲乙）酮（MEK）、甲基异丁基酮（MIBK）等酮类溶剂，乙醇、异丙醇（IPA）、丁醇等醇类溶剂也可应用。

实际上，树脂用途决定单体的组成及溶剂选择，为使聚合温度下体系处于回流状态，溶剂常用混合溶剂，低沸点组分起回流作用，一旦确定了回流溶剂，就可以根据回流温度选择引发剂。对溶液聚合，主引发剂在聚合温度时的半衰期一般在0.5~2h之间较好。有时可以复合使用一种较低活性引发剂，其半衰期一般在2~4h之间。

7.3.2.5 分子量调节剂的选择

为了调控分子量，就需要加入分子量调节剂（或称为黏度调节剂、链转移剂）。分子量调节剂可以被长链自由基夺取原子或基团，长链自由基转变为一个大分子，并再生出一个具有引发、增长活性的自由基，因此好的分子量调节剂只降低聚合度或分子量，对聚合速率没有影响。其用量可以用平均聚合度方程进行计算，但是自由基聚合有关聚合动力学参数很难查到，甚至同一种调节剂的链转移常数也是聚合条件的变量，因此其用量只能通过多组实验确定。现在常用的品种为硫醇类化合物，如正十二烷基硫醇、仲十二烷基硫醇、叔十二烷基硫醇、巯基乙醇、巯基乙酸等。巯基乙醇在转移后再引发时可在大分子链上引入羟基，减少羟基型丙烯酸树脂合成中羟基单体用量。

硫醇一般带有臭味，其残余将影响感官评价，因此其用量要很好的控制，目前也有一些低气味转移剂可以选择，如甲基苯乙烯的二聚体。另外根据聚合度控制原理，通过提高引发剂用量也可以对分子量起到一定的调控作用。

丙烯酸合成的弹性丙烯酸酯乳液的稳定性好，适于涂料的应用；而甲基丙烯酸合成的弹性丙烯酸酯乳液的耐水性更好，适用于黏结剂和覆膜等的应用。

7.3.3 橡胶胶黏剂配方设计分析

橡胶类胶黏剂是以橡胶为基料配制而成的胶黏剂，几乎所有天然橡胶和合成橡胶都可以用于配制胶黏剂，按橡胶基料的组成，可分为天然橡胶胶黏剂和合成橡胶胶黏剂两大类。

橡胶是一种弹性体，不但在常温下具有显著的高弹性，而且能在很大温度范围内具有这种性质，变形性可达数倍。利用橡胶这一性质配制的胶黏剂，柔韧性优良，具有优异的耐蠕变、耐挠曲及耐冲击震动等特性，适用于不同线膨胀系数材料之间及动态状态使用的部件或制品的胶接。合成橡胶胶黏剂是以合成橡胶为基料配制的胶黏剂，常用的合成橡胶胶黏剂的品种主要有氯丁橡胶、丁腈橡胶、丁苯橡胶、硅橡胶等。

橡胶具有分子量大、多分散性、柔顺性好，分子链主链化学键可内旋转，次价键力弱，玻璃化温度低，室温及未拉伸时分子处于无定形态及分子间具有适度的交联的性质。

7.3.3.1 天然橡胶

天然橡胶是由橡树上割取的胶乳，经硫化生成热固性交联结构，转变为弹性橡胶而制成的。根据硫化剂加入量的不同，天然橡胶可制成柔软、半硬、硬质制品。

7.3.3.2 合成橡胶

合成橡胶是通过化学方法合成而得的橡胶，是一类以氯丁二烯、丁腈、丁苯、丁基、聚硫等为单体材料合成的高分子材料。

氯丁橡胶用氯丁二烯单体聚合生成，为乳白色或淡黄色的弹性体，有较高的耐臭氧性、耐老化性、耐溶剂性、汽油和阻燃性，拉伸强度高，粘接性能好。缺点是耐寒性差、密度大，生胶储存稳定性差。

丁腈橡胶由丁二烯和丙烯腈经乳液聚合生成，具有良好的综合物理机械性能，耐油、耐腐蚀性能好，耐热、耐磨、耐老化。但耐寒性、耐日光性差，弹性低，其性能随丙烯腈含量而变化。

丁基橡胶由异丁烯和少量异戊二烯共聚而得。气密性和耐湿性优于天然橡胶和所有其他合成橡胶，耐热性、耐侯性、耐氧化性、耐介质性好，但强度、弹性和耐寒性差，粘接性能较差，为改善其性能将丁基橡胶卤化。

丁苯橡胶是以丁二烯与苯乙烯为单体，通过乳液或溶液聚合而制得的共聚弹性体。具有良好的耐热性、耐磨性、耐老化性，耐油性和耐臭氧性较差，储存稳定性好，在阴暗处储存期可达数年之久。

磺化聚乙烯橡胶是由高密度聚乙烯或低密度聚乙烯与氯和二氧化硫经氯化和氯磺化制得的特种合成橡胶。白色或淡黄色片状或块状固态弹性体。其化学结构是完全饱和的，具有优异的耐臭氧性、耐候性、耐热性、难燃性、耐水性、耐化学药品性、耐油性、耐磨性等特点，尤其是对强氧化剂具有耐蚀性。耐油性与丁腈橡胶相当，而耐热油优于丁腈橡胶。介电性能优良，但硫化胶刚性大，伸长率较小，永久变形较大。

硅橡胶是由二甲基硅氧烷与其他有机硅单体聚合而成的线型高分子弹性体。耐臭氧和耐气候老化性变化优于其他弹性体。高透气性，是气体透过性最大的弹性体，对氧的渗透率是天然橡胶的25倍，是丁基橡胶的428.6倍。无毒，特殊的表面有疏水特性，具防粘隔离作用。但拉伸强度和撕裂强度差，耐磨性低，耐油、耐溶剂性能、耐辐射性一般。

氟橡胶指主链或侧链的碳原子上含氟原子的一种合成高分子弹性体，分为含氟烯烃共聚物、含氟聚丙烯酸酯橡胶、含氟聚酯类橡胶等类型。具有优异的耐热性，可在200℃以下长期工作，能短期在300℃以上高温工作；耐油性、耐氧化性和耐化学品性优异；耐磨性良好；耐光、耐臭氧、耐候性良好；具有耐高真空性，有一定耐燃性。

7.3.3.3 橡胶的粘接

由于橡胶的高弹性使其具有减振、缓冲、增韧、隔音、防水、绝缘、密封等特殊的功能，故在各方面获得了广泛的应用，橡胶的粘接主要用于橡胶制品的装配固定、生产过程以及橡胶制品的破损维修，包括橡胶本身、不同橡胶之间和橡胶与其他材料之间的粘接。如：橡胶与金属的粘接，橡胶与纤维织物的粘接，橡胶与橡胶的粘接，橡胶与塑料等材料的粘接。

橡胶与金属的粘接，最早采用的是镀黄铜法和硬质胶法，以后发展了胶黏剂法和直接法。镀黄铜法用黄铜或表面黄铜金属件，可直接与金属产生牢固粘合。硬质胶黏接法是在金属和橡胶之间，于金属表面贴一层硫黄用量较多的硬质材料，或涂一层硬质胶胶浆，通过硫化使橡胶与金属粘接起来。胶黏剂法是在被粘金属表面涂刷胶液，贴上被粘橡胶，通过硫化，达到粘接的目的，它是目前应用最广的方法。而直接法就是将胶黏剂组分直接加入被粘胶料中，然后在成型时通过硫化与金属粘接。橡胶与织物的粘接常用浸渍法、涂胶液法和直接法。浸渍法采用增黏乳液或胶液，浸渍处理被粘织物，然后用压延机上胶或用其他方法贴胶，使橡胶与织物产生牢固粘接，适用于多种纤维织物的增黏处理。涂胶液法是将橡胶、树脂等组分与有机溶剂组成的胶液涂敷于织物表面，使之与橡胶良好粘接，处理带织物骨架的橡胶工业制品效果较好。直接法对织物不需浸渍或涂胶，将胶黏组分直接加入胶料，使胶料获得粘接特性，在加工过程中使橡胶与织物形成牢固粘接，可粘接橡胶和金属及橡胶和织物。橡胶与其他材料的粘接与以上相似或在上述方法基础上加以改进而成。

影响橡胶黏接的各种因素包括橡胶大分子链的结构和性能，橡胶分子量，胶料组分，被粘物表面状态，挥发速度，操作工艺以及温度、压力、固化时间等，影响因素的大小要视具体工艺和其自身具体的要求而定。

橡胶制品表面沾有的白蜡、矿物油脂、滑石粉、增塑剂等，影响胶黏剂的湿润和黏附力。一般需要用溶剂擦除，再用砂布打毛，根据情况可化学处理。表面处理对橡胶制品的粘接强度有很大影响，溶剂脱脂可增加胶黏剂对表面的湿润性，砂布打磨可增加粘接面积和机械嵌合作用，化学处理能够改善表面性质，显著提高粘接强度。

通常橡胶制品粘接用的胶黏剂一般为弹性胶黏剂，它大部分含有溶剂，需要多遍涂胶，一般为三次涂胶，每次涂胶都需晾置。

橡胶常用配合剂种类见表7-17。

表7-17 橡胶常用配合剂种类

配合剂	种类
硫化剂	二烯类橡胶：硫黄、含硫有机化合物、有机过氧化物、烷基酚醛树脂、二元乙丙胶、硅橡胶等用有机过氧化物；氯丁胶，氟橡胶等用多胺类化合物、金属氧化物
促进剂	胺类、秋兰姆类、次磺酰胺类、胍类和硫脲类等
活化剂	金属氧化物、脂肪酸
防焦剂	芳香族有机酸等
补强剂	炭黑、白炭黑、树脂
填充剂	碳酸钙、陶土
增粘剂	烷基酚醛树脂、石油树脂、松香
增塑剂	煤焦油类、松油系、脂肪油系等
塑解剂	五氯硫酚锌盐等
防老剂	酚类、芳香族胺类
着色剂	颜料、染料

7.3.3.4 橡胶胶黏剂举例

橡胶用胶黏剂配方设计中应考虑到的问题包括：①相容性，配合剂与橡胶应良好相容，避免出现喷霜影响粘接。②界面层形成特性，橡胶与其他材料粘接时，界面层起着重要作用，故胶料配合剂中对粘接界面层形成作用较大的，必须十分注意。③硫化速度，硫化不仅使橡胶线型分子产生交联，而且是影响粘接界面形成的动力学因素。一般而言，硫化速度太快，不利于粘接界面上两种材料的相互流变和扩散，影响界面层的形成，从而影响胶接强度，故一般应使界面层形成速度快于橡胶硫化速度。下面以氯丁橡胶为例，介绍橡胶胶黏剂的配方设计。

1. 氯丁橡胶简介

氯丁橡胶按聚合条件又可分成硫黄调节通用型（G 型）、非硫调节通用型（W 型）以及胶接专用型三大类，各类氯丁橡胶虽然都可配成胶黏剂，但它们的性能却有很大的差别，因此必须根据应用的具体要求来正确地加以选择。

一般的氯丁橡胶胶黏剂是由氯丁橡胶、硫化剂、树脂、防老剂、溶剂、填充剂、促进剂等组成。氯丁橡胶胶黏剂是合成橡胶胶黏剂中产量最大、用途最广的一个品种。

氯丁橡胶胶黏剂具有仅次于丁腈橡胶胶黏剂的高极性，故对极性物质的胶接性能良好；在常温不硫化也具有较高的内聚强度和黏附强度；具有优良的耐燃、耐臭氧、耐候、耐油、耐溶剂和化学试剂的性能；胶层弹性好，胶接体的抗冲击强度和剥离强度好；初黏性好，只需接触压力便能很好地胶接，特别适合于一些形状特殊的表面胶贴；涂覆工艺性能好，使用简便。氯丁橡胶胶黏剂的缺点：耐热性、耐寒性差；储存稳定性较差，容易分层、凝胶和沉淀。氯丁橡胶胶黏剂的主要成分是氯丁橡胶，是氯丁二烯的聚合物，其结构比较规整，分子上又有极性较大的氯原子，故结晶性强，在室温下就有较好的胶接性能和内聚力，非常适宜作胶黏剂。

2. 硫化剂的选择

最常用的硫化剂是氧化锌和氧化镁。氧化镁以轻质氧化镁为好，氧化锌应选用橡胶专用的氧化锌。氧化镁的主要作用是吸收氯丁橡胶在老化过程中放出的氯化氢气体，是一种有效的稳定剂，也有硫化作用。同时，氧化镁与树脂反应可防止胶黏剂的沉淀分层，避免胶料在混炼过程中发生焦烧现象。

3. 防老剂的选择

氯丁橡胶胶黏剂不加防老剂也能使用，但为防止橡胶分解，改善耐老化性能，一般加入2%左右的防老剂。其中以防老剂甲和防老剂丁用得较多，特别是防老剂丁的防老效果好，价格又便宜，故用得最多，但易变色。常用的防老剂见表 7－18。

表 7－18 常用的防老剂

名称	简称	污染性	熔点/℃	备注
N-苯基-α-萘胺	防老剂 A（或甲）	有	50	会使胶液变色
N-苯基-β-萘胺	防老剂 D（或丁）	有	105	会使胶液变色
2，6-二叔丁基对甲酚	防老剂 BHT	无	69	
苯乙烯化苯酚	防老剂 SP	无	液体	
4-甲基-6-叔丁基苯酚	防老剂 NS-6	无	120	
2，5-二叔丁基对苯二酚	防老剂 NS-7	无	200	

4. 溶剂的选择

溶剂使胶液具有合适的工作黏度和固体含量。溶剂的种类和用量关系到氯丁橡胶胶黏剂的溶解性、稳定性、渗透性、初黏性、胶接强度以及燃烧性和毒性等。氯丁橡胶能溶于芳香族溶剂（如苯、甲苯、二甲苯等）、氯化物溶剂（如三氯乙烯、四氯化碳等）和某些酮类，而对丁酮则为半溶性。它不溶于单独的丙酮、脂肪烃（如已烷、汽油）及酯类（如醋酸甲酯、醋酸乙酯）等溶剂中，而溶于它们以一定比例混合的溶剂中。

5. 树脂的选择

树脂可提高橡胶胶黏剂的胶接性，有利于胶接表面光滑的材料，如金属、玻璃和塑料。应用最广泛的是对叔丁基酚醛树脂（牌号为2401），用量为45～95份。树脂与氧化镁的比例为10∶1，树脂与氧化镁预反应需少量水催化，水量通常为树脂质量的0.5%～1%。

6. 填料的选择

填料用于改善操作性能，降低成本和减少体积收缩率。常用的填料有炭黑、白炭黑、重质碳酸钙、陶土、滑石粉等，其中用重质碳酸钙的胶剥离强度较高。

思考题

1. 结合实例说明配方设计的程序。
2. 涂料和胶黏剂的组成及各组成的作用是什么？
3. 如何判断润湿性？

第8章　涂料与胶黏剂的性能评价与检测

涂料与胶黏剂是非工程材料，使用时受到许多作用，影响其性能和耐久性，故需要对其性能进行评价。

8.1　涂料的基本力学性能

8.1.1　拉伸行为

材料的形变分为弹性形变和黏性形变。弹性形变能回复，黏性形变是永久形变。涂膜为黏弹性材料，其应力-应变曲线如图8－1与图8－2所示。

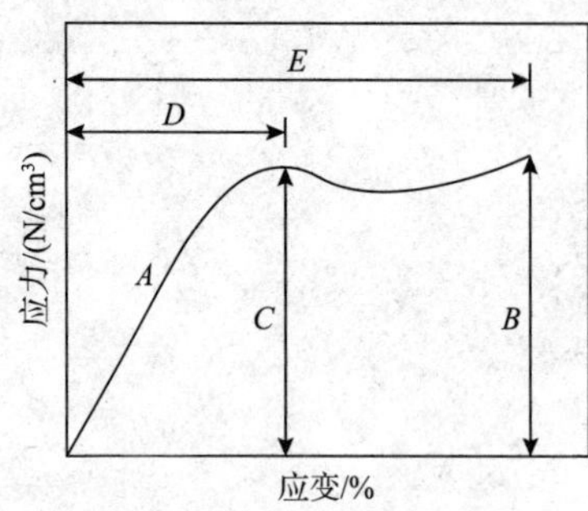

图8－1　应力-应变曲线图

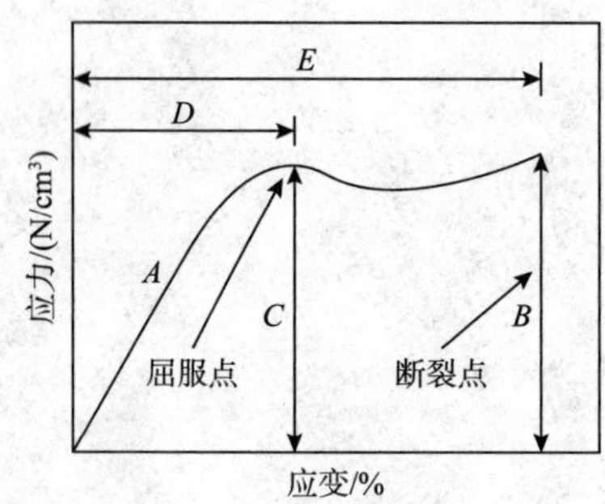

图8－2　应力-应变曲线关键点

斜率A=应力/应变，称为模量；B表示断裂拉伸强度；C为屈服强度；D是屈服伸长率；E为断裂伸长率；曲线下的面积代表样品断裂时所需做的功。涂料通常含有大量的颜填料及其他助剂，这些固体添加剂增加了涂料的模量和屈服应力，但同时可能引起某些其他性能的下降。影响黏弹性材料的力学性能的因素包括力、形变、温度和时间。一般往往固定两个因素，以考查另外两个因素之间的关系。

可通过恒温、交变应力作用，观察应变随时间的变化。蠕变现象可通过恒温、恒应力作用，观察应变随时间的变化。应力松弛现象可通过恒温、恒应变，观察应力随时间的变化（减少）。

8.1.2　力学松弛现象

1. 滞后现象和力学损耗

高分子材料受到交变应力（如按正弦波变化）的作用时，其形变往往落后于应力的变化，称为滞后现象。

聚合物分子的运动包括链段运动（如单键旋转）、链节运动（支链侧基运动）、整体运动（中心的位移）、晶区内分子运动（晶型转变）。滞后现象产生的原因是链段在运动时要受到内摩擦力的作用，当外力变化时，链段的运动还跟不上外力的变化，所以形变落后于应力，有一个相位差δ，差δ愈大说明链段运动愈困难，愈是跟不上外力的变化，损耗的功转化为热。

2. 蠕变和应力松弛

蠕变是指在一定的温度和较小的恒定外力（拉力、压力或扭力等）作用下，材料的形变随时间的增加而逐渐增大的现象。蠕变柔量-时间曲线见图8－3。

应力松弛现象指在恒定温度和形变保持不变的情况下，材料内部的应力随时间增加而逐渐衰减的现象。如拉伸一块未交联的橡皮至一定长度，并保持长度不变，随时间增长，橡皮的回复力渐渐减少，最后至零。松弛模量-时间曲线如图8－4所示。

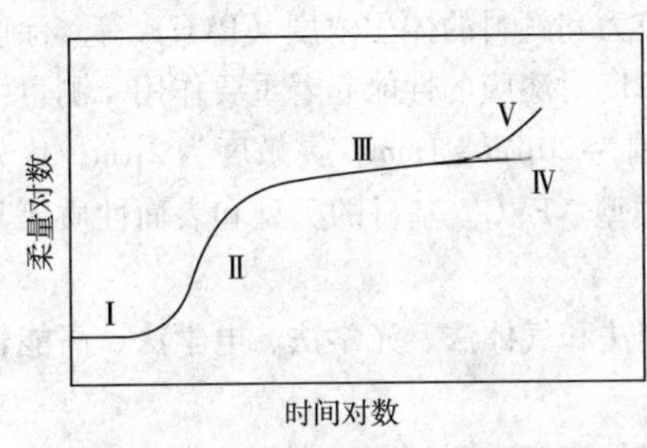

图8－3 蠕变柔量-时间曲线

Ⅰ—硬弹性体；Ⅱ—蠕变速度增加；Ⅲ—软弹性体；Ⅳ—发生不可逆形变，蠕变及应力保持较低；Ⅴ—黏流体

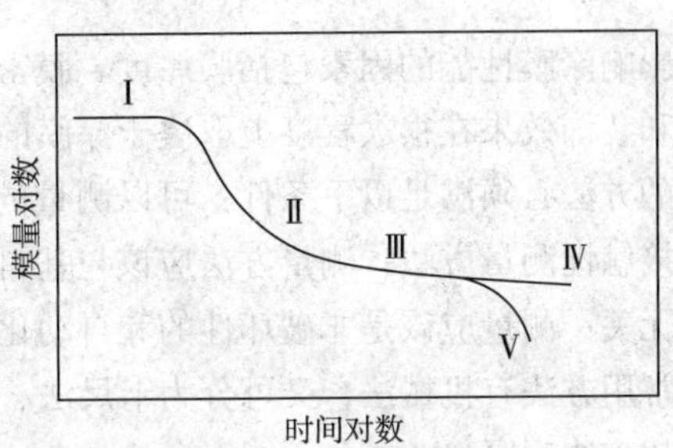

图8－4 松弛模量-时间曲线

Ⅰ—硬弹性体；Ⅱ—蠕变速度增加；Ⅲ—软弹性体；Ⅳ—发生不可逆形变，蠕变及应力保持较低；Ⅴ—黏流体

时温等效原理指的是一个力学松弛现象，既可以在较高的温度下较短的时间内观察到，也可以在较低的温度下较长的时间内观察到。因此升高温度与延长时间对分子运动是等效的，对材料的黏弹形为也是等效的。借助一个转换因子α_T就可以将某一温度和时间下测定的力学数据，变为另一个温度和时间下的力学数据。转换因子可利用WLF经验方程求得：

$$\lg a_T = \frac{-C_1(T - T_s)}{C_2 + (T - T_s)}$$

式中，T_s为参考温度，C_1和C_2为经验常数。当选择T_g作为参考温度时，C_1和C_2分别取17.44，和51.6；当选择$T_s \approx T_g + 50$时，C_1和C_2分别取8.86和101.26。

这样，可以将不同温度下测定的力学性能-时间曲线利用转换因子绘制成一条叠合曲线，时温等效图如图8－5所示。图左边是一系列温度下实验测量得到的聚合物的松弛模量-时间曲线，其中的每一条曲线都是在一恒定的温度下测得的，图右边的实验曲线是按照时温等效原理绘制的叠合曲线，参考温度为T_3，参考温度下测得的实验曲线在叠合曲线的时间坐标上没有移动，而高于或低于这一参考温度下测得的曲线，则按WLF方程得到的转换因子分别向右和向左水平移动，使各曲线彼此叠合连接而成光滑的曲线。这种完整曲线的时间坐标，可以跨越10～15个数量级，在同一温度下直接实验测得这条曲线是不可能的。

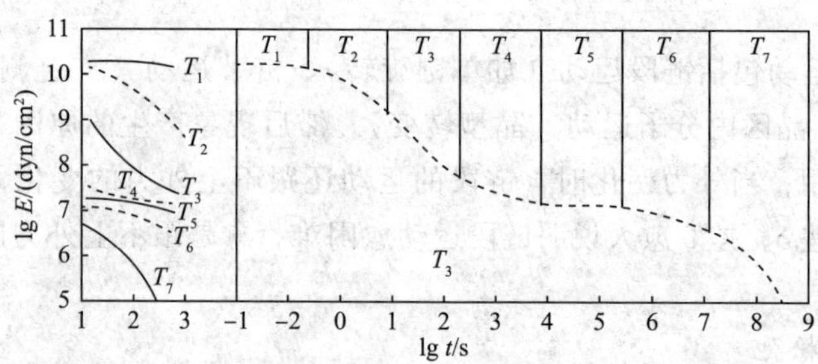

图 8-5　由不同温度下测得的聚合物松弛模量-时间曲线绘制应力松弛叠合曲线的示意图

时温等效原理对于涂料性能的评价具有重要的实用意义，可以得到由于实验条件所限制或实际无法直接从实验测量得到的结果。

8.1.3　影响涂料性能的因素

影响涂膜性能的因素包括膜厚度、膜密度、内应力和颜料的体积浓度（PVC）等。涂膜的保护和装饰效果在很大程度上取决于涂膜的厚度，厚度对漆膜的性能起着重要作用。测量涂膜厚度的方法必须满足以下条件：可以测量的厚度范围为 20μm～1mm，灵敏度为 2μm；优先使用非接触性测量方法；测量方法应该与基料、颜料类型、PVC、基材的类型和表面性质等其他因素无关；测量应该是非破坏性的和自动化的。

常用方法有机械法，又可分为卡尺法、质量测定法和气体法、光学法、电学法、高能辐射法、超声波测厚仪。

膜的阻透性甚至光学性在很大程度上决定于该膜的密度。测定方法有称重法。此法不适合含多孔漆膜密度的测定。

多孔漆膜的密度，可通过测量涂覆漆膜的钨合金盘在空气和水银中的质量，按如下计算公式进行计算：

$$\rho_c = \frac{(W_3 - W_1)\rho_{Hg}}{(W_3 - W_4) - (W_1 - W_2)}$$

式中：ρ_c为漆膜在空气中的密度，g/cm^3；ρ_{Hg}为水银的密度，g/cm^3；W_1为钨合金盘在空气中的质量，g；W_2为钨合金盘在水银中的质量，g；W_3为涂覆漆膜的盘在空气中的质量，g；W_4为涂覆漆膜的盘在水银中的质量，g。

由于涂膜和基材不同的膨胀系数，使涂膜产生内应力。内应力测定方法：悬臂梁法。它是在悬臂梁的一边涂上涂膜，随着溶剂的挥发，涂膜发生收缩而导致基材弯曲，通过为防止弯曲而需要的力或基材弯曲的程度被测出，即可计算出涂料的内应力。

颜料体积浓度（PVC）与临界颜料体积浓度 CPVC，对涂料的许多性能有影响，当体积浓度在 CPVC 时性能最佳，此时颜料粒子刚好被树脂所包围润湿。

8.2　涂料的重要力学性能

8.2.1　耐磨性

涂膜的耐磨性是指涂膜对摩擦机械作用的抵抗能力。耐磨性实际上是漆膜的硬度、附着力和内聚力综合效应的体现，与底材种类、表面处理、漆膜干燥过程中的温度和湿度有关，涂料的耐磨性一般以断裂功来衡量，测量方法参见 GB 1768—79。采用漆膜耐磨仪，在一定的负荷下，经规定磨转次数后，以漆膜的失重来表示。目前一般采用砂粒或砂轮等磨料来测定漆膜的耐磨程度，常用的方法有落砂法和橡胶砂轮法。

8.2.2　硬度和耐刮伤性测定

硬度是指材料在表面上的不大体积内抵抗变形或者破裂的能力。究竟代表何种抗力则决定于采用的试验方法，如刻划法表征材料抵抗破裂的能力，压入法表征材料抵抗变形的能力。应用较多的是压入法硬度，如布氏硬度、维氏硬度和显微硬度等。只要知道了硬度值，就可间接推知许多其他力学性能数据。洛氏硬度用来测定稍厚涂层的硬度，参照 GB/T 1818—1994《金属表面洛氏硬度试验方法》及 GB/T 8640—1988《金属热喷涂层表面洛氏硬度试验方法》。洛氏硬度的压头有硬质和软质两种。硬质的由顶角为120°的金刚石圆锥体制成，适于测定较硬的材料；软质的为直径1/16″（1.5875mm）或1/8″（3.175mm）钢球，适于较软材料测定。所加负荷根据被试材料硬软不等作不同规定，负荷选择原则是根据工件厚度、硬度层深度和材料预期硬度而尽可能选取较大的负荷，随不同压头和负荷的搭配出现了各种洛氏硬度级，最普遍的是 HRC（金刚石圆锥压头，150kgf 负荷）。

目前漆膜的硬度测定通常采用两种方法，一种是压痕硬度试验法，另一种是铅笔硬度测定法。

（1）铅笔硬度测定法

共17支铅笔为一套：从6B1B、HB、F、H～9H（从软到硬），铅笔硬度测定法如图8－6所示。

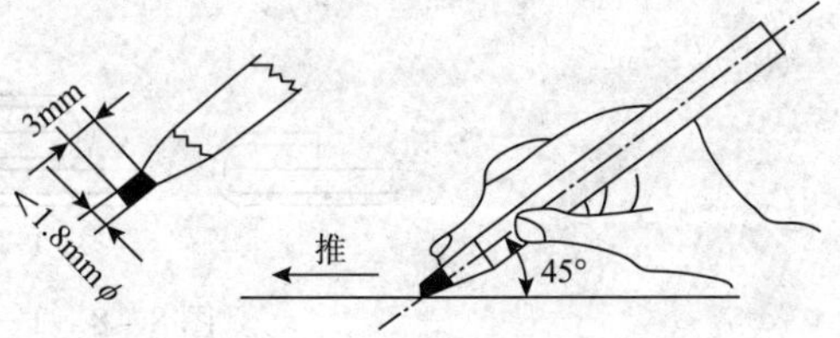

图8－6　铅笔硬度测定法示意图

（2）双摆杆式阻尼实验（GB/T 1730—2007）

以一定质量的双摆，置于被试涂膜上，在规定摆动范围内（5°～2°），摆幅衰减的阻尼时间与在玻璃板上衰减的阻尼时间的比值。

$$X = \frac{t}{t_0}$$

式中，t 为试样衰减的阻尼时间；t_0为标准玻璃板衰减的阻尼时间。

8.2.3　耐冲击性

耐冲击性是材料及其制品抗冲击作用的能力，涂料的耐冲击性又称冲击强度。实质是涂膜在经受高速重力的作用下，发生快速变形而不出现开裂或从金属底材上脱落的能力，它表现了被试验漆膜的柔韧性和对底材的附着力。

测试时需要采用的主要仪器为冲击试验机或冲击试验仪，如图8－7所示。国内的漆膜耐冲击测定法 GB/T 1732—1993 规定重锤质量为（1000±1）g，冲击试验机滑筒上的刻度应等于（50±0.1）cm，分度为1cm，应能在滑筒中自由移动，冲击中心与铁砧凹槽中心对准，冲头进入凹槽的深度为（2±0.1）mm，铁砧凹槽应光滑平整，其直径为（15±0.3）mm，凹槽边缘曲率为1.5～3.0mm。

测量时将涂漆试板漆膜朝上平放在铁砧上，试板受冲击部分距边缘不少于15mm，每个冲击点的边缘相距不少于15mm。将重锤提升至规定高度，借控制装置固定在滑筒上，按压控制钮，重锤即自由地落于冲头上。提起重锤，取出试板，用4倍放大镜观察，判断漆膜有无裂纹、皱纹及剥落等现象。以不引起漆膜破坏的最大高度表示漆膜的耐冲击性，以厘米（cm）表示，同一试板进行三次冲击试验。

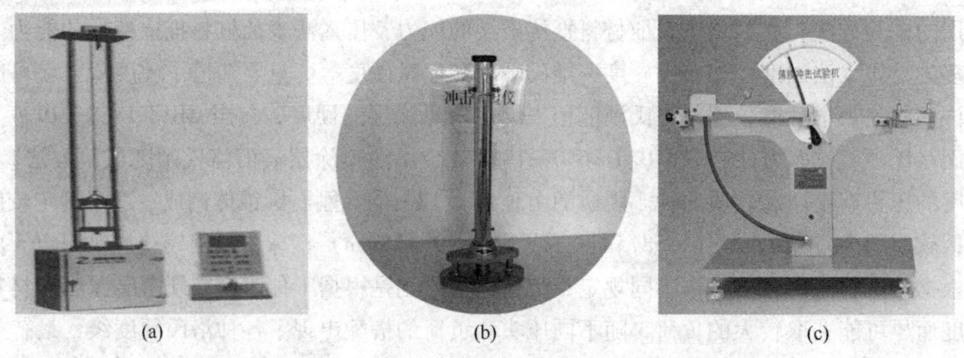

图8-7　冲击试验机（a）和冲击试验仪［（b），（c）］

8.2.4　弯曲试验（卷材涂料）

最简单的弯曲试验是T-弯曲试验法，如图8-8所示。

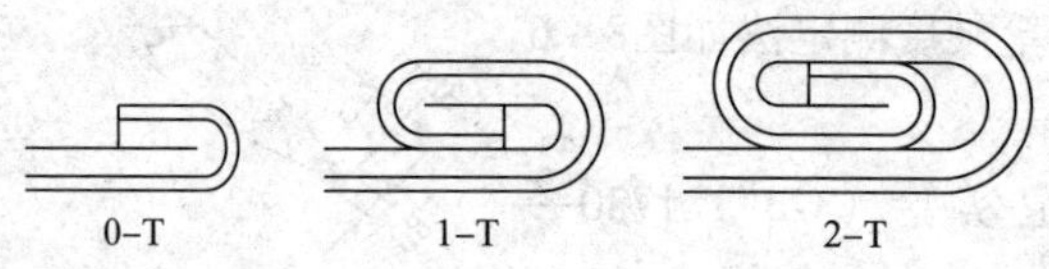

图8-8　T-弯曲试验示意图

8.3　涂料的黏结性能

黏结是涂料最重要的化学性质之一，涂料与基材的黏结，有化学键合、氢键或范德华作用力等。其影响因素为基材的表面结构包括表面的粗糙程度、表面张力（涂料要少于基材，才能渗润）、涂料的黏度（保持涂料外相的低黏度越长越有利）、涂料的内应力（导致应力集中，易产生裂纹）及润湿。

黏结性能评价有3种常用方法：

（1）削笔刀法

用削笔刀刮离底材上涂膜，定性方法。

（2）直接拉开法

涂膜材料两边用胶黏剂固定在两个金属试柱上，然后用电子拉力机拉开（图8-9），测量其负荷，计算公式如下：

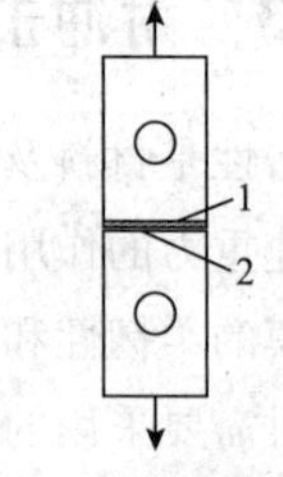

图8-9　直接拉开法示意图

1—金属试柱；2—涂膜

$$P = \frac{G}{S} = \frac{G}{\pi r^2}$$

式中，P为涂层的附着力，Pa；G为试件被拉开时的负荷值，N；S为被测涂层的试柱横截面积，cm^3；r为被测涂层的试柱半径。

（3）划格测定法

利用带11只锋利刀片的刀具，在涂膜上划切痕，形成方格，距离为1mm，切穿漆膜的整个深度，然后用宽为25mm的半透明压敏胶带贴在整个正方形切痕划格上，并猛拉胶带，以剩余方格的数目用来表示涂料的黏结强度。

涂料对不同基材之间的黏结需要采取不同的措施。例如金属表面的黏结，干净金属的表面张力大于任何涂料的表面张力，但金属表面常常被油污染，故要进行表面处理。常用方法有：蒸气脱脂法、清洗法、砂磨法、化学处理法等。

玻璃表面的黏结，通常采用活泼的硅烷来提高涂料对玻璃的黏结强度。反应过程如下：

OH OH
—O—Si—O—Si—O—
玻璃表面
+ $(MeO)_3Si(CH_2)_3NH_2$ ⟶
$H_2N(CH_2)_2CH_2$ $CH_2(CH_2)_2NH_2$
$(MeO)_2Si$ $Si(OMe)_2$
O O
—O—Si—O Si—O—

$\xrightarrow{H_2O}$
$H_2N(CH_2)_2CH_2$ $CH_2(CH_2)_2NH_2$
—O—Si—O—Si—O—
O O
—O—Si—O—Si—O—
$\xrightarrow{\text{BPA环氧树脂}}$

BPA—$CH_2CH(OH)CH_2NH(CH_2)_2CH_2$ $CH_2(CH_2)_2NHCH_2CH(OH)CH_2$—BPA
—O—Si—O—Si—O—
O O
—O—Si—O—Si—O—

塑料表面的黏结：许多塑料的表面张力都低于大多数涂料的表面张力而难以被涂覆。塑料制品表面张力低，常含脱模剂，需经表面处理，产生极性基团。通常通过氧化处理产生极性基团，如羟基、羧酸、羰基等，氧化方法有气体燃烧火焰法、电晕放电法、化学氧化法。化学氧化法中最广泛使用的是重铬酸钾/硫酸水溶液。

8.4 涂料的户外耐久性

涂料的户外耐久性即耐候性，主要是指涂料暴露在户外环境条件下涂料的力学性能可能的变化程度（如模量、强度、黏结性、保色保光性），以及是否发生脆化、粉化和酸蚀等现象。涂膜在应用过程中会受到许多作用力或变形，或瞬间或周期的，这些作用力或变形直接影响到涂膜的耐久性。外界条件：光、空气和水（酸雨）；降解过程主要有两种：光引发的氧化降解，水解。

易发生降解的情况：①能吸收290~400nm波长的树脂；②含活泼氢的树脂；③含易水解官能团的树脂。

8.4.1 光氧化降解

1. 光氧化降解机理

聚合物的一般光氧化过程如下：

链引发：

$$P（聚合物）\xrightarrow{h\upsilon} P^*$$

$$P^* \longrightarrow P\cdot$$

$$POOH \xrightarrow{h\upsilon} PO\cdot + \cdot OH$$

链增长：

$$P\cdot + O_2 \rightarrow POO\cdot$$

$$POO\cdot + P-H(聚合物) \longrightarrow POOH + P\cdot$$

$$PO\cdot（\cdot OH）+ P-H(聚合物) \longrightarrow POH（H_2O）+ P\cdot$$

链终止：

$$2POO\cdot \longrightarrow POOP + O_2$$

$$2P\cdot \longrightarrow P-P + 歧化终止产物$$

$$POO\cdot + P\cdot \longrightarrow POOP + 歧化终止产物$$

$$2POO\cdot \longrightarrow 酮(醛) + 醇$$

降解过程：

$$PO\cdot \longrightarrow 酮 + P\cdot$$

2. 光稳定性

为提高涂料的光稳定性，通常可加入UV吸收剂、激发淬灭剂、稳定剂、抗氧化剂等。许多颜料具有吸收或反射UV光的作用，可提高稳定性，激发淬灭剂可消去P^*的活性。

8.4.2 水解性

官能团水解的难易顺序：酯>脲>氨基甲酸酯。防止水解的方法：改变树脂的骨架结构，如用C—C骨架材料不会导致水解；进行改性，如有机硅改性丙烯酸涂料，通常加入一些MF树脂作为补充添加剂使水解稳定性得到提高。

8.4.3 户外耐久性试验

户外耐久性试验主要是考察在加速试验条件下涂料的耐老化性，目前主要的方法有户外曝晒试验法：可同时选择不同的地区进行实验；户外加速老化试验法：通过安装特别的反光镜进行实验；实验室加速试验法：采用人工灯源进行实验。

8.5 涂料的流变性

涂料的流变性对于涂料的储存稳定性、施工性能和成膜性能都有很大的影响，同时也影响着干燥涂膜的性能。而涂料的流变性直接与黏度变化有关。本节将主要讨论黏度对涂料的流变性的影响

1. 黏度的定义

将一作用力F作用于一个表面积为A的流体表面，流体发生变形或剪切，流体抵制这种变

形的能力称为黏度。

$$\eta = \frac{\tau}{\gamma}$$

式中，τ 为剪切应力 F/A；γ 为剪切速率。

牛顿流体的黏度与剪切速率无关。当流体的黏度随剪切速率变化时，称非牛顿流体，当流体的黏度随剪切速率增大而变小时，称为假塑性流体。而当流体的黏度随剪切速率增大而变大时，称为膨胀性流体。大多数涂料为假塑性流体。

2. 影响涂料黏度的因素

涂料的黏度强烈取决于温度、聚合物浓度、溶剂的黏度和聚合物的分子量等因素。

（1）温度对黏度的影响

温度对黏度的影响可由下式表示：

$$\lg\eta = \lg A + \frac{B}{T}$$

黏度随温度的增大而减小。

（2）聚合物浓度的影响

涂料的黏度与聚合物浓度的关系为：

$$\frac{W}{\lg\eta_\tau} = k_a - k_b W$$

式中，η_τ 表示相对黏度，即溶液与溶剂的黏度之比，W 表示聚合物的质量分数，K_a 和 K_b 为常数。$W/\lg\eta_\tau$ 对 W 做图为直线关系，k_a 和 k_b 分别为直线的截距和斜率。该式对于高固含量涂料，由于树脂和溶剂的相互作用，适用性较差。

（3）聚合物分子量的影响

对于聚合物良溶剂的稀溶液，聚合物分子量与黏度的关系为 $[\eta] = KM_w^n$

式中 $[\eta]$ 表示特性黏度；M_w 为聚合物的平均分子量；K 和 α 为常数。

（4）颜料对涂料黏度的影响

颜料对涂料黏度的影响可由下式表示：

$$\ln\eta = \ln\eta_e + \frac{K_E V_i}{1 - (V_i/\Phi)}$$

式中，η_e 是连续相的黏度；K_E 为颜料粒子形状因子，对于球形颜料粒子（涂料中使用的大多数颜料均球形），$K_E = 2.5$；V_i 为颜料体积分数；Φ 为堆积因子，表示颜料粒子最佳堆积状态时的最大体积分数，对于单分散颜料粒子体系，$\Phi = 0.637$。

3. 流变性对涂料性能的影响

涂料在制备、施工和成膜阶段有不同的剪切速率范围，不同剪切速率下涂料的黏度可由下列方程式计算：

$$\eta_D^n = \eta_\infty^n + \left(\frac{\tau_0}{\gamma}\right)^n$$

式中，τ_0 为屈服值，是涂料开始流动的最小剪切应力，dyn/cm^2；γ 为剪切速度，s^{-1}；η_D 为在剪切速度 γ 时的黏度，Pa·s；η_∞ 为无穷大剪切速度的黏度，Pa·s；n 为通常为0.5。

一般在高剪切速率的黏度主要由树脂、溶剂和颜料的性质控制；而低剪切速率下的黏度则主要受加入少量流变助剂、颜料絮凝和树脂聚集等因素的影响。

8.6　涂料的施工

1. 概论

采用复合涂层是满足涂料防锈、填嵌、装饰等各方面的要求的常用方法。复合涂层通常的施工程序为：涂底漆、刮腻子或涂中间涂层、打磨、涂面漆和清漆，以及抛光上蜡、维护保养。用作底漆的涂料通常要求具有良好的附着力和防锈能力；面漆则要求涂料具有良好的装饰性和稳定性。从漆膜附着力的原理出发，漆前需要进行表面处理，底漆既要对基材有适当的附着力，又要对后道涂层有结合力，涂层的层与层之间要保证适当的结合力，这些都对涂料施工提出了要求。

涂料施工前的准备工作：涂料性能检查、充分搅匀涂料、调整涂料黏度、涂料净化过滤。

涂料的施工包括如下几个过程：底材的处理，即被涂物件处理，也称漆前表面处理；涂料的涂布，也称涂饰、涂漆或涂装；涂膜干燥，或称涂膜固化。涂料品种及工艺的确定依据为：被涂物的自身状况；被涂物使用条件；被涂物涂饰要求；被涂物涂装环境；被涂物生产状况；被涂面状态。

2. 底材处理

漆前处理即是涂装的基础，又是涂装不可缺少的重要工序，是提高涂层附着力，抗腐蚀能力的关键环节，涂装预处理质量的高低，直接关系到涂装质量的优劣，涂装产品寿命的长短和市场竞争力的大小，甚至关系到涂装产品价值的高低。

底材处理的目的是增强涂层对底材的覆盖力，清除各类污物、整平及覆盖某类化学转化膜等。依据底材不同，其常见的缺陷的差异，应采取不同的处理方法。如木材处理、纤维表面处理；水泥砂浆类底材的处理；黑色金属表面处理；有色金属表面处理；玻璃表面处理；橡胶表面处理；塑料表面处理等所用方法不尽相同。

（1）木材的处理

木材表面常见缺陷：节疤、裂纹；色斑、刨痕；波纹、砂痕。

木材漆前处理方法：干燥、刨平及打磨；去木脂、木毛及漂白；防霉、填孔、着色。

（2）水泥砂浆类底材的处理

水泥砂浆类底材的处理的目的：清理基层表面的浮浆、灰尘、油污；减轻或清除表面缺陷；改善基层的物理或化学性能。

水泥砂浆类底材的处理方法：常用盐酸或磷酸洗涤，酸洗不仅能中和表面碱性，而且也能酸蚀表面。

（3）黑色金属的表面处理

黑色金属表面处理的目的：除油、除锈、表面净化及除旧漆。

除油常采取的方法：溶剂清洗、碱液清洗、乳化清洗、超声波除油。除锈常采取的方法：手工打磨、机械除锈、喷射除锈、化学除锈。

（4）有色金属的表面处理

常用的有色金属涉及铝及其合金的表面处理，需要清除油、锈及表面污物；铜及其合金的表面处理，方法与铝合金相似；锌及其合金的表面处理，需要清除油、锈及污物。镁及其合金的表面处理包括去氧化皮，清除油、锈及污物化学转化处理。

(5) 塑料的表面处理

塑料表面处理的依据是塑料的特性：极性小、结晶度高、表面光滑、润湿性差。塑料表面处理的目的和作用是消除表面静电，除去灰尘，清除脱模剂，修理缺陷及表面改性。

采用的处理方法有：一般处理、化学处理、物理化学处理。

(6) 橡胶的表面处理

橡胶分天然橡胶、合成橡胶两类。依据橡胶特性：表面张力小、易溶胀或溶解、弹性模量大、电阻大。常采取的处理方法：机械打磨法、溶剂处理法、氧化法、偶联剂处理法、等离子处理法。

(7) 玻璃的表面处理

玻璃制品涂装前，首先应清洗各种污迹，再打毛。打毛方法有：人工、机械打磨法；化学腐蚀法。

(8) 纤维的表面处理

皮革、纸张及其他具有纤维结构的材料需要涂装时，需进行除油脂、污物等的表面处理。

3. 涂料的涂布方法

涂料涂布方法包括手工工具涂布：刷涂、擦涂、滚涂、刮涂。机械设备涂布：浸涂、淋涂、抽涂、自动喷涂、电泳涂漆。机动工具涂布：喷枪喷涂。

4. 涂膜的干燥

涂膜的干燥方式通常有自然干燥：常温下湿膜随时间延长逐渐形成干膜，为最常见的涂膜干燥方式；加热干燥：100℃以下，低温干燥；100～150℃，中温干燥；150℃以上，高温干燥；特种干燥：光照射固化、电子束辐射固化。干燥过程：指触干或表干；半硬干燥；完全干燥。

8.7 涂料性能检测

涂料性能检测包括涂料的原漆性能检测、涂料的施工性能检测、涂料的漆膜性能检测。

1. 涂料的原漆性能检测

涂料的原漆性能指涂料在生产合格后，到使用前这段过程中具备的性能，或称涂料原始状态的性能。

涂料的原漆性能检测通常涉及如下内容：器中状态、密度、细度、黏度、不挥发含量、冻融稳定性或低温稳定性。

原漆外观，也称开罐效果，指涂料在容器中的状态，常见的器中状态：分层、沉淀、结皮、变稠、胶化。液态或厚浆型涂料一般都要求能搅拌均匀，无结块；分层严重，无法搅匀，结块的涂料一般不能使用。

密度指单位体积涂料的质量，单位一般有 g/mL、kg/L，俗称比重，一般产品说明上标明的是白色或浅色涂料的密度。

细度表示涂料中颗粒大小和分散情况，单位为微米。

黏度是指液体的黏稠状态，储存时黏度要高，黏度太低，容易出现分层、结块等现象，施工时一般要使用稀释剂，将原漆稀释到适当的黏度。

2. 涂料的施工性能检测

涂料的施工性能是指涂料在施工过程中表现出来的性能以及施工参数。施工性是指辊涂及刷涂时的手感、涂料飞溅性、消泡性等。涂料的施工性能检测通常包括施工性、干燥时间、涂布率或使用量（耗漆量）、流平性、流挂性、涂膜厚度、遮盖力、可使用时间等。干燥时间分表面干燥时间和实际干燥时间等。表干是指漆膜表面干燥所需的时间；指压干是大拇指用力压在涂料表面不会留下指压痕迹或破坏涂层表面的时间；打磨干是从涂布到打磨不粘砂纸的这一段时间；实干也称硬干时间，是指漆膜基本干燥所需的时间；重涂时间是一遍涂料涂装好到下一遍涂料开始涂装的间隔时间。

表面干燥时间的测定有吹棉花法、小玻璃球法。实际干燥时间可用压滤纸法、压棉球法、刀片法、厚层干燥法检测。

涂布量也称耗漆量，指单位面积底材上涂装达一定厚度时所消耗的涂料量。影响涂布量的因素有：涂料本身的因素（涂料的黏度，施工性等）、底材平整度和粗糙度、底材的吸收能力、气候条件、管理及施工水平、涂装要求等。

填充性是指底漆对木眼的填平能力，填充性是相对性能，一般是对比测试，填充性与底漆的体质颜料的含量多少有很大的关系，所以填充性与透明度有很大的关系，填充性能好的底漆涂饰遍数少。

打磨性：漆膜干后，用砂纸将其磨成平整表面的难易程度，打磨性好的底漆好施工。

3. 涂料的漆膜性能检测

漆膜性能即涂料涂装后所形成漆膜所具备的性能。

漆膜性能检测涉及涂膜外观、光泽、鲜映性、颜色、硬度、冲击强度、柔韧性；耐洗刷性、耐光性、耐热性、耐寒性、耐温变性、电绝缘性、耐水性、耐盐水性；杯突试验、附着力、耐磨性、抗石击性、打磨性、重涂性和面漆配套性、耐码垛性；耐石油制品性、耐化学品性、耐湿性、耐污染性、盐雾试验、大气老化试验、人工加速老化试验等其他方面。

从使用性能的观点出发，至少有下列几个方面须测试：

（1）耐光性：耐光性检测包括保光性：日光照射后比较照射部位与未照射部位光泽，即可检测漆膜保光能力。

（2）保色性：漆膜被照射部分与未照射比较，保持原来颜色的能力。

（3）耐水性：测定耐水性的内容包括：①浸泡：检查有无剥落、失光、泛白等现象，以及取出干燥后能否恢复；②沸水试验：用于强化水介质对膜的损害，以及耐久时间或一定时间后的变化表示漆膜的抗沸水能力；③吸水率：指漆膜浸泡一定时间后，吸水的质量百分数。

（4）耐化学性：与耐水性测定类似，用于评定漆膜抗化学介质的能力。

（5）耐油性：包括常见的汽油、煤油、润滑油、乳液等对漆膜的损害，对于工程涂料的质量来说是常用的性能指标，其测定方法类似于耐水性。

（6）耐溶剂性：漆膜在使用和施工过程中都会接触溶剂。施工过程中，底层如不能耐溶剂，则在加涂面层时往往会导致层间结合力弱、咬底、整个涂层破坏等问题。

8.8 胶黏剂的性能测定

胶黏剂的性能测试方法依据胶黏剂的性能而定，胶黏剂的性能分为工艺性能、物理机械性能和化学结构性能。工艺性能指使用胶黏剂时的涂布性、流动性与使用寿命（又称为活性期）；物理机械性能指外观、状态、黏度（稠度）、有效储存期、胶接强度、耐介质性能、耐老化性能；化学结构性能指化学组分的测定、结构的测定、分子量分布、热转变温度。

8.8.1 胶黏剂的物理和化学性能测定标准

胶黏剂不挥发物含量的测定参照 GB/T 2793—1995；胶黏剂黏度的测定参照 GB/T 2794—2013；胶黏剂的 pH 值测定参照 GB/T 14518—1993；胶黏剂适用期的测定参照GB/T 7123.1—2015；胶黏剂储存期的测定参照 GB/T 7123.2—2002；液态胶黏剂密度的测定方法（重量杯法）参照 GB/T 13354—92；胶黏剂耐化学试剂性能的测定方法（金属与金属）参照 CB/T 13353—92。

8.8.2 胶黏剂的物理和化学性能测定方法

1. 外观的测定

外观是指色泽、状态、宏观均匀性、机械杂质等物理性状。它可在一定程度上直观地反映胶黏剂的品质。外观观察项目包括颜色、透明度、分层现象、机械杂质、浮油凝聚体等。

2. 密度的测定

密度是单位体积物质的质量，其单位一般是 g/cm^3、g/mL 或 kg/m^3。而相对密度是指物质的质量与相同体积水的质量之比，它是一个无量纲量。密度能反映胶黏剂混合的均匀程度，是计算胶黏剂涂布量的依据。常用的测定方法有重量杯法和比重瓶法。

重量杯法测定密度的原理、所用仪器设备及步骤：

(1) 方法原理

用23℃下容量为37.00mL 的重量杯所盛液态胶黏剂的质量除以37.00mL，即可得到胶黏剂的密度。

(2) 仪器和设备

①重量杯：20℃下容量为37.00mL 的金属杯。

②恒温水浴或恒温室：能保持 (23 ±1)℃。

③天平：感量为0.001g。

④温度计：0～50℃，分度为1℃。

(3) 测定步骤

①准备足以进行 3 次测定用的胶黏剂样品。

②在 25℃以下把搅拌均匀的胶黏剂试样装满重量杯，然后将盖子盖紧，并使溢流口保持开启。随即用挥发性溶剂擦去溢出物。

③将盛有胶黏剂试样的重量杯置于恒温水浴或恒温室，使试样恒温至 (23 ±1)℃。

④用溶剂擦去溢出物，然后用重量杯的配对砝码称装有试样的重量杯，精确至0.001g。

⑤每个胶黏剂样品测试 3 次，以 3 次数据的算术平均值作为试验结果。

比重瓶法用于测定液体胶黏剂的密度的具体方法：

25mL 比重瓶装满蒸馏水，25℃恒温 0.5h，称重；再将比重瓶装满胶黏剂，同条件处理，称重。则液体胶黏剂的密度为：

$$d = \frac{W}{W_{水}} \times d_{水}$$

式中，W、$W_{水}$分别为胶黏剂及液体（水）的质量，g；d、$d_{水}$分别为特定温度下，胶黏剂及液体（水）的密度，g/mL。

注射器法测定液体胶黏剂的密度的具体方法：

将粗针头，装满胶黏剂，排气泡，注入称量过的磨口锥形瓶中，称重，算出胶黏剂的质量，同样，测出同体积的水的质量，应用上面的公式即可。

3. 黏度的测定

不同的胶接制品对黏度有不同要求，如刨花板用胶要求黏度较小，以便于施胶。黏度太大易造成施胶不匀，影响胶接质量，而细木板则要求黏度大一些，黏度太小容易渗透造成表面缺胶。黏度是表征胶黏剂质量的重要指标之一，黏度直接影响流动性和黏接强度，决定着施胶的工艺方法。胶黏剂黏度大小与树脂反应终点控制有直接关系，与脱水量多少有关，黏度大小还和温度成反比例关系。测定方法有旋转黏度计法、黏度杯法和工业上常用的落球式黏度计等。

旋转黏度计法测定的是胶黏剂绝对黏度，测试在（25±0.5）℃的温度下进行，读出转子旋转（60±2）s时的数值，即可知黏度值，测高黏度的试样，要求读转子旋转（120±2）s时的读数。

旋转式黏度计 NDJ-5S 的操作说明：

①测量一般原则：高黏度的样品选用小体积（3、4号）转子和慢的转速，低黏度的样品选用大体积（1、2号）转子和快的转速。每次测量的百分计标度（扭矩）在20%~90%之间为正常值，在此范围内测得的黏度值为正确值。

②先大约估计被测样品的黏度范围，然后根据高黏度的样品选用小体积的转子和慢的转速，低黏度样品选用大体积的转子和快的转速。一般先选择转子，然后再选择合适转速。例如转子为1号时，转速为60r/min，屏幕直接显示满量程为100mPa·s，当转速改为6r/min时，满量程为1000mPa·s。

③当估计不出被测样品大致黏度时，应先设定为较高的黏度。试用从小体积到大体积的转子和由慢到快的转速。然后每一次测量根据百分计标度（扭矩）来判断转子和转速选择的合理性，百分计标度一定要在20%~90%之间为正常值，若不在此范围内，黏度计会发出警报声，提示用户更改转速和转子。

图8-10　涂-4黏度计构造图

涂-4黏度计测定黏度范围为10~150s，仪器构造如图8-10所示。涂-4黏度计有塑料制的和金属制的两种，一般拟采用金属制的黏度计，黏度计容量是100mL。测定时，调节黏度计成水平状态，在黏度计下放一个150mL的烧杯，用球形阀或手指堵住漏嘴孔，将胶液倒满黏度计，然后使胶液流出，同时开动秒表至胶液流丝中断，停止秒表，该时间即为胶液的条件黏度，重复测定一次，误差不大于平均值的3%。

4. pH 值的测定

氨基树脂等胶黏剂中，pH 值影响其性能，影响树脂的储存稳定性和固化时间。在酸性介质中反应速度较快，在中性介质中比较稳定，所以脲醛树脂最后将成品 pH 值调至 7 ~ 8；三聚氰胺-甲醛树脂在微碱性介质中比较稳定，所以最后成品 pH 值调至 8.5 ~ 9.5。可见 pH 值的测定在相关胶黏剂中非常重要，常用测定方法为酸度计法、试纸法、比色液法。

5. 固体含量的测定

固体含量是胶黏剂中非挥发性物质的含量，以质量分数表示。固体含量是产生胶接强度的根本因素，也是胶黏剂的一项重要指标。测定固体含量可以了解胶黏剂的配方是否正确，性能是否可靠。将试样在一定温度下加热一定时间后，以加热后试样质量与加热前试样质量的比值表示固体含量。

固含量的测定一般采用烘箱法，干燥温度在溶剂或分散介质的沸点左右或稍高一些即可。操作步骤如下：

准确称取 1 ~ 2g 左右胶黏剂样品在扁平的称量皿中，在室温将溶剂挥发去一部分，置于鼓风恒温干燥烘箱中加热 1 ~ 2h，取出在天平上称重，然后再放入烘箱中加热，隔 20 ~ 30 分钟取出再次称量，反复几次，直至连续两次容器及干样的质量差值在 0.01g 以内，固含量按下式计算：

$$s = \frac{m_2 - m_0}{m_1 - m_0} \times 100\%$$

式中，s 为固含量，%；m_0 为称量容器的质量，g；m_1 为加入胶黏剂样品后容器及胶的质量和，$m_1 - m_0$ 为干燥前胶的质量，g；m_2 为烘箱中恒重后容器及干胶的质量，$m_2 - m_0$ 为干燥后胶的质量，g。

对于含低沸点溶剂的样品，称量容器应配盖，以防止称量时溶剂挥发，造成测定值偏高。在进烘箱之前，样品最好预先干燥，并且小心加热，以防止溶剂受热在胶中鼓泡使胶黏剂溢出容器。

同样，需做几个平行测定，取平均值，平行试验之间固含量数值之差不大于 1%。

6. 适用期的测定

适用期也称为使用期或可使用时间，即配制后的胶黏剂能维持其可用性的时间。适用期是化学反应型胶黏剂和双液型橡胶胶黏剂的重要工艺指标，对于胶黏剂的配制量和施工时间很有指导意义。适用期的测定原理：化学反应型胶黏剂一般在混合后便放热，其黏度显著增长而至凝胶，这段时间即为胶黏剂适用期。

7. 固化时间的测定

固化时间即在规定的温度压力条件下，装配件中胶黏剂固化所需的时间，这里是指树脂本身的固化时间。酚醛树脂固化时间是指树脂加入固化剂后在 100℃ 的沸水中，从树脂放入开始到树脂固化所需要的时间，以秒（s）计。

8. 储存期的测定

储存期是在一定条件下，胶黏剂仍能保持其操作性能和规定强度的存放时间。这是胶黏剂研制、生产和储存时必须考虑的重要问题。储存期过短，使用前就已经报废，将造成很大的损失和浪费。胶黏剂储存期常用的测定方式有热老化法和常温法。

9. 热熔胶软化点的测定

测定方法：把确定质量的钢球置于填满试样的金属环上，在规定的升温条件下，钢球进入试样，从一定的高度下落，当钢球触及底层金属挡板时的温度，视为软化点。图 8－11 为软化点测定仪。

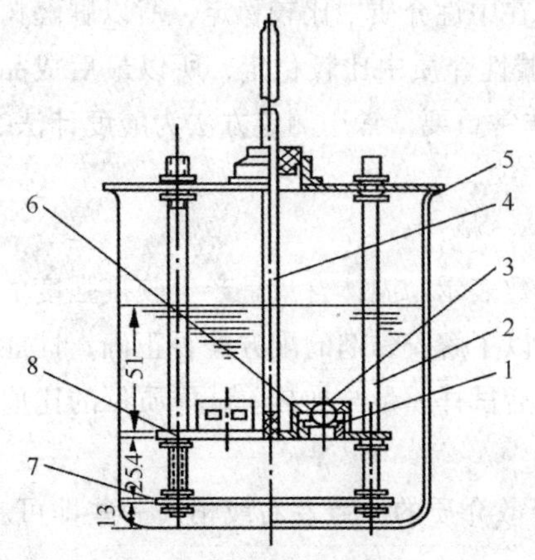

图 8－11　软化点测定仪

1—试样杯；2—环架；3—钢球；4—温度计；5—烧杯；6—钢球定位环；7—金属平板；8—环架金属板

10. 耐化学试剂性能的测定

利用胶黏剂胶接的金属试样在一定的试验液体中、一定温度下浸泡规定时间后，胶接强度的降低来衡量胶黏剂的耐化学试剂性能，适用于各种类型的胶黏剂。

测定原理：试样任意分为两组，一组试样在一定温度条件下浸泡在规定的试验液体里，浸泡一定时间后测定其强度；另一组试样在相同温度条件的空气中放置相同的时间后测定其强度。两组强度值之差与在空气中强度值的比值为胶黏剂耐化学试剂性能的强度变化率。

11. 游离醛含量的测定

游离醛即树脂合成中没有参加反应的甲醛质量分数。胶黏剂中游离醛含量高，固化快，但适用期短，给操作带来不便并造成环境污染，危害人体健康。

不同的树脂测定方法与原理有所不同，酚醛树脂胶黏剂中游离甲醛的测定原理：胶黏剂中游离甲醛与盐酸羟胺作用，生成等量的酸，然后以氢氧化钠中和生成的酸。

$$HCHO + NH_2OH \cdot HCl \longrightarrow CH_2 = NOH + HCl + H_2O$$

$$NaOH + HCl \longrightarrow NaCl + H_2O$$

氨基树脂游离甲醛的测定原理：在样品中加入氯化铵溶液和一定量的氢氧化钠，使生成的氢氧化铵和树脂中甲醛反应，生成六次甲基四胺，再用盐酸滴定剩余的氢氧化铵。

$$NH_4Cl + NaOH \longrightarrow NaCl + NH_4OH$$

$$6HCHO + 4NH_4OH \longrightarrow (CH_2)_6N_4 + 10H_2O$$

$$NH_4OH + HCl \longrightarrow NH_4Cl + H_2O$$

12. 游离酚含量测定

游离酚是指酚醛树脂胶黏剂中没有参加反应的苯酚质量分数，游离酚含量高，树脂储存稳定性好，但由此会造成空气污染和对人体健康的严重危害。

游离酚含量在 1% 以上时的测定原理：苯酚与水蒸馏，与水一起馏出，用溴量法测定。

$$5KBr + KBrO_3 + 6HCl \longrightarrow 3Br_2 + 6KCl + 3H_2O$$

$$C_6H_5OH + 3Br_2 \longrightarrow HOC_6H_2Br_3 + 3HBr$$

$$Br_2 + 2KI \longrightarrow 2KBr + I_2$$

$$I_2 + 2Na_2S_2O_3 \longrightarrow NaI + Na_2S_4O_6$$

游离酚含量在 1% 以下时的测定用分光光度计法，测定样品的吸光度，从而测出该物质的含量。此方法快速、灵敏、操作简便的方法。

13. 固化速度的测定

固化速度是研究各种胶黏剂固化条件的重要数据，固化速度的测定可作为检验胶黏剂成品性能、鉴定配方是否准确的一项简单易行的方法。

固化速度的测定方法是称取 0.5～2g 胶黏剂试样放在加热板上，加热板温度自始至终保持恒温（一般规定为150℃，但对环氧脂肪胺体系胶黏剂及其类似室温能快速固化的胶黏剂温度应规定更低一些，如80℃或120℃），并用玻璃棒不断搅拌，观察胶黏剂加热固化的情况，胶黏剂转为不熔状态所需的时间则是固化速度。

酚醛树脂固化时间是指树脂加入固化剂后在100℃的沸水中，从树脂放入开始到树脂固化所需要的时间，以秒（s）计。

8.8.3 胶黏剂的力学性能试验标准

胶黏剂对接接头拉伸强度的测定参照GB/T 6329—1996；胶黏剂高温拉伸强度试验方法（金属对金属）参照GJB 445—1988；胶黏剂拉伸剪切强度测定方法（金属对金属）参照GB/T 7124—2008；胶黏剂压缩剪切强度试验方法（木材与木材）参照GB/T 17517—2014；胶黏剂高温拉伸剪切强度试验方法（金属对金属）参照GJB 444—1988；胶黏剂低温拉伸剪切强度试验方法参照GJB 1709—1993；胶黏剂剪切冲击强度试验方法参照GB/T 6328—1999；胶黏剂拉伸剪切蠕变性能试验方法（金属对金属）参照HB 6686—1992；厌氧胶黏剂剪切强度的测定（轴和套环试验法）参照GB/T 18747.2—2002；胶黏剂180℃剥离强度试验方法（挠性材料对刚性材料）参照GB/T 2790—1995；胶黏剂T-剥离强度试验方法（挠性材料对挠性材料）参照GB/T 2791—1995；胶黏剂90℃剥离强度试验方法（金属与金属）参照GJB446—1988。

8.8.4 胶黏剂胶接强度的测定

8.8.4.1 胶黏剂胶接强度的分类

表征胶黏剂性能往往都要给出强度数据，胶接强度是胶接技术当中一项重要指标，对于选用胶黏剂、研制新胶种、进行接头设计、改进胶接工艺、正确应用胶黏结构很有指导意义。

1. 胶接强度定义

胶接强度是指在外力作用下，使胶黏件中的胶黏剂与被粘物界面或其邻近处发生破坏所需要的应力，粘接强度又称为胶接强度。

粘接强度是胶黏体系破坏时所需要的应力，其大小不仅取决于粘合力、胶黏剂的力学性能、被粘物的性质、粘接工艺，而且还与接头形式、受力情况（种类、大小、方向、频率）、环境因素（温度、湿度、压力、介质）和测试条件、实验技术等有关。由此可见，粘合力只是决定粘接强度的重要因素之一，所以粘接强度和粘合力是两个意义完全不同的概念，绝不能混为一谈。

2. 粘接强度的分类

根据粘接接头受力情况不同，粘接强度具体可以分为剪切强度、拉伸强度、不均匀扯离强度、剥离强度、压缩强度、冲击强度、弯曲强度、扭转强度、疲劳强度、抗蠕变强度等。

（1）剪切强度

剪切强度是指粘接件破坏时，单位粘接面所能承受的剪切力，其单位用兆帕（MPa）表示。剪切强度按测试时的受力方式又分为拉伸剪切强度、压缩剪切强度、扭转剪切强度和弯曲剪切强度等。不同性能的胶黏剂，剪切强度亦不同，在一般情况下，韧性胶黏剂比柔性胶黏剂的剪切强度大。大量试验表明，胶层厚度越薄，剪切强度越高。

测试条件影响最大的是环境温度和试验速度，随着温度升高剪切强度下降，随着试验速度的减慢剪切强度降低，这说明温度和速度具有等效关系，即提高测试温度相当于降低加载速度。

（2）拉伸强度

拉伸强度又称均匀扯离强度、正拉强度，是指粘接受力破坏时，单位面积所承受的拉伸力，单位用兆帕（MPa）表示。

因为拉伸比剪切受力均匀得多，所以一般胶黏剂的拉伸强度都比剪切强度高得很多。在实际测定时，试件在外力作用下，由于胶黏剂的变形比被粘物大，加之外力作用的不同轴性，很可能产生剪切，也会有横向压缩，因此，在扯断时就可能出现同时断裂。若能增加试样的长度和减小粘接面积，便可降低扯断时剥离的影响，使应力作用分布更为均匀。弹性模量、胶层厚度、试验温度和加载速度对拉伸强度的影响基本与剪切强度相似。

（3）剥离强度

剥离强度是在规定的剥离条件下，使粘接件分离时单位宽度所能承受的最大载荷，其单位用 kN/m 表示。

剥离的形式多种多样，一般可分为 L 形剥离、U 形剥离、T 形剥离和曲面剥离，如图 8－12 所示。

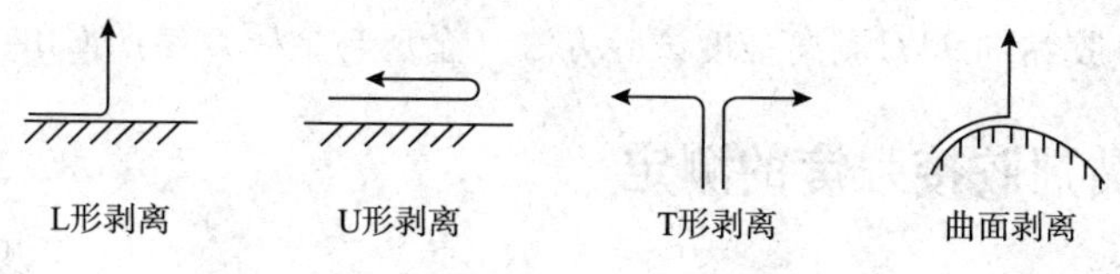

图 8－12　剥离的形式

随着剥离角的改变，剥离形式也变化。当剥离角小于或等于 90°时为 L 形剥离，大于 90°或等于 180°时为 U 形剥离。这两种形式适合于刚性材料和挠性材料粘接的剥离。T 形剥离用于两种挠性材料粘接时的剥离。

剥离强度受试件宽度和厚度、胶层厚度、剥离强度、剥离角度等因素影响。

（4）不均匀扯离强度

不均匀扯离强度表示粘接接头受到不均匀扯离力作用时所能承受的最大载荷，因为载荷多集中于胶层的两个边缘或一个边缘上，故是单位长度而不是单位面积受力，单位是 kN/m^2。

（5）冲击强度

冲击强度指粘接件承受冲击载荷而破坏时，单位粘接面积所消耗的最大功，单位为 kJ/m^2。

按照接头形式和受力方式的不同，冲击强度又分为弯曲冲击、压缩剪切冲击、拉伸剪切冲击、扭转剪切冲击和 T 形剥离冲击强度等。

冲击强度的大小受胶黏剂韧性、胶层厚度、被粘物种类、试件尺寸、冲击角度、环境湿度、测试温度等影响。胶黏剂的韧性越好，冲击强度越高。当胶黏剂的模量较低时，冲击强度随胶层厚度的增加而提高。

（6）持久强度

持久强度就是粘接件长期经受静载荷作用后，单位粘接面积所能承受的最大载荷，单位用兆帕（MPa）表示。

持久强度受加载应力和试验温度的影响，随着加载应力和温度的提高持久强度下降。

(7) 疲劳强度

疲劳强度是指对粘接接头重复施加一定载荷至规定次数不引起破坏的最大应力。一般把在10 次时的疲劳强度称为疲劳强度极限。

一般来说，剪切强度高的胶黏剂，其剥离、弯曲、冲击等强度总是较低的；而剥离强度大的胶黏剂，它的冲击、弯曲强度较高。不同类型的胶黏剂，各种强度特性也有很大差异。

下面简单介绍拉伸强度和剪切冲击强度的测定方法。

8.8.4.2　胶黏剂粘接强度的测定

1. 拉伸强度的测定方法

(1) 金属粘接拉伸强度的测定

测定金属粘接拉伸强度的最常用试件及粘接加压装置如图 8－13 所示。

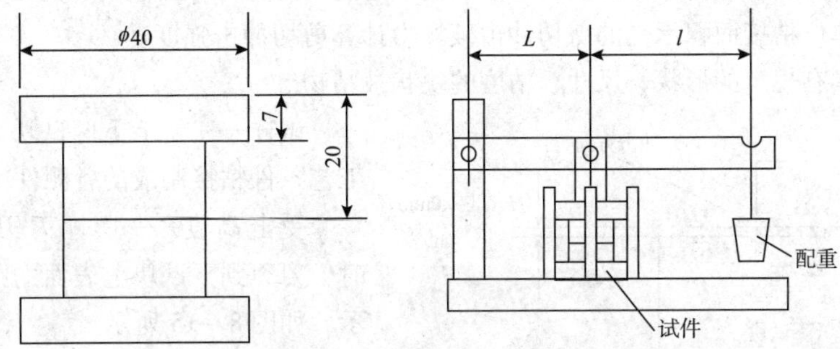

图 8－13　拉伸强度的最常用试件及粘接加压装置

试件两圆柱体的直径应一致，同轴度为 ±0.1mm，两粘接平面平行度为 ±0.2mm，加工粗糙度为 5.0μm。试件粘接按工艺要求进行，为确保胶层厚度一致，可将 Φ0.1mm×(2～3) mm 左右的铜丝在叠合前放入胶层内，以粘接加压装置定位。

测定前从胶层两旁测量圆柱体的直径 d（精确到 1×10^{-6}m）。测定时将试件装于拉力试验机的夹具上，调整施力中心线，使其与试件轴线相一致，以（10～20）mm/min 的加载速度拉伸，拉断时记录破坏负荷，拉伸强度 σ 按下式计算，单位为 MPa。

$$\sigma = F/A$$

式中，F 为试件破坏时的负荷；A 为试件粘接面积，$A=\pi d^2/4$。

每组粘接试件不少于 5 个，按允许偏差 ±15% 取算术平均值，保留 3 位有效数字。如果需要测定高低温时的拉伸强度，应将试件和夹具一起放入加热或冷却装置内，在要求温度下保持 40～60min，然后再进行测定。

(2) 非金属与金属粘接拉伸强度的测定

非金属与金属粘接拉伸强度的测定，采用两金属间夹一层非金属的方法。在此，介绍一下橡胶与金属粘接扯离强度的测定方法。橡胶厚度为（2±0.3）mm，粘接后的试件尺寸如图 8－14所示。

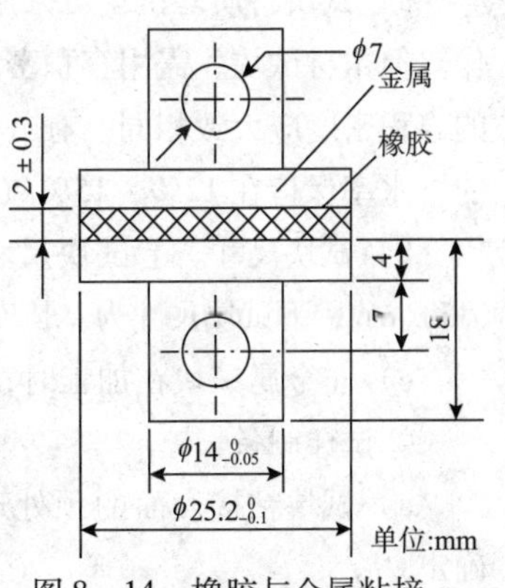

图 8－14　橡胶与金属粘接扯离强度的测定试件

试件按工艺条件要求粘接，粘接面错位不应大于 0.2mm。测试时将试件装在夹具上，调整位置使施力方向与粘接面垂直，以（50±5）mm/min 的加载速度拉伸，记录破坏时的最大负荷，按下式计算扯离强度 σ，单位为 MPa。

$$\sigma_c = F/A$$

式中，F 为试件破坏时的负荷；A 为粘接面积，$A = \pi d^2/4$。

试件不得少于 5 个，经取舍后不应少于原数量的 60%，取其算术平均值，允许偏差为 ±10%。

2. 胶黏剂剪切冲击强度的测定

剪切冲击强度是指试样承受一定速度的剪切冲击载荷而破坏时，单位粘接面积所消耗的功，其单位用 J/m^2 表示。胶黏剂剪切冲击强度按 GB/T6328—1986 标准进行测定。

（1）原理

由 2 个试块粘接构成的试样，使粘接面承受一定速度的剪切冲击载荷，测定试样破坏时所消耗的功，以单位粘接面积承受的剪切冲击破坏力计算剪切冲击强度。

试块——具有规定的形状、尺寸、精度的块状被粘物。

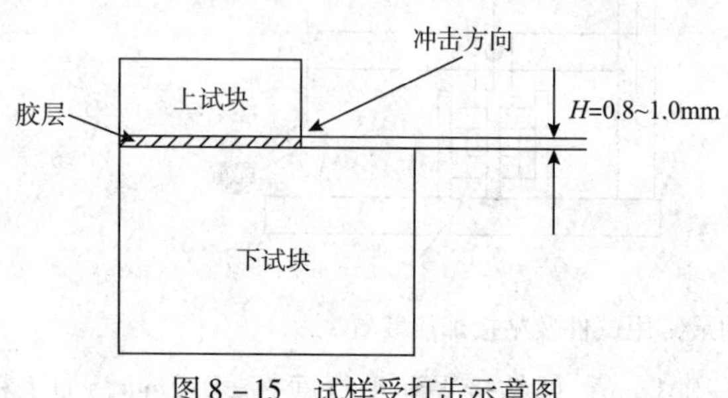

图 8－15　试样受打击示意图

试样——将上下两试块，通过一定的工艺条件粘接制成的备测件。

受击高度——摆锤刀刃打以上试块时，刀刃到下试块上表面的距离，用 H 表示，如图 8－15 所示。

（2）仪器设备

1）试验机。胶黏剂剪切冲击试验机应采用摆锤式冲击试验机。其摆锤的速度为 3.35m/s。试样的破坏功应选在试验机度盘容量的（15～85）% 范围内。

2）夹具。所用夹具应能保证试样的受击高度在 0.8mm～1.0mm 范围内，并使试样的受击面及下试块的上表面与摆锤刀刃保持平行。

3）量具。所用量具的最小分度值为 0.05mm。

（3）试块及试样制备

①试块。

a）试块材质。试块可采用钢、铝、铜及其合金等金属材料和木材、塑料等非金属材料制作。但木材试块，需用容积密度大于 $0.55g/cm^3$ 的白桦木或与此相当的直木纹树种。上下试块的容积密度应大致相同。有节疤、斑点、腐朽和颜色异常等的木材，不能用来加工试块。木材的含水率保持在 12%～15%（以全干质量为基准）。

b）试块尺寸。上试块尺寸为：长度（25±0.5）mm，宽度（25±0.5）mm，厚度（10±0.5）mm；下试块尺寸为：长度（45±0.5）mm，宽度（25±0.5）mm，厚度（25±0.5）mm。

c）非金属试块在加工时，应注意不要因过热而损伤试块。

②试样制备。

a）试块粘接表面的预处理方法、胶黏剂涂布及试样制备工艺等，应按产品的工艺规程确定。

b）木材试块粘接时上下试块的木纹方向要一致。

在没有特殊要求的情况下，金属试样一般取 10 个，非金属试样一般取 12 个。

(4) 试验步骤

①将常态条件下停放的试样，放在试验环境（温度23℃，相对湿度50%）下停放30min以上。

②在开动试验机之前，用量具在粘接处分3处度量其长度和宽度，精确到0.1mm。取其算术平均值，计算粘接面积。

③按要求将试样安装在夹具上。

④开动试验机，使摆锤落下打击试样，记录试样的破坏功 W_1。

⑤将被打掉的上试块，再与下试块叠合，重复④操作1次，记录试样的惯性功 W_0。

⑥记录每个试样的破坏类型，如：界面破坏，胶层内聚破坏，混合破坏和试块变形状态。

(5) 试验结果

剪切冲击强度 I_s 按下式进行计算，单位为 J/m^2。

$$I_s = (W_1 - W_0)/A$$

式中，W_1 为试样的冲击破坏功；W_0 为试样的惯性功；A 为粘接面积。

测试结果用剪切冲击强度的算术平均值表示，取3位有效数字。

8.8.4.3 胶黏剂粘接强度的无损检测方法

目前测定粘接强度应用最普遍的是破坏性试验，由于抽样检测，因此不能完全保证粘接质量的可靠性。随着胶黏技术在航空航天等高新领域的应用越来越广泛，对粘接质量及可靠性的要求日益严格，迫切需要无损检测方法。所以研究粘接强度的无损检测是粘接工艺和实际使用的重要课题。20世纪60年代以来，开始利用粘接强度与被粘物某些物性之间的关系确定粘接强度，例如用超声波测定以胶黏剂动态模量为基础的粘接强度的测定方法。近些年来，由于新技术的运用和方法的不断改进，使粘接强度的无损检测由定性向定量，由人工数据处理向计算机智能化发展，无损检测方法主要采用超声波、声和应力波等技术。

1. 超声技术

①聚偏二氯乙烯压电探头采用金属化的聚偏二氯乙烯（PVDF）膜作为超声无损检测的探头，已成功应用于超声回波、透波及应力波的检测之中。具有质轻、灵便、超薄及廉价特性，比传统的陶瓷压电探头响应频带宽，且不需要任何偶合剂。

②超声偶合技术采用橡胶衬垫式探头，不使用液体偶合剂，即干偶合技术。根据材料内声能的变化来检测粘接接头的质量，非常适合于快速探测缺陷。

③平面漏波检测。平面漏波（LLW）是在粘接接头层面上所激发的边界敏感的平面波。在LLW无效区域的补偿相位对胶层界面状况十分敏感，缺胶与否及胶之特性都能显著改变LLW响应。当平面波传到粘接面时，将同时产生压缩和剪切两种应力，它们受界面特性影响不同，使这种无损检测具有更好的检测效果。

④超声回转相差技术。该方法所测信号为粘接界面反射回来的单音脉冲相位和辐值。根据波在多层介质中的传播特性与界面强度的关系，可推导出粘接质量参数，它与拉伸强度有较好的线性关系。

⑤超声频谱检测。利用超声波频谱技术测量胶层的厚度和模量，共振频率对胶层厚度及模量变化很敏感。超声波频谱分析对测定粘接接头特性的敏感性十分有用，很有发展潜力。

2. 声技术

①声发射

声发射是一种动态无损检测技术，它将试样所受的动态负荷与变形过程联系起来，可表征在动态测试仪中试样产生的微小变形，是显示缺陷发展过程和预测缺陷破坏性的一种检测方法。

②声-光测量

将粘接接头作为一个整体，用非接触性激光激发法分析材料的微观力学响应。动态响应参数与粘接状况有很好的相关性，可用于简便、快速检测粘接质量。

3. 其他无损检测方法

①应力波

应力波是声发射与超声波相结合的产物，是较新的无损检测技术，吸收了传统超声波和声发射的优点，实质仍是超声波检测。应力波方法能显示结构中存在的缺陷-破坏的综合效应，能把高粘接强度与弱粘接强度区别开来，可用于监测粘接质量，在控制粘接质量和预测粘接强度方面很有发展前途。

②便携式全息干涉测试系统

便携式全息干涉测试系统能检测粘接接头的缺胶和弱粘接强度，为粘接现场提供可行的完整性的测试装置。

③热成像技术

模拟影响粘接部位热交换的一系列因素，计算并分析这些因素与粘接缺陷类型及粘接状况的关系，结果表明，检测时有一最佳传热时间，检测的最大温差与脱胶宽度呈线性关系。

④涡流法采用新型脉冲频率响应技术，将电磁波加于试样上使之热振动，再用涡流探头检测试样的响应特性，经计算分析得到一个损耗因子，它与粘接缺陷和粘接强度有较好的相关性。

8.8.4.4 压敏胶黏剂粘合特性的表征

压敏胶黏剂本身具有较好的黏弹性以及对被粘物表面很好的润湿性，使得其对外加压力具有敏感的粘合特性。可以通过初粘力、粘合力、内聚力、粘基力定量地表征。

初粘力（tack）：是指压敏胶制品与被粘物表面以很轻的压力接触后，立即快速分离所表现出来的抵抗分离的能力。

粘合力（adhesion）：是指用适当的外压力和时间进行粘贴后压敏胶制品和被粘物表面之间所表现出来的抵抗粘合界面分离的能力。

内聚力（cohesion）：是指压敏胶胶黏剂层本身的内聚力，即压敏胶黏剂层抵抗外力作用而受到破坏的能力。

粘基力（keying）：是指胶黏剂与基材或底涂剂，底涂剂与基材的粘合力。

思考题

1. 名词解释：滞后现象、蠕变现象、应力松弛现象。
2. 什么是涂料的户外耐久性？
3. 黏结性能评价常用方法是什么？
4. 影响涂料黏度的因素是什么？
5. 简述时温等效原理。
6. 简述胶黏剂的性能测试包括哪些内容？
7. 简述软化点、晾置时间、固化时间。

第9章　涂料与胶黏剂的剂型

随着环保意识的争强，溶剂型涂料与胶黏剂将不断向非溶剂型涂料与胶黏剂过渡。按剂型进行分类，涂料通常可分为粉末涂料、水基涂料、溶剂涂料及乳胶涂料；胶黏剂通常分为溶液型、水基型（乳液型）、膏状或糊状型、固体型（热熔胶）、膜状型。

9.1　粉末涂料

粉末涂料一般由树脂、固化剂（热塑性粉末涂料中不需要）、颜料、填料和助剂（包括促进剂、增光剂、消光剂、紫外光吸收剂、稳定剂、流平剂等）组成。、

20世纪30年代后期聚乙烯工业化生产以后，人们想利用聚乙烯耐化学品性能好的特点，把它用在金属容器的涂装和衬里方面。但是聚乙烯不溶于溶剂中，无法制成溶剂型涂料，也没有找到把它制成衬里的黏合剂。不过却发现可以采用火焰喷涂法，把聚乙烯以熔融状态涂覆到金属表面。这就是粉末涂装的开始。1973年世界第一次石油危机以后，从节省资源、有效利用资源角度考虑，开始注意发展粉末涂料；1979年在世界石油危机再次冲击下，出于省资源、省能源、降低公害考虑，世界各国对粉末涂料更加重视，并且取得了不少进展。如：从厚涂层转移到薄涂层；粉末涂料的重点从热塑性粉末涂料转移到热固性粉末涂料。相继出现了热固性的聚酯和丙烯酸粉末涂料，在应用方面，从以防腐蚀为主转移到以装饰为主。进入80年代以后，粉末涂料工业的发展更快，在品种、制造设备、涂装设备和应用范围方面都有了新的突破，产量每年以10%以上的速度增长，到1988年，世界粉末涂料生产量超过20万吨。

粉末涂料优点主要是不含有机溶剂，避免了有机溶剂带来的火灾、中毒和运输中的不安全问题；虽然存在粉尘爆炸的危险性，但是只要把体系中的粉尘浓度控制适当，爆炸是完全可以避免的；不存在有机溶剂带来的大气污染，符合防止大气污染的要求；粉末涂料是100%的固体体系，可以采用闭路循环体系，过喷的粉末涂料可以回收再利用，涂料的利用率可达95%以上；粉末涂料用树脂的分子量比溶剂型涂料的分子量大，因此涂膜的性能和耐久性比溶剂型涂料有很大的改进；粉末涂料在涂装时，涂膜厚度可以控制，一次涂装可达到30~500μm厚度，相当于溶剂型涂料几道至十几道涂装的厚度，减少了施工的道数，既利于节能，又提高了生产效率；在施工应用时，不需要随季节变化调节黏度；施工操作方便，不需要很熟练的操作技术，厚涂时也不易产生流挂等涂膜弊病；容易实行自动化流水线生产；容易保持施工环境的卫生，附着于皮肤上的粉末可用压缩空气吹掉或用温水、肥皂水洗掉，不需要用有刺激性的清洗剂；粉末涂料不使用溶剂，是一种有效的节能措施，因为大部分溶剂的起始原料是石油。减少溶剂的用量，直接节省了原料的消耗。

随着国内环保力度的持续加大，中山，天津，上海等地区也陆续发布“禁油令”，要求全面停止油性涂料的使用，如此大的力度前所未有，水性工业漆与粉末涂料得到了迅猛的发展。粉末涂料目前已经在铝型材，家具，门窗，汽车领域，散热器，管道防腐，家电，五金，不锈钢领域广泛应用。2017 年全国涂料累计产量 2036.4 万吨，同比增长了 12.38%. 综合来看，2017 年在国家环保和相关政策推动下，我国绿色涂料市场增势显著，“漆改粉”趋势加速。2017 年我国粉末涂料产量达 175 万吨，同比增长 12.9%，到 2018 年底我国粉末涂料产量将达近 200 万吨，到 2022 年产量规模将超过 250 万吨。

尽管粉末涂料增长速度比一般涂料快得多，但目前粉末涂料在整个涂料产量中所占比例还不多，在工业涂装中只占百分之几，没有达到预期的发展速度。这是因为粉末涂料和涂装还存在如下的缺点：粉末涂料的制造工艺比一般涂料复杂，涂料的制造成本高；粉末涂料的涂装设备跟一般涂料不同，不能直接使用一般涂料的涂装设备，用户需要安装新的涂装设备和粉末涂料回收设备；粉末涂料用树脂的软化点一般要求在 80℃ 以上，用熔融法制造粉末涂料时，熔融混合温度要高于树脂软化点，而施工时的烘烤温度又要比制造时的温度高。这样，粉末涂料的烘烤温度比一般涂料高得多，而且不能涂装大型设备和热敏底材；粉末涂料的厚涂比较容易，但很难薄涂到 15 ~ 30μm 的厚度，造成功能过剩，浪费了物料；更换涂料颜色、品种比一般涂料麻烦。当需要频繁调换颜色时，粉末涂料生产和施工的经济性严重受损，换色之间的清洗很费时，仅适合于同一类型和颜色的粉末涂料合理地长时间运转。

我国粉末涂料工业起步较晚，1965 年广州电器科学研究所最先研制成电绝缘用环氧粉末涂料，在常州绝缘材料厂建立了生产能力为 10t/a 的电绝缘粉末涂料生产车间，产品主要以流化床浸涂法涂覆在汽车电机的转子和大型电机的铜排上面。1986 年杭州中法化学有限公司从法国引进生产能力为 1000t/a 粉末涂料生产线和 1500t/a 聚酯树脂生产装置以后，把我国粉末涂料生产技术迅速提高到新的水平。目前我国在粉末涂料品种、产量、生产设备和涂装设备等方面已经接近先进国家的水平，成为世界上粉末涂料生产大国之一，也是粉末涂料生产量增长最快的国家之一。

在市场不断的磨砺下，粉末涂料的技术水准，已具备大范围取代传统涂料的能力，不仅在石油化工、汽车、铁路、船舶、集装箱等领域掀起漆改粉大潮，与人们生活息息相关的家居、装饰等领域，粉末涂料的占有率也在持续上升。2012 ~ 2017 年，我国粉末涂料产量不断增加，年均复合增长率达 9.7%，2017 年我国涂料行业规模以上工业企业 1380 家。从销售价值来看，2017 年中国涂料市场销售价值达 4607 亿元，同比增长 6.5%，预计 2018 年行业销售价值将保持增长至近 5000 亿元，中商产业研究院预测，到 2020 年，涂料销售价值将超 5500 亿元。

根据成膜物质的性质粉末涂料可分为两大类，成膜物质为热塑性树脂的叫热塑性粉末涂料，成膜物质为热固性树脂的叫热固性粉末涂料。其中热固型粉末涂料产量最大，化工学会统计，2017 年，我国热固型粉末涂料产量已经超过 160 万吨，比上年度增长 13%，占粉末涂料总产量的 91.7%。2017 年我国热固型粉末涂料中，纯环氧粉末涂料占比 20.6%，环氧/聚酯混合型粉末涂料 34.9%，聚酯/TGIC 型粉末涂料 25.8%，聚酯/HAA 型粉末涂料 18.0%，其他类型粉末涂料仅占 0.7%。热塑性粉末涂料和热固性粉末涂料的特性比较见表 9 - 1。

表9-1 热塑性和热固性粉末涂料的特性比较

性能	热塑性粉末涂料	热固性粉末涂料
分子量	高	中等
软化点	高~很高	比较低
颜料分散性	稍微困难	比较容易
粉碎性能	需冷冻（或冷却）粉碎	比较容易
底漆的要求	多数情况需要底漆	不需要底漆
薄涂性	困难	比较容易
涂膜耐污染性	不好	好
涂膜耐溶剂型	比较差	好

9.1.1 热塑性粉末涂料

热塑性粉末涂料是由热塑性树脂、颜料、填料、增塑剂和稳定剂等成分经干混合或熔融混合、粉碎、过筛分级得到的。热塑性粉末涂料的品种有聚乙烯、聚丙烯、聚丁烯、聚氯乙烯、醋丁纤维素、尼龙、聚酯、EVA（乙烯/醋酸乙烯共聚物）、氯化聚醚和聚氟树脂等。这种粉末涂料经涂装以后，加热熔融可以直接成膜，不需要加热固化。

1. 聚乙烯粉末涂料

聚乙烯分低密度和高密度两种，制造粉末涂料一般都用低密度聚乙烯。这是因为高压法制造的低密度聚乙烯的熔融黏度低，适用于粉末涂装，价格便宜，涂装后应力开裂小。聚乙烯用于粉末涂装有如下优点：①耐矿物酸、耐碱、耐盐性能好；②树脂软化温度和分解温度间温差大，热传导性差，耐水性好；③涂膜拉伸强度、表面硬度和冲击强度等物理机械性能好；④对流化床、静电喷涂等施工适应性好；⑤涂膜电性能好；⑥原料来源丰富，价格便宜，涂膜修补容易。

缺点是机械强度差，耐磨性不好，耐候性差，不适用于户外涂装。

聚乙烯粉末涂料主要用于电线涂覆、家用电器部件、杂品、管道和玻璃的涂装，特别是从水质安全卫生考虑用于饮水管道的涂装较多。

2. 聚丙烯粉末涂料

聚丙烯树脂是结晶形聚合物，没有极性，具有韧性强、耐化学药品和耐溶剂性能好的特点。聚丙烯树脂的相对密度为0.9，因此用相同质量的树脂涂布一定厚度时，就比其他树脂涂布的面积大。

聚丙烯不活泼，几乎不附着在金属或其他底材上面，因此，用作保护涂层时，必须解决附着力问题。如果添加过氧化物或极性强、附着力好的树脂等特殊改性剂时，对附着力有明显的改进。聚丙烯涂膜附着力强度和温度之间的关系表明，随着温度的升高，涂膜附着力将相应下降。

聚丙烯结晶体熔点为167℃，在190~232℃之间热熔融附着，用任意方法都可以涂装。为了得到最合适的附着力、冲击强度、光泽和柔韧性，应在热熔融附着以后立即迅速冷却。聚丙烯是结晶性聚合物，结晶球的大小取决于从熔融状态冷却的速度；冷却速度越快，结晶球越小，表面缺陷少，可以得到细腻而柔韧的表面。聚丙烯粉末的稳定性好，在稍高温度下储存时，也不发生胶化或结块的倾向。聚丙烯可以得到水一样的透明涂膜。聚丙烯涂膜的耐化学药品性能比较好，但不能耐硝酸那样的强氧化剂。

虽然聚丙烯不适用于其他装饰，但加入一些颜料并改变稳定性以后，保光性和其他性能会同时有所改进。一般地，涂膜经暴晒6个月后，保光率只有27%，然而添加紫外线稳定剂后，经同样时间暴晒涂膜保光率仍可达70%。聚丙烯粉末涂料主要用于家用电器部件和化工厂的耐腐蚀衬里等。

3. 聚氯乙烯粉末涂料

聚氯乙烯（PVC）粉末涂料对人们有很大吸引力，其原因是原料来源丰富、价廉并且配方的可调范围非常宽，而且可以添加增塑剂、稳定剂、螯合剂、颜料、填料、防氧化剂、流平剂和改性剂来改进涂膜的性能。

这种粉末涂料可用于混合法和熔融混合法制造。目前一般采用强力干混合法或它的改进法。采用熔融混合法制造时，涂膜耐候性可提高约10%～20%。采用熔融法制造时，要注意受热过程和稳定剂的消耗问题。

聚氯乙烯粉末涂料主要用流化床浸涂法和静电喷涂法施工。流化床浸涂用粉末涂料粒度要求100～200μm，静电喷涂用粉末涂料粒度要求50～70μm。底材的表面处理对涂膜附着力影响较大，有必要涂环氧－丙烯酸底漆。这种涂料的涂膜物理机械性能、耐化学药品性能和电绝缘性能都比较好。

聚氯乙烯粉末涂料的用途很广，最理想的用途是金属线材和导线制品涂装，其次还可以用作游泳池内金属零件、汽车和农机部件、电器产品、金属制品、日用品、体育器材等户内外用品的涂装。

4. 醋丁纤维素和醋丙纤维素粉末涂料

醋丁纤维素和醋丙纤维素的韧性、耐水性、耐溶剂性、耐候性和配色性都很好，早已在喷涂施工、注射成型等方面得到应用。醋丁纤维素和醋丙纤维素粉末涂料可以用于流化床浸涂和静电粉末喷涂法施工，但必须使用底漆以增加附着力。

醋丁纤维素和醋丙纤维素适用于薄涂膜，涂底漆后静电粉末喷涂，于230℃烘烤8～10min熔融流平。醋丙纤维素粉末涂料应符合药品与食品卫生标准，可用在与食品有关的设备零部件涂覆，例如冰箱内的货架等。

5. 尼龙粉末涂料

尼龙学名为聚酰胺，其品种有很多，在粉末涂料中使用较多的是尼龙11、尼龙12，尼龙11的熔融温度和分解温度之间温差较大，可以用流化床浸涂和静电粉末喷涂法施工。尼龙粉末涂料的边角覆盖力和附着力不好，对冲击强度和耐腐蚀性要求高的场合必须涂底漆。尼龙11粉末涂料相对密度小，单位质量的涂覆面积较大；其涂膜的韧性强、柔软、摩擦系数小、光滑、手感好，耐冲击性好；除了耐强酸和强碱性稍差外，耐其他化学品性能都比较好。

尼龙粉末涂料的特点是机械性能、耐磨性能和润滑性能好，被用于农用设备、纺织机械轴承、齿轮和印刷辊等；因其耐化学品性能好，被用于洗衣机零件和阀门轴等；因其无毒、无臭、无腐蚀性，被用于食品加工设备和用具；降低噪音效果好、手感好、传热系数小，被用于消声部件和各种车辆的方向盘等。

6. 热塑性聚酯粉末涂料

热塑性聚酯粉末涂料是由热塑性聚酯树脂、颜料、填料和流动控制剂等组分，经过熔融混合、冷却、粉碎和分级过筛得到。该粉末涂料可以用流化床浸涂法或静电粉末法施工。这种粉末涂料的特点是涂膜对底材的附着力好，涂装时不需要底漆；涂料的储存稳定性非常好，涂膜的物理机械性能和耐化学品性能都比较好。这种粉末涂料主要用于变压器外壳、储槽、马路安全栏杆、货架、家用电器、机器零部件的涂装，另外还用于防腐和食品加工等设备。这种粉末涂料的缺点是耐热性和耐溶剂性较差。

7. 乙烯/醋酸乙烯共聚物（EVG）粉末涂料

这种涂料是德国 Bayer 公司为火焰喷涂法施工开发的品种，也可以采用注入法、流化床浸涂法和一般喷涂法施工。采用喷涂法施工时，应把金属被涂物预热到170~200℃，然后立即喷涂并熔融流平得到有光泽涂膜。注入法用于储槽内部的涂装，其方法为把储槽加热到260~300℃，粉末涂料加到槽中转动10~20s，然后倒出未附着上去的粉末。这样已附着上去的粉末就在几秒钟内熔融流平得到平整、有光泽、没有针孔的涂膜。

该粉末涂料的优点是施工温度低、范围宽，施工时不产生有臭味的气体。涂膜的附着力、耐腐蚀性、耐化学品性、电性能和耐候性好，在低温下的涂膜柔韧性也好。由于涂膜是难燃的，修补也简单；缺点是涂膜较软。主要用途是槽衬里、管道涂膜的修补和板状物的保护。

8. 氯化聚醚粉末涂料

氯化聚醚树脂的分子量约为300000，含氯量约为45%（质量）。从化学结构来看，氯化聚醚是非常稳定的化合物。这种粉末涂料的涂膜物理机械性能和耐化学品性能非常好，比一般的热塑性粉末涂料耐热温度高、吸水率极小。由于该树脂的价格较贵，仅在特殊场合使用，如用于耐化学药品性能要求高的钢铁槽作衬里等。

9. 聚偏氟乙烯粉末涂料

聚偏氟乙烯树脂分子中碳原子骨架上氢原子和氟原子是交叉有规则地排列。聚偏氟乙烯粉末涂料的涂膜性能有如下特点：耐候性很好；耐污染性很好；耐化学药品和耐油性很好；耐冲击性能很好；耐热性好。

粉末涂料用聚氟偏乙烯的特性黏度范围在0.6~1.2是比较理想的。如果大于1.2时熔融性差，小于0.6时涂膜强度下降。聚偏氟乙烯粉末涂料用在化工防腐衬里等方面。

9.1.2 热固性粉末涂料

热固性粉末涂料是由热固性树脂、固化剂、颜料、填料和助剂等组成，经预混合、熔融挤出混合、粉碎、过筛分级而得到的粉末涂料。这种涂料中的树脂分子量小，本身没有成膜性能，只有在烘烤条件下，与固化剂反应、交联成体型结构，才能得到性能好的涂膜。热固性粉末涂料的主要品种有环氧、聚酯/环氧、聚酯、丙烯酸、丙烯酸/聚酯等品种。

1. 环氧粉末涂料

在热固性粉末涂料中，环氧粉末涂料是开发应用最早、品种最多、产量最大、用途较广的品种之一。

(1) 环氧粉末涂料用树脂

环氧粉末涂料用树脂的特点如下：

a）树脂的分子量小，树脂发脆容易粉碎，可以得到所要求的颗粒；

b）树脂的熔融黏度低，可以得到薄而平整的涂膜；

c）混合各种熔融黏度的树脂品种，可以调节熔融黏度；

d）配制的粉末涂料施工适应性好；

e）因为烘烤固化时不产生水及其他物质，所以不容易产生气泡或针孔等涂膜弊病；

f）固化后的涂膜物理机械性能和耐化学品性能好。

环氧粉末涂料用树脂品种主要有：

①双酚A型环氧树脂

在粉末涂料中用得最多的还是双酚A型环氧树脂，该树脂是双酚A和环氧氯丙烷缩合而成。在粉末涂料中适用的树脂软化点范围为70～110℃。

②线型酚醛环氧树脂

这种树脂是线型苯酚酚醛树脂或线型甲醛酚醛树脂和环氧氯丙烷反应而得到的固体状多官能团环氧树脂。如果把软化点80～90℃，环氧当量220～225的线型酚醛环氧树脂和双酚A型环氧树脂配合使用，则增加了树脂官能度，使固化反应速度加快、交联密度提高，使涂膜的耐热性、耐溶剂性、耐化学品性随之增加。

③脂环族环氧树脂

这种树脂包括乙醛缩乙二醇型、酯键型、改性型的氢化双酚A缩水甘油醚衍生物。这种树脂的耐候性好，熔融黏度低，但不能作为环氧粉末涂料的主要成分，只能作为改性剂使用。

（2）环氧粉末涂料的特点

环氧粉末涂料具有以下特点：

a）熔融黏度低，涂膜流平性好。因为在固化时不产生副产物，所以涂膜不易产生针孔或火山坑等缺陷，涂膜外观好。

b）由于环氧树脂分子内的羟基对被涂物的附着力好，一般不需要底漆。另外，涂膜硬度高，耐划伤性好，耐剥离性也好，耐腐蚀性强。

c）环氧树脂结构中有双酚骨架，又有柔韧性好的醚链，所以涂膜的机械性能好。

d）涂料的配色性好，固化剂品种的选择范围宽。

e）因为在成膜物骨架上没有醚链，所以涂膜耐化学品性能好。

f）涂料的施工适应性好，可用静电喷涂、流化床浸涂和火焰喷涂等方法施工。

g）应用范围广，不仅可用于低装饰性施工，还可以用于防腐蚀和电绝缘施工。

尽管环氧粉末涂料有上述特点，但由于芳香族双酚A结构的影响，户外的耐候性不好。夏季在户外放置2～3个月涂膜就泛黄、粉化，不过对防腐蚀性没有多大的影响。

在国外，环氧粉末涂料已经大量使用在不同口径的输油、输气管道的内外壁，小口径的上水管道等的防腐蚀，液化气钢瓶、厨房用具、电缆桥架、农用机械、汽车零部件、化工设备、建筑材料等的防锈、防腐方面，室内用电器设备、电子仪器和仪表、日用五金、家用电器、金属家具、金属箱柜等低装饰性涂装等方面。另外，还可以用作电动机转子等的电绝缘涂料。

2. 聚酯/环氧粉末涂料

这种粉末涂料是欧洲首先开发、并迅速获得推广的粉末涂料品种。目前是粉末涂料中产量最大、用途最广的品种。主要成分是环氧树脂和带羟基的聚酯树脂。

聚酯树脂的价格便宜，既降低涂料成本，又可以解决纯环氧粉末涂料中涂膜泛黄和使用酸酐类固化剂带来的安全卫生问题。

在聚酯/环氧粉末涂料中根据聚酯树脂的酸价和环氧树脂的环氧值，可以任意改变聚酯树脂的配比，该配比（以质量计）的范围一般是（90：10）~（20：80），最常用的比例是50：50。

从聚酯树脂和环氧树脂的价格考虑，聚酯树脂比例高的类型，使用低酸树脂更经济，而且涂膜的耐候性也好，但这种体系的涂膜交联密度、耐污染性、耐碱性下降，必须选择合适的二元酸及二元醇。环氧聚酯粉末涂料的配方可以通过改变聚酯树脂的酸价和环氧树脂的环氧值来调整，而且涂膜的性能也随着烘烤条件的改变而改变。环氧聚酯粉末涂料在烘烤固化过程中，释放出的副产物很少，涂膜不容易产生缩孔等弊病，涂膜外观也比较好。从涂膜物理机械性能来看，跟环氧粉末涂料差不多。在耐化学品方面，除了耐碱性外，其他性能接近环氧粉末涂料。在耐候性方面，如果环氧树脂用量超过一半，则耐候性和环氧粉末涂料差不多，环氧树脂用量越少越好。

环氧聚酯粉末涂料的低温固化是通过以下方法实现的：提高聚酯树脂端基羟基的活性，或者在树脂成分中二元羧酸大量使用对苯二甲酸，同时使用咪唑或碱类固化剂，把固化温度降为140℃。

环氧聚酯粉末涂料的静电喷涂施工性能好、涂料的配方范围宽，可以制造有光、无光、美术、耐寒、防腐、高装饰等各种要求的粉末涂料。目前主要用于洗衣机、电冰箱、电风扇等家用电器、仪器仪表外壳、液化气罐、灶具、金属家具、文件资料柜、图书架、汽车、饮水管道等的涂装。

3. 聚酯粉末涂料（含聚氨酯粉末涂料）

聚酯粉末涂料是继环氧粉末涂料和聚酯/环氧粉末涂料发展起来的耐候性粉末涂料，其产量在热固性粉末涂料中占第三位。在性能方面其耐候性比丙烯酸粉末涂料差一些，但作为户外涂料具有足够的耐候性，而且涂膜的平整性、防腐蚀性及机械强度都很好，总的看来是比较好的粉末涂料品种之一。

（1）粉末涂料用聚酯树脂

热固性粉末涂料用聚酯主要由对苯二甲酸、间苯二甲酸、邻苯二甲酸、偏苯三甲酸、均苯四甲酸、己二酸、壬二酸、葵二酸、顺丁烯二酸、多元羧酸或酸酐与乙二醇、丙二醇、新戊二醇、甘油、三羟甲基丙烷、季戊四醇等多元醇经缩聚得到，分子量范围是1000~6000。在合成聚酯树脂过程中，使多元羧酸或多元醇过量，聚酯树脂端基上便带有羧基或羟基。一般羧基树脂的酸价范围是30~100，用异氰脲酸三缩水甘油酯等缩水甘油基化合物等交联固化；羟基树脂的羟基值范围是30~100，用封闭型异氰酸酯、固体氨基树脂等交联固化。

用于粉末涂料的聚酯树脂应具有以下条件：

①树脂的玻璃化温度应在50℃以上，脆性好，容易粉碎成细粉末，配制成粉末涂料后在40℃不结块。

②树脂的熔融黏度低，成膜固化后容易得到薄而平整的涂膜。

③配制粉末涂料后，所得涂膜物理机械性能、耐水性、耐化学品性、耐候性、耐热性等良好。

从合成设备和工艺考虑，合成聚酯树脂有常压缩聚法、减压缩聚法和减压缩聚-解聚法。常压缩聚法的聚合度一般在10以下，很难制得分子量在2000以上的稳定产品。作为粉末涂料的聚酯树脂要求聚合度在7~30，用减压缩聚法可达到此要求。所以减压缩聚法已成为粉末涂料用树脂合成的常用方法。为了解决减压缩聚中调节聚合度的难题，以生产出产品质量稳定的树脂，可以采用缩聚-解聚法，该方法容易控制树脂的聚合度。

生产中改变共聚物组成、分子量、支化程度和官能团都可以改变聚酯树脂的结构和性能。

(2) 聚酯粉末涂料用固化剂

聚酯粉末涂料所用固化剂或交联树脂的要求与一般粉末涂料一样，主要品种有：①三聚氰胺树脂；②封闭型二异氰酸酯；③异氰脲酸三缩水甘油酯；④酸酐类；⑤过氧化合物。

(3) 聚酯粉末涂料的特点

聚酯粉末涂料的特点之一是固化形式多样，涂料的品种多。通过不同醇、羧酸组成的选择，可以合成不同玻璃化温度、熔融指数、熔融黏度、耐结块性的聚酯树脂，也可以合成具有不同反应基团和反应活性的聚酯树脂。其次可以通过采用不同固化形式，得到涂膜物理机械性能和耐化学品性能不同的粉末涂料。在聚酯粉末涂料中，某些品种的涂膜物理机械性能、耐化学品性能、防腐性能接近环氧粉末涂料，某些品种的涂膜耐候性和装饰性又接近丙烯酸粉末涂料。因此，聚酯树脂粉末涂料不仅可以用于防腐，而且可以大量用于耐候的装饰性涂装。用于耐候性方面，主要用异氰脲酸三缩水甘油酯和封闭型异佛尔酮二异氰酸酯固化聚酯粉末涂料。该涂料可以用于马路栏杆、交通标志、钢门窗、农用机械、汽车、拖拉机、钢制家具、洗衣机、电冰箱、电风扇、空调设备和电器产品等方面。用于防腐方面，可以用封闭型芳香族二异氰酸酯固化粉末涂料，还可以用在快速固化的预涂钢板（PCM）方面。

4. 丙烯酸粉末涂料

丙烯酸粉末涂料有热塑性和热固性两种。热塑性丙烯酸粉末涂料的光泽好、涂膜平整，但涂膜物理机械性能、耐化学品性能差，不能获得比溶剂型丙烯酸粉末涂料更好的性能，因而热塑性丙烯酸粉末涂料没有得到推广。目前推广应用的主要是热固性的丙烯酸粉末涂料。

(1) 丙烯酸粉末涂料用树脂

丙烯酸粉末涂料用树脂的基本要求和环氧、聚酯粉末涂料用树脂一样。丙烯酸树脂的特性取决于所用单体的性质。在丙烯酸树脂中，硬单体含量增加时树脂的玻璃化温度升高，涂膜硬度增加，但相应的涂膜柔韧性降低。当丙烯酸酯单体的碳原子数目增加时，涂膜柔韧性增加，但涂膜硬度、耐污染性和耐水性相应降低。在丙烯酸树脂中，引进反应性单体数目增加时，树脂的反应活性增加，成膜时交联密度高，提高涂膜耐化学品性能和硬度，还可以改进涂膜的附着力。一般丙烯酸树脂都是共聚物。

丙烯酸树脂常采用的制备方法有本体聚合、溶液聚合、悬浮聚合和乳液聚合。从树脂分子量的控制和产品质量的稳定性考虑，大多采用溶液聚合，其缺点是溶剂的处理量大。本体聚合的工艺简单，但树脂合成时黏度较大，不易除去反应热，树脂的分子量及分子量分布不易控制。悬浮聚合和乳液聚合过程中不用有机溶剂，反应容易控制，但树脂分子量较大，不易除去树脂中含有的水溶性悬浮剂和乳化剂，影响涂膜耐水性。

①羟基丙烯酸树脂　这种树脂在共聚物中引进带羟基的反应性单体，如：甲基丙烯酸羟乙酯、甲基丙烯酸羟丙酯、丙烯酸羟乙酯和丙烯酸羟丙酯等，该类树脂常用溶液聚合法合成。

②羧基丙烯酸树脂　这种树脂在共聚物中引进带羧基的反应性单体，如：丙烯酸、甲基丙烯酸、顺丁烯二酸和衣康酸等，这种树脂常用溶液聚合法合成。

③缩水甘油基丙烯酸树脂　这种树脂在共聚物中引进带缩水甘油基的反应性单体，如甲基

丙烯酸缩水甘油酯和丙烯酸缩水甘油酯，这类树脂常采用溶液聚合法合成。

④羟甲基酰胺基丙烯酸树脂　这种树脂在共聚物中引进带羟甲基酰胺基的反应性单体，如羟甲基丙烯酰胺和烷氧甲基丙烯酰胺等，这类树脂常采用本体聚合法合成。

(2) 丙烯酸粉末涂料用固化剂

丙烯酸粉末涂料用固化剂的基本要求和一般热固性粉末涂料用固化剂一样。在溶剂型丙烯酸涂料中羟基树脂用氨基树脂交联的占主流，但在粉末涂料中则缩水甘油基树脂用多元羧酸固化剂的占主流。

①羟基树脂固化剂　羟基丙烯酸树脂的固化剂有氨基树脂、酸酐、封闭型异氰酸酯、羧酸和烷氧甲基异氰酸酯加成物等。在这些固化剂中，氨基树脂固化丙烯酸粉末涂料的储存稳定性不好，用封闭型异氰酸酯固化的粉末涂料成本又比较贵。

②羧基树脂固化剂　羧基丙烯酸树脂的固化剂有多元羟基化合物、环氧树脂、唑啉和环氧基化合物等。这些固化剂中应用最多的还是环氧树脂。这种体系没有反应副产物，涂膜物性和耐化学品性能好，但用双酚 A 型环氧树脂固化粉末涂料的涂膜耐光性和耐候性不好。

③缩水甘油基树脂固化剂　缩水甘油基丙烯酸树脂的固化剂有多元羧酸、多元酸、多元酚、酸酐和多元羟基化合物。从粉末涂料和涂膜的综合性能考虑脂肪族多元羧酸是最好的固化剂，目前在丙烯酸粉末涂料中占主要地位。这种涂料固化过程的主要反应为丙烯酸树脂的环氧基和多元羧酸的羧基之间的开环加成反应，除此之外还有羟基之间的醚化反应以及羟基和羧基之间的酯化反应等。这种丙烯酸粉末涂料的涂膜性能比溶剂型涂料好，已经广泛应用于建筑材料、家用电器、卡车面漆、交通标志等耐候性高装饰方面。

④自交联固化　烷氧甲基酰胺基丙烯酸树脂粉末涂料在高温烘烤时可以自交联固化。如果在粉末涂料配方中加入醋酸丁酯纤维素等改性剂时，可以改进涂膜外观。这种体系的粉末涂料缺点是储存稳定性不好。

(3) 丙烯酸粉末涂料的特点

丙烯酸粉末涂料的最大特点是涂膜的保光性、保色性和户外耐久性比环氧、聚酯环氧、聚酯粉末涂料的涂膜性能好，最适用于户外装饰性涂料。

热固性丙烯酸粉末涂料的附着性好，不用涂底漆。另外对静电粉末涂料的适应好，静电平衡的涂膜厚度比环氧粉末涂料薄，最低达 30 ~ 40μm，可作为薄涂性粉末涂料。它主要应用于电冰箱、洗衣机、空调、电风扇等家用电器，及钢制家具、交通器材、建筑材料、车辆。

5. 丙烯酸/聚酯粉末涂料

丙烯酸/聚酯粉末涂料的主要成膜物质是带有缩水甘油基丙烯酸树脂和带羧基聚酯树脂，通过这两种树脂中的缩水甘油基和羧基之间的加成反应交联成膜。在丙烯酸/聚酯粉末涂料中，进一步拼用封闭型异氰酸酯的带有缩水甘油基丙烯酸树脂/封闭型异氰酸酯/羧基-羟基聚酯树脂体系可以得到均匀的固化涂膜。

在丙烯酸树脂中，缩水甘油基和羧基并存，可以提高涂膜的交联密度，这种粉末涂料的涂膜柔韧性和耐污染性优异，可以和聚酯/封闭型聚氨酯体系的涂膜性能相媲美，适用于高装饰性的预涂钢板（PCM）。

9.1.3 特殊粉末涂料

1. 电泳粉末涂料

电泳粉末涂料是在有电泳性质的阳离子树脂（或阴离子树脂）溶液中，使粉末涂料均匀分散而得到的涂料。在电泳粉末涂料中的阳离子树脂（或阴离子树脂）把粉末涂料粒子包起来，使粉末涂料粒子在电场中具有强的泳动能力。当在电泳粉末涂料中施加直流电时，由于电解、电泳、电沉积、电渗四种作用，在阴极（或阳极）析出涂料，经过烘烤固化得到涂膜。

电泳粉末涂料的优点是：短时间单涂装可以得到 40～100μm 的涂膜厚度，涂装效率高；库仑效率高，便于通过改变电压和电极位置来控制涂膜厚度；可以得到高性能的涂膜，它的性能相当于基料性能加粉末涂料所具有的所有性能；不需要锌系磷化处理，仅用铁系磷化处理或脱脂处理就可以得到良好的涂膜性能；安全卫生性比较好，不存在静电粉末涂装那样的粉尘爆炸和粉尘污染等问题；电泳涂装后水洗下来的涂料可以回收利用，涂料的利用率高；和阴极电泳涂料相配合，在电泳粉末涂料上面不烘烤直接进行阴极电泳涂装，然后一次烘烤得到性能和泳透力很好的涂膜，形成湿碰湿的新涂装体系。

电泳粉末涂料是既有粉末涂料的涂膜性能，又有电泳涂膜的施工性能，是一种比较理想的涂料品种，然而有如下缺点：由于粉末涂料的粒子大，沉积时不能增加电阻，所以电泳粉末涂料的泳透力比阳离子电泳涂料泳透力差；因为沉积的涂膜中含有水分，如果迅速加热时容易产生针孔，所以需要预烘烤，给施工应用带来麻烦。

电泳粉末涂料一般要求电泳涂料的基料与粉末涂料的基料具有相容性，固化时自固化或与粉末涂料中的树脂交联固化，而且对粉末涂料的润湿性、电沉积性要好；同时粉末涂料要有适合于电泳的粒度。

电泳粉末涂料的制造方法主要有：①水中分散粉末涂料粒子；②电泳涂料中分散粉末涂料粒子；③电沉积水溶液中分散粉末涂料粒子；④电沉积水溶液中分散树脂和颜料。

2. 水分散粉末涂料

水分散粉末涂料（又叫浆体涂料）是由树脂、固化剂、颜料、填料及助剂经熔融混合、冷却、粉碎、过筛得到的粉末涂料分散到水介质中，或者粉末状树脂及其他涂料组分分散在水介质中，或者溶剂型涂料经沉淀得到湿涂料，然后再加必要的水、分散剂、增稠剂和防腐剂等分散得到的浆体涂料。

（1）水分散粉末涂料的特点

水分散粉末涂料既有水性涂料特点，又有粉末涂料的特点，但和水性涂料比有以下优点：不用有机溶剂，不会引起大气污染；一次涂装就可以得到较厚的涂膜 70～100μm；比乳胶涂料水溶性助剂用量少；水分挥发快，烘烤前放置时间短，涂装后马上可以烘烤；比水溶性涂料水溶性物质少，没有水溶性胺类等有害杂质，废水处理比较容易；施工中湿度的影响要比水溶性涂料小，对喷涂室的污染小。和粉末涂料比有以下优点：溶剂型涂料的涂装设备经过简单改装后直接可以用于该涂料的涂装；可以采用一般溶剂型涂料和水性涂料常用的喷涂、浸涂和流涂等施工办法；可以得到 15～20μm 厚度的涂膜，涂膜厚度在 40μm 时，外观很平整；可以得到和溶剂型涂料一样的金属闪光型涂料；在施工中，清洗和改变涂料颜色比较容易；在施工中，没有粉尘飞扬、爆炸的危险性。

然而，这种涂料的制造工艺比较复杂，在制造过程中要回收大量的溶剂，制造成本高；另外烘烤温度高，湿涂膜的水分较高，烘烤过程中易起泡。

（2）水分散粉末涂料的制造方法

这种涂料的制造方法基本上是溶剂型和粉末涂料制造方法的结合，可分为半湿法和全湿法两种。半湿法是在按常规粉末涂料制造方法制造的粉末涂料中加水、分散剂、防腐剂、防锈剂和增稠剂等助剂，研磨到一定的细度，调节黏度得到所需要的固体分浓度。全湿法又有两种方法：一种是在粉末状树脂、颜料、填料、分散剂和增稠剂等物料中加水研磨至所需粒度，然后调节黏度到所需要的固体份浓度。另外一种是先合成树脂溶液，然后加固化剂等其他涂料成分研磨到一定的细度，用双口喷枪喷到一定量的水中，使固体状的涂料粒子被析出来。由于气泡的悬浮作用，颜料浮到水面由传送带带出，经过滤、洗涤得到一定含水量的厚水浆涂料半成品。用这种方法得到的水分散粉末涂料的粒度分布均匀，粒子近似球型，涂料的施工性能和涂膜完整性好。

（3）水分散粉末涂料的施工及应用

该涂料可以用空气喷涂法、静电喷涂法、浸涂法、流涂法和滚涂法施工，其中空气喷涂法和静电喷涂法的效果比较好。用静电喷涂法施工时，喷涂室的温度为10～30℃，湿度为50%～70%，风速为0.4～0.6m/s。

该涂料应用在涂装圆筒状的热水器、炊具、邮筒和小口径管道等形状简单的工件或土建机械、农机、冷冻设备和合成纤维机械等复杂工件和自动售货机、家用电器、变压器和存物箱等箱体。该涂料的特殊用途是作为粉末涂料的补充。

3. 美术型粉末涂料

在粉末涂料中，如果改变树脂、固化剂、颜料、填料和助剂的品种和用量，可以得到皱纹、锤纹、龟甲纹和金属闪光等美术型涂料，还可以得到半光和无光涂料。

（1）皱纹粉末涂料

皱纹型的粉末涂料是由树脂、固化剂、固化促进剂、颜料、填料和助剂组成的，皱纹图案的形成主要决定于固化剂、固化促进剂的用量，还决定于颜料、填料品种和用量，粉末涂料的粒度也有一定的影响。通过调节涂料配方，可以得到涂膜外观象合成革那样细皱纹至粗砂纸一样粗糙的皱纹。

一般皱纹型粉末涂料的特点是胶化时间短，水平熔融流动性小。形成皱纹型涂层的主要原理：一是粉末涂料的固化速度快，胶化时间短，当粉末涂料熔融流平固化时，还没有很好地流平时涂膜已经固化；二是粉末涂料中添加了影响粉末涂料熔融流动性的填料，如滑石粉、氧化镁、二氧化硅等，降低粉末涂料的熔融流动性，使粉末涂料只能熔融流平到表面与砂纸一样时固化，得到皱纹型涂膜。

该皱纹型粉末涂料广泛用于有隐匿缺陷的翻砂或热轧钢工件上。和溶剂型皱纹或纹理涂料相比，该涂料的涂膜外观令人满意，且生产成本较低。

（2）锤纹粉末涂料

虽然粉末涂料不能得到像溶剂型涂料那样吸引人的锤纹涂膜，但可以得到小而紧密的锤纹图案。锤纹图案是通过加特殊的锤纹助剂得到的。锤纹助剂可用有机硅树脂或非有机硅树脂，以干混合法加到粉碎的粉末涂料中。用有机硅树脂得到的图案类似于溶剂型涂料的涂膜外观，但容易产生针孔，而非有机硅树脂能得到比有机硅更好的图案。锤纹粉末涂料可以用在铸件、点焊件等方面。由于涂膜可能产生针孔，不适用于户外耐久性涂装。

（3）龟甲纹粉末涂料

龟甲纹粉末涂料又称花纹粉末涂料，其涂膜是在凹的部分呈立体背景的色斑纹、在突的部分呈深的颜色或金属光泽形成鲜明的对比，从而得到龟甲纹的图案。其涂膜是在一层涂膜中呈现锤纹、皱纹、金属闪光等性能。

龟甲纹粉末涂料和一般粉末涂料有较大的差别，在涂料组成中有漂浮剂、漂浮颜料及凹面形成剂。在制造方法上，先制成底材粉末，再与助剂混合。

龟甲纹粉末涂料的涂膜颜色和龟甲纹图案决定于底材的组成和颜色、漂浮剂组成和漂浮颜料的品种及它们的用量。该涂料的主要成膜机理为：粉末涂料静电喷涂后熔融流平时，底材成分就形成凹凸不平的涂面，同时漂浮剂和漂浮颜料也就熔融分散并漂浮在底材涂面的凸部分，最后固化得到涂膜的凹部分颜色为底材涂料颜色，涂膜的凸部分为漂浮颜料色，不过凹凸部分的颜色都是复合颜色。该涂料的用途和锤纹、皱纹涂料相同。

（4）半光和无光粉末涂料

能够得到半光和无光粉末涂料的方法很多，如：改变固化剂或固化促进剂的品种和用量；混合两种不同反应活性的粉末涂料或互溶性不好的粉末涂料；添加互溶性不好的聚乙烯、聚丙烯和聚苯乙烯等树脂；添加有消光作用的硬脂酸盐、氢化蓖麻油、石蜡、聚乙烯蜡等助剂；添加有明显消光作用的颜料和填料等。在设计半光和无光粉末涂料配方时，要注意控制助剂和填料等的添加量，使粉末涂料的储存稳定性和涂膜的物理机械性能不受影响。半光和无光粉末涂料主要用于仪器仪表外壳、收藏架、电器开关柜、隔板等的涂装。

9.2 水性涂料

水性涂料又称水基涂料或水分散涂料，水性涂料是以水作为主要溶剂或分散介质，即连续相，以树脂作为分散相而形成的一种涂料体系。从环境保护出发，世界涂料发展趋势，水性涂料已成为重要的发展方向。

9.2.1 水性涂料简介

随着现代工业的发展，环境污染问题越发严重，有效利用资源开发无污染、节能型涂料，进行无公害涂料的设计，开发水性涂料、高固分涂料、粉末涂料是今后涂料工业研究的重要课题。发展水性涂料，既节省大量溶剂，又解决了环境污染。因此，发展水性涂料从根本上解决环境污染问题是大势所趋。近年来，随着高新技术在涂料研制中的应用，水性涂料的发展得到了长足进步，出现了很多实用性强的水性涂料，应用非常广泛。

完全水溶的树脂是不能作为成膜物质的，作为水性涂料用的树脂在水中是部分互溶或不溶的。不能完全互溶的组分只能形成多相体系，所以水性涂料是多相的。树脂的亲水性越好，形成的粒径越小，树脂在水相的分散性也越好。

水性涂料与普通的溶剂型涂料大体相同，水性涂料也是由基料、水（溶剂）、颜料、填料和助剂组成，不同之处是水性涂料所使用的基料为乳胶（液）树脂或水溶性树脂，而普通的溶剂型涂料使用的基料则为树脂溶液，两种涂料基料间的差别如表 9-2 所示。

表9－2　乳胶与树脂溶液性能的差别

性能	树脂溶液	乳胶（液）
外观状态	黏稠状透明液体	乳白色不透明液体
流变性	非牛顿流体	非牛顿流体
黏度	十分黏稠	稀薄
调漆性能	需用溶剂稀释	需要增稠
颜料润湿性	易润湿	不容易润湿，需要分散剂
表面性质	表面张力小	表面张力大
起泡性	不易起泡	容易起泡，需用消泡剂
成膜性	溶剂挥发成膜容易	水分挥发并且颗粒变形融合，不容易

水性涂料的特点是水源丰富，成本低廉，净化容易；在施工中无火灾危险、无毒；工件经除油、除锈、磷化等处理后，可不待完全干燥即可施工，涂装的工具可用水进行清洗；可采用电沉积法涂装，实现自动化施工，提高工作效率；用电沉积法涂出的涂膜质量好，没有厚边、流挂等弊病，工件的棱角、狭缝、焊接、边缘部位基本上涂膜厚薄一致。由于有这些优良性能和经济效果，水溶性涂料发展速度较快，建筑上应用范围越来越广；但是，由于水性涂料的基料的不同于溶剂涂料，需要在水性涂料中加入助剂，助剂不仅使得水性涂料的组成复杂化，也使得配方设计和制备工艺难度加大。一个性能全面的乳胶涂料，其所用的助剂往往达十几种，相比之下，溶剂型涂料的配方要简单得多。

9.2.2　水性涂料的分类

水性涂料的分类方法较多，尚不完全统一，常见的几种分类方法为：

(1) 按树脂在水中的外观分类。

可分为水溶性涂料、水溶胶（胶束分散）涂料和乳胶涂料（乳液涂料、胶乳涂料）三种。也有人将其分为水溶性涂料和水分散性涂料两种，如表9－3所示。

表9－3　水性涂料分类

水性涂料	水溶性涂料	自干型涂料	
		烘干型涂料	
		电泳涂料	阴极电泳涂料
			阳极电泳涂料
		无机高分子涂料	
	水分散性涂料	聚合乳胶涂料	自动沉积涂料
			热塑性乳胶涂料
			热固性乳胶涂料
		乳化乳胶涂料	
		水溶胶乳涂料	
		水性粉末悬胶涂料	
		水原浆涂料	
		有机-无机复合涂料	
		多彩花纹饰面涂料	

一般用成膜物的粒子尺寸范围界定，粒子尺寸在0.001μm以下是水溶性涂料，水性涂料为透明体，外观与溶剂型涂料基本相同，人们常将此类水性涂料称为水溶性涂料。而实际上此时树脂仍然是以分散相存在于水中，只不过粒径非常小而已。粒子尺寸在0.1μm以上者称为乳胶涂料，粒子尺寸介于二者之间（1～100nm）的称为水分散涂料，也简称为水分散体和微乳胶，在胶体的尺寸范围。

乳液型和水稀释型涂料中有些品种的粒子尺寸相近，难以清晰区分，用微乳液聚合技术制备的微乳液，涂膜致密性好。微乳液从制备方法上看是乳胶涂料，按其粒子尺寸应该是水分散涂料。水稀释涂料树脂的分子量与普通溶剂型热固性涂料树脂的相当，而有机溶剂含量又与高固体分涂料的相当，这种涂料施工时的稀释黏度基本上与分子量无关。

（2）按涂装方式分类

可分为电泳涂料、自泳涂料、水性浸涂涂料、水性棍涂涂料、水性喷涂涂料等，电泳涂料，又可分为阴极电泳涂料和阳极电泳涂料。

（3）按包装分类

可分为单组分水性涂料和双组分水性涂料，这里的单组分涂料，并非是组分而是指包装的形式。比较准确应称为单包装和双包装，由于涂料行业已习惯用单、双组分的叫法而保留。

（4）按用途分类

有水性建筑涂料和水性工业涂料，水性工业涂料分为水性家具涂料、水性金属涂料、水性汽车涂料、水性塑料涂料等。

（5）按材料分类，可分为水性丙烯酸酯涂料、水性醋酸乙烯酯涂料、水性聚乙烯醇涂料，水性苯乙烯涂料、水性氯乙烯涂料、水性含氟涂料、水性酚醛涂料、水性氨基涂料、水性环氧涂料、水性醇酸涂料、水性聚氨酯涂料、水性无机-有机复合涂料等。

本书按照树脂的类型加以介绍，水稀释型，胶体分散型、水分散型或乳胶型三种类型的性能差别如表9－4所示。

表9－4　三种水性涂料的性能差别

性能	水分散型	胶体分散型	水稀释性
外观	混浊，光散射	半透明，光散射	清澈
粒子尺寸	≥0.1μm	20～100mm	<0.005μm
自集能力常数 k	约1.9	1	0
分子量	1000000	20000～200000	20000～50000
黏度	低，与分子量无关	黏度与分子量有关系	强烈依赖聚合物分子量
固含量	高	中	低
耐久性	优良	优良	很好
黏度控制	需要外增稠剂	加共溶剂增稠	由聚合物分子量控制
成膜性	需要共溶剂	好，需要少量供溶剂	优良
配方	复杂	中	简单
颜料分散性	差	好－优良	优良
应用难度	很多	有些	无
光泽	低	像水稀释型	高

胶体分散型涂料的性能介于水分散型和水稀释型涂料之间，这种涂料的树脂通常为丙烯酸类树脂，一般用高含量水溶性单体与其他不饱和单体通过常规乳液聚合而成，主要用作皮革、塑料和纸张用涂料。涂料树脂水性化可通过三个途径：在分子链上引入相当数量的阳离子或阴离子基团，使之具有水溶性或增溶分散性；在分子链中引入一定数量的强亲水基团（如羧基、羟基、氨基、酰胺基等），通过自乳化分散于水中；外加乳化剂乳液聚合或树脂强制乳化形成水分散乳液，有时几种方法并用，提高稳定性。

9.2.3 水稀释型树脂及其涂料

9.2.3.1 水稀释型树脂合成原理

合成树脂之所以能溶于水，是由于在聚合物的分子链上含有一定数目的强亲水性基团，如羧基、羟基、氨基、酰胺基、醚基、磺酸基等。这些极性基团与水混和时多数只能形成乳浊液，而它们的羧酸盐则可部分溶于水，因而水性树脂绝大多数是以中和成盐的形式获得的。常见方法有：

1. 成盐法

向聚合物的大分子链上引入一定量的强亲水基团，通常为—COOH或—NH_2，然后用适当的碱或酸中和，聚合物的酸值一般为30～150。对于含羧基树脂，胺主要用来作中和碱。该聚合物可用水稀释，成为水溶性树脂。

$$\text{(聚合物链带 } NH_2 \text{ 基团)} + RCOOH \longrightarrow \text{(聚合物链带 } NH_3^+ \cdot RCOO^- \text{ 基团)}$$

$$\text{(聚合物链带 } COOH \text{ 基团)} + RNH_2 \longrightarrow \text{(聚合物链带 } COO^- \cdot RNH_3^+ \text{ 基团)}$$

2. Bunte 盐法

首先用硫代硫酸钠水溶液和溴代乙烷加热合成有机硫代硫酸盐，有机硫代硫酸盐为Bunte盐。氨烷基硫代硫酸盐的耐水解性和耐热稳定性较烷基硫代硫酸盐好。Bunte盐开始是溶于水的，但在交联剂、热或光解作用下形成不溶性涂膜。

水稀释型树脂也可以通过Bunte盐与单体共聚，Bunte盐可由氨基乙烷硫代硫酸与卤代烯类单体或盐酸或甲基丙烯酸甘油酯反应制得。树脂的水溶性取决于聚合物分子链上Bunte盐的含量，其固化温度在123～135℃之间，无催化剂，固化剂为三聚氰胺，固化涂膜的机械性能和物理性能类似于通常的热固性丙烯酸树脂。

3. 离聚物法

离聚物定义为含少量羧酸官能团的聚合物以金属离子或四级铵离子不同程度的中和。羧酸基团相互反应形成酸酐，进一步加热，放出二氧化碳，并生成碳阴离子，在最后的固化步骤中，聚合物骨架的碳阴离子和酸酐反应重新生成羧酸盐离子和羰基交联结构，但含铵盐或多价金属离子如Co^{2+}，Cu^{2+}，Zn^{2+}，Ca^{2+}，Mg^{2+}等一般不脱羧酸化，离聚物法得到的水性树脂往往需要高的固化温度，因而限制了它的应用。

4. 引入非离子基团法

向聚合物分子链上引入某些非离子基团如多元羟基基团、多元醚键等也可以增加树脂的水溶性，得到水稀释性树脂。常用的单体或链段有聚乙二醇、聚丙二醇、聚1，4-丁二醇、聚醚-酯类、聚醚-氨基甲酸酯类和聚醚-多羟基类化合物，这种方法得到的树脂的最大缺陷是其漆膜耐水性差且对钢基材的黏结性差。

5. Zwitterion 中间体法

向聚合物的分子链上引入 Zwitterion 中间体，结构如下：

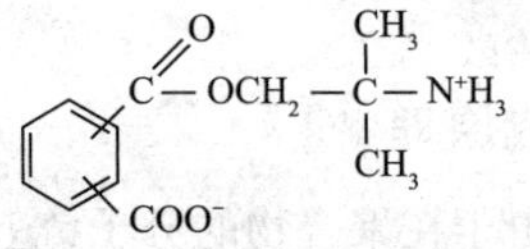

$$\text{C}_6\text{H}_4(\text{COO}^-)-\overset{\text{O}}{\overset{\|}{\text{C}}}-\text{OCH}_2-\underset{\text{CH}_3}{\overset{\text{CH}_3}{\text{C}}}-\text{N}^+\text{H}_3$$

可以得到水稀释型树脂，这种两性离子，在烘干固化时进行自交联，形成酰胺键。

9.2.3.2 水稀释型树脂的制备及其在涂料中的应用

常用的工业涂料都可以制备水稀释型涂料，由于水稀释型涂料相对分子质量较小，所以制备的涂料都是热固性的，需要进一步的交联，所有的电泳涂料都是水稀释型涂料。

水稀释型树脂目前主要有水性环氧树脂、水性聚氨酯树脂、水性醇酸树脂、水性聚酯树脂、水性丙烯酸树脂五类，其中前四类缩聚高分子树脂的水稀释体系和水分散体系的制备方法相似，这里一并讨论。

1. 水性环氧树脂

本节环氧树脂的水性化以水性双酚A型环氧树脂为主要研究内容的，如果不加说明，环氧树脂是指双酚A型环氧树脂。环氧树脂分子链上带有极性的仲羟基和环氧基，但不足以使环氧树脂具有亲水性。可以通过适当的物理或化学方法，使环氧树脂以液滴或微粒的形式分散于水中，形成稳定水溶液或分散体系。物理改性方法是用乳化剂将环氧树酯分散到水中，形成环氧树脂乳液，具体有机械法、相反转法、固化剂乳化法等；化学改性方法是利用环氧树脂分子链上的活泼基团，通过化学反应，向分子链上引入氨基、羟基、羧基、醚基、酰氨基等强亲水基团，使环氧树脂具有亲水性。

水性环氧树脂涂料以水为分散介质，具有不燃烧、无毒、无味、无溶剂排放、施工方便等特点，水性环氧树脂分为阴离子型树脂和阳离子型树脂。

(1) 阴离子型水性环氧树脂的制备

通常选用羟基含量较高的环氧树脂作为骨架结构材料，用不饱和脂肪酸进行酯化制成环氧酯，再以不饱和的二元酸酐与环氧酯的肪酸上的双键进行自由基引发加成反应，以引进羧基，然后以碱中和，加水稀释后得到水稀释型树脂，可用下列反应式表示：

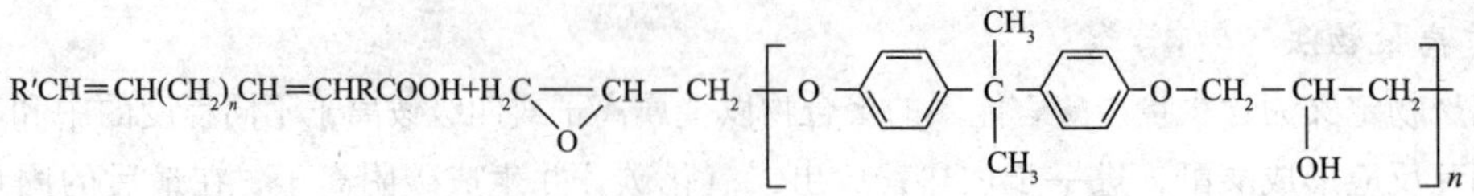

$$\text{R}'\text{CH}=\text{CH}(\text{CH}_2)_n\text{CH}=\text{CHRCOOH}+\text{H}_2\underset{\text{O}}{\text{C}-\!\!-\text{CH}}-\text{CH}_2\left[\text{O}-\text{C}_6\text{H}_4-\underset{\text{CH}_3}{\overset{\text{CH}_3}{\text{C}}}-\text{C}_6\text{H}_4-\text{O}-\text{CH}_2-\underset{\text{OH}}{\text{CH}}-\text{CH}_2\right]_n$$

$$\xrightarrow[\text{加热}]{\text{酯化}} R'CH=CH(CH_2)_n-CH=CHR-\overset{O}{\overset{\|}{C}}-O-CH_2-\underset{\substack{|\\O\\|\\C=O\\|\\RCH=CH(CH_2)_n-CH=CHR'}}{CH}-CH_2\left[O-C_6H_4-\underset{CH_3}{\overset{CH_3}{C}}-C_6H_4-O-CH_2-\underset{\substack{|\\O\\|\\C=O\\|\\RCH=CH(CH_2)_n-CH=CHR'}}{CH}-CH_2\right]_n$$

$$\xrightarrow{\text{顺丁烯二酸酐}} -\underset{\text{琥珀酸酐环}}{CH-CHR}-\overset{O}{\overset{\|}{C}}-O-CH_2-\underset{\substack{|\\O\\|\\C=O\\|\\RCH-CH-\\HC-CH\\O=C\ \ C=O\\O}}{CH}-CH_2\left[O-C_6H_4-\underset{CH_3}{\overset{CH_3}{C}}-C_6H_4-O-CH_2-\underset{\substack{|\\O\\|\\C=O\\|\\RCH-CH-\\HC-CH\\O=C\ \ C=O\\O}}{CH}-CH_2\right]_n$$

$$\xrightarrow{\text{碱中和}} \text{生成含羧酸盐或羧酸的环氧树脂}$$

(2) 阳离子型水性环氧树脂的制备

阳离子水稀释型环氧树脂可用环氧树脂先与异氰酸酯预聚物或丙烯酸聚合物反应，得到含有羟基、羧基和氨（胺）基的树脂。当用封闭的多异氰酸酯作交联固化剂时，胺-酸盐聚合物的混合物可用作阴极电沉涂料的基料，在漆膜固化时，异氰酸酯官能团脱封，与环氧树脂加成物游离的氨基反应，形成交联固化漆膜。溶于水的环氧树脂铵盐聚合物形成环氧铵离子的过程可用下式表示：

$$\underset{\backslash\ O\ /}{CH_2-CH}-A-\underset{\backslash\ O\ /}{CH-CH_2}+2X^-N^+HR_3\longrightarrow R_3N^+-CH_2-\underset{OH}{CH}-A-\underset{OH}{CH}-CH_2-N^+R_3+2X^-$$

式中：A为有机聚合物骨架，由它组成的环氧树脂可先与异氰酸酯或丙烯酸预聚物反应；R为烷基或芳基；X^-为乳酸和醋酸阴离子。

制备阳离子树脂时，也可先制成环氧-胺加成物。将环氧树脂先与部分仲胺加成，接着与部分伯胺加成，最后再加入仲胺，便可得到环氧-胺加成物，用乳酸或醋酸中和或形成环氧铵离子。

环氧树脂系列涂料具有很高的附着力和防腐性能，在水性涂料中得到广泛应用，目前主要应用于以下几个领域：防腐涂料、汽车涂装、工业地坪涂料、木器漆、混凝土防护涂料、医疗器械、电器和轻工业产品等领域，芳香族环氧树脂耐光性能较差，用作底漆、防腐漆。

2. 水性聚氨酯树脂

水性聚氨酯（water polyurethane）是以水代替有机溶剂作为分散介质的新型聚氨酯体系，也称水分散聚氨酯、水系聚氨酯或水基聚氨酯。水性聚氨酯以水为溶剂，具有无污染、安全可靠、机械性能优良、相容性好、易于改性等优点。聚氨酯树脂的水性化已逐步取代溶剂型，成为聚氨酯工业发展的重要方向。

(1) 水性聚氨酯树脂的分类

水性聚氨酯树脂分类方法多种，常见的几种分类方法为：

①按外观分类

水性聚氨酯可分为聚氨酯乳液、聚氨酯分散液、聚氨酯水溶液。实际应用最多的是聚氨酯乳液及分散液。

②按亲水性基团的性质分类

根据聚氨酯分子侧链或主链上是否含有离子基团，即是否属离子键聚合物（离聚物），水性聚氨酯可分为阴离子型、阳离子型、非离子型。

含阴、阳离子的水性聚氨酯又称为离聚物型水性聚氨酯。阴离子型水性聚氨酯又可细分为磺酸型、羧酸型，以侧链含离子基团的居多。大多数水性聚氨酯以含羧基扩链剂或含磺酸盐扩链剂引入羧基离子及磺酸离子。离子型水性聚氨酯一般是指主链或侧链上含有铵离子（一般为季铵离子）或锍离子的水性聚氨酯，绝大多数情况是季铵阳离子。

③按聚氨酯原料分类

a）低聚物多元醇类型：可分为聚醚型、聚酯型及聚烯烃型等，分别指采用聚醚多元醇、聚酯多元醇、聚丁二烯二醇等作为低聚物多元醇而制成的水性聚氨酯。还有聚醚－聚酯、聚醚－聚丁二烯等混合低聚物制成的水性聚氨酯。

b）聚氨酯的异氰酸酯类型：可分为芳香族异氰酸酯型、脂肪族异氰酸酯型、脂环族异氰酸酯型。按具体原料还可细分，如 TDI 型、HDI 型等。

④按聚氨酯树脂的整体结构划分类，常见如下几种分类方法。

a）按原料及结构可分为聚氨酯乳液、乙烯基聚氨酯乳液、多异氰酸酯乳液、封闭型聚氨酯乳液。

聚氨酯乳液是指以低聚物多元醇、扩链剂、二异氰酸酯为原料，以通常方法制备的聚氨酯分散于水所形成的乳液。

乙烯基聚氨酯乳液一般是指在乙烯基树脂水溶液或乳液中加入异氰酸酯而形成的乳液，是双组分体系。

多异氰酸酯乳液是指含亲水基团多异氰酸酯乳化于水，或多异氰酸酯的有机溶液分散于含乳化剂的水而形成的乳液，也是双组分即用即配体系，适用期较短。

封闭型异氰酸酯乳液是指分子中含有被封闭的异氰酸酯基团的聚氨酯乳液，是一种稳定的单组分体系。在制备聚氨酯乳液时可引入封闭异氰酸酯基团，也可制成封闭异氰酸酯基团含量高的乳液，用于和其他乳液体系共混，起交联作用，水分挥发后加热交联。

b）聚氨酯乳液还可细分为聚氨酯乳液和聚氨酯-脲乳液，后者是指由聚氨酯预聚体在水中分散同时通过水或二胺扩链而形成的乳液，实质上生成了聚氨酯－脲，但由于由预聚体分散法制备较为普遍，习惯上称为聚氨酯乳液者居多。

c）按分子结构可分为线型分子聚氨酯乳液（热塑性）和交联型聚氨酯乳液（热固性）。交联型又可细分为内交联型和外交联型。内交联型聚氨酯乳液是在合成时形成一定程度的支化交联分子结构，或引入可热反应性基团，它是稳定的单组分体系。外交联型是在乳液中添加能与聚氨酯分子链中基团起反应的交联剂，是双组分体系。

（2）水性聚氨酯的制备方法

水性聚氨酯的制备方法通常可分为外乳化法和内乳化法两种。外乳化法是指采用外加乳化剂，在强剪切力作用下强制性地将聚氨酯粒子分散于水中的方法，但因该法存在乳化剂用量大、反应时间长以及乳液颗粒粗、最终得到的产品质量差、胶层物理机械性能不好等缺点，目前生产基本不用该法。内乳化法又称自乳化法，是指在聚氨酯分子结构中引入亲水基团无需乳化剂即可使自身分散成乳液的方法，是目前水性聚氨酯生产和研究采用的主要方法。

内乳化法又可分为丙酮法、预聚体混合法、熔融分散法、酮亚胺/酮联氮法、保护端基乳化法。

①丙酮法

首先合成含—NCO端基的高黏度聚氨酯预聚体，加丙酮溶解，使其黏度降低，然后用含离了基团扩链剂进行扩链，在高速搅拌下通过强剪切力使之分散丁水中，乳化后减压蒸馏脱除溶剂丙酮，得到水性聚氨酯分散液，反应过程如图9－1所示。

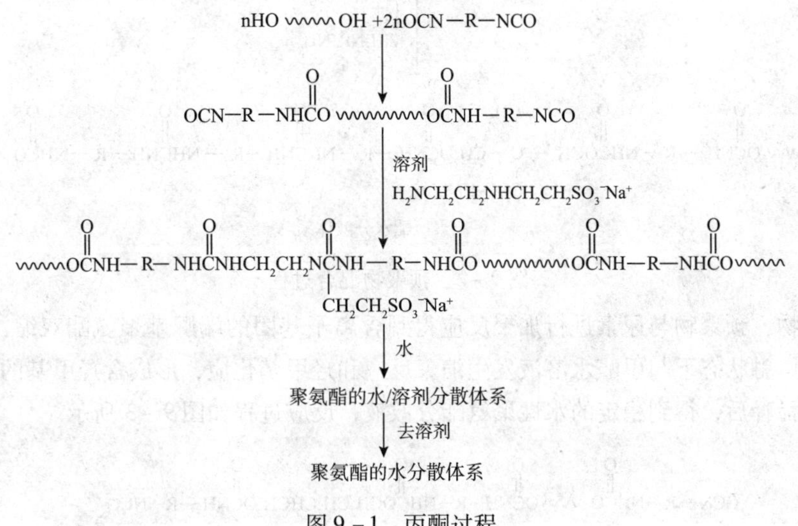

图9－1　丙酮过程

丙酮法易于操作，重复性好，制得的水性聚氨酯分子量可变范围宽，粒径的大小可控，产品质量好，是目前生产线性聚氨酯水分散体系的主要方法。但该法需使用低沸点丙酮，易造成环境污染，工艺复杂，成本高，安全性低，不利于工业生产。

②预聚物混合法

首先合成含亲水基团及端—NCO的预聚体，当预聚体的分子量不太高且黏度较小时，可不加或加少量溶剂，高速搅拌下分散于水中，再用亲水性单体（二胺或三胺）将其部分扩链，生成分子量高的水性聚氨酯—脲，最终得到水性聚氨酯分散液，反应过程如图9－2所示。

为合成低黏度预聚体，通常选择脂肪族或脂环族多异氰酸酯，因为这两种多异氰酸酯的反应活性低，预聚体分散于水中后用二胺扩链时受水的影响小。但预聚体混合分散过程必须在低温下进行，以降低—NCO与水的反应活性；必须严格控制预聚体黏度，否则预聚体在水中分散将非常困难。预聚体混合法避免了有机溶剂的大量使用，工艺简单，便于工业化连续生产。缺点是扩链反应在多相体系中发生，反应不能按定量的方式进行。

③熔融分散缩聚法

熔融分散缩聚法又称熔体分散法，是一种无溶剂制备水性聚氨酯的方法。该法把异氰酸酯的加聚反应和氨基的缩聚反应紧密地结合起来。先合成带有亲水性离子基团和—NCO端基的

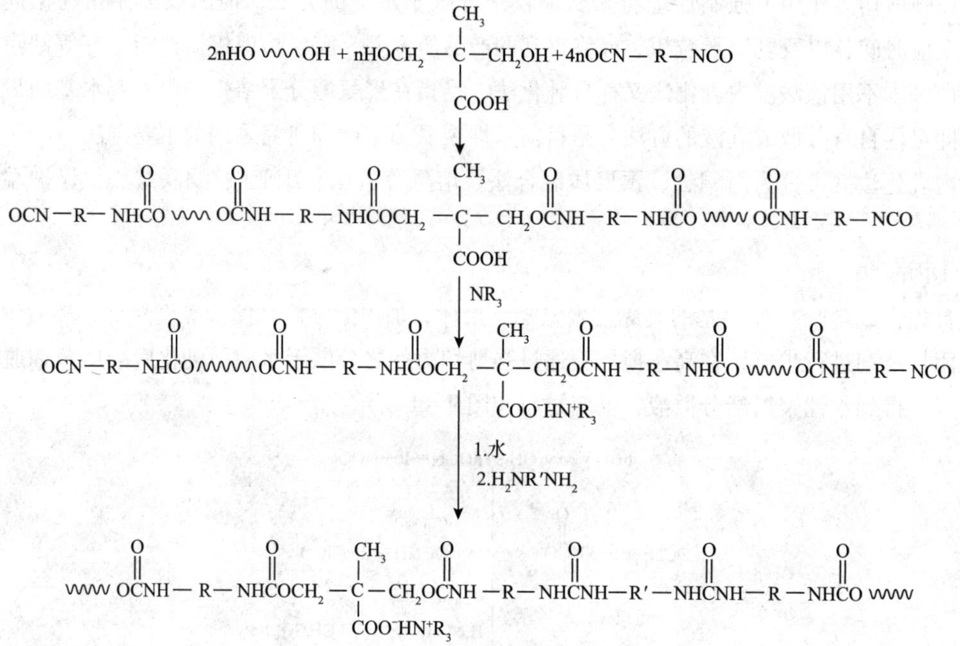

$$2n\mathrm{HO}\sim\sim\mathrm{OH} + n\mathrm{HOCH_2{-}C(CH_3)(COOH){-}CH_2OH} + 4n\mathrm{OCN{-}R{-}NCO}$$

$$\downarrow$$

$$\mathrm{OCN{-}R{-}NHCO}\sim\sim\mathrm{OCNH{-}R{-}NHCOCH_2{-}C(CH_3)(COOH){-}CH_2OCNH{-}R{-}NHCO}\sim\sim\mathrm{OCNH{-}R{-}NCO}$$

$$\downarrow \mathrm{NR_3}$$

$$\mathrm{OCN{-}R{-}NHCO}\sim\sim\mathrm{OCNH{-}R{-}NHCOCH_2{-}C(CH_3)(COO^-HN^+R_3){-}CH_2OCNH{-}R{-}NHCO}\sim\sim\mathrm{OCNH{-}R{-}NCO}$$

$$\downarrow \text{1.水} \quad \text{2.}\mathrm{H_2NR'NH_2}$$

$$\sim\sim\mathrm{OCNH{-}R{-}NHCOCH_2{-}C(CH_3)(COO^-HN^+R_3){-}CH_2OCNH{-}R{-}NHCNH{-}R'{-}NHCNH{-}R{-}NHCO}\sim\sim$$

聚氨酯水分散体系

图 9－2　预聚物混合过程

聚氨酯预聚物，预聚物与尿素进行加聚反应得到含离子基团的端脲基聚氨酯双缩二脲低聚物。此低聚物在熔融状态下与甲醛水溶液发生缩聚反应和羟甲基化应，形成含羟甲基的聚氨酯双缩二脲，用水稀释后，得到稳定的水性聚氨酯分散液，反应过程如图 9－3 所示。

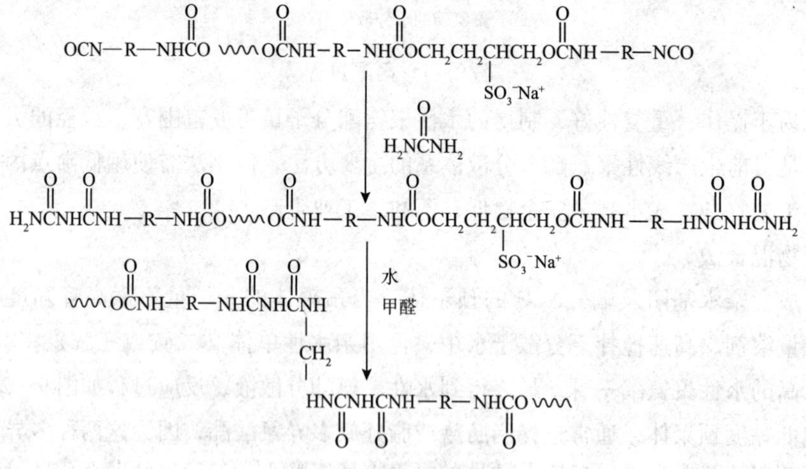

图 9－3　熔融分散过程

该方法的特点：反应过程中不需要有机溶剂，工艺简单，易于控制，配方可变性较大，不需要特殊设备，因而具有广阔的发展前景。但该法反应温度高，生成的水性聚氨酯分散体为支链结构，分子量较低。

④酮亚胺/酮连氮法

在预聚体混合法中，采用水溶性二元伯胺作扩链剂时，由于氨基与—NCO 基团反应速率过快，难以获得粒径均匀而微细的分散体。扩链阶段若用酮亚胺或酮联氮代替二元伯胺进行水相扩链则能解决此问题。酮亚胺由酮与二胺反应生成，酮联氮由酮与肼反应生成。酮亚胺/酮联氮与含离子基团的端—NCO聚氨酯预聚体混合时不会过早发生扩链反应，但遇水时，酮亚胺/酮联氮与水反应则释放出二胺/肼，对预聚体进行扩链，由于受释放反应的制约，扩链反应能够平稳地进行，得到性能良好的水性聚氨酯-脲分散液。

酮亚胺/酮联氮法适用于由芳香族异氰酸酯制备水性聚氨酯分散液，该法融合了丙酮法、预聚体混合法的优点，是制备高质量水性聚氨酯的重要方法。

⑤保护端基乳化法

使用酚类、甲乙酮亚胺、吡咯烷酮、亚硫酸氢钠等封闭剂，将带有亲水性离子基团和—NCO封端的聚氨酯预聚物的端—NCO基团保护起来，使—NCO基团失去活性，制成一种封闭式的聚氨酯预聚体，加入扩链剂和交联剂共同乳化后，制成水性聚氨酯分散液。应用时，加热可使预聚物端—NCO基团解封，—NCO基团与扩链剂、交联剂反应，形成网络结构的聚氨酯胶膜。此法对工艺要求颇高，乳液稳定性差，关键在于选择解封温度低的高效封闭剂。

(3) 水性聚氨酯的合成举例

水性聚氨酯的合成可分为两个阶段。第一阶段为预逐步聚合，即由低聚物二醇、扩链剂、水性单体、二异氰酸酯通过溶液（或本体）逐步聚合生成分子量为10^3量级的水性聚氨酯预聚体；第二阶段为中和后预聚体在水中的分散和扩链。

阴离子型水性聚氨酯的合成配方（一）见表9-5。

表9-5 阴离子型水性聚氨酯合成配方（一）

原料	规格	用量/质量份
聚己二酸新戊二醇酯	工业级	230.0
二羟甲基丙酸	工业级	30.63
异佛尔酮二异氰酸酯	工业级	112.3
N-甲基吡咯烷酮	聚氨酯级	65.7
丙酮	聚氨酯级	50.00
二丁基二月桂酸锡	工业级	0.0200
三乙胺	工业级	25.12
乙二胺	工业级	5.600
水		481.7

合成工艺：首先是预聚体的合成，在氮气保护下，将聚己二酸新戊二醇酯、二羟甲基丙酸、*N*-甲基吡咯烷酮加入反应釜中，升温至60℃，开动搅拌使二羟甲基丙酸溶解，从恒压漏斗滴加IPDI，1h加完，保温1h；然后升温至80℃，保温4h。接下来进行中和、分散。取样测NCO含量，当其含量达标后降温至60℃，加入三乙胺中和；反应30min，加入丙酮调整黏度，降温至20℃以下，在快速搅拌下加入冰水、乙二胺；继续高速分散1h，减压脱除丙酮，得带蓝色荧光的半透明状水性聚氨酯分散体。

阴离子型水性聚氨酯的合成配方（二）见表9-6。

合成工艺：将聚己内酯二醇、聚四氢呋喃二醇（数均分子量为2000）、二羟甲基丙酸、1,

4-丁二醇（BDO）加入1L反应瓶中，在N_2保护下于120℃脱水0.5h。加入140.6g*N*-甲基吡咯烷酮（NMP），降温至70℃；搅拌下加入异佛尔酮二异氰酸酯和4，4′-二环己基甲烷二异氰酸酯（$H_{12}MDI$）；升温至80℃搅拌反应使-NCO含量降至2.5%；降温至60℃，加入三乙胺，继续搅拌15min；加强搅拌，将40℃的水加入反应瓶，搅拌5min，加入乙二胺，强力搅拌20min，慢速搅拌2h得产品。

表9-6 阴离子型水性聚氨酯合成配方（二）

原料	规格	用量/质量份
聚己内酯二醇	工业级，M_n：2000	94.5
聚四氢呋喃二醇	工业级，M_n：2000	283.5
1，4-丁二醇	工业级	27.16
二羟甲基丙酸	工业级	25.4
异佛尔酮二异氰酸酯	工业级	98.9
4，4′-二环己基甲烷二异氰酸酯（H12MDI）	工业级	122.6
N-甲基吡咯烷酮	聚氨酯级	158.3g
丙酮	聚氨酯级	50.00
二丁基二月桂酸锡	工业级	0.0200
三乙胺	工业级	17.7
乙二胺	工业级	28.5
水	工业级	990

水性聚氨酯可以代替大部分溶剂性聚氨酯，用作皮革涂料、纺织涂料、纸张和纸板涂料、地板涂料、塑料涂料、汽车涂料等方面。

3. 水性醇酸树脂

醇酸树脂漆由于有优良的耐久性、光泽、保光保色性、硬度、柔软性，经改性后，可制成具有各种性能的涂料，在溶剂漆中占有重要的地位。改性得到的水性醇酸树脂涂料，同样占有重要的地位，如用作金属烘干磁漆、防腐底漆和装饰漆等。

（1）水性醇酸树脂的制造途径

①以二级醇或二级醇醚作溶剂，合成含酸值为50左右的醇酸树脂，并用胺或氨将羧基中和成盐。

该树脂溶液用水稀释得到水性醇酸树脂体系，其干燥漆膜的光泽度高，使用该法必须注意的是不能使用一级醇为溶剂，以免与醇酸树酯发生酯交换反应。另外，羧酸基团的稳定性也非常重要，例如，假定引入的羧基基团是苯二甲酸或苯三甲酸的半酯，由于邻位羧基的空间效应，酯基容易水解，其形成的酸盐从树脂分子链上脱去，分散体系失去稳定性。利用马来酸酐与醇酸树脂中的不饱和双键反应引入酸酐基团，再以氨水水解中和，可以得到稳定的羧酸盐。

②利用乳化剂或配制本身能乳化的树脂。

外加乳化剂的缺点是耐化学性差、分子量低，易从漆膜中萃取出来。而将乳化基团结合进聚合物中，可改进这两种性能。聚乙二醇和聚丙二醇可用作这种乳化剂结合进聚合物。

（2）水性醇酸树脂的制备实例

①制备原理

与溶剂型醇酸树脂一样，系由多元醇与植物油等经酯化缩聚而成，但为了得到水溶性树脂，必须控制它的酸值和分子量，酸值越高（常在 60mgKOH/g 以上），分子量越小的水溶性好，酸用胺或氨中和成盐，配方实例见表 9－7。

表 9－7 水性醇酸树脂配方实例

组分	用量/kg	组分	用量/kg
失水偏苯三甲酸	63	1，3-丁二醇	72
邻苯二甲酸酐	74	丁醇	63
甘油-豆油脂肪酸酯	106	氨水	适量

②制备工艺：将上列前 4 种原料加入反应瓶内，通入 CO_2 气体，加热使原料熔化，搅拌，逐渐升温到 180℃。酯化，待酸值达到 60～65 时，降温至 130℃，加入丁醇溶解，至 60℃以下加入氨水中和，加水稀释，pH 值为 8.0～8.5，有轻微乳光，即制得水性醇酸树脂。

4. 水稀释性聚酯树脂

聚酯一般不溶于水，需在聚酯分子结构中引入聚环氧乙烷链断，或离子基团，如羧基或磺化间苯二甲酸盐，获得适当的水溶性，制备水分散液。通常需要使用丁二醇醚等助溶剂。树脂中有酯键的存在，不能使用伯醇作助溶剂，可以使用仲醇作助溶剂，因为在 160℃稀释以及在树脂储存时，伯醇易发生酯交换反应。

为避免酯键水解对聚酯稳定性造成的影响，水稀释聚酯用于周转快的工业涂料；还可制成聚酯粉末，涂装施工时把粉末搅入热的二甲基乙醇胺水溶液形成分散体。另一个问题是端羟基和羧酸基分子内反应，形成一些低分子量无官能团的环状树酯。涂层烘烤时，环状聚酯从涂层挥发，逐渐聚集在烘道中温度较低处，涂装线运转几周或几个月后，环状聚酯会滴落到通过烘道的产品上。

水性聚酯树脂的制备实例

（1）制备水性聚酯树脂原理

制备水性聚酯树脂最广泛使用的方法是先合成羟基树脂，然后加入足够的偏苯三酸酐酯化部分羟基基团，在这样在每个位置产生 2 个羧基基团，再中和成盐。

反应方程式如下：

$$\mathrm{HO{\sim\sim}CH(OH){\sim\sim}OH} + \mathrm{Ar(COOH)_3} \longrightarrow \mathrm{(HOOC)_2Ar{-}\overset{O}{\overset{\|}{C}}{-}O{\sim\sim}CH(O{-}\overset{O}{\overset{\|}{C}}{-}Ar(COOH)_2){\sim\sim}O{-}\overset{O}{\overset{\|}{C}}{-}Ar(COOH)_2}$$

水性聚酯树脂的配方实例见表 9－8。

表9－8　水性聚酯树脂配方实例

组分	用量/kg	组分	用量/kg
对苯二甲酸二甲酯	14.55	失水偏苯三酸酐	2.92
乙二醇	3.96	均苯四酸二酐	3.51
一缩乙二醇	6.76	环己酮	5250mL
甘油	2.76	三乙醇胺	适量
醋酸锌	0.01875		

（2）制备工艺

将对苯二甲酸二甲酯、乙二醇、一缩乙二醇、甘油、醋酸锌加入反应釜内，升温到170℃反应，2h内升温到190℃，保温2h；再升温到210℃，保温2h。当甲醇分出量达85%～92%（按计算量算）时，降温至150℃加入失水偏苯三酸酐，加完后升温到170℃，保温1h后加入均苯四酸二酐，加完后在170℃保温，每隔0.5h取样测酸值，待酸值降到4～50时立即降温，降温到130℃以下加入环已酮，60℃以下加入三乙醇胺中和到pH值7左右。用水稀释得轻微乳光的水溶液，通常加水稀释到不挥发分含量到40%即可。

5. 水性丙烯酸树脂

丙烯酸树脂以涂膜色浅、光泽高，保光、保色性能优异，耐候性能好为主要特点，广泛应用于高性能装饰、高耐候的场合。

水性丙烯酸树脂的制备实例

（1）制备原理

以丙烯酸酯类单体和含有不饱和双键的羧酸单体（如丙烯酸、甲基丙烯酸、顺丁烯二酸酐等）在溶液中共聚成为酸性聚合物，加碱（主要是胺）中和成盐，然后加水稀释得到水性丙烯酸树脂。水性丙烯酸树脂的配方实例见表9－9。

表9－9　水性丙烯酸树脂配方实例

组分	用量/g	组分	用量/g
甲基丙烯酸甲酯	500	偶氮双异丁腈	300
甲基丙烯酸-2-乙基已酯	1200	丙烯酰胺	1000
甲基丙烯酸-β-羟基乙酯	2000	乙酸丁酯	500
马来酸单丁酯	1000	*N*，*N*-二甲基乙醇胺	1000
甲醇	3000	水	5700
苯乙烯	500	叔丁基过氧化物/已酸-β-羟基乙酯	30
丙烯酸丁酯	3800		

（2）制备工艺

按以上配方，加入苯乙烯、甲基丙烯酸甲酯、甲基丙烯酸-2-乙基已酯、甲基丙烯酸-β-羟基乙酯、丙烯酸丁酯，马来酸酐丁酯、丙烯酰胺等组分于反应瓶中，加入甲醇，在偶氮双异丁腈引发下，加热至100℃，反应3h，回收甲醇，加入乙酸丁酯和叔丁基过氧化物/已酸羟基乙酯，在100℃下，保温1.5h，再加*N*，*N*-二甲基乙醇胺和水，制得透明的水溶性清漆。

该漆用于金属表面的涂装。以刷涂或辊涂为主，也可喷涂，施工时应严格按施工说明，不宜掺水稀释，施工前要求对金属表面进行清理整平。

9.2.4 水分散体系

水分散体系主要是指以水为介质的不饱和单体通过乳液聚合生成的聚合物乳液。以聚合物乳液为树脂基料配制的涂料，称为乳胶漆。大量用于建筑涂料，并有向家电和汽车用涂料发展趋势。

1. 乳液聚合理论

20世纪40年代，Harkins提出了一个关于乳液聚合的定性理论。按照该理论，乳液聚合分三个阶段：阶段Ⅰ，成核期（乳胶粒生成阶段），特点是乳胶粒子不断增多，最终胶束全部消失，整个过程聚合速率递增。阶段Ⅱ，恒速阶段（乳胶粒长大阶段），特点是乳胶粒数恒定，速度恒定，自单体液滴消失时结束。阶段Ⅲ，降速期（聚合完成阶段），特点是乳胶粒内继续反应，直至单体完全转化，粒子数目不变，粒径长大。

(1) 阶段Ⅰ-成核期（乳胶粒生成阶段）

当水溶性引发剂加入到体系中以后，在反温度下，引发剂在水相中开始分解出自由基。在聚合反应进行前。常常要经历一个不发生聚合反应的诱导期，在这期间，所生成的自由基被体系中的氧气或其阻聚剂捕获，而不引发聚合。诱导期的长短取决于体系中阻聚剂的含量，将单体及各种添加剂经过提纯以后虽可以缩短诱导期，但却很难避免诱导期。

诱导期过后，过程进入一个反应加速期，即阶段Ⅰ，该阶段也称乳胶粒生成阶段，乳胶粒的生成主要发生在这个阶段。

在阶段Ⅰ，引发剂分解出的自由基可以扩散到胶束中，也可以扩散到单体珠滴中。扩散到单体珠滴中的自由基，就在其中进行引发聚合，其机理就像悬浮聚合一样，只不过因为单体珠滴的数目太少，大约每100万个胶束才有一个单体珠滴，所以自由基向胶束扩散的机会要比向单体珠滴扩散的机会多得多，故在一般情况下绝大部分自由基进入胶束，当一个自由基扩散进入一个增溶胶束中以后，就在其中引发聚合，生成大分子链，于是胶束变成一个被单体溶胀的聚合物乳液胶体颗粒，即乳胶粒，这个过程就称为胶束的成核过程，聚合反应主要发生在乳胶粒中。随着聚合反应的进行，乳胶粒中的单体逐渐被消耗，水相中呈自由分子状态的单体分子不断扩散到乳胶粒子中进行补充，而水相中被溶解的单体又来自单体的“仓库”-单体珠滴。就这样，单体分子源源不断地由这个“仓库”通过水相扩散到乳胶粒中，以满足乳胶粒中进行聚合反应的需要。

在这一阶段中，单体在乳胶粒、水相和单体珠滴之间建立起了动态平衡。由于在乳胶粒中进行的聚合反应不断消耗单体，平衡不断沿单体珠滴→水相→乳胶粒方向移动。

一个自由基在一个乳胶粒中引发聚合以后，所形成的活性单体就在这个乳胶粒中进行链增长。但是这个增长过程并不会永远的进行下去，当第二个自由基扩散进入这个乳胶粒中以后，就会和乳胶粒中原来的那个自由基链发生碰撞而进行双基终止。使这个乳胶粒成为不含自由基的乳胶粒，称为“死乳胶粒”。而含有自由基且正在进行链增长的乳胶粒叫“活乳胶粒”。若向死乳胶粒中再扩散进去一个自由基，就在这个乳胶粒中又一次引发聚合，重新开始一个新的链增长过程，直至下一个自由基进入为止。在整个乳液聚合过程中，此两类乳胶粒不断相互转换，使乳胶粒逐渐长大，单体转化率不断提高。

如上所述，自由基是在水相中生成的，水相中又有少量呈真溶液状态的自由单体分子。当生成的自由基和水相中的单体相遇时，同样也可以进行引发聚合。但是一方面由于在水相中单体的浓度极低，另一方面由于聚合物在水中的溶解度随分子量的增大急剧地降低，所以自由基链还没有来得及增长到比较大的分子量就被沉淀出来。沉淀出来的低聚物从周围吸收某些乳化剂分子，以使其稳定的悬浮在水相中，它还能从水相中吸收单体分子和自由基，并进行引发聚合，生成了一个新的乳胶粒，这就是生成乳胶粒的低聚物肌理或均相成核机理。例如醋酸乙烯酯、氯乙烯等在水中有一定溶解度的单体，按照低聚物机理生成的乳胶粒就会有明显的增加，不容忽视。

在阶段Ⅰ，乳化剂有 4 个去处，即胶束乳化剂、以单分子的形式溶解在水中的乳化剂、吸附在单体珠滴表面上的乳化剂以及吸附在乳胶粒表面上的乳化剂。它们之间也建立起动态平衡。

随着成核过程的进行，将生成越来越多的新乳胶粒。同时随着乳胶粒尺寸不断长大，乳胶粒的表面积逐渐增大。这样越来越多的乳化剂从水相转移到乳胶粒表面上，使溶解在水相中的乳化剂不断减少，这就破坏了溶解在水相中的乳化剂与尚未成核的胶束之间的平衡，使平衡向胶束→水相→乳胶粒方向移动。因而使胶束乳化剂量逐渐减少，部分胶束被破坏，再加上成核过程本身也要消耗胶束，致使胶束数目越来越少，以致最后胶束消失，从诱导期结束到胶束耗尽这一期间就为阶段Ⅰ。乳化剂用量越大时，阶段Ⅰ就越长。

（2）阶段Ⅱ-恒速阶段（乳胶粒长大阶段）

在阶段Ⅰ终点，胶束消失，靠胶束机理生成乳胶粒的过程停止。如上所述，乳胶粒主要来自胶束，靠低聚物均相机理生成乳胶粒的数量很少，常常可以忽略，尤其是单体在水相中溶解度 h 更是这样，因此可以认为在阶段Ⅱ乳胶粒的数目将保持定值，对于采用典型配方的乳液聚合过程来说，乳胶粒的浓度可达 10^{16}/厘米^3。

在该阶段，引发剂继续在水相中分解出自由基，因为乳胶粒的数目要比单体珠滴的数目大得多，大约 1 万个乳胶粒才有一个单体珠滴，所以自由基主要向乳胶粒中扩散，在乳胶粒中引发聚合，使得乳胶粒不断长大，另外在乳胶粒中自由基也会向水相扩散，当单体在水相中的溶解度较大时，这一扩散过程就趋于明显。于是在水相和乳胶粒之间就建立起了动态平衡，自由基不断地被乳胶粒吸收，又不断地从乳胶粒向外解吸。

在阶段Ⅱ已无胶束，乳化剂将分布在 3 种场所，即溶解于水相，被吸附在乳胶粒表面上，以及吸附在单体珠滴表面上。此 3 种乳化剂也处于动态平衡状态。随着乳胶粒逐渐长大，其表面积增大，需要从水相吸附更多的乳化剂分子，覆盖在新生成的表面上，致使在水相中的乳化剂浓度低于临界胶束浓度，甚至还会出现使部分乳胶粒表面积不能被乳化剂分子完全覆盖，这样就会导致乳液体系表面自由能提高，使得乳液稳定性下降，以至破乳。

在反应区乳胶粒中单体不断被消耗，单体的平衡不断沿单体珠滴→水相→乳胶粒子方向运动，致使单体珠滴中的单体逐渐减少，直至单体珠滴消失。由胶束耗尽到单体珠滴消失这段时间间隔称为阶段Ⅱ。

在阶段Ⅰ及阶段Ⅱ，乳胶粒中的单体和聚合物的比例保持一个常数，这是由乳胶数的表面自由能和在乳胶粒内部单体和聚合物的混合自由能之间的平衡决定的。表面自由能变化是单体向胶乳胶粒中扩散的阻力，而混合自由能变化则是单体向乳胶粒扩散并和其中的单体-聚合物溶液进行溶混的推动力。在阶段Ⅰ和阶段Ⅱ，按该两种自由能始终可以维持平衡状态，故在乳胶粒中，单体或聚合物的浓度为一常数。

（3）阶段Ⅲ-降速期（聚合完成阶段）

在阶段Ⅲ，不仅胶束消失，而且单体珠滴也不见了。此时仅存在两个相，即乳胶粒和水相。

在阶段Ⅲ，因为单体珠滴消失，在乳胶粒中进行聚合反应只能消耗自身储存的单体，而得不到补充，所以在乳胶粒中聚合物的浓度越来越大，内部黏度越来越高，大分子彼此缠结在一起，致使自由基链的活动性减小，两个自由基扩散到一起而进行终止的阻力加大，因而造成了随着转化率的增加链终止速率常数 k 急剧下降，链终止速率降低，也意味着自由基平均寿命延长，这样就使反应区（乳胶粒）中自由基浓度显著地增大，平均一个乳胶粒中的自由基数增多。在阶段Ⅲ随着转化率的提高反应区乳胶粒中的单体浓度越来越低，反应速率本来应该下降，但是恰恰相反，在反应后期反应速率不仅不下降，反而随着转化率的增加而大大地加速，这种现象称 Trommsdorff 效应，又称凝胶效应。

2. 乳液聚合的主要组分

乳液聚合的主要组分包括去离子水或蒸馏水、乳化剂、引发剂、单体。

乳化剂有阴离子型乳化剂，主要有羧酸盐类、硫酸盐类、磺酸盐类等；阳离子型乳化剂，主要有季铵盐类、其他胺的盐类、合成高分子阳离子型乳化剂、聚合型阳离子乳化剂；非离子型乳化剂，主要有聚醚和聚酯类、合成高分子非离子型乳化剂和聚合型非离子型乳化剂。乳液聚合过程中多采用阴离子乳化剂和非离子型乳化剂的混合物以得到平衡性能。

乳液聚合中所用的引发剂主要分为热引发和氧化还原引发 2 种体系。

热引发剂受热时发生均裂产生自由基，最常用的引发剂有过硫酸盐类如过硫酸铵、过硫酸钠、过硫酸钾等；氧化还原引发剂是通过氧化剂和还原剂之间发生氧化还原反应而产生能引发聚合的自由基。氧化还原体系大大降低了生成自由基的活化能，所以在反应条件不变的情况下，采用氧化还原体系可以提高聚合反应速率，即可以提高生产力；而在维持一定生产时，则可降低反应温度，使聚合物性能得到改善。常用于乳液聚合的氧化还原体系主要有过硫酸盐/亚硫酸氢盐体系、过硫酸盐/硫醇体系、过硫酸盐/硫酸亚铁/雕白体系、氯酸盐/亚硫酸氢盐体系、过氧化氢/亚铁盐体系、有机过氧化氢/亚铁盐体系等。

单体是形成高聚物的基础，在一定意义上，单体决定乳液及其乳胶漆膜的，物理、化学及机械性能，因而单体是最重要的组分，单体在不同程度上影响漆膜的下列性能：硬度、沾尘性、抗压黏性、抗张强度、伸长率、附着力、耐磨性、耐候性、光泽、耐水性、水蒸气透过性、耐碱性、防腐性、乳液及其漆的最低成膜温度、乳液的颜料承载能力。

用于乳液聚合的单体主要是指含不饱和双键的单体，分为硬单体、软单体和功能单体 3 种。

其中硬单体的 T_g 较高，如醋酸乙烯、偏氯乙烯、苯乙烯、丙烯腈、甲基丙烯酸甲酯等；软单体的 T_g 较低，如丙烯酸酯类、顺丁烯二酸二酯类、反丁烯二酸二酯类和脂肪酸乙烯酯类等；功能单体含有活性基团，主要有丙烯酸、丙烯酰胺、甲基丙烯酸、羟甲基丙烯酰胺等。这些单体赋予聚合物以极性或交联性，大大改善了涂膜的某些特性。通过单体的调节，一般应使聚合物的 T_g 接近其乳液的最低成膜温度。

3. 涂料用聚合物乳液的合成

涂料用聚合物乳液分为三大类：丙烯酸类、苯乙烯类和醋酸乙烯类。按单体的组成，主要包括下列品种：纯丙烯酸共聚物乳液（纯丙乳液）；苯乙烯-丙烯酸酯共聚物乳液（苯丙乳液）；苯乙烯-丁二烯共聚物乳液（丁苯乳液）；醋酸乙烯-丙烯酸酯共聚物乳液（醋丙乳液）；醋酸乙烯-乙烯共聚物乳液（EVA 乳液）；醋酸乙烯-顺丁烯二酸酯共聚物乳液（醋顺乳液）；醋酸乙烯-叔碳酸乙烯酯共聚物乳掖（醋叔乳液）；醋酸乙烯均聚物乳液（醋均乳液）；醋酸乙烯-氯乙烯-丙烯酸酯共聚物乳液（三元乳液）；氯乙烯-偏氯乙烯共聚物乳液（氯偏乳液）；丙烯酸-乙烯聚合物乳液（丙均乳液）。

常见的聚合物乳液的配方及合成工艺实例如下。

纯丙乳液配方如表 9－10 所示。

表 9－10　纯丙乳液配方

组分	阶段Ⅰ用量/g	阶段Ⅱ用量/g	组分	阶段Ⅰ用量/g	阶段Ⅱ用量/g
去离子水	1000		甲基丙烯酸	4	5
乳化剂	31.6	35	过硫酸铵	0.5	0.6
丙烯酸乙酯	233	283	亚硫酸氢钠	0.6	0.8
甲基丙烯酸甲酯	168	188			

合成步骤：将阶段Ⅰ除过硫酸铵和亚硫酸氢钠外的所有其他组分混合好并冷却至 15℃；过硫酸盐和亚硫酸氢盐溶于少量水中分别加入，加热 15min 升至 65℃，恒温 5min，冷却至 15～20℃；加入阶段Ⅱ混合单体和乳化剂；加入阶段Ⅱ引发剂并升温至 65℃，恒温 lh；冷却至 30℃以下，用氨水调节 pH 值至 9.5，即得产品。

9.2.5　乳胶漆

乳胶漆是指聚合物颗粒的水分散体（乳液）和颜料的水分散体的混合物，作为涂料，需要加入各种助剂。

1. 乳胶漆的制备

乳胶漆的制备主要是颜料在水中的分散及各种助剂的加入。颜料和聚合物两种分散体进行混合时，投料次序非常重要的。

典型的投料顺序：①水；②杀微生物剂；③成膜助剂，④增稠剂；⑤颜料分散剂；⑥消泡剂、润湿剂；⑦颜填料；⑧乳液；⑨pH 值调整剂；⑩其他助剂；⑪水相/或增稠剂溶液。

操作步骤：将水先放入高速搅拌机中，在低速下依次加入②、③、④、⑤、⑥混合均匀后，将颜料、填料用筛慢慢地叶轮搅起的旋涡中，加入颜填料后不久，研磨料渐渐变厚，此时要调整叶轮与调漆桶底的距离，使旋涡成浅盆状，加完颜填料后，提高叶轮转速（轮沿线速度约 1640m/min）为防止温度上升过多，应停车冷却，停车时刮下桶边黏附的颜填料，随时测定刮片细度，当细度合格，即分散完毕。

分散完毕后，在低速下逐渐加入乳液，PH 值调整剂，再加入其他助剂，然后用水或增稠剂溶液调整黏度，过筛出料。

乳胶漆配制要点：配方材料应尽可能选用分散性好的颜料和超细填充料，在稳定提高产品质量的前提下，取消研磨作业，简化生产工艺，提高生产效率；在前期分散阶段，可预先投入适量羟乙基纤维素，不仅有助于分散，同时防止或减少浆料沾壁现象，改善分散效果；在液体增稠剂加入之前，应尽量用3~5倍水调稀后，在充分搅拌下缓慢加入，防止局部增稠剂浓度过高使乳液结团或形成胶束，敏感的增稠剂可放在浆料分散后投入到浆料中，充分搅拌以免出现上述问题；消泡剂的加入方式是一半加到浆料中去，另一半加到配漆过程中，这样能使消泡效果更好；调漆过程中，搅拌转速应控制在200~400r/min以防生产过程中引入大量气泡，影响涂料质量。

2. 涂料生产主要设备

乳液生产设备：包括搪瓷反应釜、不锈钢反应釜、锅炉；搅拌分散设备和输送设备：包括高速分散机、捏和机、齿轮泵；磨细设备：包括砂磨机、胶体磨、三辊研磨机。

3. 乳胶漆中几种主要助剂

（1）杀微生物剂

微生物是无处不在的，而乳胶液中的一些组成却是微生物的良好培养基，使用时必须一次投入足够的杀灭剂量的杀微生物剂。能侵袭涂料的微生物主要有两类。一类是细菌，另一类是真菌（霉菌）。在涂料受细菌侵袭而降解的过程中，起主要作用的往往是细菌代谢过程中产生的酶，而不是细菌本身。对付细菌的防菌剂也称杀菌剂，常用的是酚类，甲醛类化合物，有时也用有机汞化合物，用量约为涂料重量的0.05%~0.3%。涂料中真菌（霉菌）的生长也会引起涂料的降解，但通常仅以损害涂膜的外观为主。常用的杀真菌的防霉剂有：有机汞化合物它们对人体有较大的毒性，但防各种霉菌的效果很好；有机锡化合物，这类化合物对人体的毒性比有机汞化合物要低，防霉性也很好。有机锡防霉剂适宜在户内用涂料中使用，用量为涂料中固体成分的1%；偏硼酸钡，防锈颜料偏硼酸钡在涂料中的用量达15%~20%时，它也有很好的防霉作用；二硫代氨基甲酸酯这是一种溶解度较小的广谱防霉剂。用量为涂料中总固体成分的3%~6%；

（2）消泡剂

乳化剂及各种助剂的加入，降低了表面张力，同时由于高速搅拌，产生泡沫，需要加消泡剂。

乳液漆中分散颜料的润湿剂和分散剂，也能降低体系的表面张力，有助于泡沫的产生和稳定。增稠剂的使用使得泡沫的膜壁增厚并增加泡沫的弹性，使得泡沫消除困难。

配制乳胶漆时高速分散及搅拌，施工过程中喷-刷、辊等操作，不同程度的改变体系的自由能，导致泡沫的出现。消泡机理是消泡剂在接触到泡沫后即捕获泡沫表面的憎水链端，经迅速铺展，形成很薄的双膜层。进一步扩散，层状侵入到泡沫体系中，取代原膜壁，由于低表面张力的消泡剂总是带动一些液体流向高表面张力的泡沫体系，消泡剂本身的低表面张力使膜壁逐渐变薄，最终导致气泡的破裂。

消泡剂的种类有：①低分子量醇类消泡剂，3~12个碳原子的醇类物质，如1-丁醇、1,2-丙二醇、1-辛醇（难闻气味）；②松油醇，价格不高，但消泡效果不好，用量大；③磷酸酯类消泡剂，典型的磷酸三丁酯（中低档涂料广泛用）0.0005%~0.01%，无色无味的液体，稍溶于水，溶于有机溶剂，低毒，消泡效果十分明显，但抑制泡沫产生的能力差，加入后不能搅拌；④乳化硅油类，如乳化甲基硅油，无毒无嗅，挥发性小，价格昂贵，用量0.05%，消泡效果显著，但使用不当会引起附着力下降和再涂性变差；⑤SPA-102（醚酯化合物－有机磷酸盐）、SPA-202（硅、酯乳化剂）等复合型消泡剂。

使用消泡剂的注意事项：消泡剂即使不分层，使用前最好要适当搅拌一下，消泡剂分层，不影响使用，只需充分搅拌混合均匀。在涂料或乳胶搅拌情况下加入消泡剂，消泡剂使用前，一般不需要用水稀释，可直接加入，某些品种若需稀释则随稀释随用；消泡剂用量要适当，若用量过多，会引起缩孔、缩边、涂刷性差、再涂性差等；用量过少，则泡沫消除不了，两者之间可找出最佳点，即消泡剂的适当用量。消泡剂最好分 2 次添加，即研磨分散颜料阶段和颜料浆配入乳胶阶段。一般各加总量的 1/2，或者制颜料浆阶段加 2/3，成漆阶段加 1/3，可根据泡沫产生的情况进行调节。在研磨阶段最好用抑泡效果强的消泡剂，在成漆阶段最好用消泡效果强的消泡剂。要注意消泡剂加入后至少需 24h 才能获得消泡性能的持久性与缩孔、缩边之间的平衡，所以若提前去测试涂料性能，会得出错误结论。

（3）成膜助剂

成膜助剂是能使乳液颗粒溶胀而使它的 T_g 暂时下降，以促进聚结成膜，随后又渐渐逸出，使干膜恢复到原来的 T_g。常见的成膜助剂：丙二醇，乙二醇，乙二醇丁醚等。

（4）增稠剂

增稠剂因水分散体系的黏度接近于水，其黏度不适合施工性能，为提高水相的黏度，必须加入水溶性的增稠剂。增稠剂主要有 4 种类型：①纤维素类，如甲基纤维素、羧甲基纤维素、羟甲基纤维素等；②粘土类，如膨润土粉末、海泡石、凹凸棒土等；③碱溶胀性聚合物，一般为分子链上含有羧基基团的聚合物，如碱溶胀性丙烯酸；④缔合型聚合物，包括聚醚、聚氨酯类和聚醚多元醇类。

4. 乳胶漆的应用

乳胶漆在建筑上用量最大，是建筑涂料的主要基料；在工业上主要用作金属底漆。建筑涂料相关内容参见 9.6.1 节。

9.3 固态剂型胶黏剂

胶黏剂的品种繁多，组成各异，分类方法不同，无统一标准，按剂性分类是其中的一种，通常包括水溶液剂型、溶剂型、固态剂型、膏状腻子型等。以水基型胶黏剂代替有机溶剂型，受到干燥时间的限制，因而热熔型和反应型胶黏剂受市场的青睐。下面主要介绍热熔胶型胶黏剂。

9.3.1 概述

热熔胶黏剂是一种在热熔状态进行涂布，借冷却硬化实现胶接的高分子胶黏剂。按国标的规定，热熔胶的定义是“在熔化状态进行涂布，冷却成固态就完成粘接的一种热塑性胶黏剂”。不含溶剂，百分之百固含量，主要由热塑性高分子聚合物所组成。热熔胶从 20 世纪 50 年代末开始应用于包装，由于其本身特有的优点，与其他胶黏剂品种相比有着不可比拟的优势，成为胶黏剂中发展最快的品种之一。由于不含溶剂、无污染、无公害，热熔胶黏剂的发展很快，应用面也在不断扩大，是当今世界胶黏剂发展的一个方向。

20世纪70年代后期，我国开始研制热熔胶，主要是EVA型，用于书籍无线装订，塑料制品粘接，因受原料及涂布设备的限制，使其特长不能得充分发挥，发展不及国外迅速，品种也不够多样。进入80年代后，我国轻纺工业（服装、印刷包装、食品）、电子工业、建筑工业、汽车工业等迅速发展，各种生产线纷纷引进，使固化速度快，适于自动化流水线生产的热熔胶得到了迅猛的发展，反应型热熔胶也已问世，21世纪以来，热熔胶逐步走向成熟。

常用热熔胶的指标：熔融黏度（或熔融指数）（MI）是指热塑性高聚物在规定的温度、压力条件下，熔体在10min内通过标准毛细管的质量值，单位g/10min。它是体现热熔胶流动性能大小的性能指标。软化点是指以一定形式施以一定负荷，并按规定升温速率加热到试样变形达到规定值的温度。它是热熔胶开始流动的温度，可作为衡量胶的耐热性、熔化难易和晾置时间的大致指标。晾置时间（露置时间）是指热熔胶从涂布到冷却失去润湿能力前的时间，即可操作时间。热熔胶主要特点是胶接迅速，不含溶剂，可以反复熔化胶接，可以胶接多种材料。热熔胶的缺点是热稳定性差、胶接强度偏低。

9.3.2 热熔胶的组成及作用

热熔胶是由聚合物基体、增黏树脂（增黏剂）、蜡类和抗氧剂等混合配制而成的。因主体树脂的差异，热熔胶包括许多品种。聚合物基体对热熔胶性能起关键作用，赋予其必要的胶接强度和内聚强度，并决定胶的结晶、黏度、拉伸强度、伸长率、柔韧性等性能。用作热熔胶的聚合物基体应具有以下性能：受热时易熔化；具有较好的热稳定性，在熔融温度下不发生氧化分解，并有一定的耐久性；耐热、耐寒，具有一定的柔韧性；与配合的各组分有一定的相容性；对被粘物适应性强，有较高的粘接强度；在一定温度下黏度具有可调性；色泽尽量浅。

聚合物基体的主要参数是它的分子量、分子量分布。反映在胶黏剂上主要影响胶接强度、熔体指数、软化点、黏度、柔性、固化速度、热稳定性等性能上。降低高聚物基体的分子量和增大其分子量分布可以降低胶的软化点和黏度，使胶容易熔融、粘合迅速、加工容易、提高生产效率，但可能会降低胶的胶接强度、拉伸强度、热稳定性、剥离强度等。因此应根据被粘物的表面特性、胶接强度要求、使用环境、胶接方法等条件的不同而选用分子量及其分布不同的高聚物。

9.3.2.1 聚合物基体

1. 乙烯及其共聚物

(1) 乙烯-醋酸乙烯共聚物 ethylene-vinyl acetate copolymer，EVA

EVA树脂是一种无臭、无味、无毒，白色或浅黄色粉状或粒状低熔点聚合物，由于它的结晶度低，弹性大，呈橡胶状，同时又含有足够的起着物理交联作用的聚乙烯结晶，因此具有热塑性弹性体的特点。EVA的性能与醋酸乙烯（VA）含量和EVA分子量有关。

当MI一定时，VAc含量增高，其弹性、柔韧性、粘接性、相容性、透明性、溶解性均有所提高；VAc含量降低时，则性能接近于聚乙烯，刚性增大，耐磨性及绝缘性上升。

作为热熔胶的原料，其VAc含量一般要求在20%～30%，通常在30%左右，熔融指数为1.5～400g/10min。EVA树脂具有良好的柔软性、橡胶般的弹性、加热流动性、透明性和光泽性好，与其他配合剂的相容性良好。

EVA树脂的最大缺点是高温性能不够好，强度低，不耐脂肪油等，使其应用范围受到限制。改性方法：用交联型 EVA 和断链型丁基橡胶或异丁基橡胶在有机过氧化物存在下加热混炼得到一种共聚物，用它作热熔胶可显著提高耐热性和胶接强度。EVA 可与耐热性较好的羧基化合物如马来酸酐等共聚改善 EVA 的耐高温性能。

（2）乙烯-丙烯酸乙酯共聚物 ethylene-ethyl acrylate copolymer，EEA

它具有低密度聚乙烯的高熔点和高 VAc 含量的 EVA 树脂的低温性。其结构与 EVA 类似，但使用温度范围较宽，而且热稳定性较好。耐热性比 EVA 优良，热分解温度高 30~40℃；低温特性比 EVA 更优良，玻璃化转变温度低 10~15℃，低温柔性和耐应力开裂性强；极性比 EVA 低，但与增黏剂和蜡相容性等同。对极性材料和非极性材料都有很好的胶接性，特别对聚烯烃这类非极性材料能发挥其独特的作用。用作热熔胶基体的 EEA 树脂，其丙烯酸乙酯含量一般为 23% 左右。

2. 聚烯烃

（1）聚乙烯（polyethylene）

聚乙烯是由乙烯与少量 α-烯烃或其他单体聚合而成的热塑性聚合物。聚乙烯是无味、无毒、耐低温、高结晶的非极性材料。它本身是难粘材料，但制成热熔胶以后，却对很多材料都有胶接性，尤其适宜于粘接多孔性材料，且价格低廉。

用作热熔胶基体的聚乙烯，其分子量通常为 500~5000，是白色或微黄色粉末或颗粒，外观成蜡状，密度为 $0.920 \sim 0.936g/cm^3$，软化点为 60~120℃，在 140℃时的黏度为 0.1~1.5Pa·s，熔融指数为 2~20g/10min。向聚乙烯中加入必需的增黏剂或微晶蜡、抗氧化剂等即成热熔胶。因聚乙烯是非极性材料，为保证互混性，必须选用极性低的配合剂。聚乙烯热熔胶的机械强度较低，为扩大其应用范围，可引入极性单体与之接枝共聚，使之极化，改善其胶接性能。普遍使用的极性单体之一是马来酸酐。

（2）聚丙烯（polypropylene）

根据甲基空间位置排列不同，有等规、间规和无规聚丙烯之分。等规聚丙烯是甲基在主链的一侧，规整有序地排列，是一种高结晶、高立体定向的树脂，结晶度为 60%~70%，等规度大于 90%，密度为 $0.90 \sim 0.91g/cm^3$。间规聚丙烯是甲基交替地排列在聚丙烯主链的两侧，立体结构规整，呈结晶型。无规聚丙烯是甲基呈不规则排列，是生产等规聚丙烯的副产物。无规聚丙烯平均分子量 3000~10000，有时可高达几万。室温下为无定形微带黏性的白色蜡状固体，相对密度 0.86，软化点 90~150℃，熔点 300~330℃，玻璃化温度 > -25℃，200℃开始分解。

制作热熔胶时，通常采用无规聚丙烯作基体，用无规聚丙烯制作的热熔胶固化速度慢、耐热性不高，因此，常加入低分子量的聚乙烯或结晶聚丙烯，以改善固化速度与耐热性；也可采用高效催化剂和新工艺，直接聚合生产无规聚丙烯，但比利用副产物成本大大提高。另外，副产物无规聚丙烯本身具有黏性，这就使得热熔胶的配制有一定的困难，因此，利用无规聚丙烯作热熔胶，需加入一些配合成分以改善其黏性。

3. 聚酯（polyester）

聚酯是主链中含有酯基（—COO—）的聚合物的总称，分为饱和聚酯和不饱和聚酯。作为热熔胶基体，需用线型饱和聚酯作基体。它由二元羧酸和二元醇或醇酸缩聚而成。根据化学结构，聚酯类热熔胶可分为共聚酯类、聚醚型聚酯类、聚酰胺聚酯类三大类。从分子结构看，饱和聚酯的分子直链中引入苯基将提高它的熔点、拉伸强度和耐热性，引入烷基和醚键将改善熔融黏度、挠曲度和柔韧性。

热塑性聚酯的熔点和玻璃化温度较高，所制得的热熔胶耐热性好，是耐热性最好的热熔胶品种之一；同时，粘接温度也较高，影响粘接工艺。其分子中二元醇的碳键越长，聚酯的熔点和玻璃化温度也就越高，结晶速度也越快。若二元醇的碳原子数为偶数则生成物的熔点比二元醇碳原子数为奇数的聚酯熔点更高，结晶更容易。与其他类型的热熔胶不同，聚酯型热熔胶是以共聚物单独使用，一般无需加入其他组分。

4. 聚氨酯（polyurethane，PU）

分子主链上含有许多重复的氨基甲酸酯基团（—OOCNH—）的聚合物称为聚氨基甲酸酯，简称为聚氨酯。聚氨酯有聚酯型和聚醚型两类。

聚氨酯为白色无规则球状或柱状颗粒，相对密度 1.10～1.25。聚醚型相对密度比聚酯型小。聚醚型玻璃化温度为100.6～106.1℃，聚酯型玻璃化温度为108.9～122.8℃，聚醚型耐低温性优于聚酯型。

聚氨酯最突出的特点是耐磨性优异，耐臭氧性极好，硬度大，强度高，弹性好，耐低温，有良好的耐油、耐化学药品和耐环境性能。在实际应用中，常用聚酯多元醇与二异氰酸酯进行聚合。由聚酯多元醇制得的热熔胶性能比聚醚多元醇制得的聚氨酯性能要好得多。

5. 聚酰胺（polyamide，PA）

聚酰胺是由羧酸与胺类生成的分子主链上含有酰氨基（—CONH—）重复结构单元的线型热塑性聚合物。酰胺基团上的氢原子可与被粘物（皮革或纤维织物）上的氧原子形成氢键，因而具有较高的粘接强度。用作热熔胶的聚酰胺是由二元羧酸与二元胺缩聚、氨基酸缩聚或其他内酰胺开环缩聚而成。聚酰胺热熔胶的突出优点是软化点范围窄，温度稍低于熔点就立刻固化，耐油性和耐化学药品性好。又由于分子中含有氨基、羟基和酰氨基等极性基团，因此对许多极性材料有较好的胶接性能。

6. 苯乙烯及其嵌段共聚物

苯乙烯-丁二烯-苯乙烯嵌段共聚物（styrene butadiene styrene block polymer，SBS）属于热塑性弹性体，又称热塑性丁苯橡胶。苯乙烯嵌段共聚物是阴离子聚合物，以正丁基锂为催化剂，环己烷做溶剂，在聚合过程中还可以调节苯乙烯和丁二烯的加入程序，以控制共聚物的组成。SBS 中的聚苯乙烯（PS）链段和聚丁二烯（PB）链段明显成两相结构，PB 为连续相，PS 为分散相，互不相容，呈相分离状态，故有两个玻璃化温度 T_{g1}（橡胶相）和 T_{g2}（树脂相）。SBS 既有聚苯乙烯的溶解性和热塑性，又具有聚丁二烯的柔韧性和回弹性，它具有优良的拉伸强度、弹性和电性能，永久变形小，挠曲和回弹性好，表面摩擦大，透气性优异。

由于主链含有双键致使 SBS 耐老化较差，在高温空气的氧化条件下，丁二烯嵌段会发生交联，从而使硬度和黏度增加。SBS 溶解性好，与很多聚合物相容，加入树脂和增黏剂可降低其熔融黏度，非常适合制备热熔胶及热熔压敏胶。目前国内生产的 SBS 在应用中，许多达不到热熔压敏胶的要求，因此，配制热熔压敏胶的 SBS 主要依赖进口。

9.3.2.2 增黏剂

热熔胶的基体材料在熔融时，熔融黏度高，对被粘物润湿性和初黏性不好，为了改善基体聚合物的这些性能，提高它的胶接强度，降低成本，改善操作性能，常在热熔胶的配制时加入增黏剂。增黏剂的主要作用是降低热熔胶的熔融黏度，提高其对被胶接面的湿润性和初黏性，以达到提高胶接强度，改善操作性能及降低成本的目的。此外，还可以调整胶的耐热温度及晾置时间。对增黏剂的要求：必须与基本聚合物有良好的相容性；对被胶接物有良好的黏附性；在热熔胶的熔融温度下有良好的热稳定性。增黏剂的用量为基本聚合物质量的20%～150%。

在热熔胶中，增黏剂的选择十分重要，通常根据以下三个原则：根据与聚合物的相容性进行选择；根据胶黏剂的涂布方式进行选择；根据树脂特性进行选择。通常用一种或几种混合使用。

1. 松香及其衍生物

松香是热熔胶中使用最多的一种增黏剂。其主要成分是松香酸，是不饱和酸，含有共轭双键，因而与EVA树脂等有极性的基本聚合物相容性好。但其软化点不高（70～85℃），且由于分子中有共轭双键，易被氧化，因此热稳定性与抗氧化性较差。改性松香：有氢化松香、歧化松香、聚合松香等。松香经改性后软化点提高，不存在共轭双键，因而热稳定性及抗氧化性都较好。氢化松香：松香熔化后，在催化剂存在下，于高温下通入氢气氢化制得。聚合松香：是松香在硫酸、三氟化硼等催化剂存在下，以苯、甲苯等为反应介质，于-10～65℃温度下进行聚合反应的产物，主要是二聚体。歧化松香：在催化剂存在下，借无机酸和热的作用，使松香的一部分被氧化，另一部分被还原，发生歧化反应的产物。

2. 萜烯树脂及其改性树脂

萜烯树脂（terpene hydrocarbon resin）是由松节油中所含萜烯类化合物聚合而得。它性质稳定，遇光、热不变色，耐稀酸稀碱，电性能也较好。萜烯树脂和EVA、SBS等极性树脂相容性较差，为了增加与极性树脂的相容性，常对萜烯树脂进行改性。萜酚树脂就是一种苯酚改性的萜烯树脂。萜酚树脂胶接力强，内聚力大，耐热性能好，耐老化，与树脂和橡胶相容性好，软化点高，为80～145℃，耐酸碱性能优良。

3. 石油树脂

C_5石油树脂具有与天然橡胶相似的结构，与天然橡胶和合成橡胶有极好的相容性。C_9石油树脂具有环状结构，内聚力大。耐酸、碱，耐化学药品性、耐水性及耐候性良好。与SBR、SBS相容性好，但与EVA、天然橡胶相容性差。

9.3.2.3 蜡类

蜡类的主要作用是降低热熔胶的熔点和熔融黏度，改善胶液的流动性和湿润性，降低成本。常用的蜡类有烷烃石蜡、微晶石蜡、合成蜡。用量一般为30%以下。

微晶石蜡在提高热熔胶的柔韧性、胶接强度、热稳定性和耐寒性等方面均优于烷烃石蜡，但价格较高。合成蜡与聚合物基体的相容性好，并有良好的化学稳定性、热稳定性和电性能，使用效果又优于前两种石蜡。

9.3.2.4 抗氧化剂

抗氧化剂的作用是防止热熔胶在长时间处于高的熔融温度下发生氧化和热分解。

1. 2，6-二叔丁基对甲苯酚

不溶于水及稀碱溶液，可燃，无毒，用作非污染性抗氧剂，能有效抑制空气氧化、热降解。

2. 4，4′硫代双（3-甲基-6-叔丁基）苯酚

不溶于水，低毒，作为非污染性抗氧剂，挥发性小，高效抗氧，热稳定性和耐候性优良。

9.3.2.5 增塑剂

增塑剂的作用是加快熔融速度，降低熔融黏度，改善对被胶接物的湿润性，提高热熔胶的柔韧性和耐寒性。常用增塑剂有：邻苯二甲酸二辛酯；邻苯二甲酸二丁酯。

9.3.2.6 填料

填料的作用是降低热熔胶的收缩性，防止对多孔性被胶接物表面的过度渗透，提高热熔胶的耐热性和热容量，延长可操作时间，降低成本。用作热熔胶的填料主要有滑石粉、瓷土、石英、碳酸钙、氧化钡、石棉、钛白粉、硫酸钡、白炭黑等无机物。对于不同品种的热熔胶，应选用不同的填料，并控制适当的加入量，添加量常为20%左右。

9.3.3 热熔胶的应用

1. 乙烯-醋酸乙烯酯型热熔胶黏剂

EVA热熔胶是目前用量最大的热熔胶品种，这种热熔胶具有优异的粘接性、柔软性、加热流动性和耐寒性等，黏附力强、膜强度高、用途广．能黏附许多不同性质的基材，熔融黏度低，施胶方便。大量应用于纸盒、书籍无线装订、木材积层板制作和木工封边、无纺布制作等。该热熔胶在车辆方面可用于坐椅、车灯和尾灯等的组装。

2. 聚酯型热熔胶黏剂

聚酯型热熔胶通常只有聚酯一种成分，一般不需要添加其他配合成分，因此，合成聚酯的原料单体的选择直接影响到聚酯热熔胶的性能。聚酯热熔胶具有优良的耐热性、耐寒性、热稳定性，耐冲击性、耐水及弹性都较好，使用温度范围宽，可在－40～150℃温度范围内使用；具有优良的耐介质性和电绝缘性；粘接对象广，尤其对纤维、皮革等材料具有很好的粘接性，耐干洗和水洗；固化速度快，能快速粘接。可用于金属、织物、薄膜、塑料的粘接，广泛应用于制鞋、服装、电器、建筑等行业。

3. 聚酰胺热熔胶黏剂

聚酰胺热熔胶最突出的优点是熔融范围窄，在熔点以下不软化，温度稍高于熔点立即融化，与其他热塑性树脂相比，当它在加热或冷却时，树脂的熔融或固化都在较窄的温度范围内发生，这一特点使聚酰胺热熔胶可用于对固化速度要求很高的场合。由于其分子结构中含有氨基、羧基和酰氨基等极性基团，对许多极性材料都有很好的粘接性，再加上其优良的耐油、耐溶剂性，使得它在胶黏剂行业中有着特殊的地位，是一种公认的高档胶黏剂。聚酰胺的高胶接强度，尤其是其良好的耐化学品性，使其在纤维织物粘接领域占有相当市场。

4. 聚氨酯热熔胶黏剂

聚氨酯热熔胶受热后会失去分子中由于氢键作用而产生的物理交联，变成熔融的黏稠液，冷却后又恢复原来的物性。因此，聚氨酯热熔胶具有优异的弹性和强度，粘接强度高，耐溶剂、耐磨，适用于各种材料的粘接，特别适合于粘接鞋类和织物，但成本比其他几类热熔胶高。聚氨酯热熔胶使用可靠性高，化学和物理性质均好，综合性能好，粘接工艺简便，可使胶黏剂达到最佳的物理性能。此外由于不含溶剂，使用时不污染环境，属环境友好材料，因此深受人们青睐。该胶可用于纺织、制鞋、书籍无线装订、食品包装、木材加工、建筑、汽车构件粘接等。

9.4 水性胶黏剂

根据胶黏剂外观形态不同，可以把胶黏剂简单地分成液态、膏状和固态三类。液态胶黏剂包括溶剂型和水基型等。

以水为分散介质的胶黏剂，称为水（基）性胶黏剂，其中水基胶黏剂又可分为水溶型、水分散型和水乳液型胶黏剂，通常用到的水基型胶黏剂主要是指水分散型胶黏剂。水性胶黏剂是胶黏剂发展趋势之一，与溶剂型胶黏剂相比，其具有无溶剂释放，符合环境保护要求、成本低、不燃、使用安全等优点。在胶黏剂市场上，水性胶黏剂占50%以上，水性胶黏剂属于中国近年来增长最快的胶种之一。

水基型胶黏剂按原料来源主要分为水基聚氨酯胶黏剂、水基聚丙烯酸酯胶黏剂、水基环氧胶黏剂、水基有机硅胶黏剂、水基聚乙烯醇类胶黏剂、水基乙烯乙酸酯类胶黏剂、水基酚醛胶黏剂、水基橡胶类胶黏剂等。

水基胶黏剂并不是简单地用水作分散介质代替溶剂型胶黏剂中的溶剂，它和溶剂型胶黏剂的主要差别在于，溶剂型胶黏剂是以苯、甲苯等有机溶剂作为分散介质的均相体系，物相是连续的；而水基胶黏剂是以水作为分散介质的非均相体系。一般情况下溶剂型胶黏剂的分子质量较低，以保持其可涂黏性；而水基胶黏剂的黏度与分子质量无关，它的黏度不随聚合物分子质量的改变有明显差异，可把聚合物的分子质量做得较大以提高其内聚强度。在相同的固含量下，水基胶黏剂的黏度一般比溶剂型的低，溶剂型胶黏剂的黏度随固含量的增高而急剧上升；而水基胶黏剂含表面活性剂、消泡剂和填充剂等。水基胶黏剂易于与其他树脂或颜料混合以改进性能、降低成本；而溶剂型胶黏剂因受到聚合物间的相容性或溶解性的影响，只能与数量有限的其他品种的树脂共混。

9.4.1 水溶型胶黏剂

水溶型胶黏剂包括天然或改性高分子的水溶液和合成聚合物的水溶液，主要有天然胶黏剂、三醛树脂胶、聚乙烯醇（PVA）等，相关内容参考3.3节。本节以聚乙烯醇胶黏剂为例说明水溶性胶黏剂的组成、制法。

聚乙烯醇由聚醋酸乙烯酯水解得到。聚乙烯醇胶黏剂通常以水溶液形式使用，用以胶接纸张、织物、皮革，也作为其他胶黏剂的配合剂，在建筑、印刷、木材加工、印刷线路板制造等方面应用广泛。

1. 聚乙烯醇胶黏剂组成及各组成的作用

（1）聚乙烯醇

主剂，作为胶黏剂粘料使用，用聚乙烯醇制作的胶黏剂，具有不腐败变质，质量稳定等特点，可代替淀粉、水玻璃或与之并用。由于聚乙烯醇水溶液对纸的黏合力强，成膜性好，可代替价格昂贵、容易腐败的干酪素制作颜料胶黏剂，涂布纸的白度和光泽度好，不易卷曲，成本低，因此在美术纸、工艺纸等高级纸方面有广泛的用途，用聚乙烯醇可以制作不干胶，用于标签、邮票、墙纸及包装带。聚乙烯醇改性酚醛树脂在室温下具有良好的强度，可用于胶接各种金属、陶瓷、玻璃、塑料等。

（2）熟化剂

可与聚乙烯醇交联熟化，使聚乙烯醇不在溶解，提高耐水性。常用的有无机盐（如硫酸钠、锌、铵等）、无机酸、多元有机酸等。加热（160～200℃）也能使聚乙烯醇熟化。

（3）填料

为提高粘接速度，降低成本，可加入淀粉、松香、明胶、粘土、钛白粉等填料。

(4) 增塑剂

为增加胶膜的柔韧性，可加入增塑剂如甘油、聚乙二醇、山梨醇、聚酰胺、尿素衍生物等。

(5) 防腐剂

夏天为防止胶液变质，可加入胶液总量的0.2% ~0.3%的甲醛作为防腐剂。

(6) 防冻剂

冬天为防止胶液结冰，可加入胶液总量的0.2%乙二醇防冻剂。

典型配方见表9-11。

表9-11 聚乙烯醇胶黏剂典型配方分析

配方组成/质量份	各组分作用分析	配方组成/质量份	各组分作用分析
聚乙烯醇 50	主剂，起黏料作用	水 1000	形成水溶液
重铬酸钠 15	熟化剂，使主剂交联	甘油 10	增塑剂、改善胶层韧性

2. 聚乙烯醇制法

因乙烯醇单体不稳定，不能直接聚合制得，而是通过聚醋酸乙烯在碱性或酸性催化剂存在下，以甲醇或乙醇醇解而制。氢氧化钠是常用的碱性催化剂。

$$\left[CH_2 - \underset{OCOCH_3}{\underset{|}{CH}} \right]_n \xrightarrow[+nCH_3OH]{\text{催化剂 } NaOH} \left[CH_2 - \underset{OH}{\underset{|}{CH}} \right]_n$$

若用溶液聚合的聚醋酸乙烯更方便，因醇解也需溶剂。聚合工艺如催化剂浓度、温度和溶剂均能影响聚醋酸乙烯的聚合度，从而影响醇解产物聚烯醇的分子量。

聚乙烯醇的水解度可由醇解过程控制，反应可用中和法终止。反应在高速搅拌下呈浆状态进行，生成一种很细的聚乙烯醇沉淀物，产物用甲醇洗涤、过滤后干燥。

聚乙烯醇胶黏剂通常以水溶液使用。经常向溶液中添加填料、增塑剂、防腐剂和固化剂，以降低成本，调节胶接和固化速度，增加胶膜柔性和耐水性等。

3. 聚乙烯醇性能

聚乙烯醇系一白色固体物，有粉状和颗粒状。其性能决定于原料聚醋酸乙烯的聚合度和水解度。随着分子量的减小，同一水解度的聚乙烯醇的柔韧性、溶解性和水敏感性增加，反之，随着分子量的增大，其黏度、抗结块能力、拉伸强度、耐水性、胶接强度和分散能力均增加，同一分子量的聚乙烯醇，随着水解度的减小，其柔韧性、分散能力，水敏感性和对疏水表面的胶接性能增加；反之，随着水解度的增大，其耐水性、拉伸强度、抗结块能力、耐溶剂性和对亲水表面的胶接力也增加。

当聚乙烯醇分子中的羟基含量-水解度-高达99%以上时，也即完全水解时，它为高结晶性聚合物，必须将水加热到接近沸腾时，才能将其完全溶解，胶层的耐水性相当优良，当水解度减小时，较低温度下即可溶解，直至水解度达到75% ~80%时，聚乙烯醇可完全溶解于冷水中，但加热时又会析出。通常采用部分水解的聚乙烯醇，其水解度为86% ~90%，它既溶于冷水，也溶于热水。

溶解度也受晶粒大小影响，粒径和分子量减小可增大溶解度。

聚烯醇胶黏剂有良好的胶接性，胶膜强度高，坚韧透明，且耐腐蚀性。即使低浓度胶黏剂也是，但固化时间较长，浓度高，则黏度急剧上升，其浓度极限为15% - 30%，随分子量增高而极限浓度下降。

聚乙烯醇膜隔离氧的特性是现有聚合物中最突出的，但湿气会大幅度增加其气体渗透性。它对水分散体系具有乳化和稳定作用。

聚乙烯醇的性能决定于聚合度和水解度，从而赋予不同的用途。

9.4.2 水分散型或水乳液型胶黏剂

水分散型胶黏剂主要包括水性环氧树脂胶、水性聚氨酯胶等；水乳液型胶黏剂主要包括合成树脂或橡胶胶乳，如聚醋酸乙烯（PVAc）乳液、乙烯-醋酸乙烯（EVA）乳液、聚丙烯酸酯乳液及橡胶乳液等，本节列举几种胶黏剂加以说明。

9.4.2.1 水性聚氨酯胶黏剂

水性聚氨酯胶黏剂是指聚氨酯溶于水或分散于水中形成的胶黏剂，也称水系或水基聚氨酯。根据外观和粒径的大小可分为3类：外观透明的聚氨酯水溶液、半透明的聚氨酯分散液和聚氨酯乳液，但习惯上后两类又统称为聚氨酯乳液或聚氨酯分散液。

聚氨酯胶黏剂具有软硬度可调节、耐低温、柔韧性好、粘接强度大等优点，能粘接金属、非金属等多种材料，用途越来越广。但是目前整个聚氨酯胶黏剂行业仍以溶剂型为主，随着人们的安全和环保意识的加强，水性聚氨酯胶黏剂的研究得以迅速发展。水性聚氨酯胶黏剂与溶剂型相比具有无溶剂、无污染、成膜性好、粘接力强、和其他聚合物尤其是乳液型聚合物易掺混有利于改性等优点。

进入21世纪以来，聚氨酯的应用领域不断拓宽，特别是世界范围内日益高涨的环保要求，更加快了水性聚氨酯工业的发展步伐。经过几十年的发展，聚氨酯产品在汽车涂料、胶黏剂等领域已接近或达到溶剂型产品水平，原料生产实现了规模化，由于异氰酸酯、聚醚多元醇等聚氨酯基本原料的先进生产技术只掌握在少数几家跨国公司（如BASF、Bayer、Huntsman和Du-Pont等）手中，他们在世界各地建立了特大规模（100kt/a以上）的生产装置，这对规模较小、技术相对落后的中国原料企业的发展构成了一定威胁。国外水性聚氨酯胶黏剂的发展速度明显快于其他胶黏剂产品，且品种多、产量大，这些胶黏剂一般都具有较好的初黏性、耐水性和耐温性等。水性聚氨酯胶黏剂以其独特的优异性能，正面临前所未有的发展机遇，需求量正以16% ~30%的速度增长，是其他胶黏剂产品增长速度的2倍以上，并且向着高性能、功能化和进一步扩大应用领域的方向发展。

20世纪80年代后，中国对水性聚氨酯胶黏剂的研究速度加快，但与国外系列化、工业化的水平相比，仍处于起步阶段，存在原料和制备方法单一、品种少、理论研究不足和应用研究不够深入等问题。从产品结构来看，主要是乳液型，水溶性次之，胶乳型则不常见。从原料来看，多元醇主要用聚醚型，聚酯型次之，聚碳酸酯、氰酸酯等其他类型不多；改性后的水性聚氨酯胶黏剂在特定方面具备特定的性能，在不同的应用环境中可发挥出不同的优势作用。水性聚氨酯胶黏剂适用于易被有机溶剂侵蚀的基材，黏度较低，且可用水溶性增稠剂和水进行调节，操作方便，残胶易于清理。可与多种水性树脂混合，利于改进性能和降低成本，此时，应注意离子型水性胶的离子性质和酸碱性，否则可能引起凝聚。含有羧基、羟基等基团，在适宜条件下可参与反应，产生交联，提高性能。水性聚氨酯胶黏剂的缺点：对非极性基材的湿润性差、干燥速度慢、初始黏性低、并且耐水性不佳。

水性聚氨酯配方实例见表9－12。

表9－12 水性聚氨酯配方

成分	用量/%	成分说明
羧酸型水性聚氨酯	50～55	
邻苯二甲酸二丁酯	5～10	降低黏性，降低耐温性
二甲苯	0～1	增加了VOC排放
十二烷基苯磺酸钠	0～1	自乳化型不需要外加乳化剂
水	余量	

9.4.2.2 水性聚丙烯酸酯类胶黏剂

水性聚丙烯酸酯类胶黏剂不仅仅是水和聚丙烯酸酯，还需要加入聚合引发剂、乳化剂、pH调节剂、稳定剂和耐寒抗冻剂等众多助剂，这类产品应用时，若要稀释，需要加含异丙醇的水去稀释，不能用纯水去对冲，这方面还需进一步改进。

聚丙烯酸、聚丙烯酸酯及其改性物类也是很重要的水性胶黏剂，它是以丙烯酸和丙烯酸衍生物为单体，采用乳液聚合的方法，制备的均聚或共聚合物。

丙烯酸酯系乳液聚合物的优点是耐侯性、耐老化性好，既耐紫外线老化，又耐热老化，并且具有优良的抗氧化性，胶黏强度高，耐水性好，具有很大的断裂伸长率，耐油性和耐溶剂性因丙烯酸酯的不同而有较大的差别。低级丙烯酸酯聚合物如聚丙烯酸甲酯，耐油性和耐溶剂性好，随着酯基增大，耐油性和耐溶剂性逐渐变差，但耐水性和对被粘物的胶黏强度增大。聚合物的相对分子量一般为10000～50000，相对分子质量越高，粘接层的内聚力越大，胶黏强度越大。

若在丙烯酸酯系单体乳液聚合时，加入质量分数为2%～5%的丙烯酸和甲基丙烯酸可显著地提高其耐油性、耐溶剂性和胶黏强度，并可改善乳液的冻融稳定性及对颜填料的润湿性，还可赋予聚合乳液以增稠特性；若向均聚物中引入丙烯腈单体，可增进乳液的胶黏强度、硬度和耐油性；若引入苯乙烯，可提高乳液的硬度和耐水性，但苯乙烯用量不宜过大，否则会降低与被粘物的粘接力，降低胶黏强度；若在聚合物分子链上引入羧基、羟基、*N*-羟甲基、氨基、酰胺基及环氧基等，或加氨基树脂等作为交联剂，可制成交联型丙烯酸系聚合物乳液，通过交联，提高胶黏强度、耐油性、耐溶剂性、抗蠕变性及耐热性，并可降低其黏附性。

9.4.2.3 聚醋酸乙烯类乳液

聚醋酸乙烯类乳液是以醋酸乙烯为单体，水为分散介质，进行乳液聚合而得，由于聚醋酸乙烯乳液具有胶黏强度较高、固化速度较快、使用方便、价格便宜、无毒安全、无环境污染等特点，适用于木材加工、家具制造、建筑装修、书籍装订、织物处理、卷烟接嘴、汽车内装饰等胶黏剂的制备。

EVA乳液是乙烯与醋酸乙烯单体共聚乳液的简称，由于EVA乳液分子中引入了乙烯链段，减少了醋酸基团的空间阻碍，起到内增塑作用，使大分子变得柔顺，从而赋予了EVA乳液许多优良的性能。EVA乳液无毒、无嗅、不燃、不爆，不污染环境，不危害健康，有非常好的发展前景。

乙烯基聚合物乳液（乳胶）和芳香族多异氰酸酯组成的双组分水性胶黏剂，该乙烯基聚合物乳液（乳胶）是乳白色黏稠状的水性物质，无毒无味，无燃烧性，可在≥0℃室温下存放稳定，不产生凝胶结块。该产品不含醛类物质，施胶后可冷压（1～2h）或热压（数分钟）固化。本胶已在国内外广泛应用，特别适用于实木拼接（平拼、齿拼等）等木材的各种黏合。

1. 基本原理

乳胶组分是醋酸及丙烯酸类单体，在引发剂存在下，与聚乙烯醇保护胶及水溶液中共聚形成长链分子聚合物，以乳液形式分散于水中，其反应式如下：

$$m\mathrm{CH_2{=}CH{-}O{-}\underset{\underset{\displaystyle O}{\|}}{C}{-}CR_3} + n\mathrm{M} \longrightarrow \left(\mathrm{CH_2{-}\underset{\underset{\displaystyle O{=}C{-}CR_3}{|}}{\underset{\underset{\displaystyle O}{|}}{CH}}}\right)_m \mathrm{M}_n$$

式中，$\mathrm{R=H}$、$\mathrm{C_xH_{2x+1}}$，M 为丙烯酸丁酯或丙烯酸羟乙酯。固化反应机理为：

$$y{-}\mathrm{N{-}C{-}O} + y\mathrm{OH}{-} \longrightarrow \left(\underset{\underset{\displaystyle H}{|}}{\mathrm{N}}{-}\overset{\overset{\displaystyle O}{\|}}{\mathrm{C}}{-}\mathrm{O}\right)_y$$

乳胶中的聚乙烯醇及丙烯酸羟乙酯中的羟基与固化剂中的异氰酸酯基团发生交联，生成氨基甲酸酯聚合物，聚合物与乳液中的其他成膜物质形成互穿聚合物网络结构，因而使胶黏剂具有良好的黏合性能，如高耐水性及高黏结强度等。

2. 工艺流程图

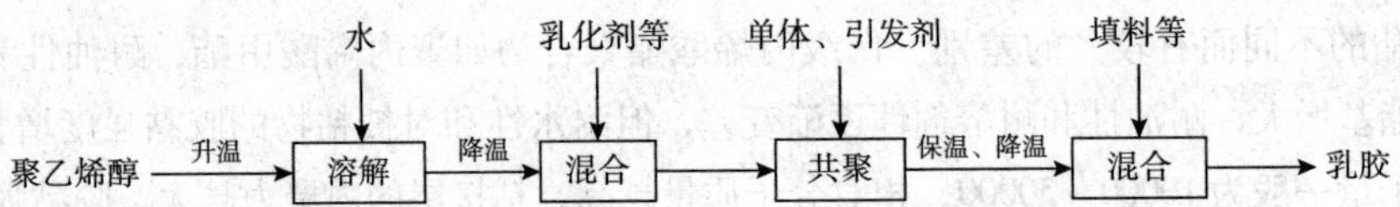

3. 原料规格及用量

原料规格及用量见表 9－13。

表 9－13　原料规格及用量

名称	规格	用量/质量份	名称	规格	用量/质量份
聚乙烯醇	0588	5	过硫酸氨	工业级	1
聚乙烯醇	1899	17.5	邻苯二甲酸二丁酯	工业级	42.5
聚乙烯醇	1788	17.5	轻质碳酸钙	工业级，6000 目	3.5
K_{12}	工业级	1.19	膨润土	工业级	0.4
T_{x10}	工业级	5.94	六偏磷酸钠	工业级	0.15
碳酸氢二钠	工业级	1	消泡剂	有机硅类	适量
醋酸乙烯	聚合级	240	防霉剂	涂料专用	0.5
丙烯酸丁酯	聚合级	92	固化剂	MDI 或 PAPI	与乳胶 1.5∶10 配用
三烷基醋酸乙烯	聚合级	15	水	去离子水	480～500
甲基丙烯酸羟丙酯	聚合级	17			

4. 具体操作步骤及工艺参数。

①将规格为0588的聚乙烯醇先用水加热至50～60℃溶解，膨润土先用4～5倍水浸泡过夜，六偏磷酸钠先用水溶解，三者混合后再加入轻质碳酸钙，搅拌均匀后消泡备用。

②在反应釜中，加入定量水，在反应器夹套中，通热水或蒸汽至50℃左右，搅拌下加入规格为1788和1899的聚乙烯醇，继续升温至90～95℃，保温1h至聚乙烯醇溶解完全，加入K_{12}、T_{x-10}及磷酸氢二钠，通冷却水使物料降温至78℃，加入1/4的预先加40倍水溶解好的引发剂过硫酸铵，然后开始滴加混合单体及补加过硫酸铵溶液进行聚合反应。单体约在3.5h内滴加完，过硫酸铵以6L/h的速度补加，反应温度维持在72－78℃。加完单体后加入5kg过硫酸铵并升温，10分钟后将剩余的过硫酸铵一次性加入，升温至90℃时保温30min，降温至约70℃时加入增塑剂邻苯二甲酸二丁酯，约60℃时加入防霉剂及浆料，50～50℃时过60目筛网涂料，包装即得胶黏剂主胶。

③将市售的MDI或PAPI按主胶包装质量，以主胶：固化剂＝1.5（质量比）比例分装于铁和塑料罐中，注意密封好，否则存放过程中会结块或固化。

5. 产品质量

产品质量标准（参考HG/T 2727—1995及日本工业标准JISK 6806—1995）如表9－14所示。

表9－14　产品质量标准

项目名称			技术指标	
			乳胶	固化剂
外观			乳白色、无粗粒、异物	黄中黄色均匀液体
不挥发物/%			50±2	—
黏度/Pa·s			0.8～2.5	0.4～0.8
pH值			6.5～7.0	—
水混合性/倍		≥	2	—
稳定性（60℃）/h		≥	15	—
NCO含量/%		≥		10
压缩剪切强度/MPa	常态		9.87	
	耐温水		5.88	
	反复煮沸		2.88	

9.5　气雾剂型胶黏剂

普通的胶黏剂一般都是采用普通盒装或管装型，使用很不方便，而气雾剂型胶黏剂是一种携带方便、操作简易的胶黏剂，符合人们对于胶黏剂的使用简单的要求。气雾剂型胶黏剂及其制造方法实例如下：

本气雾型胶黏剂包括溶剂正已烷，单体丙烯酸正丁酯、丙烯酸异丁酯、丙烯酸，乳化剂十二烷基硫酸钠、链调节剂十二烷基硫醇、引发剂过氧化苯甲酰、消泡剂正辛醇、pH值调节剂碳酸氢钠等，其在合成反应中，各组分所占的体积比为正已烷90～110mL，丙烯酸正丁酯12～15mL、丙烯酸异丁酯5～8mL、丙烯酸0～0.5mL，十二烷基硫酸钠0.5～1.0g、十二烷基硫醇0～0.1g、过氧化苯甲酰0～0.1g、正辛醇0～0.1g、碳酸氢钠0.1～1.0g。

制造方法：将过氧化苯甲酰0～0.1g、十二烷基硫酸钠0.5～1.0g、十二烷基硫醇0～0.1g、碳酸氢钠0.1～1.0g、正辛醇0～0.1g溶于90～110mL溶剂正己烷中，用搅拌器搅匀，得溶液A备用；接着将丙烯酸正丁酯12～15mL、丙烯酸异丁酯5～8mL及丙烯酸0～0.5mL混合，得混合液B备用；依次将溶液A慢慢升温至60～90℃，开始滴加混合液B，在1～4h之内滴完，得溶液C；接着将溶液C在70℃时保温1h，然后将其温度慢慢降至室温；用碳酸氢钠0.1～1.0g调节溶液C的PH值至8左右即可出料；最后将溶液C用耐压罐灌装、封口，充丙、丁烷无臭混合气80～120g，包装、检验即可成为成品。所述的溶剂还可采用环己烷及其混合溶剂，本胶黏剂在180℃时的剥离强度为1.201kN/m，拉伸剪切强度为0.397MPa，粘接强度为486.45N（破坏载荷），并且使用方便，可直接喷雾粘接，适用于各种物体的粘接。

9.6 涂料与胶黏剂的应用实例

9.6.1 建筑涂料

涂料的用途非常广泛，用于建筑领域的涂料，称为建筑涂料。建筑涂料在国外是涂料中使用最多、产量最大的品种。其中以美国、日本、西欧等发达国家发展较快，水平最高。建筑涂料的特点是简便、经济，基本上不增加建筑物自重，施工效率高，翻新维修方便，涂膜色彩丰富，装饰质感好，能提供多种功能。建筑涂料按主要成膜物质分类，有聚乙烯醇系列、丙烯酸系列、氯化橡胶等；按建筑使用部位分类，有外墙建筑涂料、内墙建筑涂料、地面建筑涂料、顶棚涂料和屋面防水涂料等；按使用功能分类，有装饰性涂料、防火涂料、保温涂料、防腐涂料、防水涂料等。

外墙涂料用于装饰和保护建筑物的外墙，使建筑物外观整洁美观，达到美化环境的作用，延长其使用时间。为了获得良好的装饰与保护效果，外墙涂料一般应具有以下特点：装饰性好、耐水性良好、防污性能良好、良好的耐候性。

1. 外墙涂料品种

外墙涂料品种见图9－4。

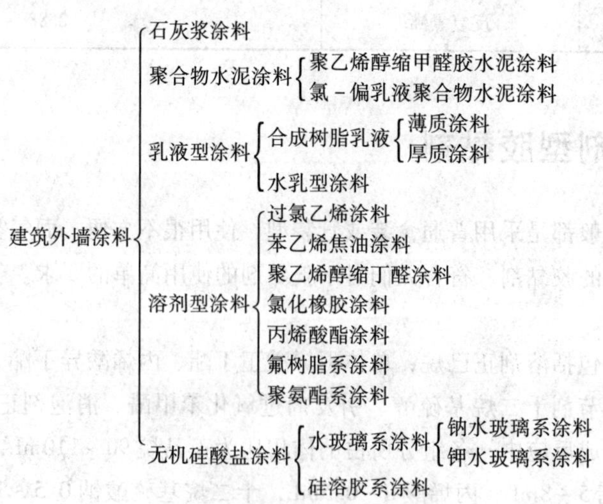

图9－4 外墙涂料品种

溶剂型外墙涂料以合成树脂溶液为主要成膜物质，有机溶剂为稀释剂，加入适量的颜料、填料及助剂，经混合溶解、研磨后配制而成。具有较好的硬度、光泽、耐水性、耐酸碱性及良好的耐候性、耐污染性等特点。目前国内外使用较多的溶剂型外墙涂料主要有丙烯酸酯外墙涂料、聚氨酯系外墙涂料。

乳液型外墙涂料以高分子合成树脂乳液为主要成膜物质，按照涂料的质感可分为薄质乳液涂料（乳胶漆）、厚质涂料、彩色砂壁状涂料。

乳液型外墙涂料主要特点：以水为分散介质，涂料中无有机溶剂，因而不会对环境造成污染，不易燃，毒性小；施工方便，可刷涂、滚涂、喷涂，施工工具可以用水清洗；涂料透气性好，可以在稍湿的基层上施工，耐候性好。

2. 内墙涂料品种

内墙涂料亦可用作顶棚涂料，顶棚涂料的主要功能是装饰及保护内墙墙面及顶棚，建立一个美观舒适的生活环境。内墙涂料的性能要求是色彩丰富、细腻、协调，耐碱、耐水性好，不易粉化，好的透气性、吸湿排湿性，涂刷方便、重涂性好，无毒、无污染。水溶性内墙涂料是以水溶性化合物为基料，加入适量的填料、颜料和助剂，经过研磨、分散后制成的，可分为Ⅰ类和Ⅱ类。常用的水溶性内墙涂料有聚乙烯醇水玻璃内墙涂料、聚乙烯醇缩甲醛内墙涂料和改性聚乙烯醇系内墙涂料。

内墙涂料品种见图9-5。

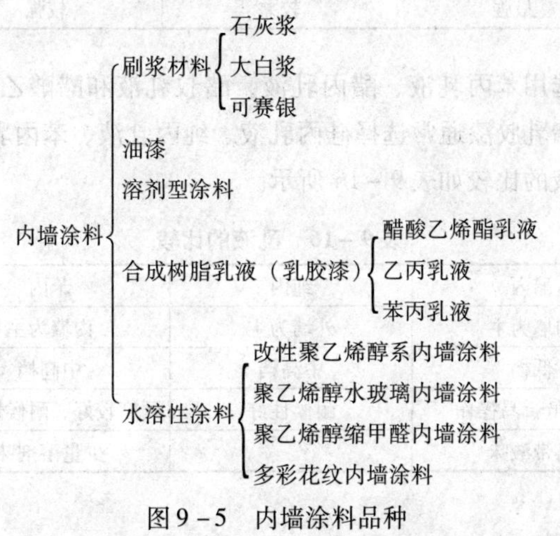

图9-5　内墙涂料品种

水性涂料用于外墙配方时，存在几个问题，首先是难于得到高光泽度，但是在美国并不追求高光泽度，所以这个问题不大，而在欧洲内墙和外墙的光泽度都重要；其次，水性涂料缺乏溶剂性涂料中提供的薄膜的完整性，加入聚合剂（如己烯乙二醇）和低分子量的增塑剂溶剂（如聚乙烯乙二醇和它们的酯）能改善这种性能，它们能使高分子的疵点聚合生成保护性薄膜。对内墙涂料来说，保护性并不是很重要；再者水性涂料中的乳化剂和胶体稳定剂必然降低抗水性；最后是水性涂料黏结性不佳，但在多孔隙的内墙上应用，是不成问题的。

作为内墙乳胶漆的基料主要有聚醋酸乙烯酯乳液和乙丙乳液，在要求档次较高的场合也有用纯丙乳液和苯丙乳液的。作为外墙乳胶漆用基料主要有苯丙乳液、纯丙乳液和乙丙乳液等。外墙乳胶漆应当具有优良的耐水性、耐污性、耐候性和保色性，在日晒、雨淋、风吹、变温的长期气候老化作用下，涂层不应发生龟裂，剥落、粉化、变色等。

3. 聚合物乳液

乳胶漆的基料（成膜物质）主要提供涂膜的耐水性和耐候性以及保色性等性能，是涂料生产过程中最主要的原料成分之一。高分子聚合物微粒在水中的分散体通常是乳白色的，聚合物微粒直径一般在50～1000nm之间，固体含量在30%～70%之间，典型的分子量在500000～1000000之间，聚合物乳液的分类与性能如表9－15所示。

乳液在干燥过程中会形成一个透明的涂膜，起到把各种粉体或一些颜料黏结固定在基材上的作用，乳液好坏直接关系到涂料的附着力、耐水性、耐候性以及保色性等最基本性能，在具体的涂膜试验数据中乳液不但可以反应出涂层的耐洗刷性、抗黄变性、附着力以及耐沾污等试验性能指标，而且可以看出乳液对各种粉体的包裹性也就是涂膜的致密度，更重要地是保证了涂料对基材的附着力。

表9－15　聚合物乳液的分类与性能

乳液类型	纯丙	苯丙	醋叔	醋丙
抗紫外线能力	最强	较强	较强	较差
耐碱性	最强	最强	较强	较差
耐水性	强	最强	较强	较差
抗风化能力	最强	最强	较强	较差
耐沾污	最强	强	较强	最差
保色性	最强	较差	较强	较强

内墙乳胶漆，一般选用苯丙乳液、醋丙乳液、醋叔乳液和醋酸乙烯-乙烯共聚乳液，选用较多的是苯丙乳液；外墙乳胶漆通常选择硅丙乳液、纯丙乳液、苯丙乳液、醋叔乳液均可，较多的是用纯丙乳液。乳液的比较如表9－16所示。

表9－16　乳液的比较

项目	醋丙	纯丙	苯丙	硅丙
应用范围	内墙为主	外墙为主	内墙为主	外墙
档次	低档	中高档	中高档	高档
主要特点	价格低、易操作	耐候性好	硬度较好、耐候性一般	具呼吸功能、耐沾污
特殊气味	略带酸味		少量溶剂味	

4. 功能性建筑涂料

（1）静电植绒涂料

利用高压静电感应原理，将纤维绒毛植入涂胶表面而成的高档内墙涂料，主要由纤维绒毛和专用胶黏剂等组成。纤维绒毛可采用胶黏丝、尼龙、涤纶、丙纶等纤维，主要用于住宅、宾馆、办公室等的高档内墙装饰。

（2）仿瓷涂料

仿瓷涂料又称瓷釉涂料，是一种质感与装饰效果酷似陶瓷釉面层饰面的装饰涂料。仿瓷涂料分为溶剂型和乳液型两种。溶剂型仿瓷涂料是以常温下产生交联固化的树脂为基料，乳液型仿瓷涂料是以合成树脂乳液（主要使用丙烯酸树脂乳液）为基料。

（3）天然真石漆

以天然石材为原料，经特殊加工而成的高级水溶性涂料，以防潮底漆和防水保护膜为配套产品。在室内外装饰、工艺美术、城市雕塑上有广泛的使用前景，具有阻燃、防水、环保等特点。基层可以是混凝土、砂浆、石膏板、木材、玻璃等。

(4) 彩砂涂料：由合成树脂乳液、彩色石英砂、着色颜料及各种助剂组成。无毒、不燃、附着力强，保色性及耐候性好，耐水性、耐酸碱腐蚀性也较好。立体感较强，色彩丰富，适用于各种场所的室内外墙面装饰。

5. 建筑防水涂料

屋面防水涂料是用于屋面防水的建筑涂料之一，涂装工艺以刷涂和辊涂为主，也可喷涂。施工时应严格按施工说明操作，不宜掺水稀释，施工前要求对屋面进行清理整平。

新型屋面防水涂料的配方见表9-17。生产工艺：把聚苯乙烯泡沫塑料拣去杂质用电热加热器切成小块，将200号重芳烃油、二氯丙烷加入反应釜中，在搅拌下加入EPS、当EPS溶解后，用金属滤网过滤，制得EPS溶液。

表9-17 屋面防水涂料配方

配方组分	质量份
废弃聚苯乙烯泡沫塑料（EPS）	8
10号石油沥青	24
三苯乙基苯酚	3
7310号增塑剂	2.5
200号重芳烃油	8
二氯丙烷	24.5
填料（重质碳酸钙35kg、滑石粉10kg、4~6级石棉绒5kg）	20

把10号石油沥青、三苯乙基苯酚及7310号增塑剂加入反应釜中，加热至120~130℃熔化塑化，并保温20min，脱除水分，用金属网趁热过滤，滤液冷却至100℃以下，在充分搅拌下加入EPS溶液，直至均匀，得到半成品黏稠液体。在填料中（在不断搅拌下）加入半成品黏稠溶液至均匀为止，出料即为成品。

高效丙烯酸酯屋面防水涂料，产品配方见表9-18。

表9-18 高效丙烯酸酯屋面防水涂料

组分	质量份
甲基丙烯酸甲酯	5~10
苯乙烯	10~20
丙烯酸-2-乙基己酯	10~20
丙烯酸丁酯	10~30
活性单体	2~6
乙烯类不饱和羧酸	1~5
表面活性剂	2~3
引发剂	0.05~0.1
水	40~60

生产工艺：按配方，将单体、表面活性剂及水进行预乳化后加入高位槽中，引发剂水解后加入另一高位槽中，两者同时以滴加的方式加入反应釜中进行反应，加热至70~85℃，在3~3.5min滴完。最后保温1~1.5h使反应完全，然后冷却，用氨水将乳液pH值调整至7~8。

将水、分散剂、消泡剂、颜料、填料及其他助剂加入反应釜中，进行高速分散同时加入上述制备的丙烯酸酯共聚乳液，经充分搅拌后即为防水涂料。

新型高弹性彩色防水涂料对环境无污染，采用刷涂或喷涂施工均可，施工时应严格按施工说明操作。

高弹性彩色防水涂料产品配方见表 9 - 19。

表 9 - 19　高弹性彩色防水涂料配方

配方组分	质量份
乙烯-醋酸乙烯共聚乳液基料	48 ~ 52
滑石粉等填料	20 ~ 30
颜料	2 ~ 6
乳化剂	0.5 ~ 2.0
分散剂	1 ~ 2
其他助剂	适量
水	10 ~ 20

生产工艺：把表中组分进行混合，研磨成一定细度即可。

9.6.2　织物纤维用胶黏剂

纤维是横截面小、长粗比大、柔曲性好、宏观上均匀的一大类材料的总称。主要用于织物、造纸以及各种复合材料中。纤维分天然纤维和化学纤维。天然纤维包括无机天然纤维（石棉纤维等）和有机天然纤维，有机天然纤维有纤维素纤维（棉、麻等）和蛋白质纤维（羊毛、蚕丝等）；化学纤维包括无机化学纤维（玻璃纤维、碳纤维、石墨纤维、金属纤维等）和有机化学纤维，有机化学纤维有人造纤维（黏胶纤维、醋酸纤维等）和合成纤维（涤纶、锦纶、腈纶、丙纶、维纶、氯纶等），纤维的化学性质决定了胶黏剂对纤维的亲和力。

胶黏剂在织物纤维中的作用包括改善纱线或织物的表面性能和质量，使其易于加工；将颜料黏附于纤维织物表面，给予其鲜艳和耐久的牢度；涂覆于织物表面，赋予其防水透湿、阻燃防火、卫生保健等多功能性；将不同种类的纤维或织物粘接在一起，制成非织造布或各种复合材料。

其中，印花用胶黏剂的使用量相对最大，其主要作用是将染料或颜料黏附在织物上，可赋予织物各种图案。印花用胶黏剂除必须满足产品耐洗和美观外，还必须具备一定的功能、以达到与纺织品的应用相匹配的目的。

具备环保型、防水性、透湿性、耐热性、耐氧化性、抗菌性和抗 UV（紫外光）辐射等不同功能的织物印花用胶黏剂可满足不同领域的应用需求，低温交联功能型印花用胶黏剂，具有节能、环保等优势；防水透湿功能型印花用胶黏剂，可使织物在潮湿环境中保持黏性且不影响织物的透湿性；耐污、耐候、耐热和耐辐射等多功能型印花用胶黏剂，可使织物经久耐用。

织物用胶黏剂的发展趋势是开发综合性能优异的胶种，如丙烯酸酯乳液胶黏剂、有机硅和有机氟聚合物、低醛或无醛涂层整理胶、低温交联产品、新型聚合物乳液、复合织物用胶等。

1. 织物用胶黏剂的种类

按使用目的分类：经纱上浆胶包括淀粉、糊精、海藻酸钠、聚乙烯醇、聚丙烯酸酯、动物胶、植物胶等；涂料印花和染色胶包括烯类聚合物、不同烯类聚合物的混合物及不同烯类单体的共聚物，应用最多的是丙烯酸酯类乳液聚合物；无纺织物胶包括氨基树脂、淀粉等水溶性胶，多种热塑性聚合物溶于一定溶剂中形成的有机溶剂胶、热溶胶及多种共聚物乳液胶；静电植绒胶包括烯类单体的均聚和共聚乳液，橡胶乳液及三聚氰胺甲醛树脂、酚醛树脂等；涂层整理胶包括热固性树脂预聚体胶、热塑性树脂溶液胶及有机硅、聚丙烯酸酯乳液等乳液胶；织物粘贴主要有聚乙烯-醋酸乙烯、聚氨酯、聚酰胺、聚酯等类。

按主要组成分类：合成树脂胶包括乙烯类树脂、聚丙烯酸酯类、有机硅树脂、酚醛树脂、环氧树脂、三聚氰胺树脂、聚氨酯、聚酰胺、聚酯等；橡胶胶黏剂包括氯丁橡胶、丁氰橡胶、改性天然橡胶、羧基橡胶等；合成胶乳包括乙烯-醋酸乙烯乳液、氯丁胶乳、丁苯胶乳、丙烯酸酯乳液；天然胶黏剂包括淀粉胶、糊精胶、甲壳素胶、天然胶乳等。

按存在方式分类：溶液胶，乳液胶，水溶性胶，热熔胶等。

2. 各种纤维织物用胶黏剂的选择

石棉纤维的表面呈碱性，与非极性聚合物的湿润性较差，经处理后可用多种树脂胶黏剂黏合；纤维素纤维有棉纤维和黏胶纤维或人造丝三种，其表面能较高，与其他基质材料的粘合效果较好，常选用橡胶型胶黏剂或韧性胶黏剂；玻璃纤维主要用于与塑料或橡胶制成复合材料，故主要选用环氧树脂胶黏剂或橡胶胶黏剂；合成纤维应用最广的是锦纶和涤纶，主要选用橡胶乳胶或树脂胶黏剂。

9.6.3 纳米涂料与胶黏剂

纳米材料是由尺寸在1~100nm间的粒子组成，具有小尺寸效应（又称体积效应）、表面效应、宏观量子隧道效应等。因纳米材料在光学、热学、电学、磁学、力学等方面展现出独特的特性，一直以来备受广大科研人员的关注和研究。涂料是当代社会必不可少的材料，随着科技的迅速发展，传统涂料的功能难以满足军工、医疗、建筑等领域的需求，利用纳米材料自身的优异特性，将其结合到涂料与胶黏剂中，可显著改善和增强涂料与胶黏剂的性能，尤其是研发出各种各样的功能性涂料。

1. 纳米抗菌涂料

纳米TiO_2抗菌涂料是目前研究和应用较为成熟的纳米抗菌涂料，其机理是利用TiO_2自身的光催化氧化能力，在光照下，TiO_2价带上的电子被激发到导带，并在价带上产生空穴，自由电子-空穴对能够与空气中的氧和水反应，进而生成活性氧O_2^-和自由基OH，极高反应活性的活性氧O_2^-和自由基OH能容易地破坏细菌的细菌膜和其细胞质的原生质活性酶，导致细菌死亡。此外，活性氧O_2^-和自由基OH还能降解或分解大多数有机污染物和部分无机污染物，减少微生物生存所需的养料。

将表面处理后的纳米TiO_2分散到苯-丙乳液中制得抗菌涂料，对黄色葡萄球菌、大肠杆菌、枯草芽孢菌的杀菌均超过99%，展现出极强的杀菌性能。此外，该涂料的抗菌性能不受光源的限制，具有长效的抗菌性和彻底的杀菌性。在光照下，与TiO_2抗菌机理类似，ZnO能够催化氧气和水产生活性氧O_2^-和自由基OH，起到杀菌的效果。

纳米银是一种高效、广谱、耐药性好的抗菌材料，当纳米银在与水接触时，可缓慢释放出Ag^+，低浓度的Ag^+即可破坏细菌的细胞壁和细胞膜，抑制DNA复制，抑制酶呼吸及其他活性，导致细菌死忙且无法分裂增殖。纳米银系抗菌涂料主要分为纳米载银抗菌涂料和纳米金属银抗菌涂料。前者中的银离子是以纳米多孔材料为载体，增加银离子的稳定性、增大与细菌的接触面积，使其性能优于传统的银离子型抗菌涂料，在涂料中配入以磷酸钙为载体的Ag^+无机粉体可以制备出良好抗菌性能的抗菌涂料。纳米金属银抗菌涂料是一种高效新型的抗菌涂料，其抗菌主要成分是零价金属银纳米颗粒。据报道，水性纳米银/氟碳抗菌涂料，当纳米银粉含量为0.03%，改涂料灭菌率高达94%。

2. 纳米隔热涂料

纳米隔热涂料涂刷在门窗、玻璃幕墙、屋顶等表面，可改善它们的保温隔热性，且节约能耗。纳米隔热涂料以纳米材料为隔热填料，不但提高了涂膜性能，而且优化了隔热效果。纳米隔热涂料因纳米隔热填料的不同，隔热机理亦有所不同。主要可分为纳米金属氧化物隔热涂料和纳米孔隔热涂料。

纳米金属氧化物隔热涂料的隔热填料主要是纳米金属氧化物粒子。该类隔热涂料的阻隔机理是通过纳米半导体隔热填料的吸收和反射共同作用的，半导体自身特性和粒径大小影响吸收和反射作用所占比例，进而决定隔热效果的优劣。

以有机硅乳液改性丙烯酸树脂为成膜物，以纳米ATO为隔热填料制备出水性纳米透明隔热涂料，其涂膜对可见光透射率为81.5%~85.0%，而对近红外光的阻隔率为62.5%~65.0%，涂刷在玻璃、聚碳酸酯等透明物体表面，可起到良好的隔热作用。除了ITO和ATO具有良好的隔热效果外，金属氧化物纳米粒，如纳米Al_2O_3、纳米ZrO_2等也有隔热效果。

纳米孔隔热涂料的隔热填料主要是气凝胶，气凝胶自身独特的纳米孔和三维网状结构使其导热系数极低，从而具有出色的隔热保温作用。以纳米SiO_2为功能填料、丙烯酸树脂为成膜剂可以制备透明隔热涂料。虽然气凝胶有着优异的隔热效果，但目前气凝胶的价格昂贵，高温稳定性较差。

3. 纳米超疏水与超亲水涂料

纳米超疏水涂料表面存在的微纳米结构粗糙度和低表面能物质是形成超疏水性的根本原因，纳米涂料的自清洁原理是水滴在超疏水表面的滚动可带走表面的粉尘，纳米超疏水涂料的自清洁、油水分离、抗结冰等功能对提高涂料的耐污性和使用寿命具有极大的帮助。纳米SiO_2、TiO_2与氟改性丙烯酸树脂共混可制得纳米超疏水自清洁涂层，涂层对其表面附着的污染物有一定的自清洁作用。

每年大量的结霜和结冰现象会对输电线路、通信电缆等设施造成破坏，纳米结构的超疏水涂层表面具有出色的抗结霜结冰效果，水滴在纳米结构的超疏水涂层的冷凝过程会呈现出强烈的弹跳现象，一段时间内表面难以形成霜，其原因是纳米级的粗糙结构导致冷凝的成核密度最小，促使大部分的冷凝液滴在粗糙表面以Cassie状态存在而不会与其他液滴合并，从而推迟凝结-结霜的时间。纳米超疏水涂层在完全结霜和结冰后，进行除霜和除冰的过程比非超疏水涂层更容易更快，优化纳米超疏水涂层将有助于其抗结霜、结冰性能的提高。

相对于纳米超疏水涂层，纳米超亲水涂层表面因其具有抗雾自清洁、良好的生物相容性等功能而引发人们的广泛关注，制备纳米超亲水涂层的两种原理是：一是光引发纳米超亲水涂层，即TiO_2、ZnO等经光照后，其表面会生产氧空穴，氧空穴可与水分子发生配位反应，导致涂层由疏水转变为超亲水。二是在亲水材料表面构筑粗糙结构，粗糙结构的存在能使亲水性增强为超亲水性。研发超亲水涂料对汽车挡风玻璃、玻璃幕墙等玻璃表面的自清洁、抗污染、抗雾等性能具有重要意义。

纳米超亲水涂层的自清洁原理与纳米超疏水涂层不尽相同，其原理是水滴与超亲水表面接触时会迅速铺展开形成水膜，通过水膜的隔绝污染物而实现自清洁效果。Thompson课题组通过溶胶沉积在玻璃表面制备出纳米SiO_2超亲水涂层，纳米超亲水涂层玻璃表面自洁效果高于无涂层玻璃表面。Chen等用沉积法在玻璃表面制备出纳米SiO_2超亲水涂层，超亲水涂层能在其表面上瞬间铺展开，避免雾气在表面上形成小水珠，有效地防止了光的折射和反射，纳米 SiO_2 超亲水涂层具有出色的抗雾性能。如何提高纳米超亲水涂层的耐磨性、强附着力、耐久性等性能将是未来研究工作的重心。

4. 纳米隐身涂料与胶黏剂

纳米材料与技术应用于隐身涂料中，使隐身涂料的多方面性能更为优异，尤其是隐身作用。对陆军地面武器来说，主要是 8～14μm 红外热像仪的威胁，实现红外隐身主要途径是研制具有不同发射率的红外迷彩涂料，通过涂层的不同发射率，对目标外形进行有效的红外图像分割，达到目标与背景相融合的目的。纳米隐身涂料的隐身机理主要在于：一是纳米粒子的尺寸远小于红外和雷达波波长，因此纳米颗粒对红外和雷达波的透过率比普通材料更强；二是纳米粒子的比表面积较大，对红外和电磁波的吸收率也较大，这两方面都能极大地消弱波的反射率，导致雷达或红外探测器对反射信号的吸收变得十分微弱，以此达到隐身的效果。

目前已应用于纳米隐身涂料的纳米粒子主要有纳米 ZnO、纳米 Fe_3O_4、纳米 Co、纳米 Ni 等，它们具有优异的吸波能力。欧美国家一直处于隐身技术的研究的前沿，我国对纳米隐身涂料的研究时间较其他强国较晚，但也取得了一定的成果。

纳米胶黏剂是材料领域的重要组成部分，纳米胶黏剂在制备伪装材料方面起到十分重要的作用。高透明胶黏剂是实现红外隐身的技术途径之一，它是利用树脂在 8～14μm 的红外大气层窗口不含有吸收基团来实现胶黏剂本身在红外窗口的低辐射特殊性。雷达涂料是一种能够吸收电磁波，降低目标雷达特征信号，使其具有难以被发现、识别的功能材料，是实现武器装备雷达隐身的主要途径之一。它是由吸收剂和胶黏剂组成的，胶黏剂决定了吸收涂层的物理机械性能和施工性能。

5. 纳米抗老化涂料

涂料常常因为紫外线的照射而加速老化，大大缩短了涂料的使用寿命。纳米 TiO_2、ZnO 等粒子具有良好的光稳定性、强抗紫外性，将其应用于涂料，可大幅改善涂料的抗老化性能。杨培等利用共混法将复合纳米 ZnO-CeO_2 粉体掺杂入水性外墙涂料，显著提高了水性外墙涂料的耐紫外老化能力，此外该涂料的耐水性、耐碱性、耐洗刷性也获得一定的改善，对应的指标均高于国标中优等品的技术要求。然而，纳米涂料的研发仍然存在着许多关键性问题，其一是纳米颗粒在涂料中的分散性问题，由于纳米颗粒的表面张力很大，应用于涂料中容易发生团聚现象，一旦发生团聚，将使纳米颗粒失去应用的价值。其二是纳米材料与成膜物质、颜填料、助剂等之间的相互作用尚不明确，明确它们之间的机理将有助于提高纳米涂料的性能。其三，开发多功能、低成本的纳米涂料将是未来研究的热点。

思考题

1. 树脂水性化的途径是什么？
2. 乳胶漆配制的要点是什么？
3. 水性涂料与水性胶黏剂的特点是什么？
4. 热熔胶的特点、组成是什么？
5. 简述几种主要热熔胶的应用。
6. 在热熔胶中，增黏剂的选择原则是什么？
7. 简述纳米涂料与胶黏剂的研究现状。

参考文献

[1] 武利民．涂料技术基础．北京：化学工业出版社，2007
[2] 洪啸吟，冯汉保．涂料化学．北京：科学出版社，2097
[3] 李绍雄，刘益军主编．聚氨酯胶黏剂．北京：化学工业出版社，1998
[4] 郑顺兴．涂料与涂装科学技术基础．北京：化学工业出版社，2007
[5] 余先纯．孙德林．胶黏剂基础．北京：化学工业出版社出版，2010
[6] 向明，蔡燎原，张季冰编．胶黏剂基础与配方设计．北京：化学工业出版社，2002
[7] 李兰亭主编．胶黏剂与涂料（第2版）．北京：中国林业出版社，1989
[8] 闫福安．涂料树脂合成及应用．北京：化学工业出版社，2010
[9] 厉蕾，颜悦．丙烯酸树脂及其应用，北京：化学工业出版社，2012
[10] 陈平，刘胜平，王德中．环氧树脂及其应用．北京：化学工业出版社，2011
[11] 刘益军．聚氨酯树脂及其应用．北京：化学工业出版社，2012
[12] 吴伟卿，王二国，沈建国编著．聚酯涂料生产实用技术问答．北京：化学工业出版社，2004
[13] 赵亚光编著．聚氨酯涂料生产实用技术问答．北京：化学工业出版社，2004
[14] 黄发荣，焦杨声．合成树脂及应用丛书－酚醛树脂及其应用．北京：化学工业出版社，2003
[15] 李绍雄．合成树脂及应用丛书－聚氨酯树脂及其应用．北京：化学工业出版社，2002
[16] 叶楚平，李陵岚，王念贵．实用胶黏剂制备与应用丛书－天然胶黏剂．北京：化学工业出版社，2004
[17] 陈平，王德中．合成树脂及应用丛书－环氧树脂及其应用．北京：化学工业出版社，2011
[18] 王受谦，杨淑贞编著．防腐蚀涂料与涂装技术．北京：化学工业出版社，2002
[19] 虞兆年编著．防腐蚀涂科与涂装．北京：化学工业出版社，1994
[20] 刘国杰主编．现代涂料工艺新技术，北京：中国轻工业出版社，2000
[21] 姜英涛编著．涂料基础．第二版．北京：化学工业出版社，2003
[22] 张学敏编著．涂装工艺．北京：化学工业出版社，2002
[23] 刘国杰，耿耀宗编著．涂料应用科学与工艺学，北京：中国轻工业出版社，1994
[24] 莫梦婷，赵文杰，陈子飞等．聚氨酯防腐涂料的改性及其性能研究进展．涂料工业，2016，46（7）：77～82
[25] 涂料工艺编辑委员会．涂料工艺（上、下册）．第三版．北京：化学工业出版社，2002
[26] 顾继友编著．胶接理论与胶接基础．北京：科学出版社，2003
[27] 刘安华编著．涂料技术导论．北京：化学工业出版社，2005
[28] 李和平主编．胶黏剂．北京：化学工业出版社，2005
[29] 李子东，李广宇，吉利等编．胶黏剂助剂．北京：化学工业出版社，2005
[30] 张光华编著．精细化学品配方技术．北京：中国石化出版社，1999
[31] 冯素兰，张昱斐编著．环保涂料丛书－粉末涂料．北京：化学工业出版社，2004
[32] 林宣益．乳胶漆．北京：化学工业出版社，2004
[33] 张向宇．胶黏剂分析与测试技术．北京：化学工业出版社，2004

[34] 石军，李建颖．热熔胶黏剂实用手册．北京：化学工业出版社，2004
[35] 耿耀宗，赵风清．现代水性涂料配方与工艺．北京：化学工业出版社，2004
[36]《胶黏剂技术标准与规范》编写组．胶黏剂技术标准与规范．北京：化学工业出版社，2004
[37] 徐峰．工业涂料与涂装技术丛书－建筑涂料与涂装技术．北京：化学工业出版社，2002
[38] 袁才登．实用胶黏剂制备与应用丛书－乳液胶黏剂．北京：化学工业出版社，2004
[39] 夏晓明，宋之聪．功能助剂（塑料 涂料 胶黏剂）．北京：化学工业出版社，2004
[40] 贺孝先，晏成栋，孙争光．实用胶黏剂制备与应用丛书－无机胶黏剂．北京：化学工业出版社，2003
[41] 黄世强，孙争光，李盛彪．实用胶黏剂制备与应用丛书－环保胶黏剂．北京：化学工业出版社，2003
[42] 胡高平，袁红英，肖卫东．实用粘接技术丛书－金属用胶黏剂及粘接技术．北京：化学工业出版社，2003
[43] 王慎敏．精细化学品配方设计与制备工艺丛书－胶黏剂合成、配方设计与配方实例．北京：化学工业出版社，2003
[44] 张玉龙，李长德，张振英，杜龙安．实用胶黏剂制备与应用丛书－淀粉胶黏剂．北京：化学工业出版社，2003
[45] 马庆麟．涂料工业手册．北京：化学工业出版社，2001
[46] 刘登良．工业涂料与涂装技术丛书－塑料橡胶涂料与涂装技术．北京：化学工业出版社，2001
[47] 向明．实用胶黏剂制备与应用丛书－热熔胶黏剂．北京：化学工业出版社，2002
[48] 唐星华．实用胶黏剂制备与应用丛书－木材用胶黏剂．北京：化学工业出版社，2002
[49] 贺曼罗．建筑结构胶黏剂与施工应用技术．北京：化学工业出版社，2001
[50] 邹宽生主编．胶黏剂生产工艺［M］．北京：高等教育出版社，2002
[51] 李东光．脲醛树脂胶黏剂．北京：化学工业出版社，2002
[52] 黄世强．实用胶黏剂制备与应用丛书－特种胶黏剂．北京：化学工业出版社，2002
[53] 李盛彪．实用胶黏剂制备与应用丛书－胶黏剂选用与黏接技术．北京：化学工业出版社，2002
[54] 王孟钟．胶黏剂应用手册．北京：化学工业出版社，2002
[55] 饶厚曾．实用胶黏剂制备与应用丛书－建筑用胶黏剂．北京：化学工业出版社，2002
[56] 张立武．实用胶黏剂制备与应用丛书－水基胶黏剂．北京：化学工业出版社，2002
[57] 李彭，官燕燕，刘晓艳．淀粉改性聚乙烯醇环保建筑用胶黏剂及其制备方法．中国专利，2014101330085
[58] 南仁植编著．粉末涂料与涂装技术．北京：化学工业出版社（第二版），2014
[59] A. Pizzi. Wood Adhesive，Chemistry & Technology. Marcel Dekker，New York，1973
[60] 李金林主编．胶黏剂技术与应用手册．北京：宇航出版社，1991
[61] 关长参编著．木材胶黏剂（合成胶黏剂丛书第四册）．北京：科学出版社，1992
[62] 中华人民共和国国家标准．木材胶黏剂及其树脂检验方法（GB/T 14074.1～18—1993）
[63] 陈根座 编著．胶黏剂应用手册－胶接设计与胶黏剂．北京：电子工业出版社，1994
[64] 翟怀凤，李东光编著．实用木材黏合剂生产与检验．北京：金盾出版社，1995
[65] 胶黏剂的标准与规范编写组编．胶黏剂的标准与规范．北京：化学工业出版社，2002
[66] 徐祖顺，易昌凤，肖卫东．实用粘接技术丛书－织物用胶黏剂及粘接技术．北京：化学工业出版社，2004
[67] 肖卫东等．制鞋与纺织品用胶黏剂．北京：化学工业出版社，2003

[68] 程时远，陈正国．胶黏剂生产与应用手册．北京：化学工业出版社，2003
[69] 唐春怡．功能性织物印花用胶黏剂的研究进展．中国胶黏剂，2014，23（1）：42~45
[70] 肖能君，李强军，姜其斌．UV 固化聚氨酯丙烯酸酯涂料的研究进展．绝缘材料 2018，51（1）．10~16.
[71] 张玉龙，康建新主编．水性涂料配方精选．北京：化学工业出版社（第三版），2017
[72] 王季昌，丙烯酸树脂玻璃化温度的设计和选择．中国涂料，2008，23（10）：52~56
[73] 罗弘，卫志贵．丙烯酸系乳液共聚物玻璃化温度的研究．精细化工，1997，14（5）：42~45
[74] 冯光炷主编．胶黏剂配方设计 - 与生产技术．北京：中国纺织出版社，2009
[75] 夏宇正，童忠良编．涂料最新生产技术与配方．北京：化学工业出版社，2009
[76] 童忠良主编．胶黏剂最新设计制备手册．北京：化学工业出版社，2010. 07
[77] 徐玲，刘宏萍，胡志滨等．乳胶漆中缔合型增稠剂与乳液作用关系．现代涂料与涂装 2001，（5）：1~7
[78] 唐晓红．水性胶黏剂的应用研究进展．河南教育学院学报（自然科学版），2017，26（2）8~12
[79] 孙禹．低甲醛木材专用水性胶的制备及工艺．化工管理，2016，（10）：275
[80] 宋忠奥，杨建军，吴庆云等．聚氨酯缔合型增稠剂的合成方法及其在水性胶黏剂中的应用．粘接，2016，37（3）：40~44
[81] 范胜强，曹瑞军，周欣燕等．两类羧基单体在丙烯酸酯乳液聚合中的应用性能比较．上海涂料，2004，42（2）：9~11
[82] 叶先科，朱万平，孙家胜等．水性纸塑环保干复胶的研制．粘接，2008，29（1）67~69
[83] 梁伟欣．功能纳米涂料的研究进展．江西建材，2016，（10）：67~69
[84] 王慧敏．高分子材料加工工艺学．北京：中国石化出版社，2012
[85] 顾继友．胶黏剂与涂料．第二版，北京：中国林业出版社，2012
[86] 孙德林，余先纯．胶黏剂与粘接技术基础．北京：化学工业出版社，2014